高等量子力学

孙　辉　谢小涛　万仁刚　樊双莉　编著

陕西师范大学优秀研究生教材资助项目

科学出版社

北　京

内 容 简 介

本书以非相对量子力学理论为基础，重点介绍基于原子与经典电磁场和量子化电磁场相互作用的相关量子技术。第 1 章介绍非相对论量子力学理论框架；第 2 章介绍角动量和对称性；第 3~8 章探讨原子与经典电磁场和量子化电磁场相互作用的相关应用，分别是近似方法、电磁作用与应用、原子的激光冷却、非厄米量子力学、量子多体问题和电磁场的量子理论与应用；第 9 章探讨量子理论在精密测量中的应用，即量子计量学；作为本书的结尾，第 10 章简单介绍相对论量子力学。编写本书是为了搭建量子力学基础理论与应用间的桥梁，融入前沿研究中的理论部分是本书内容上的新颖之处。本书内容丰富、推导详尽、思路清晰、富有启发性，便于教学与自学。

本书可作为物理学专业本科生和即将从事量子领域研究的研究生的课程教学用书或参考书，旨在完善量子力学理论结构，拓宽研究视野。

图书在版编目(CIP)数据

高等量子力学/孙辉等编著. —北京：科学出版社，2023.8
ISBN 978-7-03-074089-2

Ⅰ.①高⋯　Ⅱ.①孙⋯　Ⅲ.①量子力学　Ⅳ.①O413.1

中国版本图书馆 CIP 数据核字(2022)第 231386 号

责任编辑：宋无汗 / 责任校对：王萌萌
责任印制：张　伟 / 封面设计：陈　敬

科学出版社 出版
北京东黄城根北街 16 号
邮政编码：100717
http://www.sciencep.com
北京天宇星印刷厂印刷
科学出版社发行　各地新华书店经销
*
2023 年 8 月第　一　版　　开本：720 × 1000　1/16
2024 年 6 月第二次印刷　　印张：22 1/4
字数：449 000
定价：198.00 元
(如有印装质量问题，我社负责调换)

前　言

　　量子力学是在描述微观粒子运动规律的过程中逐渐发展起来的。从 1900 年 12 月 14 日普朗克给出黑体辐射公式的量子说明至今已一百余年，其间诞生了一系列跨时代的卓越工作，留下了一连串闪光的名字，包括最早的普朗克、玻尔、爱因斯坦，后来建立量子力学理论框架的德布罗意、薛定谔、海森伯、玻恩、狄拉克、泡利、费曼等。随着量子理论的建立和不断发展，微观世界的神秘面纱被逐渐揭开。虽然人们对量子体系本质的认识仍不够深刻，如微观粒子为什么是概率性的，但是研究者一直秉承着费曼的思路，如火如荼地将微观体系的量子特性应用于各个领域，从晦涩的理论研究走向实践，已经产生并仍将继续产生实质性的技术成果。诸多成果已经影响并改变了人们的生活，如核磁共振成像、智能手机中的芯片与陀螺仪等。发展量子技术尤为重要，如绝对安全的量子保密通信；高精度、高灵敏度的量子磁力仪；具有天然并行计算能力的量子计算机等在国防等领域有着巨大的应用潜力，势必成为今后很长一段时间内革命性、关键性的技术。

　　量子体系与经典体系显著的区别在于量子叠加性、量子相干与量子纠缠。研究表明，量子相干与量子纠缠已经成为重要资源，广泛应用于量子信息过程、量子计量学等方面。微观体系量子特性的广泛应用得益于人们对微观体系运动规律的深刻理解与新技术的不断发展。高等量子力学课程旨在提升物理学专业本科生和硕士研究生对微观体系量子特性的理解，为后续研究做好理论铺垫。基于这方面的考虑，同时为了更好地体现理论与实践的结合，本书在回顾非相对量子力学理论后，重点介绍基于原子与经典电磁场和量子化电磁场相互作用的相关量子技术，并融入了作者的部分研究成果。

　　本书由陕西师范大学孙辉、谢小涛、万仁刚和樊双莉共同编写。全书共 10 章，樊双莉编写第 1~3 章；万仁刚编写第 4、5 章；谢小涛编写第 6、7 章；孙辉编写第 8~10 章。在本书的编写过程中，参考了国内已出版的同类教材，吸收了其中的精华和优点，同时也参考了大量国内外研究论文，在此向相关文献作者表示感谢！

　　北京大学郭弘教授、南京大学夏可宇教授、陕西师范大学郑海荣教授和湖南科技大学刘明伟教授对本书提出了很多宝贵的建议，研究生李国娇、王静、魏星圆、杜文静等参与了本书的审校工作，科学出版社的宋无汗给予热心支持和帮助，在此表示诚挚的感谢！

本书部分内容来源于作者的相关研究工作，感谢国家自然科学基金项目 (61671279) 的资助，感谢陕西师范大学优秀研究生教材资助项目 (GERP-18-29) 对本书出版的资助！

出好书，让读者受益是作者的追求。由于作者水平有限，书中难免有疏漏和不足之处，请读者给予批评指正，不胜感激！

目　　录

第 1 章　非相对论量子力学理论框架

为了解决经典物理学不能解释的物理难题，众多物理学家建立了量子理论。量子理论在原子中的成功运用使其成为现代物理学的两大支柱之一。虽然量子理论的最初提出总和"微观粒子"联系在一起，但随着对时空理解的进一步深入，人们发现不仅微观尺度的粒子遵守量子理论，宏观尺度乃至天体物理学也遵守量子理论。再者，随着 20 世纪末发展起来的激光冷却技术的进一步改进和成熟，观察玻色–爱因斯坦凝聚这类可控宏观量子效应成为可能。

什么是量子化？量子化是否意味着连续变为分立？可观测力学量的分立取值是微观粒子的显著特征之一，但不是微观粒子独有的性质。经典世界也有分立的现象，如弦振动；量子世界也有连续的现象，如散射态。因此，连续与分立并不是经典与量子的本质区别[1]。量子体系与经典体系的本质差异是量子体系的波粒二象性，量子化是指体系的波粒二象性在所考虑的问题中非常重要，必须考虑。爱因斯坦–德布罗意关系表明波动性和粒子性是通过普朗克常数 $\hbar$ 联系起来的，因此量子效应由普朗克常数 $\hbar$ 表征。根据 $\hbar$ 的引入方式不同，建立了三种量子化方案：① 将普朗克常数 $\hbar$ 引入波函数满足的方程，即波动力学，该方案主要关注波动性，关注点在描述体系状态的波函数上，体系的演化完全反映在波函数随时间的演化上；② 将 $\hbar$ 引入对易关系，即矩阵力学，该方案主要关注粒子性，关注点在描述体系动力学行为的可观测力学量上，体系随时间的演化由海森伯方程描述；③ 将 $\hbar$ 引入波函数，即费曼提出的路径积分。

非相对论量子力学是在处理原子尺度微观现象的过程中建立和发展起来的，整个理论体系建立在几个基本假设的基础之上，这些基本假设构成了非相对论量子力学的基本原则。非相对论量子力学理论框架可概括为五条基本公设，即波函数公设、薛定谔方程公设、算符公设、测量公设与全同粒子公设。五条基本公设是在第一种和第二种量子化方案中完成的。费曼路径积分是另一种完全不同的量子化方案，其物理思想源于杨氏双缝实验。正如费曼所说，杨氏双缝实验是量子力学的核心。

1.1　波函数公设

1.1.1　波与粒子

处理微观粒子时，第一个需要解决的问题是如何描述微观粒子。对光子或电子的双缝实验进一步分析可知，微观粒子与经典粒子之间最本质的区别是微观粒子具有波粒二象性，即微观粒子同时具有波动性和粒子性两方面的性质，在不同的实验中表现不同，在同一个实验中不会同时观察到波动性和粒子性。华中科技大学陈学文教授和华南理工大学李志远教授合作，设计出协同作用的弱测量装置，并以正确的方式协同作用，组成光子和原子干涉仪，使同时观测微观粒子的波动性和粒子性成为可能[2]。波动性和粒子性既互补，又相互排斥。需要注意的是，虽然量子力学中的波与经典的波一样具有相干性，但是它有自身独特的特点。量子力学中的波是概率波，相干也是概率波的相干，是粒子自己与自己的相干。

波粒二象性是量子涨落的物理根源，也是理解微观量子体系诸多反直觉行为的最终落脚点。值得注意的是，波粒二象性是用经典概念来描述微观粒子行为的结果，但波粒二象性是否是微观粒子的全部性质并未可知。事实上，微观粒子可能还有其他特性，但目前人们还无法对这些特性进行观测，这些特性是什么也就一无所知。幸运的是，实验表明采用波粒二象性这样的描述，目前是合理的。

1.1.2 波函数公设的内涵

1. 状态用波函数 $\psi(\vec{r},t)$ 完全描述

微观粒子的状态总可以用波函数 $\psi(\vec{r},t)$ 来完全描述，如果所需希尔伯特空间已建立，则波函数对应于该空间的一个态矢量，数学上可以用一个列矩阵表示。例如，选择 $\{|1\rangle,|2\rangle,\cdots,|n\rangle,\cdots\}$ 为希尔伯特空间的基矢，则波函数 $\psi(\vec{r},t)$ 可以表示为

$$\psi(\vec{r},t) = \sum_n c_n|n\rangle = \begin{pmatrix} c_1 \\ c_2 \\ \vdots \\ c_n \\ \vdots \end{pmatrix} \tag{1.1}$$

2. 波函数的概率诠释

哥本哈根解释表明 $|\psi(\vec{r},t)|^2\mathrm{d}\vec{r}$ 表示 t 时刻粒子在空间 $\vec{r}\to\vec{r}+\mathrm{d}\vec{r}$ 出现的概率。值得注意的是，量子力学中的概率与经典统计物理中的概率有着本质的区别。对于经典统计物理中的案例，如果可以确定每个粒子所有的相互作用，这个粒子的状态是完全确定的，则不存在概率的问题。因此，可以说经典统计物理中的概率不是真概率。概率来源于人们对系统的认识不全面，而量子力学中的概率是真概率。波函数已经描述了体系的全部性质，或者说只要波函数给定，可以提取出系统所有需要的信息。

由于量子力学中波函数表示概率波，因此 $\psi(\vec{r}, t)$ 和 $c\psi(\vec{r}, t)$ 表示相同的态。经典统计物理中的波代表真实物理量，如电场强度，如果电场强度的幅值由 E_0 变为 cE_0，则强度变为原来的 c^2 倍。

近些年来，科学家一直尝试突破哥本哈根解释，主要体现在测量时波函数的塌缩。按照哥本哈根解释，讨论双缝实验中电子的客观存在是没有意义的，只有在观测时，电子才作为一个实体存在。字面上看，电子的波函数在检测器上某一点发生塌缩是因为整个宇宙在观察它，这显然是非常奇怪而不能令人满意的。更加关键的是量子力学的哥本哈根诠释中，微观世界的运动是由量子力学来描述的，而观察或测量却依赖于量子系统之外的经典仪器，甚至是观察者与环境，这种二元的处理方式不仅带来认识上的误导，也给量子理论的应用带来根本性问题。

3. 统计诠释对波函数提出的要求

由于波函数的统计诠释，从实验观测的角度要求波函数必须是单值、归一、连续和有界的。归一化条件常写为

$$\int_{-\infty}^{\infty} |\psi(\vec{r}, t)|^2 \mathrm{d}\vec{r} = 1 \tag{1.2}$$

如果已经选择了一个力学量的本征函数作为基矢，建立了希尔伯特空间，则波函数可以用一个列矩阵表示，如

$$\psi = \begin{pmatrix} c_1 \\ c_2 \\ \vdots \\ c_n \\ \vdots \end{pmatrix} \tag{1.3}$$

考虑到式 (1.3) 表示与矢量的相似性，常将式 (1.3) 称为态矢量，上述列矩阵中的矩阵元便是该态矢量在相应基矢上的投影，即 $c_n = \langle n|\psi\rangle$。这样波函数的归一化条件将改写为

$$\psi^\dagger\psi = (c_1^*,\ c_2^*,\ \cdots,\ c_n^*,\ \cdots) \begin{pmatrix} c_1 \\ c_2 \\ \vdots \\ c_n \\ \vdots \end{pmatrix} = \sum_n |c_n|^2 = 1 \tag{1.4}$$

4. 态叠加原理与量子纠缠

如果 $|1\rangle$, $|2\rangle$, $\cdots$, $|n\rangle$ 是体系可能的状态，则它们的线性叠加所得出的波函数：

$$\begin{aligned} |\psi\rangle &= c_1|1\rangle + c_2|2\rangle + \cdots + c_n|n\rangle \\ &= \sum_n c_n|n\rangle \end{aligned} \tag{1.5}$$

也是体系的一个可能状态。当体系处在态 $|\psi\rangle$ 时，出现态 $|1\rangle$ 的概率是 $|c_1|^2$，出现态 $|2\rangle$ 的概率是 $|c_2|^2$，以此类推。在不受外界干扰的情况下，它们的这种叠加关系保持不变。

态叠加原理会产生一个全新的现象——量子纠缠[3]。例如，处在总自旋为零的双电子体系，其自旋波函数可写为

$$|\psi\rangle = \frac{1}{\sqrt{2}}(|\uparrow_1\downarrow_2\rangle - |\downarrow_1\uparrow_2\rangle) \tag{1.6}$$

式中，$|\uparrow\rangle$ 和 $|\downarrow\rangle$ 分别表示在 z 方向上的自旋分量取向为向上和向下的状态；下标 1 和 2 是粒子的标示。为了简化，暂时不考虑系统的外部自由度，只专注内部自旋这个自由度。处于上述状态的电子，有如下特点：① 无论是第一个电子，还是第二个电子，其自旋向上或向下的概率都是 1/2，自旋都没有确定的值；② 对第一个电子的自旋进行测量，将以 1/2 的概率得到自旋向上 (向下)，同时态 $|\psi\rangle$ 塌缩至 $|\uparrow_1\downarrow_2\rangle(|\downarrow_1\uparrow_2\rangle)$，因此测量后第二个电子立刻确定，为自旋向下 (向上)，并且第二个电子的自旋态依赖于第一个电子的自旋态；③ 上述这种特性与空间距离无关。类似于上述两个电子的现象称为量子纠缠 (quantum entanglement)，式 (1.6) 中无法写成两个粒子波函数直积形式，则态 $|\psi\rangle$ 就是一个纠缠态。

处在纠缠态的两个量子力学系统，整体性质完全确定，每个子系统性质不确定，但是子系统的性质之间存在不可分割的关联，对其中一个子系统的测量必定会导致另一个子系统状态的瞬间塌缩，并且瞬间塌缩与空间距离无关，就像两个子系统之间存在超距相互作用。正因为如此，爱因斯坦将其称为幽灵般的超距相互作用。

量子纠缠已经成为一种物理资源，目前量子信息学的一个核心任务就是开发和应用量子纠缠资源。经过近几十年的研究与发展，量子纠缠已成功应用到量子隐形传态 (quantum teleportation)[4-5]、密集编码 (dense coding)[6-7]、远程态制备 (remote state preparation)[8-9] 等领域。量子隐形传态是通过 A、B 两地共享的纠缠资源将 A 地物理系统中的未知量子态传送到远方的 B 处。值得注意的是，仅仅是 A 处物理系统的状态被传送至 B 处，而物理系统本身并未传送。

虽然量子纠缠是一种可以利用的物理资源，但也是量子信息物理实现的障碍。真实的量子系统不可避免地与周围环境发生相互作用导致量子退相干，破坏系统的量子编码态，使其退化为经典物理态，这样量子纠缠带来的优势便不复存在。可以说量子信息技术的开发就是在利用量子纠缠，同时又和量子纠缠做斗争的过程，寻求在操作过程中尽可能地保持纠缠。例如，旨在提升量子通信成功概率和安全的纠缠纯化与浓缩[10]。基于这些考虑，系统的量子纠缠判据、纠缠度量和纠缠动力学等问题就格外重要。因此，对量子纠缠的部分研究针对纠缠度量展开，旨在帮助人们优化相关量子技术。这部分内容可参考文献 [11] ～ [14]。

5. 量子不可克隆定理

由态叠加原理可以得出量子不可克隆定理[15]，内容为不存在能够复制未知量子态而不对量子态进行干扰的克隆机。下面对量子不可克隆定理进行简单证明。

假设存在可以不对量子态造成干扰的克隆机，对量子态的克隆用 U 表示，对于态 $|\phi\rangle$，可以精确复制它，则态 $|\phi\rangle$ 的克隆可以表述为

$$U(|\phi\rangle|0\rangle) = |\phi\rangle|\phi\rangle \tag{1.7}$$

式中，$|0\rangle$ 表示真空态。同样对于态 $|\varphi\rangle$ 有

$$U(|\varphi\rangle|0\rangle) = |\varphi\rangle|\varphi\rangle \tag{1.8}$$

但是对于态 $|\phi\rangle$ 与态 $|\varphi\rangle$ 的相干叠加态 $|\psi\rangle = |\phi\rangle + |\varphi\rangle$，有

$$
\begin{aligned}
U(|\psi\rangle|0\rangle) &= U[(|\phi\rangle + |\varphi\rangle)|0\rangle] \\
&= U(|\phi\rangle|0\rangle) + U(|\varphi\rangle|0\rangle) \\
&= |\phi\rangle|\phi\rangle + |\varphi\rangle|\varphi\rangle \\
&\neq (|\phi\rangle + |\varphi\rangle)(|\phi\rangle + |\varphi\rangle)
\end{aligned}
\tag{1.9}
$$

因此对于相干叠加态 $|\phi\rangle + |\varphi\rangle$，得到的结果 $|\phi\rangle|\phi\rangle + |\varphi\rangle|\varphi\rangle$ 并不是 $|\phi\rangle + |\varphi\rangle$ 的复制，所有假设的精确量子克隆机不成立。

量子不可克隆定理否定了精确复制未知量子态的可能性，但是不保证复制必定成功的"概率量子克隆"仍然是可能的，中国科技大学郭光灿院士小组最早提出概率克隆机的概念[16]。这种克隆机的输入仍然是待克隆量子态的粒子，此外还有某已知参考态的参考粒子和辅助粒子。先通过概率克隆机对这三个粒子进行幺正变换，再对辅助粒子进行测量。该测量有时能将被克隆粒子和参考粒子的状态塌缩成两个被克隆量子态的完美复制品，但是有时会失败。详细证明过程见文献 [16]。此外，Pati 等[17] 也证明将任何未知量子态复制完全删除是不可能的。

量子不可克隆定理与海森伯不确定性关系从物理原理上保证了量子密钥分发协议的安全性 [18-19]，量子不可克隆定理保证窃听者无法在不对量子态造成干扰的情况下进行位置量子态的精确复制。

1.2 薛定谔方程公设

1.2.1 薛定谔方程

描述体系状态的波函数 $\psi(\vec{r}, t)$ 随时间演化遵守含时薛定谔方程为

$$
\begin{aligned}
\mathrm{i}\hbar \frac{\partial}{\partial t}\psi(\vec{r}, t) &= \hat{H}(\vec{r}, \hat{p})\psi(\vec{r}, t) \\
&= \left[-\frac{\hbar^2}{2m}\nabla^2 + V(\vec{r})\right]\psi(\vec{r}, t)
\end{aligned} \tag{1.10}
$$

关于薛定谔方程，需要明确以下两点。

(1) 连续性方程：

$$
\frac{\partial}{\partial t}\rho + \nabla \cdot \vec{j} = 0 \tag{1.11}
$$

和电荷守恒类似，上述连续性方程反映的是概率守恒，因此在非相对论量子力学中不涉及已有粒子的湮灭和新粒子的产生。

(2) 波函数随时间的演化。如果体系哈密顿量 $\hat{H}$ 不显含时间 (即 $\partial_t \hat{H} = 0$)，含时薛定谔方程的解形式上可以写成：

$$
\psi(t) = \hat{U}(t, 0)\psi(0) \tag{1.12}
$$

式中，$\hat{U}(t, 0)$ 为演化算符，描述波函数随时间从 0 到 t 的演化。将其代入含时薛定谔方程，整理后可得演化算符 $\hat{U}(t, 0)$ 满足的方程：

$$
\mathrm{i}\hbar \frac{\partial}{\partial t}\hat{U}(t, 0) = \hat{H}\hat{U}(t, 0) \tag{1.13}
$$

该方程的解可表示为

$$
\hat{U}(t, 0) = \exp\left(-\frac{\mathrm{i}\hat{H}t}{\hbar}\right) \tag{1.14}
$$

如果已知体系初始状态 $\psi(0)$，给定哈密顿量，则 t 时刻体系波函数唯一确定，是完全可预测的。如果体系哈密顿量与时间相关，此时波函数的演化与哈密顿量的具体形式相关，详细情况在第 3.2 节绝热近似部分展开。

1.2.2 薛定谔方程的经典过渡

如果在所考虑的问题中，量子效应可以忽略，此时体系自然回归为经典情形，这意味着经典方程应该是量子力学在 $\hbar \to 0$ 时的极限形式。需要明确的是，$\hbar \to 0$ 是相对而言的，对于实物粒子，要求粒子动量 $\vec{p}$ 足够大 (从而德布罗意波波长 λ 足够短，可以忽略波动性)，并且运动涉及的空间尺寸 l 足够大，$pl \gg \hbar$ 成立。简单说，普朗克常数 $\hbar$ 在所研究的问题中能否忽略决定波粒二象性能否表现出来，进而决定经典与量子的界线。

由分析力学可知，对于给定体系的拉格朗日量 $\mathcal{L}(q, \dot{q}, t)$，体系的演化可根据最小作用原理完全确定，运动方程为哈密顿–雅可比方程。例如，考虑一个质量为 m 的粒子在势场 $V(\vec{r}, t)$ 中运动，其满足的哈密顿–雅可比方程为

$$-\frac{\partial S_0}{\partial t} = \mathcal{H} = \frac{1}{2m}(\nabla S_0)^2 + V(\vec{r}, t) \tag{1.15}$$

将式 (1.15) 与哈密顿量常规写法类比，有

$$\mathcal{H} = -\frac{\partial}{\partial t} S_0 \tag{1.16}$$

$$\vec{p} = \nabla S_0 \tag{1.17}$$

此外连续性方程为

$$\frac{\partial \rho}{\partial t} + \nabla \cdot (\rho \vec{v}) = 0 \tag{1.18}$$

即

$$\frac{\partial \rho}{\partial t} + \frac{1}{m}(\nabla \rho \cdot \nabla S_0 + \rho \nabla^2 S_0) = 0 \tag{1.19}$$

下面讨论薛定谔方程的经典过渡。借鉴路径积分思想，将波函数写为 $\psi = e^{iS(\vec{r}, t)/\hbar}$，代入薛定谔方程有

$$-\frac{\partial S}{\partial t} = \frac{1}{2m}(\nabla S)^2 - \frac{i\hbar}{2m}\nabla^2 S + V \tag{1.20}$$

将 $\hbar$ 视为小量，把 S 按 $\hbar$ 展开为

$$S = S_0 + (-i\hbar)S_1 + (-i\hbar)^2 S_2 + \cdots \tag{1.21}$$

代入式 (1.20)，比较 $\hbar$ 同次幂可得

$$\hbar^0 : -\frac{\partial S_0}{\partial t} = \frac{1}{2m}(\nabla S_0)^2 + V \tag{1.22}$$

$$\hbar^1: \frac{\partial S_1}{\partial t} + \frac{1}{2m}(2\nabla S_0 \cdot \nabla S_1 + \nabla^2 S_0) = 0 \tag{1.23}$$

方程 (1.22) 为哈密顿–雅可比方程。同时注意到：

$$\rho = |\psi|^2 \approx \left| \exp\left[\frac{\mathrm{i}}{\hbar}(S_0 - \mathrm{i}\hbar S_1)\right] \right|^2 = \mathrm{e}^{2S_1}$$

不难计算有

$$\frac{\partial \rho}{\partial t} = 2\mathrm{e}^{2S_1}\frac{\partial S_1}{\partial t}$$
$$\nabla \rho = 2\mathrm{e}^{2S_1}\nabla S_1$$

因此方程 (1.23) 可变为

$$\frac{\partial \rho}{\partial t} + \frac{1}{m}(\nabla S_0 \cdot \nabla \rho + \rho \nabla^2 S_0) = 0 \tag{1.24}$$

方程 (1.24) 为连续性方程。

　　方程 (1.24) 表明，$\hbar \to 0$ 时，量子力学过渡到经典力学。准确到 $\hbar^0$，薛定谔方程过渡到哈密顿–雅可比方程，$\hbar^1$ 给出连续性方程。值得注意的是，经典力学中哈密顿–雅可比方程和连续性方程是两个独立的方程，而在量子力学中，连续性方程暗含在薛定谔方程中，因此薛定谔方程比经典的牛顿方程含义更广，其根本原因在于满足薛定谔方程的波函数还满足玻恩统计解释。

　　式 (1.20) 表明，经典过渡必须满足的条件是

$$\frac{1}{2m}(\nabla S_0)^2 \gg \left| \frac{\mathrm{i}\hbar}{2m}\nabla^2 S_0 \right| \tag{1.25}$$

或者

$$\frac{\vec{p}^2}{2m} \gg \left| \frac{\hbar}{2m}\nabla \cdot \vec{p} \right| \tag{1.26}$$

即动能远大于动量的变化。以一维为例，有

$$p^2 \gg \left| \hbar \frac{\mathrm{d}p}{\mathrm{d}x} \right|$$

利用关系式 $\vec{p} = \hbar\vec{k}$，有 $\lambda = 2\pi\hbar/p$，即可简化为

$$\left(\frac{2\pi\hbar}{\lambda} \right)^2 \gg \left| \hbar(2\pi\hbar)\left(-\frac{1}{\lambda^2}\frac{\mathrm{d}\lambda}{\mathrm{d}x} \right) \right| \tag{1.27}$$

因此有

$$\frac{\mathrm{d}\lambda}{\mathrm{d}x} \ll 2\pi \tag{1.28}$$

即德布罗意波长 λ 随 x 的变化很缓慢。不仅如此，当 $\hbar \to 0$ 时，相应的德布罗意波长 $\lambda = 2\pi\hbar/p \to 0$，这时德布罗意波长本身就很短，这正是经典力学的情况。

薛定谔方程的经典过渡中，波函数还可以选取如下形式：

$$\psi(\vec{r},t) = a(\vec{r},t)\mathrm{e}^{\mathrm{i}S(\vec{r},t)/\hbar} \tag{1.29}$$

将式 (1.29) 代入薛定谔方程，并分开实部与虚部，可得两个方程：

$$-\frac{\partial S}{\partial t} = \frac{1}{2m}(\nabla S)^2 - \frac{\hbar^2}{2ma}\nabla^2 a + V \tag{1.30}$$

$$\frac{\partial a}{\partial t} + \frac{a}{2m}\nabla^2 S + \frac{1}{m}\nabla S \cdot \nabla a = 0 \tag{1.31}$$

略去式 (1.30) 中的 $\hbar^2$ 项，并用 $2a$ 乘以式 (1.31)，可得

$$-\frac{\partial S}{\partial t} = \mathcal{H} = \frac{1}{2m}(\nabla S)^2 + V \tag{1.32}$$

$$\frac{\partial a^2}{\partial t} + \nabla \cdot \left(a^2 \frac{\nabla S}{m}\right) = 0 \tag{1.33}$$

方程 (1.32) 就是单粒子作用量 S 的经典哈密顿–雅可比方程。考虑到 $\nabla S = \vec{p}$，而 $\rho = |\psi|^2 = a^2$，$a^2\nabla S/m = \rho\vec{v}$ 正是粒子的流密度，因此方程 (1.33) 便是连续性方程。上述过程同样也反映了由于波函数的统计解释，薛定谔方程有比牛顿方程更为丰富的内涵这一事实。薛定谔方程的经典过渡还可以以期望值方式过渡，具体细节参见文献 [1]，这里不再详细探讨。

1.3　再论量子状态的描述

1.3.1　纯态与混态

前面的讨论中，研究对象无论是单个粒子还是多粒子体系，其状态都可以用波函数来描述。体系的状态可以是力学量本征态中的某一个，也可以是它们的线性叠加。在希尔伯特空间，描述体系状态的波函数对应希尔伯特空间中的一个态矢量，这样的态称为纯态。由所有处于纯态粒子组成的系综称为纯态系综。纯态系综随时间的演化由含时薛定谔方程描述，经演化后体系的状态依然是纯态 (含时微扰处理的量子跃迁就对应这种情况)。虽然这时描述体系状态的波函数的模平方仍然是概率分布的涵义，但是体系可以是很多状态完全相同的粒子。例如，施

特恩–格拉赫实验中，银原子束经过非均匀磁场区之后，电子自旋取向向上的往上偏折，自旋取向向下的往下偏折。向上或向下偏折的银原子都完全被极化，分别可以用自旋波函数 $|z+\rangle$ 或 $|z-\rangle$ 描述，此时它们的状态都是纯态。$\hat{s}_z$ 的本征态 $|z+\rangle$ 与 $|z-\rangle$ 可以写成 $\hat{s}_x$ 的本征态 $|x+\rangle$ 和 $|x-\rangle$ 的线性叠加，因此纯态的相干叠加仍是纯态。

与纯态对应的是混态。以施特恩–格拉赫实验为例，关注的对象是所有从非均匀磁场中出来的银原子。银原子由两部分组成，自旋向上和自旋向下各占 50%。自旋向上和自旋向下的银原子之间没有固定相位关系，整个系综是由这两部分银原子以非相干的方式叠加在一起，因此无法用波函数描述由这两种状态银原子组成系综的状态，这样的系综为混态系综，原子系综所处的态为混态。换句话说，由处于不同纯态的粒子按相应权重非相干叠加在一起，便成为混态系综，体系的状态为混态。关于混态，需注意如下几点：

(1) 混态由各个纯态以非相干的方式叠加而成，叠加时抹去了各成分之间的相位信息。这种按相应权重非相干叠加表现的是整个系综的统计性质，引入量子系综 (quantum ensemble) 的概念正是为了描述这种统计性。

(2) 叠加的各纯态可以是相互正交的，也可以相互之间不正交。例如，处于 $\hat{s}_z$ 的本征态 $|z+\rangle$、$|z-\rangle$ 的银原子和处于 $\hat{s}_x$ 的本征态 $|x+\rangle$ 的银原子也可以按相应权重非相干叠加。

(3) 量子纠缠会引入各子系统的不确定性。例如，处于自旋单态上的电子对，其自旋波函数为

$$|0,\,0\rangle = \frac{1}{\sqrt{2}}\left(|\uparrow\rangle_1|\downarrow\rangle_2 - |\downarrow\rangle_1|\uparrow\rangle_2\right) \tag{1.34}$$

这两个电子组成的系统处于总自旋角动量为 0 的纯态，对其中某一个电子而言，其自旋状态与另一个电子的自旋状态关联在一起，其中一个电子自旋状态的测量结果依赖于另一个电子的测量结果。虽然两个测量结果之间的关联性已经确定，但对一个电子而言，其状态则表现出不确定性，无法用波函数描述。因此，有必要引入量子系综和混态概念。可以说混态与量子系综相对应。

考虑由 N 个粒子组成的系综，其中各粒子处于不同的、不一定彼此正交的纯态，假定其中处于纯态 $|\psi_i\rangle$ $(i=1,2,\cdots)$ 的粒子数为 n_i，这样的系综为量子系综，记为

$$\mathcal{QE} = \left\{|\psi_i\rangle,\, n_i,\, \sum_i n_i = N\right\} \tag{1.35}$$

如果采用归一化形式，可记为

$$\mathcal{QE} = \left\{|\psi_i\rangle,\, p_i,\, \sum_i p_i = 1\right\} \tag{1.36}$$

式中，p_i 表示各纯态成分所占概率。

仍以施特恩–格拉赫实验为例。考虑自旋方向为 $+x$ 的银原子沿 $+z$ 方向的非均匀磁场，在进入非均匀磁场之前电子的状态为

$$|x+\rangle = \frac{1}{\sqrt{2}}(|z+\rangle + |z-\rangle) \tag{1.37}$$

从非均匀磁场出来后，银原子组成的量子系综状态为

$$\mathcal{QE} = \{|z+\rangle, 1/2; \quad |z-\rangle, 1/2\} \tag{1.38}$$

对于进入施特恩–格拉赫装置前后的银原子，处于态 $|z+\rangle$ 和态 $|z-\rangle$ 的概率是一样的，都是 1/2，但是进入磁场之前，原子所处的状态是纯态，可以用波函数 $|x+\rangle$ 来描述，从磁场出来后，银原子的状态则变为混态，不能用波函数来描述银原子组成系综的状态。z 方向非均匀磁场的作用是对力学量 $\hat{s}_z$ 进行测量，因此，可以说量子系综经常来源于重复的正交测量或投影测量。

混态系综可视为多个纯态成分以非相干的方式叠加而成，因此纯态和混态在相干性方面是完全不同的。如果系综处于纯态 $|\Psi\rangle = \sum_i \sqrt{p_i}|\phi_i\rangle$，则力学量 $\hat{O}$ 的平均值为

$$
\begin{aligned}
\langle\hat{O}\rangle_{\text{pure}} = \langle\hat{O}\rangle_{\text{QM}} &= \langle\Psi|\hat{O}|\Psi\rangle \\
&= \sum_i p_i\langle\phi_i|\hat{O}|\phi_i\rangle + \sum_{i,j,i\neq j} \sqrt{p_i p_j}\langle\phi_i|\hat{O}|\phi_j\rangle
\end{aligned} \tag{1.39}
$$

如果系综处于如式 (1.36) 所描述的混合态，则力学量的平均值有两层含义：各纯态成分的量子力学平均和系统的统计平均，所以有

$$\langle\hat{O}\rangle_{\text{mix}} = \langle\langle\hat{O}\rangle_{\text{QM}}\rangle_{\text{ensemble}} = \sum_i p_i\langle\phi_i|\hat{O}|\phi_i\rangle \tag{1.40}$$

因此，就力学量平均值而言，纯态只有量子力学平均，存在交叉项，有相干性；混态既有量子力学平均，又有经典的统计平均，不存在交叉项。

1.3.2　密度矩阵

1. 密度矩阵的定义与性质

量子系综的状态不能用波函数描述。1927 年冯·诺依曼提出密度矩阵方法，可以统一描述纯态和混态。考虑量子系综由很多纯态组成，其密度矩阵算符 $\hat{\rho}$ 定义为

$$\hat{\rho} = \sum_i p_i|\psi_i\rangle\langle\psi_i| \tag{1.41}$$

式 (1.41) 表明，密度矩阵算符 $\hat{\rho}$ 是量子系综所含纯态投影算符的权重和。下面对密度矩阵算符的性质进行简单探讨。

(1) 由密度矩阵算符式 (1.41) 可知 $\hat{\rho} = \hat{\rho}^{\dagger}$，因此，$\hat{\rho}$ 是厄米算符。

(2) 密度矩阵算符的对角元 ρ_{nn} 满足 $0 \leqslant \rho_{nn} \leqslant 1$。任意取一组正交完备基 $\{|n\rangle\}$，有

$$
\begin{aligned}
\rho_{nn} &= \langle n| \sum_i p_i |\psi_i\rangle\langle\psi_i| n\rangle \\
&= \sum_i p_i |\langle n|\psi_i\rangle|^2
\end{aligned}
\tag{1.42}
$$

式中，$\langle n|\psi_i\rangle$ 正是量子系综中某一个纯态成分 $|\psi_i\rangle$ 在基矢 $|n\rangle$ 上的投影，因此 ρ_{nn} 的物理涵义是量子系综处于态 $|n\rangle$ 的概率。$\langle n|\psi_i\rangle$ 值一定大于等于 0，小于等于 1，因此有 $0 \leqslant \rho_{nn} \leqslant 1$。

(3) 密度矩阵算符 $\hat{\rho}$ 的迹等于 1：

$$
\begin{aligned}
\mathrm{Tr}(\hat{\rho}) &= \sum_n \sum_i \langle n|p_i|\psi_i\rangle\langle\psi_i|n\rangle \\
&= \sum_i p_i \langle\psi_i| \left(\sum_n |n\rangle\langle n| \right) |\psi_i\rangle \\
&= \sum_i p_i = 1
\end{aligned}
\tag{1.43}
$$

密度矩阵算符的定义表明其对角元素的值对应系综内粒子处于某个态的概率，因此密度矩阵算符 $\hat{\rho}$ 的迹等于 1 是量子系综总概率归一的要求。

考虑 $\hat{\rho}^2$，有

$$
\begin{aligned}
\mathrm{Tr}(\hat{\rho}^2) &= \sum_n \sum_{i,j} p_i \langle n|\psi_i\rangle\langle\psi_i|\psi_j\rangle p_j \langle\psi_j|n\rangle \\
&= \sum_{i,j} p_i \langle\psi_j| \left(\sum_n |n\rangle\langle n| \right) |\psi_i\rangle\langle\psi_i|\psi_j\rangle \\
&= \sum_i p_i \left(\sum_j |\langle\psi_i|\psi_j\rangle|^2 p_j \right)
\end{aligned}
\tag{1.44}
$$

只有当 $\langle\psi_i|\psi_j\rangle = 1$ 时，式 (1.44) 结果才等于 1。$\langle\psi_i|\psi_j\rangle = 1$ 意味着量子系综中只有一个纯态成分，即纯态 $|\psi_i\rangle$。因此，对于纯态有 $\mathrm{Tr}(\hat{\rho}^2) = 1$。对于混态，$\langle\psi_i|\psi_j\rangle < 1$，有 $\mathrm{Tr}(\hat{\rho}^2) < \sum_i p_i = 1$。因此，可以从 $\mathrm{Tr}(\hat{\rho}^2)$ 的值来判断体系是处

于纯态还是混态，具体如下：

$$\text{Tr}(\hat{\rho}^2) = \begin{cases} = 1, & \text{纯态} \\ < 1, & \text{混态} \end{cases} \tag{1.45}$$

(4) 密度矩阵全部本征值都是非负的，证明如下。

证明：假设量子系综由一组相互正交的纯态 $\{|\psi_i\rangle\}$ 组成，将密度矩阵算符作用于任一纯态 $|\psi_j\rangle$，有

$$\hat{\rho}|\psi_j\rangle = \sum_i p_i|\psi_i\rangle\langle\psi_i|\psi_j\rangle = p_j|\psi_j\rangle \tag{1.46}$$

式 (1.46) 是密度矩阵算符的本征值方程，因此量子系综各纯态 $|\psi_j\rangle$ 均是密度矩阵算符的本征态，本征值正是纯态成分 $|\psi_j\rangle$ 在系统中所占权重 p_j，必定非负。如果量子系综中各纯态成分不正交，考虑到密度矩阵算符是厄米算符，其本征函数构成一组正交完备基，系综任一纯态成分波函数可按其展开，同样可证明。

(5) 纯态的密度矩阵为 $\hat{\rho} = |\psi_i\rangle\langle\psi_i|$，即投影算符。因为 $\hat{\rho}^2 = \hat{\rho}$，所以纯态密度矩阵的本征值有两个，即 1 和 0。

(6) 引入一组正交完备基 $\{|n\rangle\}$，则力学量 $\hat{O}$ 的平均值为

$$\begin{aligned} \langle\hat{O}\rangle &= \sum_i p_i\langle\psi_i|\hat{O}|\psi_i\rangle \\ &= \sum_i \sum_{m,n} p_i\langle\psi_i|m\rangle\langle m|\hat{O}|n\rangle\langle n|\psi_i\rangle \\ &= \sum_{m,n} \left(\sum_i \langle n|\psi_i\rangle p_i\langle\psi_i|m\rangle\right) \langle m|\hat{O}|n\rangle \\ &= \sum_n \left(\sum_m \hat{\rho}_{nm}\hat{O}_{mn}\right) \\ &= \sum_n (\hat{\rho}\hat{O})_{nn} = \text{Tr}(\hat{\rho}\hat{O}) \end{aligned} \tag{1.47}$$

上述计算过程中，正交完备基可以任意选择，对 $\hat{\rho}\hat{O}$ 的求迹运算式 (1.47) 与表象选取无关。

系综处于纯态有三个充要标志：① 本征值只有一个为 1，其余均为 0；② 密度矩阵为投影算符；③ $\text{Tr}(\hat{\rho}^2)=1$。

2. 自旋 1/2 体系的密度矩阵

在具体讨论自旋 1/2 粒子之前，先证明泡利矩阵 $\hat{\sigma}_{x,y,z}$ 和 2×2 单位矩阵 I 构成 2×2 矩阵的完备集，且任意 2×2 矩阵可按泡利矩阵 $\hat{\sigma}_{x,y,z}$ 和 2×2 单位矩阵 I 展开。

证明：因为线性无关的 2×2 矩阵最多只有 4 个，只需证明 $\hat{\sigma}_x$、$\hat{\sigma}_y$、$\hat{\sigma}_z$、I 线性无关即可。假设有一组系数 c_i ($i=1,2,3,4$) 使得这四个矩阵线性相关，即

$$c_1 I + c_2 \hat{\sigma}_x + c_3 \hat{\sigma}_y + c_4 \hat{\sigma}_z = 0 \tag{1.48}$$

直接对式 (1.48) 两边求迹，并考虑 $\mathrm{Tr}(\hat{\sigma}_{x,y,z}) = 0$，可得

$$\mathrm{Tr}(c_1 I) = 2c_1 = 0 \quad \Rightarrow \quad c_1 = 0 \tag{1.49}$$

分别用 $\hat{\sigma}_x$、$\hat{\sigma}_y$、$\hat{\sigma}_z$ 乘以式 (1.48) 两边，利用关系式 $\hat{\sigma}_\alpha \hat{\sigma}_\beta = \mathrm{i}\varepsilon_{\alpha\beta\gamma}\hat{\sigma}_\gamma$，再分别求迹，分别有

$$c_2 = 0, \quad c_3 = 0, \quad c_4 = 0 \tag{1.50}$$

因此，$\hat{\sigma}_x$、$\hat{\sigma}_y$、$\hat{\sigma}_z$、I 是线性无关的。

假设 $\hat{\rho}$ 是任一 2×2 的密度矩阵，将其按泡利矩阵和单位矩阵展开，有

$$\hat{\rho} = c_0 I + c_x \hat{\sigma}_x + c_y \hat{\sigma}_y + c_z \hat{\sigma}_z \tag{1.51}$$

直接对式 (1.51) 两边求迹，可得

$$c_0 = \frac{1}{2}\mathrm{Tr}(\hat{\rho}) = \frac{1}{2} \tag{1.52}$$

分别用 $\hat{\sigma}_x$、$\hat{\sigma}_y$、$\hat{\sigma}_z$ 乘以式 (1.51) 两边，利用关系式 $\hat{\sigma}_\alpha \hat{\sigma}_\beta = \mathrm{i}\varepsilon_{\alpha\beta\gamma}\hat{\sigma}_\gamma$，再分别求迹有

$$c_\alpha = \frac{1}{2}\mathrm{Tr}(\hat{\rho}\sigma_\alpha) = \frac{1}{2}\langle \hat{\sigma}_\alpha \rangle, \quad \alpha = x, y, z \tag{1.53}$$

为了更加直观，引入矢量 $\vec{p}$，其各分量为 $p_\alpha = \langle \hat{\sigma}_\alpha \rangle$。不难理解矢量 p_α 与该方向自旋角动量平均值相对应，因此 $\vec{p}$ 表征的是体系极化程度，通常称为极化矢量，也称布洛赫矢量，则矩阵 $\hat{\rho}$ 可写为

$$\begin{aligned}\hat{\rho} &= \frac{1}{2}(1 + \vec{p} \cdot \hat{\vec{\sigma}}) \\ &= \frac{1}{2}\begin{pmatrix} 1+p_z & p_x - \mathrm{i}p_y \\ p_x + \mathrm{i}p_y & 1 - p_z \end{pmatrix}\end{aligned} \tag{1.54}$$

对于自旋 1/2 粒子，无论是处在纯态还是混合态，其密度矩阵总可以写为

$$\hat{\rho} = \begin{pmatrix} \rho_{00} & \rho_{01} \\ \rho_{10} & \rho_{11} \end{pmatrix}$$

$$= \rho_{00}|0\rangle\langle 0| + \rho_{11}|1\rangle\langle 1| + \rho_{01}|0\rangle\langle 1| + \rho_{10}|1\rangle\langle 0| \tag{1.55}$$

对角元素表示处于各态的概率,其值非负。非对角元素表征各态之间的相干性,可以是复数,纯态时相干性最大,故有

$$\mathrm{Tr}(\hat{\rho}) = \rho_{00} + \rho_{11} = 1 \tag{1.56}$$

$$\mathrm{Tr}(\hat{\rho}^2) = \rho_{00}^2 + \rho_{11}^2 + 2|\rho_{01}|^2 \leqslant 1, \quad \text{纯态时取 "="} \tag{1.57}$$

由式 (1.54),利用公式 $(\hat{\vec{\sigma}} \cdot \vec{A})(\hat{\vec{\sigma}} \cdot \vec{B}) = \vec{A} \cdot \vec{B} + \mathrm{i}\hat{\vec{\sigma}} \cdot (\vec{A} \times \vec{B})$,不难证明有

$$\begin{aligned}
\hat{\rho}^2 &= \frac{1}{4}(1 + \vec{p} \cdot \hat{\vec{\sigma}})(1 + \vec{p} \cdot \hat{\vec{\sigma}}) \\
&= \frac{1}{4}[1 + 2\vec{p} \cdot \hat{\vec{\sigma}} + (\vec{p} \cdot \hat{\vec{\sigma}})(\vec{p} \cdot \hat{\vec{\sigma}})] \\
&= \frac{1}{4}(1 + 2\vec{p} \cdot \hat{\vec{\sigma}} + p^2) = \hat{\rho} + \frac{1}{4}(p^2 - 1)
\end{aligned} \tag{1.58}$$

因为 $\mathrm{Tr}(\hat{\rho}^2) \leqslant \mathrm{Tr}(\hat{\rho})$,故有 $p \leqslant 1$。纯态时极化矢量 $\vec{p}$ 模长等于 1,混态时极化矢量 $\vec{p}$ 模长小于 1。因此,极化矢量的模长可以用来度量系综混合程度。

下面以自旋 1/2 粒子为例,体会纯态与混态之间的差别。定义 $|0\rangle = |m_s = 1/2\rangle = (1,0)^{\mathrm{T}}$, $|1\rangle = |m_s = -1/2\rangle = (0,1)^{\mathrm{T}}$

$$\text{纯态:} |\psi\rangle_{\mathrm{pure}} = \frac{1}{\sqrt{3}}(|0\rangle + \sqrt{2}|1\rangle) = \frac{1}{\sqrt{3}}\begin{pmatrix} 1 \\ \sqrt{2} \end{pmatrix} \tag{1.59}$$

$$\text{混态:} \mathcal{QE} = \left\{ |0\rangle, \frac{1}{3}; \quad |1\rangle, \frac{2}{3} \right\} \tag{1.60}$$

对应的密度矩阵分别为

$$\hat{\rho}_{\mathrm{pure}} = \frac{1}{3}\begin{pmatrix} 1 & \sqrt{2} \\ \sqrt{2} & 2 \end{pmatrix} \tag{1.61}$$

$$\hat{\rho}_{\mathrm{mix}} = \frac{1}{3}\begin{pmatrix} 1 & 0 \\ 0 & 2 \end{pmatrix} \tag{1.62}$$

从纯态和混态对应的密度矩阵算符可以看出两者的差别,描述纯态的密度矩阵算符的非对角元素不为零,混态除对角元素外,所有非对角元素全部为零。因为密度矩阵算符的非对角元描述的是相应状态之间的相干,所以这种相干包含彼此之间的相位信息。混态是由各部分以非相干的方式叠加而成,所含各纯态成分之间自然没有相干可言,因此非对角元素全为零。

由密度矩阵可计算自旋角动量各分量平均值，如下：

$$\langle \hat{s}_x \rangle_{\text{pure}} = \frac{\sqrt{2}\hbar}{3}, \qquad \langle \hat{s}_y \rangle_{\text{pure}} = 0 \tag{1.63}$$

$$\langle \hat{s}_z \rangle_{\text{pure}} = -\frac{\hbar}{6}, \qquad p = 1 \tag{1.64}$$

$$\langle \hat{s}_x \rangle_{\text{mix}} = 0, \qquad \langle \hat{s}_y \rangle_{\text{mix}} = 0 \tag{1.65}$$

$$\langle \hat{s}_z \rangle_{\text{mix}} = -\frac{\hbar}{6}, \qquad p = \frac{1}{9} \tag{1.66}$$

对上述计算结果进行分析，可得到如下信息：

(1) 无论是在态 $|0\rangle$ 还是态 $|1\rangle$，$\hat{s}_x$ 和 $\hat{s}_y$ 的平均值都为零，这两个纯态非相干叠加而成的混态保存了原有两个纯态的特点，$\hat{s}_x$ 和 $\hat{s}_y$ 的平均值仍然为零。$\hat{s}_z$ 的平均值为两个纯态成分的加权平均。处在该混态中的粒子，有 1/3 的权重处在态 $|0\rangle$ 中，有 2/3 的权重处在态 $|1\rangle$ 中。

(2) 在由态 $|0\rangle$ 和态 $|1\rangle$ 相干叠加的新纯态 $|\psi\rangle_{\text{pure}}$ 中，引入原来两态都没有的性质，具体体现在 $\langle \hat{s}_x \rangle_{\text{pure}} \neq 0$。因此，对处于纯态 $|\psi\rangle_{\text{pure}}$ 的粒子，不能说它有 1/3 的权重处在态 $|0\rangle$ 中，有 2/3 的权重处在态 $|1\rangle$，它是一个同时处在态 $|0\rangle$ 和态 $|1\rangle$ 的新态。

(3) 纯态时极化矢量 $\vec{p}$ 的长度恒定，等于 1；混态时极化矢量 $\vec{p}$ 的长度小于 1。

(4) 如果考虑如下纯态：

$$\begin{aligned} |\psi\rangle_{\text{pure}} &= \frac{1}{\sqrt{3}}(|0\rangle + \mathrm{i}\sqrt{2}|1\rangle) \\ &= \frac{1}{\sqrt{3}}\begin{pmatrix} 1 \\ \mathrm{i}\sqrt{2} \end{pmatrix} \end{aligned} \tag{1.67}$$

由于态 $|0\rangle$ 与态 $|1\rangle$ 之间的相位关系发生了变化，这种相位关系的变化会反映在密度矩阵上。此时该纯态的密度矩阵为

$$\rho_{\text{pure}} = \frac{1}{3}\begin{pmatrix} 1 & -\mathrm{i}\sqrt{2} \\ \mathrm{i}\sqrt{2} & 2 \end{pmatrix} \tag{1.68}$$

3. 密度矩阵的运动方程

量子系综的状态可以用密度矩阵描述，当系综状态随时间变化时，描述系综状态的密度矩阵如何随时间演化？由含时薛定谔方程可得

$$\mathrm{i}\hbar \frac{\mathrm{d}\hat{\rho}(t)}{\mathrm{d}t} = \frac{\mathrm{d}}{\mathrm{d}t}\left(\sum_i p_i |\psi_i\rangle\langle\psi_i|\right)$$

$$= i\hbar \sum_i p_i |\dot{\psi}_i\rangle\langle\psi_i| + p_i |\psi_i\rangle\langle\dot{\psi}_i|$$

$$= [\hat{H}(t), \hat{\rho}(t)] \tag{1.69}$$

这就是薛定谔绘景中密度矩阵的运动方程, 即密度矩阵方程或刘维尔方程。如果专注于相互作用对系综的影响, 可将密度矩阵方程转入相互作用绘景:

$$i\hbar \frac{\mathrm{d}\hat{\rho}_I(t)}{\mathrm{d}t} = [H_I(t), \hat{\rho}_I]$$

绘景的概念以及不同绘景之间的转换将在 1.7 节介绍。

　　考虑自旋 1/2 的电子二态体系与磁场的耦合, 其密度矩阵与体系极化矢量 $\vec{p}$ 联系在一起, 因此可以由此二态系统的密度矩阵方程结合该体系哈密顿量建立极化矢量 $\vec{p}$ 随时间的演化方程。相互作用哈密顿量为

$$\hat{H} = -\vec{\mu} \cdot \vec{B} = \frac{1}{2} g_{\mathrm{L}} \mu_{\mathrm{B}} \vec{B} \cdot \hat{\vec{\sigma}} \tag{1.70}$$

对 $\hat{\rho} = (1 + \vec{p} \cdot \hat{\vec{\sigma}})/2$ 两边取微分, 可得

$$\begin{aligned}
i\hbar \frac{\mathrm{d}\hat{\rho}(t)}{\mathrm{d}t} &= \frac{i\hbar}{2} \frac{\mathrm{d}\vec{p}}{\mathrm{d}t} \cdot \hat{\vec{\sigma}} = \frac{i\hbar}{2}(\dot{p}_x \hat{\sigma}_x + \dot{p}_y \hat{\sigma}_y + \dot{p}_z \hat{\sigma}_z) \\
&= \left[\frac{1}{2} g_{\mathrm{L}} \mu_{\mathrm{B}} \vec{B} \cdot \hat{\vec{\sigma}}, \ \frac{1}{2}(1 + \vec{p} \cdot \hat{\vec{\sigma}}) \right] \\
&= \frac{g_{\mathrm{L}} \mu_{\mathrm{B}}}{4} \left[(\vec{B} \cdot \hat{\vec{\sigma}})(\vec{p} \cdot \hat{\vec{\sigma}}) - (\vec{p} \cdot \hat{\vec{\sigma}})(\vec{B} \cdot \hat{\vec{\sigma}}) \right] \\
&= \frac{i g_{\mathrm{L}} \mu_{\mathrm{B}}}{2} (\vec{B} \times \vec{p}) \cdot \hat{\vec{\sigma}}
\end{aligned} \tag{1.71}$$

因此极化矢量 $\vec{p}$ 的演化方程为

$$\frac{\mathrm{d}\vec{p}}{\mathrm{d}t} = \frac{g_{\mathrm{L}} \mu_{\mathrm{B}}}{\hbar} \vec{B} \times \vec{p} \tag{1.72}$$

对于由电子组成的二态体系, 无论处在纯态还是混态, 体系极化矢量随时间的演化为绕磁场进动。式 (1.72) 中没有考虑体系与环境之间的耗散机制, 因此极化矢量随时间演化时主要体现为方向的变化, 其长度不随时间变化。如果将耗散机制引入进来, 极化矢量的长度将随时间变化。

　　利用密度矩阵方程, 可以建立力学量平均值随时间的演化方程:

$$\begin{aligned}
i\hbar \frac{\mathrm{d}\langle\hat{O}\rangle}{\mathrm{d}t} &= i\hbar \frac{\mathrm{d}}{\mathrm{d}t} \mathrm{Tr}(\hat{\rho}\hat{O}) \\
&= i\hbar \left[\mathrm{Tr}(\hat{\rho}\dot{\hat{O}}) + \mathrm{Tr}(\dot{\hat{\rho}}\hat{O}) \right] \\
&= \langle\dot{\hat{O}}\rangle + \mathrm{Tr}\left([H, \hat{\rho}]\hat{O} \right)
\end{aligned} \tag{1.73}$$

4. 二能级密度矩阵运动方程的矢量描述

考虑如图 1.1 所示的激光与二能级原子相互作用，在相互作用表象下考虑偶极近似和旋转波近似，体系的相互作用哈密顿量[①]为

$$H_I = -\hbar \begin{pmatrix} 0 & \Omega \\ \Omega & \Delta \end{pmatrix} \tag{1.74}$$

式中，Δ 表示激光场与能级跃迁之间的频率差；Ω 表示激光场强度的拉比频率。

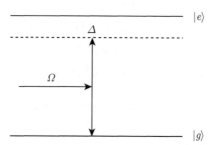

图 1.1   激光与二能级原子相互作用示意图

将上述哈密顿量代入密度矩阵方程 (1.70)，并考虑能级 $|g\rangle$ 和 $|e\rangle$ 弛豫过程的影响，则密度矩阵元方程为

$$\dot{\rho}_{gg} = \mathrm{i}\Omega(\hat{\rho}_{eg} - \hat{\rho}_{ge}) - \gamma_g \hat{\rho}_{gg} \tag{1.75a}$$

$$\dot{\rho}_{ge} = -\left(\mathrm{i}\Delta + \frac{\gamma_e + \gamma_g}{2}\right)\hat{\rho}_{ge} + \mathrm{i}\Omega(\hat{\rho}_{ee} - \hat{\rho}_{gg}) \tag{1.75b}$$

$$\dot{\rho}_{eg} = \left(\mathrm{i}\Delta - \frac{\gamma_e + \gamma_g}{2}\right)\hat{\rho}_{eg} - \mathrm{i}\Omega(\hat{\rho}_{ee} - \hat{\rho}_{gg}) \tag{1.75c}$$

$$\dot{\rho}_{ee} = -\mathrm{i}\Omega(\hat{\rho}_{eg} - \hat{\rho}_{ge}) - \gamma_e \hat{\rho}_{ee} \tag{1.75d}$$

引入布洛赫矢量 $\vec{R} = R_1 \hat{e}_1 + R_2 \hat{e}_2 + R_3 \hat{e}_3$，其三个实分量的定义分别为

$$R_1 = \hat{\rho}_{eg} + \hat{\rho}_{ge} \tag{1.76a}$$

$$R_2 = \mathrm{i}(\hat{\rho}_{eg} - \hat{\rho}_{ge}) \tag{1.76b}$$

$$R_3 = \hat{\rho}_{ee} - \hat{\rho}_{gg} \tag{1.76c}$$

第一个实分量 R_1 表征原子介质的色散；第二个实分量 R_2 表征原子介质对光场的吸收；第三个实分量 R_3 表征原子的粒子数反转。

---

① 相互作用哈密顿量的处理请参考第 3 章含时微扰应用部分。

如果 $\gamma_g = \gamma_e = \gamma$，则密度矩阵元方程可改写为如下 R_1、R_2、R_3 的方程：

$$\dot{R}_1 = \Delta R_2 - \gamma R_1 \tag{1.77a}$$

$$\dot{R}_2 = -\Delta R_1 - \gamma R_2 + 2\Omega R_3 \tag{1.77b}$$

$$\dot{R}_3 = -2\Omega R_2 - \gamma R_3 \tag{1.77c}$$

将式 (1.77a)~ 式 (1.77c) 写成矢量方程：

$$\dot{\vec{R}} = -\gamma \vec{R} + \vec{R} \times \vec{\Omega}_{\text{eff}} \tag{1.78}$$

式中，等效拉比频率 $\vec{\Omega}_{\text{eff}}$ 为

$$\vec{\Omega}_{\text{eff}} = 2\Omega \hat{e}_1 + \Delta \hat{e}_3 \tag{1.79}$$

方程 (1.78) 描述了布洛赫矢量随时间的演化，它绕等效拉比频率 $\vec{\Omega}_{\text{eff}}$ 进动。如果入射光与能级间精确共振，即 $\Delta = 0$，则等效拉比频率 $\vec{\Omega}_{\text{eff}} = 2\Omega \hat{e}_1$ 沿 $\hat{e}_1$ 方向，布洛赫矢量进动如图 1.2(a) 所示。如果 $\Delta \neq 0$，这时等效拉比频率 $\vec{\Omega}_{\text{eff}}$ 在 $\hat{e}_1$ 和 $\hat{e}_3$ 两个方向均有分量，$\Delta > 0$ 时布洛赫矢量进动如图 1.2(b) 所示。如果考虑体系的衰减，即方程 (1.78) 等号右边第一项的影响，布洛赫矢量在进动的同时，长度将慢慢变短，直至消失。如果布洛赫矢量指向 $\hat{e}_3$，则表示体系粒子数反转为 1，这时系统全部处在激发态 $|e\rangle$，如果拉比频率指向 $-\hat{e}_3$，体系粒子数反转为 -1，体系处在基态 $|g\rangle$。

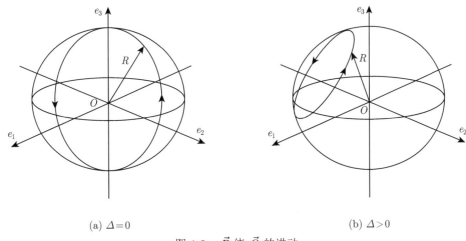

(a) $\Delta = 0$ (b) $\Delta > 0$

图 1.2　$\vec{R}$ 绕 $\vec{\Omega}$ 的进动

5. 约化密度矩阵

实际问题中经常遇到这样的情况，整个系统的演化或整体性质并不是关注的重点，只对大系综中的某个子系综，或者系综的某一方面或某一特性感兴趣。希

望随着体系力学量的演化，平均值等性质只与大系综中的某个子系综相关。这时需要对整个大系综部分求迹，将不感兴趣部分的自由度或者性质通过平均方式抹去，也就是以求统计平均的方式将其余部分对所感兴趣部分的影响予以消除，这样便得到单独描述子系综状态的约化密度矩阵。

例如，由粒子 1 和粒子 2 构成的系统，现在仅考虑粒子 1 的某个力学量 $\hat{O}$ 的平均值和描述状态的密度矩阵满足的动力学方程，不关注粒子 2 的状态和演化，这时需要将粒子 2 对粒子 1 的影响消除掉。具体处理思路如下：分别记粒子 1 和粒子 2 的正交完备基为 $\{\phi_n\}$ 和 $\{\varphi_\alpha\}$，一般在这两个粒子的直积空间考虑两个粒子的演化，直积空间的基矢为

$$|\psi\rangle = \sum_n \sum_\alpha c_{n\alpha}|\phi_n\rangle \otimes |\varphi_\alpha\rangle = \sum_n \sum_\alpha c_{n\alpha}|\phi_n\varphi_\alpha\rangle \tag{1.80}$$

式中，$c_{n\alpha}$ 是保证 $|\psi\rangle$ 归一而引入的归一化系数，满足：

$$\sum_n \sum_\alpha |c_{n\alpha}|^2 = 1 \tag{1.81}$$

描述粒子 1 和粒子 2 组成的两个体系状态的密度矩阵为

$$\hat{\rho}_{12} = |\psi\rangle\langle\psi| = \sum_{\alpha\alpha'} \sum_{nn'} c_{n\alpha}c_{n'\alpha'}|\varphi_\alpha\phi_n\rangle\langle\varphi_{\alpha'}\phi_{n'}| \tag{1.82}$$

粒子 1 的某个可观测力学量 $\hat{O}$ 的平均值为

$$\begin{aligned}
\langle\hat{O}_1\rangle &= \text{Tr}(\hat{\rho}_{12}\hat{O}_1) = \sum_{n\alpha}\langle\phi_n\varphi_\alpha|\hat{\rho}_{12}\hat{O}_1|\phi_n\varphi_\alpha\rangle \\
&= \sum_{n\alpha}\sum_{n'\alpha'}\langle\phi_n\varphi_\alpha|\hat{\rho}_{12}|\phi_{n'}\varphi_{\alpha'}\rangle\langle\phi_{n'}\varphi_{\alpha'}|\hat{O}_1|\phi_n\varphi_\alpha\rangle \\
&= \sum_{n\alpha}\sum_{n'\alpha'}\langle\phi_n\varphi_\alpha|\hat{\rho}_{12}|\phi_{n'}\varphi_{\alpha'}\rangle\langle\phi_{n'}|\hat{O}_1|\phi_n\rangle\delta_{\alpha\alpha'} \\
&= \sum_{nn'}\langle\phi_n|\left(\sum_\alpha\langle\varphi_\alpha|\hat{\rho}_{12}|\varphi_\alpha\rangle\right)|\phi_{n'}\rangle\langle\phi_{n'}|\hat{O}_1|\phi_n\rangle \\
&= \sum_n\langle\phi_n|\hat{\rho}_1\hat{O}_1|\phi_n\rangle = \text{Tr}(\hat{\rho}_1\hat{O}_1) \tag{1.83}
\end{aligned}$$

式中，$\hat{\rho}_1$ 是将系统中与粒子 2 相关的自由度部分求迹后得到的粒子 1 的约化密度矩阵算符，具体形式为

$$\hat{\rho}_1 = \text{Tr}^{(2)}(\hat{\rho}_{12}) = \sum_\alpha\langle\varphi_\alpha|\hat{\rho}_{12}|\varphi_\alpha\rangle \tag{1.84}$$

约化密度矩阵 $\hat{\rho}_1$ 的矩阵元为

$$
\begin{aligned}
\langle \phi_n | \hat{\rho}_1 | \phi_{n'} \rangle &= \langle \phi_n | \mathrm{Tr}^{(2)}(\hat{\rho}_{12}) | \phi_{n'} \rangle \\
&= \sum_\alpha \langle \phi_n \varphi_\alpha | \hat{\rho}_{12} | \varphi_\alpha \phi_{n'} \rangle
\end{aligned}
\tag{1.85}
$$

上述计算过程中用到部分求迹运算，关于部分求迹运算需要注意：① 对粒子 1 或粒子 2 求迹只需局限于具体问题所涉及的第一部分或第二部分的子空间，无须对全空间求迹；② 约化密度矩阵 $\hat{\rho}_1$ ($\hat{\rho}_2$) 不能用来研究第二 (第一) 子系统中的问题。

6. 密度矩阵与量子态信息的度量

量子系综可视为多个纯态的非相干叠加，但是将混态分解为多个纯态的非相干叠加时的分解却不是唯一的。双态系统就存在这样的分解定理：通过双态系统任一混态的极化矢量 $\vec{p}(\theta, \varphi)$ 端点，作任意直线交布洛赫球面于两点，对应系综的两个纯态。这两个纯态便是此混态的两个非正交分解，非相干混合叠加系数反比于球面交点到矢量端点的相对距离。顺着和逆着 $\vec{p}(\theta, \varphi)$ 方向往两端延长交于球面的两点，就是该混态的正交谱分解。虽然混态的正交谱分解只有一种，但是存在无穷多非正交谱分解，也就是说存在无穷多不同的量子系综。因此可以说，用密度矩阵对量子系综进行描述时，抹去了量子系综一部分信息。换句话说，对系综缺少认知。对系综缺少的认知予以度量，就是接下来要介绍的冯·诺依曼熵。

如果量子系综的状态可以用密度矩阵算符 $\hat{\rho}$ 描述，则冯·诺依曼熵为

$$
S(\hat{\rho}) = -\mathrm{Tr}(\hat{\rho} \lg \hat{\rho}) = -\sum_n \lambda_n \log_2 \lambda_n
\tag{1.86}
$$

式中，λ_n 是描述系综状态密度矩阵算符 $\hat{\rho}$ 的本征值。

对于冯·诺依曼熵，需要注意两点：

(1) 量子态的冯·诺依曼熵是对量子态缺少认知的一种度量，是对该量子态信息不完备的量化标志。例如，纯态密度矩阵算符的本征值为 0 和 1，因此纯态的冯·诺依曼熵为零，因为纯态的所有信息都包含在波函数之中，所以不缺乏对该态的认知。

以双态系统为例，如果描述系综状态的密度矩阵算符为

$$
\hat{\rho}_{\mathrm{mix}} = \frac{1}{4} \begin{pmatrix} 3 & 1 \\ 1 & 1 \end{pmatrix}
\tag{1.87}
$$

可计算该密度矩阵算符的两个本征值分别为

$$
\lambda_1 = \frac{1}{2} \left(1 + \frac{1}{\sqrt{2}} \right)
\tag{1.88}
$$

$$\lambda_2 = \frac{1}{2}\left(1 - \frac{1}{\sqrt{2}}\right) \tag{1.89}$$

该系综的冯 · 诺依曼熵为

$$S(\hat{\rho}) = -\lambda_1 \log_2 \lambda_1 - \lambda_2 \log_2 \lambda_2 \simeq 0.6 \tag{1.90}$$

(2) 冯 · 诺依曼熵可以刻画两体纯态的纠缠, 如贝尔基:

$$|0, 0\rangle = \frac{1}{\sqrt{2}}(|\uparrow\rangle_A|\downarrow\rangle_B - |\downarrow\rangle_A|\uparrow\rangle_B) \tag{1.91}$$

对这两个粒子而言, 系综状态为纯态, 因此冯 · 诺依曼熵为 0。但是如果仅关注其中某一个粒子, 其密度矩阵算符为

$$\hat{\rho}_{A,B} = \frac{1}{2}\begin{pmatrix} 1 & 0 \\ 0 & 1 \end{pmatrix} \tag{1.92}$$

因此这个两体纠缠态中单个粒子的冯 · 诺依曼熵为 1。可以这样说, 这个两体纠缠态中, 任一单体量子态的认知都是完全不确定的, 所有关于这个态的信息全部蕴含在两个粒子的相互关联之中。需要注意的是, 对单体量子态认知的不确定性并不是量子系综的波粒二象性导致的。

1.4 算 符 公 设

1.4.1 对易关系与运算法则

经正则量子化, 经典物理学中除时间外的所有力学量均转化为对应的厄米算符, 即任一可观测力学量 F 可以用相应的线性厄米算符 $\hat{F}$ 表示。这些算符作用于态的波函数。最常用的对易关系有

$$[x_\alpha, \hat{p}_\beta] = \mathrm{i}\hbar\delta_{\alpha\beta}, \quad \alpha, \ \beta, \ \gamma \in (x, \ y, \ z) \tag{1.93}$$

$$[\hat{p}_x, \ \hat{f}(x)] = -\mathrm{i}\hbar\frac{\mathrm{d}\hat{f}(x)}{\mathrm{d}x} \tag{1.94}$$

$$[\hat{x}, \ \hat{f}(p_x)] = \mathrm{i}\hbar\frac{\mathrm{d}\hat{f}(p_x)}{\mathrm{d}p_x} \tag{1.95}$$

$$[\hat{p}_\alpha, \hat{l}_\beta] = \mathrm{i}\hbar\varepsilon_{\alpha\beta\gamma}\hat{p}_\gamma \tag{1.96}$$

$$[\hat{x}_\alpha, \hat{l}_\beta] = \mathrm{i}\hbar\varepsilon_{\alpha\beta\gamma}\hat{x}_\gamma \tag{1.97}$$

$$[\hat{l}_\alpha, \hat{l}_\beta] = \mathrm{i}\hbar\varepsilon_{\alpha\beta\gamma}\hat{l}_\gamma \tag{1.98}$$

$$[\hat{\vec{l}}\,^2, \hat{l}_\alpha] = 0 \tag{1.99}$$

式中，$\varepsilon_{\alpha\beta\gamma}$ 是 Levi-Civita 符号，是一个三阶反对称张量，定义如下：

$$\varepsilon_{\alpha\beta\gamma} = -\varepsilon_{\beta\alpha\gamma} = -\varepsilon_{\alpha\gamma\beta} \tag{1.100}$$

$$\varepsilon_{xyz} = 1 \tag{1.101}$$

角动量各分量之间的对易关系也可以写成如下矢量形式：

$$\hat{\vec{l}} \times \hat{\vec{l}} = \mathrm{i}\hbar\hat{\vec{l}} \tag{1.102}$$

在考虑电磁相互作用时，为了突出相互作用对体系的影响，需要将问题转入海森伯绘景或者相互作用绘景。变换时要用到算符运算的 Baker-Hausdorff 公式，即给定算符 $\hat{A}$、$\hat{B}$，有

$$\mathrm{e}^{-\alpha A}B\mathrm{e}^{\alpha A} = B - \alpha[A, B] + \frac{\alpha^2}{2!}[A, [A, B]] + \cdots \tag{1.103}$$

式 (1.103) 证明如下：做辅助函数 (1.104)，再将其展开为麦克劳林级数，并取 $\lambda = 1$ 即可得证。

$$f(\lambda) = \mathrm{e}^{-\lambda\alpha\hat{A}}\hat{B}\mathrm{e}^{\lambda\alpha\hat{A}} \tag{1.104}$$

另一个很有用的公式是 Glauber 公式。设算符 $\hat{A}$ 与 $\hat{B}$ 不对易，但是 $[\hat{A}, \hat{B}]$ 与 $\hat{A}$ 和 $\hat{B}$ 对易，即 $[\hat{A}, [\hat{A}, \hat{B}]] = [\hat{B}, [\hat{A}, \hat{B}]] = 0$，则有

$$\mathrm{e}^{\hat{A}+\hat{B}} = \mathrm{e}^{\hat{A}}\mathrm{e}^{\hat{B}}\mathrm{e}^{-[\hat{A}, \hat{B}]/2} = \mathrm{e}^{\hat{B}}\mathrm{e}^{\hat{A}}\mathrm{e}^{[\hat{A}, \hat{B}]/2} \tag{1.105}$$

下面给出 Glauber 公式的简单证明。由 Baker-Hausdorff 公式有

$$\mathrm{e}^{-\alpha\hat{B}}\hat{A}\mathrm{e}^{\alpha\hat{B}} = \hat{A} + \alpha[\hat{A}, \hat{B}] \tag{1.106}$$

式 (1.106) 等号左右两边同时左乘 $\mathrm{e}^{\alpha\hat{B}}$，可得

$$\hat{A}\mathrm{e}^{\alpha\hat{B}} = \mathrm{e}^{\alpha\hat{B}}(\hat{A} + \alpha[\hat{A}, \hat{B}]) \tag{1.107}$$

做辅助函数 $f(\alpha) = \mathrm{e}^{\alpha\hat{A}}\mathrm{e}^{\alpha\hat{B}}$，有

$$\begin{aligned}
\frac{\mathrm{d}f(\alpha)}{\mathrm{d}\alpha} &= \mathrm{e}^{\alpha\hat{A}}\hat{A}\mathrm{e}^{\alpha\hat{B}} + \mathrm{e}^{\alpha\hat{A}}\hat{B}\mathrm{e}^{\alpha\hat{B}} \\
&= \mathrm{e}^{\alpha\hat{A}}(\hat{A} + \hat{B} + \alpha[\hat{A}, \hat{B}])\mathrm{e}^{\alpha\hat{B}} \\
&= f(\alpha)(\hat{A} + \hat{B} + \alpha[\hat{A}, \hat{B}])
\end{aligned} \tag{1.108}$$

上述方程的解为

$$\ln f(\alpha) = \alpha(\hat{A} + \hat{B}) + \frac{\alpha^2}{2}[\hat{A}, \hat{B}] + C \tag{1.109}$$

考虑到 $f(0) = 1$，可得 $C = 0$。取 $\alpha = 1$，并利用关系式 $[\hat{A}, [\hat{A}, \hat{B}]] = [\hat{B}, [\hat{A}, \hat{B}]] = 0$ 即可得证。

1.4.2　算符的矩阵形式

(1) 选取一组基矢称为选择一个表象，用这组基矢撑开的空间就是所需要的希尔伯特空间。

(2) 给定表象后，量子态对应于希尔伯特空间中的一个态矢量。

(3) 算符是希尔伯特空间中从一个态矢量到另一个态矢量的操作。给定表象后，一个算符对应一个方阵，表示为

$$\begin{pmatrix} O_{11} & O_{12} & \cdots \\ O_{21} & O_{22} & \cdots \\ \vdots & \vdots & \ddots \end{pmatrix} \tag{1.110}$$

式中，矩阵元 O_{ij} 为

$$O_{ij} = \langle \psi_i | \hat{O} \psi_j \rangle \tag{1.111}$$

表示由算符 $\hat{O}$ 作用后的基矢 $\psi'_j = \hat{O}\psi_j$ 在原来基矢 ψ_i 上的投影。

(4) 一般来说，量子力学中的希尔伯特空间是复的函数空间。相互正交的基矢数目既可以是有限的，也可以是无限的。

1.4.3　厄米算符

厄米算符和幺正算符是量子力学中十分常见的两类算符，这里主要介绍厄米算符，幺正算符将在第 2 章展开。

探讨厄米算符主要是为了解决如下两个问题：① 建立理论计算结果与实验测量值之间的联系；② 建立希尔伯特空间的基矢。

解决这两个问题之前简单介绍厄米算符的性质。归纳起来，厄米算符有如下性质：

(1) 厄米算符的本征值是实数。

(2) 在任意状态下，厄米算符的平均值都是实数。可以证明任意状态下平均值是实数的算符一定是厄米算符。

(3) 厄米算符对应于不同本征值的本征函数彼此正交。

由冯·诺依曼的正交投影测量理论可知，对某一力学量进行测量时，测量的结果为被测力学量的本征值，这要求该可观测力学量本征值为实数，平均值为实数。因此根据厄米算符的性质 (1) 和 (2) 可知，与可观测力学量对应的只能是厄米算符。由性质 (3) 可知，厄米算符的本征函数具有正交归一性，同时还具有完备的性质，因此厄米算符的本征函数可以作为基矢建立所需要的希尔伯特空间。选择不同厄米算符的本征函数建立的不同希尔伯特空间，称为不同的表象。

1.4.4　力学量随时间的演化与守恒量

1. 埃伦菲斯特定理

波动力学关注微观粒子的波动性，体系状态随时间的演化由波函数满足的薛定谔方程描述。矩阵力学关注微观粒子的粒子性，从体系所对应的可观测力学量或算符切入，因此体系的动力学问题由可观测力学量随时间的演化方程描述。

$\hat{A}$ 在任一态 ψ 中的平均值为

$$\langle \hat{A} \rangle = \int \psi^*(\vec{r}, t) \hat{A} \psi(\vec{r}, t) \mathrm{d}\vec{r} \tag{1.112}$$

当体系所处的状态随时间变化时，$\langle \hat{A} \rangle$ 将随时间变化：

$$
\begin{aligned}
\frac{\mathrm{d}\langle \hat{A} \rangle}{\mathrm{d}t} &= \int \psi^* \frac{\partial \hat{A}}{\partial t} \psi \mathrm{d}\vec{r} + \int \frac{\partial \psi^*}{\partial t} \hat{A} \psi \mathrm{d}\vec{r} + \int \psi^* \hat{A} \frac{\partial \psi}{\partial t} \mathrm{d}\vec{r} \\
&= \int \psi^* \frac{\partial \hat{A}}{\partial t} \psi \mathrm{d}\vec{r} - \frac{1}{\mathrm{i}\hbar} \int (\hat{H}\psi)^* \hat{A} \psi \mathrm{d}\vec{r} + \frac{1}{\mathrm{i}\hbar} \int \psi^* \hat{A} \hat{H} \psi \mathrm{d}\vec{r} \\
&= \int \psi^* \left\{ \frac{\partial \hat{A}}{\partial t} + \frac{1}{\mathrm{i}\hbar} [\hat{A}, \hat{H}] \right\} \psi \mathrm{d}\vec{r} \\
&= \left\langle \frac{\partial \hat{A}}{\partial t} + \frac{1}{\mathrm{i}\hbar} [\hat{A}, \hat{H}] \right\rangle \\
&= \left\langle \frac{\partial \hat{A}}{\partial t} \right\rangle + \frac{1}{\mathrm{i}\hbar} \left\langle [\hat{A}, \hat{H}] \right\rangle
\end{aligned}
\tag{1.113}
$$

式 (1.113) 就是埃伦菲斯特定理，该定理定义了量子力学中的守恒量。若算符 $\hat{A}$ 不显含时间 t，则有 $\partial_t \hat{A} = 0$，式 (1.113) 简化为

$$\frac{\mathrm{d}\langle \hat{A} \rangle}{\mathrm{d}t} = \frac{1}{\mathrm{i}\hbar} \left\langle [\hat{A}, \hat{H}] \right\rangle \tag{1.114}$$

如果 $\hat{A}$ 和 $\hat{H}$ 对易，即 $[\hat{A}, \hat{H}] = 0$，则有

$$\frac{\mathrm{d}\langle \hat{A} \rangle}{\mathrm{d}t} = 0 \tag{1.115}$$

此时，力学量 $\hat{A}$ 为守恒量。当 $\hat{H}$ 不显含 t 时，H 就是守恒量，即能量守恒。

$\langle \hat{A} \rangle$ 与坐标 $\vec{r}$ 无关，引入算符 $\mathrm{d}\hat{A}/\mathrm{d}t$，令

$$\left\langle \frac{\mathrm{d}\hat{A}}{\mathrm{d}t} \right\rangle \equiv \frac{\mathrm{d}\langle \hat{A} \rangle}{\mathrm{d}t} = \int \psi^* \frac{\mathrm{d}\hat{A}}{\mathrm{d}t} \psi \mathrm{d}\vec{r} \tag{1.116}$$

考虑到 ψ 是任意波函数，不难得出：

$$\frac{\mathrm{d}\hat{A}}{\mathrm{d}t} = \frac{\partial \hat{A}}{\partial t} + \frac{1}{\mathrm{i}\hbar}[\hat{A}, \hat{H}] \tag{1.117}$$

式 (1.117) 就是海森伯方程。大部分情况下，算符 $\hat{A}$ 不显含时间 t，则有 $\partial_t \hat{A} = 0$，海森伯方程简化为

$$\frac{\mathrm{d}\hat{A}}{\mathrm{d}t} = \frac{1}{\mathrm{i}\hbar}[\hat{A}, \hat{H}] \tag{1.118}$$

需要注意的是，上述推导过程中，并没有假定 $\hat{A}$ 是厄米算符 ($\hat{A}^\dagger = \hat{A}$)。因此对非厄密算符，仍可用方程 (1.118) 描述随时间的演化。

方程 (1.118) 也称为力学量算符的运动方程。下面就

$$\hat{H} = \frac{\hat{\vec{p}}^{\,2}}{2m} + V(\vec{r}) \tag{1.119}$$

的情形，具体求出基本力学量算符的运动方程。先求位置的运动方程：

$$\frac{\mathrm{d}\hat{x}}{\mathrm{d}t} = \frac{1}{\mathrm{i}\hbar}[\hat{x}, \hat{H}] = \frac{1}{\mathrm{i}\hbar 2m}[\hat{x}, \hat{\vec{p}}^{\,2}] = \frac{\hat{p}_x}{m}$$

类似地，有

$$\frac{\mathrm{d}\hat{y}}{\mathrm{d}t} = \frac{\hat{p}_y}{m}, \quad \frac{\mathrm{d}\hat{z}}{\mathrm{d}t} = \frac{\hat{p}_z}{m} \tag{1.120}$$

写成矢量形式：

$$\frac{\mathrm{d}\hat{\vec{r}}}{\mathrm{d}t} = \frac{\hat{\vec{p}}}{m} \tag{1.121}$$

式 (1.121) 相当于经典力学中速度的定义。下面再求动量：

$$\frac{\mathrm{d}\hat{p}_x}{\mathrm{d}t} = \frac{1}{\mathrm{i}\hbar}[\hat{p}_x, \hat{H}] = \frac{1}{\mathrm{i}\hbar}[\hat{p}_x, \hat{V}] = -\frac{\partial V}{\partial x}$$

类似地

$$\frac{\mathrm{d}\hat{p}_y}{\mathrm{d}t} = -\frac{\partial V}{\partial y}, \quad \frac{\mathrm{d}\hat{p}_z}{\mathrm{d}t} = -\frac{\partial V}{\partial z} \tag{1.122}$$

矢量形式如下：

$$\frac{\mathrm{d}\hat{\vec{p}}}{\mathrm{d}t} = -\nabla V = \vec{F} \tag{1.123}$$

式 (1.123) 相当于经典力学中的牛顿第二定律。如果粒子自由运动，V 等于恒量，即得 $\mathrm{d}\hat{p}/\mathrm{d}t=0$，动量为守恒量。下面再证明角动量 $\vec{l}=\vec{r}\times\vec{p}$ 的运动方程。因为 $\hat{l}$ 与 $\hat{p}^2$ 对易，所以

$$\begin{aligned}
\frac{\mathrm{d}\hat{l}_x}{\mathrm{d}t} &= \frac{1}{\mathrm{i}\hbar}[\hat{l}_x,\hat{H}]\\
&= \frac{1}{\mathrm{i}\hbar}[y\hat{p}_z-z\hat{p}_y,\hat{V}(\vec{r})]\\
&= -\left(y\frac{\partial V}{\partial z}-z\frac{\partial V}{\partial y}\right)\\
&= -(\vec{r}\times\nabla V)_x
\end{aligned}$$

y 分量和 z 分量也有类似的公式，写成矢量形式为

$$\frac{\mathrm{d}\hat{\vec{l}}}{\mathrm{d}t}=-\vec{r}\times\nabla V=\vec{r}\times\vec{F} \tag{1.124}$$

经典力学中也有相应的公式。当粒子自由运动 $(\vec{F}=0)$，或在中心立场 $V(\vec{r})$ 中运动时，$\vec{r}$ 和 $\vec{F}$ 平行，$\vec{r}\times\vec{F}=0$，这时 $\mathrm{d}\vec{l}/\mathrm{d}t=0$，$\vec{l}$ 的各分量均为守恒量。

2. 海森伯方程与含时薛定谔方程的等价

含时薛定谔方程的形式解为

$$|\psi(t)\rangle=\hat{U}(t,0)|\psi(0)\rangle \tag{1.125}$$

式中，演化算符 $\hat{U}(t,0)$ 为

$$\hat{U}(t,0)=\exp\left(-\frac{\mathrm{i}\hat{H}t}{\hbar}\right) \tag{1.126}$$

且

$$\hat{U}^\dagger(t,0)=\exp\left(\frac{\mathrm{i}\hat{H}t}{\hbar}\right) \tag{1.127}$$

不难验证，演化算符 $\hat{U}(t,0)$ 是幺正算符，满足：

$$\hat{U}^\dagger(t,0)\hat{U}(t,0)=\hat{U}(t,0)\hat{U}^\dagger(t,0)=I \tag{1.128}$$

考虑力学量 $\hat{A}$ 的平均值，有

$$\langle\hat{A}\rangle=\langle\psi(t)|\hat{A}|\psi(t)\rangle$$

$$= \langle \psi(0)|\hat{U}^\dagger(t,0)\hat{A}\hat{U}(t,0)|\psi(0)\rangle$$

$$= \langle \psi(0)|\hat{A}(t)|\psi(0)\rangle \tag{1.129}$$

式 (1.129) 中[①]

$$\hat{A}(t) = \hat{U}^\dagger(t,0)\hat{A}\hat{U}(t,0) \tag{1.130}$$

不难验证有

$$\frac{\mathrm{d}}{\mathrm{d}t}\hat{A}(t) = \frac{\mathrm{d}\hat{U}^\dagger(t,0)}{\mathrm{d}t}\hat{A}\hat{U}(t,0) + \hat{U}^\dagger(t,0)\hat{A}\frac{\mathrm{d}\hat{U}(t,0)}{\mathrm{d}t}$$

$$= -\frac{1}{\mathrm{i}\hbar}\left[\hat{H}\hat{U}^\dagger\hat{A}\hat{U} - \hat{U}^\dagger\hat{A}\hat{U}\hat{H}\right]$$

$$= \frac{1}{\mathrm{i}\hbar}\left[\hat{A}(t),\hat{H}\right] \tag{1.131}$$

式 (1.131) 正是海森伯绘景下的海森伯方程。

1.4.5 Virial 定理

经典力学中，质量为 m 的粒子在势场 $V(\vec{r})$ 中运动时，运动方程为

$$\vec{p} = m\frac{\mathrm{d}\vec{r}}{\mathrm{d}t} \tag{1.132}$$

$$\frac{\mathrm{d}\vec{p}}{\mathrm{d}t} = \vec{F} = -\nabla V \tag{1.133}$$

不难计算有

$$\frac{\mathrm{d}}{\mathrm{d}t}(\vec{r}\cdot\vec{p}) = \frac{\mathrm{d}\vec{r}}{\mathrm{d}t}\cdot\vec{p} + \vec{r}\cdot\frac{\mathrm{d}\vec{p}}{\mathrm{d}t}$$

$$= \frac{|\vec{p}|^2}{m} - \vec{r}\cdot\nabla V \tag{1.134}$$

如果粒子被局限在有限范围内运动 (如闭合轨道作周期运动)，$\vec{r}\cdot\vec{p}$ 必为有限值，对式 (1.134) 取长时间平均 (周期运动取周期平均)，等式左端的平均值为 0，故有

$$\left(\frac{|\vec{p}|^2}{2m}\right)_{平均} = \frac{1}{2}(\vec{r}\cdot\nabla V)_{平均} = -\frac{1}{2}(\vec{r}\cdot\vec{F})_{平均} \tag{1.135}$$

式 (1.135) 为经典力学中的 Virial 定理。动能总为正，所以 $\vec{r}\cdot\vec{F}$ 的平均值为负，即 $\vec{F}$ 的性质是以吸引力为主，只有这样才能将粒子限制在有限区域内运动。

---

① 这里给出的 $\hat{A}(t)$ 和 $\hat{A}$ 的关系是将算符从薛定谔绘景转入海森伯绘景时的变换关系，细节参照 1.7 节。

在量子力学中，当粒子在势场 $V(\vec{r})$ 中运动时，总能量算符为

$$\hat{H} = \hat{T} + \hat{V} = -\frac{\hbar^2}{2m}\nabla^2 + V(\vec{r}) \tag{1.136}$$

因此有

$$\begin{aligned}
\frac{\mathrm{d}}{\mathrm{d}t}(\vec{r}\cdot\hat{p}) &= \frac{1}{\mathrm{i}\hbar}[\vec{r}\cdot\hat{p}, \hat{H}] \\
&= \frac{1}{\mathrm{i}\hbar}\left([x\hat{p}_x, \hat{H}] + [y\hat{p}_y, \hat{H}] + [z\hat{p}_z, \hat{H}]\right) \\
&= \frac{|\hat{\vec{p}}|^2}{m} - \vec{r}\cdot\nabla\hat{V}
\end{aligned} \tag{1.137}$$

式 (1.137) 对任何一个能量本征态 ψ_n (束缚态) 取平均值，有

$$\frac{1}{\mathrm{i}\hbar}\langle[\vec{r}\cdot\hat{p},\ \hat{H}]\rangle_n = \frac{1}{\mathrm{i}\hbar}\left(\langle\psi_n|\vec{r}\cdot\hat{p}\hat{H}|\psi_n\rangle - \langle\psi_n|\hat{H}\vec{r}\cdot\hat{p}|\psi_n\rangle\right) = 0 \tag{1.138}$$

因此有

$$\begin{aligned}
\langle\hat{T}\rangle_n &= \left\langle\frac{|\hat{\vec{p}}|^2}{2m}\right\rangle_n = \frac{1}{2}\langle\vec{r}\cdot\nabla\hat{V}\rangle_n \\
&= \frac{1}{2}\left\langle\sum_i x_i\frac{\partial\hat{V}}{\partial x_i}\right\rangle_n
\end{aligned} \tag{1.139}$$

式 (1.139) 是量子力学中的 Virial 定理，它是经典力学情形的推广。值得注意的是，经典力学 Virial 定理中求平均是对时间求平均，量子力学 Virial 定理求平均是对 $\hat{H}$ 的束缚本征态求平均。

Virial 定理可直接从定态方程导出：

$$(\hat{T} + \hat{V} - E)\psi_n(\vec{r}) = 0 \tag{1.140}$$

等号左边乘以 $\sum_i \hat{x}_i\hat{p}_i$，求标积可得

$$\int\mathrm{d}\vec{r}\psi_n^*(\vec{r})\left[\sum_i \hat{x}_i\hat{p}_i(\hat{T} + \hat{V} - E)\right]\psi_n(\vec{r}) = 0$$

由对易关系的定义，可整理为

$$\int\mathrm{d}\vec{r}\psi_n^*(\vec{r})\left\{\sum_i[\hat{x}_i,\hat{T}]\hat{p}_i + \hat{T}\hat{x}_i\hat{p}_i + \hat{x}_i[\hat{p}_i,\hat{V}] + \hat{V}\hat{x}_i\hat{p}_i - E\hat{x}_i\hat{p}_i\right\}\psi_n(\vec{r}) = 0 \tag{1.141}$$

利用对易关系可得

$$[\hat{x}_i, \hat{T}] = \mathrm{i}\hbar\frac{\hat{p}_i}{m}, \quad [\hat{p}_i, \hat{V}] = -\mathrm{i}\hbar\frac{\partial \hat{V}}{\partial x_i}$$

式 (1.141) 等号左边可写为

$$\mathrm{l.h.s.} = \int \mathrm{d}\vec{r}\,\psi_n^*(\vec{r}) \left[\sum_i \mathrm{i}\hbar\frac{\hat{p}_i}{m}\hat{p}_i + \left(\hat{T} + \hat{V} - E\right)\hat{x}_i\hat{p}_i - \mathrm{i}\hbar\hat{x}_i\frac{\partial \hat{V}}{\partial \hat{x}_i} \right]\psi_n(\vec{r}) \quad (1.142)$$

可得

$$\int \psi_n^* \frac{|\hat{\vec{p}}|^2}{2m}\psi_n \mathrm{d}\vec{r} = \frac{1}{2}\int \psi_n^* \left(\vec{r}\cdot\nabla\hat{V}\right)\psi_n \mathrm{d}\vec{r} \quad (1.143)$$

如果势能 V 是 x、y、z 的 ν 次齐次函数，即

$$V(\lambda x_1, \lambda x_2, \cdots) = \lambda^\nu V(x_1, x_2, \cdots)$$

则有

$$\sum_i \hat{x}_i \frac{\partial \hat{V}}{\partial x_i} = \nu\hat{V} \quad (1.144)$$

根据 Virial 定理，不难验算有

$$\langle\hat{T}\rangle_n = \frac{\nu}{2}\langle\hat{V}\rangle_n \quad (1.145)$$

对于一维线性谐振子，$\hat{V} \propto x^2$ (或 r^2)，相当于 $\nu = 2$，有

$$\langle\hat{T}\rangle_n = \langle\hat{V}\rangle_n = \frac{E_n}{2} = \frac{1}{2}\hbar\omega\left(n+\frac{1}{2}\right) \quad (1.146)$$

可进一步计算 x^2 的平均值：

$$\langle\hat{x}^2\rangle_n = \frac{\hbar}{m\omega}\left(n+\frac{1}{2}\right) \quad (1.147)$$

1960 年，Hirschfelder [20] 将量子力学中的 Virial 定理推广到更一般的情形，即用任一与时间无关的算符 $\hat{G}$ 代替 $\vec{r}\cdot\hat{p}$，在哈密顿量 $\hat{H}$ 的本征态 $|\psi\rangle$ 下对 $[\hat{G}, \hat{H}]$ 求平均，很自然有

$$\langle\psi|[\hat{G}, \hat{H}]|\psi\rangle = 0 \quad (1.148)$$

这样 $\vec{r}\cdot\hat{p}$ 只是算符 $\hat{G}$ 的一个特例，因此 Hirschfelder 将其称为超 Virial 定理。超 Virial 定理及其应用，可参考文献 [21]。

1.4.6　赫尔曼–费曼定理

微观粒子的状态和力学量除可能随时间变化之外，还可能依赖某些参数，如势阱的宽度、势垒函数的参量，甚至粒子的质量、电荷、角动量等。特别是系统的哈密顿量，能量本征值与期望值常包含一些参量。现在考虑能量本征值如何随参数变化。

设体系束缚态能级和归一化能量本征函数分别为 $E_n(\lambda)$ 和 $\psi_n(\lambda)$，其中 λ 为 $\hat{H}$ 中含有的任何一个参数，如粒子质量 m、普朗克常数 $\hbar$。其能量本征方程为

$$\hat{H}(\lambda)\psi_n(\lambda) - E_n(\lambda)\psi_n(\lambda) = 0 \tag{1.149}$$

式 (1.149) 等号两边对 λ 取微分，有

$$\left(\frac{\partial E_n}{\partial\lambda} - \frac{\partial\hat{H}}{\partial\lambda}\right)\psi_n = (\hat{H} - E_n)\frac{\partial\psi_n}{\partial\lambda} \tag{1.150}$$

式 (1.150) 等号两边乘 ψ_n^*，对全空间积分 (并利用 $\hat{H}^\dagger = \hat{H}$) 可得

$$\text{l.h.s.} = \frac{\partial E_n}{\partial\lambda} - \left\langle\frac{\partial\hat{H}}{\partial\lambda}\right\rangle_n \tag{1.151}$$

$$\text{r.h.s.} = \int\psi_n^*\hat{H}^\dagger\frac{\partial\psi_n}{\partial\lambda}\mathrm{d}\vec{r} - E_n\int\psi_n^*\frac{\partial\psi_n}{\partial\lambda}\mathrm{d}\vec{r} = 0 \tag{1.152}$$

因此有

$$\frac{\partial E_n}{\partial\lambda} = \left\langle\frac{\partial\hat{H}}{\partial\lambda}\right\rangle_n = \int\psi_n^*\frac{\partial\hat{H}}{\partial\lambda}\psi_n\mathrm{d}\vec{r} \tag{1.153}$$

式 (1.153) 称为赫尔曼–费曼定理或赫尔曼–费曼定理公式。赫尔曼–费曼定理也可以直接从 $E_n(\lambda)$ 表达式入手证明，过程如下：

$$E_n(\lambda) = \int\mathrm{d}\vec{r}\psi_n^*(\lambda)\hat{H}\psi_n(\lambda) \tag{1.154}$$

式 (1.154) 等号两边对 λ 取偏微分，有

$$\begin{aligned}
\frac{\partial E_n(\lambda)}{\partial\lambda} &= \int\mathrm{d}\vec{r}\left[\psi_n^*(\lambda)\frac{\partial\hat{H}}{\partial\lambda}\psi_n(\lambda) + \frac{\partial\psi_n^*(\lambda)}{\partial\lambda}\hat{H}\psi_n(\lambda) + \psi_n^*(\lambda)\hat{H}\frac{\partial\psi_n(\lambda)}{\partial\lambda}\right] \\
&= \int\mathrm{d}\vec{r}\left[\psi_n^*(\lambda)\frac{\partial\hat{H}}{\partial\lambda}\psi_n(\lambda) + E_n\frac{\partial\psi_n^*(\lambda)\psi_n(\lambda)}{\partial\lambda}\right]
\end{aligned}$$

$$= \int \psi_n^*(\lambda) \frac{\partial \hat{H}}{\partial \lambda} \psi_n(\lambda) \mathrm{d}\vec{r} \tag{1.155}$$

例 1.1：赫尔曼–费曼定理可证明其他定理。例如，粒子在势场 $V_1(x)$ 中运动时，束缚态能级为 $E_n^{(1)}$；在势场 $V_2(x)$ 中运动时，束缚态能级为 $E_n^{(2)}$。其中 $n = 1, 2, \cdots$ 为能级编号。设对于任何 x 值，均有 $V_1(x) \leqslant V_2(x)$，则 $E_n^{(1)} \leqslant E_n^{(2)}$。

证明：考虑另一个介于 $V_1(x)$ 和 $V_2(x)$ 之间的势场：

$$V(\lambda, x) = (2 - \lambda)V_1(x) + (\lambda - 1)V_2(x), \quad 1 \leqslant \lambda \leqslant 2 \tag{1.156}$$

考虑粒子在势场 $V(\lambda, x)$ 中运动，总能量算符为

$$\hat{H}(\lambda, x) = \frac{\hat{\vec{p}}^2}{2m} + V(\lambda, x) \tag{1.157}$$

相应束缚态能级为 $E_n(\lambda)$，$n = 1, 2, \cdots$，式 (1.157) 对 λ 求导有

$$\frac{\partial \hat{H}}{\partial \lambda} = \frac{\partial V(\lambda, x)}{\partial \lambda} = V(x)|_{\lambda=2} - V(x)|_{\lambda=1} = V_2(x) - V_1(x) \geqslant 0 \tag{1.158}$$

由赫尔曼–费曼定理可得

$$\frac{\partial}{\partial \lambda} E_n(\lambda) = \langle V_2(x) - V_1(x) \rangle_n \geqslant 0 \tag{1.159}$$

式 (1.159) 表明 λ 增加时，$E_n(\lambda)$ 只增不减，所以 $E_n(1) \leqslant E_n(2)$。

例 1.2：赫尔曼–费曼定理可以解决 Virial 定理能解决的问题。以一维线性谐振子为例，其哈密顿量和能级分别为

$$\hat{H} = \hat{T} + \hat{V} = \frac{\hat{\vec{p}}^2}{2m} + \frac{1}{2}m\omega^2 x^2$$
$$= -\frac{\hbar^2}{2m}\frac{\mathrm{d}^2}{\mathrm{d}x^2} + \frac{1}{2}m\omega^2 x^2 \tag{1.160}$$
$$E_n = \hbar\omega\left(n + \frac{1}{2}\right) \tag{1.161}$$

$\hat{H}$ 中有三个参数 $\hbar$、m 和 ω，它们均可取作赫尔曼–费曼定理中的参数 λ。

(1) 选取 $\hbar$ 作为参数，不难计算：

$$\frac{\partial \hat{H}}{\partial \hbar} = -\frac{\hbar}{m}\frac{\mathrm{d}^2}{\mathrm{d}x^2} = \frac{2\hat{T}}{\hbar}$$
$$\frac{\partial E_n}{\partial \hbar} = \omega\left(n + \frac{1}{2}\right) = \frac{E_n}{\hbar}$$

可得

$$\langle \hat{T} \rangle_n = \frac{1}{2} E_n \tag{1.162}$$

(2) 选 m 为参数时

$$\frac{\partial \hat{H}}{\partial m} = \frac{\hbar^2}{2m^2} \frac{\mathrm{d}^2}{\mathrm{d}x^2} + \frac{1}{2}\omega^2 x^2 = -\frac{1}{m}\left(\hat{T} - \hat{V}\right)$$

同时

$$\frac{\partial E_n}{\partial m} = 0$$

因此有

$$\langle \hat{T} \rangle_n = \langle \hat{V} \rangle_n \tag{1.163}$$

结合上述两种情况有

$$\langle \hat{T} \rangle_n = \langle \hat{V} \rangle_n = \frac{1}{2} E_n \tag{1.164}$$

若选取 ω 为参数，也可得到上述相同的结论。

这两个定理在原子分子物理和化学中有许多应用，如求平均值、解释共价键成键原因等。许多应用的基本思想是利用总能量最小的极值条件求分子的稳定构形，由势能的梯度给出分子内部各部分之间的相互作用力等。

1.4.7　表象理论

1. 幺正算符及其性质

定义：如果算符 $\hat{U}$ 有逆矩阵存在 $(\hat{U}^{-1}\hat{U} = \hat{U}\hat{U}^{-1} = I)$，并且对任意两个波函数 φ、ψ 恒使式 (1.165) 成立：

$$\langle \hat{U}\varphi | \hat{U}\psi \rangle = \langle \varphi | \psi \rangle \tag{1.165}$$

则称算符 $\hat{U}$ 为幺正算符。根据厄米算符的定义有

$$(\varphi, \ \psi) = (\hat{U}\varphi, \ \hat{U}\psi) = (\hat{U}^\dagger \hat{U}\varphi, \ \psi) \tag{1.166}$$

由于 φ、ψ 是任意两波函数，可得算符为幺正算符的充要条件是

$$\hat{U}\hat{U}^\dagger = \hat{U}^\dagger\hat{U} = I \quad \text{或} \quad \hat{U}^\dagger = \hat{U}^{-1} \tag{1.167}$$

幺正算符有如下两条性质：

(1) 幺正算符的逆算符是幺正算符。

证明：设 $\hat{U}^\dagger = \hat{U}^{-1}$，则 $(\hat{U}^{-1})^\dagger \hat{U}^{-1} = (\hat{U}^\dagger)^\dagger \hat{U}^{-1} = \hat{U}\hat{U}^{-1} = I$，所以 $\hat{U}^{-1}$ 也是幺正算符。

(2) 两个幺正算符的乘积算符仍然是幺正算符。

证明：根据厄米共轭的定义有

$$
\begin{aligned}
(\hat{U}\hat{V})^\dagger &= \hat{U}^\dagger \hat{V}^\dagger = \hat{U}^{-1}\hat{V}^{-1} \\
&= (\hat{U}\hat{V})^{-1}
\end{aligned}
\tag{1.168}
$$

2. 表象变换矩阵 S

考虑两个表象，$\hat{O}$ 表象和 $\hat{Q}$ 表象，本征函数系分别是 $\{|n\rangle\}$ 和 $\{|\alpha\rangle\}$，均构成一组正交完备基。现将 $\hat{Q}$ 的本征函数 $|\alpha\rangle$ 按 $\hat{O}$ 的本征函数系展开：

$$
|\alpha\rangle = \sum_n S_{n\alpha}|n\rangle
\tag{1.169}
$$

式中，展开系数 $S_{n\alpha}$ 为

$$
S_{n\alpha} = \langle n|\alpha\rangle
\tag{1.170}
$$

利用基矢的正交归一关系有

$$
\langle \alpha|\beta\rangle = \delta_{\alpha\beta}
\tag{1.171}
$$

同时

$$
\begin{aligned}
\langle \alpha|\beta\rangle &= \sum_{m,\,n} S_{n\alpha}^* S_{m\beta} \langle m|n\rangle \\
&= \sum_n S_{\alpha n}^\dagger S_{n\beta} = (S^\dagger S)_{\alpha\beta}
\end{aligned}
\tag{1.172}
$$

因此有

$$
S^\dagger S = I
\tag{1.173}
$$

还可证明有

$$
SS^\dagger = I
\tag{1.174}
$$

所以矩阵 S 为幺正矩阵，对应的变换为幺正变换。可得结论，两个表象之间的变换矩阵 S 满足 $S^\dagger = S^{-1}$，从一个表象到另一个表象之间的变换为幺正变换。

3. 波函数的变换

波函数 ψ 在 $\hat{O}$ 表象和 $\hat{Q}$ 表象下分别对应矩阵 o 和 q，则矩阵元 q_α 为

$$q_\alpha = \langle\alpha|\psi\rangle = \sum_n \langle\alpha|n\rangle\langle n|\psi\rangle$$

$$= \sum_n S^*_{n\alpha}o_n = \sum_n S^\dagger_{\alpha n}o_n = (S^\dagger o)_\alpha \tag{1.175}$$

因此有

$$q = S^\dagger o \quad \text{或} \quad o = Sq \tag{1.176}$$

4. 算符的变换

考察算符 $\hat{F}$，$\hat{O}$ 表象和 $\hat{Q}$ 表象下分别对应方阵 F' 和 F，则矩阵元 $F_{\alpha\beta}$ 为

$$F_{\alpha\beta} = \langle\phi_\alpha|\hat{F}|\phi_\beta\rangle$$

$$= \sum_{m,\,n} \langle\alpha|m\rangle\langle m|\hat{F}|n\rangle\langle n|\beta\rangle$$

$$= \sum_{m,\,n} S^*_{m\alpha}F'_{mn}S_{n\beta}$$

$$= \sum_{m,\,n} S^\dagger_{\alpha m}F'_{mn}S_{n\beta} = (S^\dagger F' S)_{\alpha\beta} \tag{1.177}$$

因此有

$$F = S^\dagger F' S \tag{1.178}$$

或

$$F' = SFS^\dagger \tag{1.179}$$

在表象变换下，波函数与算符的矩阵形式都要改变，这是因为所选取的希尔伯特空间的基底改变了。

5. 表象变换的简单讨论

(1) 幺正变换不改变算符的本征值。

证明：算符 $\hat{F}$ 在 $\hat{O}$ 表象中的本征方程为

$$\hat{F}o = \lambda o \tag{1.180}$$

则在 $\hat{Q}$ 表象中，有

$$\hat{F}'q = S^\dagger\hat{F}SS^\dagger o = S^\dagger\hat{F}o = \lambda S^\dagger o = \lambda q \tag{1.181}$$

该证明过程容易理解,这是由于表象变换的本质是希尔伯特空间中的"坐标变换"。幺正变换不改变算符的本征值,提供了一种求解算符本征值的方法,即求解幺正变换矩阵 S 使算符对应的矩阵对角化。理论虽如此,实际操作却比较繁琐。

(2) 幺正变换不改变矩阵的迹。

证明:利用矩阵连乘公式 $ABC = BCA = CAB$,即可得

$$\text{Tr}(\hat{F}') = \text{Tr}(S^{\dagger}\hat{F}S) = \text{Tr}(\hat{F}SS^{\dagger}) = \text{Tr}(\hat{F}) \tag{1.182}$$

$\hat{F}$ 的迹与选取的表象无关。

(3) 幺正变换也可以含时,如演化算符 $\hat{U}(t) = \exp(-\mathrm{i}\hat{H}t/\hbar)$。

两个量子系综,如果能用某个幺正变换联系起来,它们在物理上就是等价的。"物理上等价"是从实验观测的角度说的。如果全部可观测力学量在两个系综中的观测值以及得到这些值的概率都对应相等,则这两个系综在物理上是等价的。

1.5 测 量 公 设

量子力学中的测量是一个极为深邃的过程,迄今为止人们未能完全洞察其中奥妙。量子精密测量将在随后章节展开,这里简单介绍测量相关内容:冯·诺依曼提出的正交投影测量、广义测量与正值算子测量 (positive operator-value measurement,POVM)、海森伯不确定性原理。

1.5.1 正交投影测量

微观系统能够直接观测的只有两类量:①各种可观测力学量的数值;② 对应该数值的概率。从实验观测的角度来说,除此两类客观的观测要素外,都是主观人造的事物。

考虑可观测力学量 $\hat{O}$,本征值方程为

$$\hat{Q}|u_n\rangle = \lambda_n|u_n\rangle \tag{1.183}$$

定义算符 $\hat{O}$ 对应本征值 λ_n 的投影算子 $\hat{P}_n$ 为

$$\hat{P}_n = |u_n\rangle\langle u_n| \tag{1.184}$$

这样可以写出算符 $\hat{O}$ 的谱分解:

$$\hat{O} = \sum_n \lambda_n \hat{P}_n \tag{1.185}$$

如果体系的状态波函数为态 $|\psi\rangle$,对力学量 $\hat{O}$ 进行测量,结果是 λ_n 的概率为

$$P(\lambda_n) = \langle\psi|\hat{P}_n|\psi\rangle \tag{1.186}$$

如果测量结果为 λ_n，则测量之后体系的波函数为

$$|\psi'\rangle = |u_n\rangle = \frac{\hat{P}_n|\psi\rangle}{\sqrt{P(\lambda_n)}} \tag{1.187}$$

正交投影测量可以方便求出力学量 $\hat{O}$ 在态 $|\psi\rangle$ 下的平均值：

$$\begin{aligned}\langle\hat{O}\rangle &= \sum_n \lambda_n P(\lambda_n) = \sum_n \lambda_n \langle\psi|\hat{P}_n|\psi\rangle \\ &= \sum_n \lambda_n \langle\psi|u_n\rangle\langle u_n|\psi\rangle \\ &= \langle\psi|\hat{O}|\psi\rangle \end{aligned} \tag{1.188}$$

以施特恩–格拉赫实验为例，如果进入非均匀磁场区之前，银原子处于 $s_x = \hbar/2$ 的本征态：

$$|x+\rangle = \frac{1}{\sqrt{2}}(|\uparrow\rangle + |\downarrow\rangle) \tag{1.189}$$

现对 $\hat{s}_z$ 进行测量，则结果 $s_z = \hbar/2$ 的概率为

$$P(\hbar/2) = \langle x+ |\uparrow\rangle\langle\uparrow|x+\rangle = \frac{1}{2} \tag{1.190}$$

一般来讲，测量可以分为如下三个过程[1]：① 体系状态波函数按被测力学量的本征函数展开，该过程常称为纠缠分解。② 测量过程波函数塌缩为被测力学量的某一本征态，塌缩到该本征态的概率为态矢量在该基矢上投影的模方。塌缩过程是随机的、无法预测的，这与经典力学体系有本质的区别。③ 塌缩之后的体系波函数开始在哈密顿量的约束下进行新的演化。

正交投影测量可以得知两方面的信息：① 测量的结果；② 相应的概率。根据测量得到的结果，可以推断测量之后体系的状态。体系向被测力学量本征态塌缩，最后制备出一个各种测量结果非相干叠加的混态系综：

$$\left\{ P_n = \langle\psi|E_n|\psi\rangle, \quad E_n = |u_n\rangle\langle u_n|, \quad \sum_n P_n = 1 \right\} \tag{1.191}$$

式中，E_n 表示正交投影分解，满足：

$$E_n = |u_n\rangle\langle u_n|, \quad E_n^\dagger = E_n, \quad E_n E_m = \delta_{nm} E_n, \quad \sum_n E_n = I \tag{1.192}$$

正交投影测量可以简单表述为

$$\rho \to \rho' = \sum_n E_n \rho E_n \tag{1.193}$$

塌缩的过程是完全随机的、无法预测的、概率性的。时至今日，测量过程中表现出的概率性本质依然无法洞悉。是否如爱因斯坦所想，是因为量子理论的描述尚不完备呢？迄今为止世界各地的科学家进行了很多的实验，所有实验都表明并非如此。也许正如狄拉克所说，目前的量子理论并不是终极理论，量子理论的研究仍需要不懈的努力。

1.5.2　广义测量与正值算子测量

前面的测量是针对理想的封闭量子系统建立的，如果体系理想封闭，则无法读取内部信息。实际测量过程中被测系统总是与测量仪器、实验操作者等诸多因素交织在一起，当把与所考虑系统存在相互作用的外部因素全部考虑进来之后，整个大系统可以近似看成孤立系统，可以在大系统上建立正交测量。为方便分析，将整个大系统分为两部分，感兴趣的子系统为控制子系统，用 C 表示，子系统所在环境用 E 表示。这时，从大系统的视角看，控制系统必然直接或者间接与环境发生相互作用，实现信息和能量的交换，属开放系统。这时大系统上的正交投影测量对控制系统来说，观测是局部的、片面的。这种由若干子系统组成的大系统进行正交投影测量时，在子系统中所实现的测量称为广义测量。对于广义测量，需要注意以下两点：

(1) 通常情况下研究者只对控制系统感兴趣，并不关心整个大系统的状态与演化，而环境部分的信息通常情况下无法了解，或者不需要了解。由于子系统是开放系统，与所处环境之间存在信息和能量的交换，因此无法直接对子系统进行正交投影测量，只能进行广义测量获取控制系统的相关信息。

(2) 进行的广义测量是整个大系统的正交投影测量，此时正交投影基矢在整个大系统的视角下是正交归一的，但是对大系统中所关注的子系统而言，并不一定正交，也不一定归一。因此子系统视角下，通常量子测量投影得到的是一组非正交态。

考虑由控制系统和环境系统组成的直和空间：

$$\hat{H} = \hat{H}_C \oplus \hat{H}_E \tag{1.194}$$

式中，控制子系统 $\hat{H}_C$ 是整个大系统 $\hat{H}$ 的一部分，$\hat{H}_C$ 的基矢为 $|n\rangle$；$\hat{H}_E$ 的基矢为 $|\alpha\rangle$，对所有的 n 和 α 满足 $\langle n|\alpha\rangle = 0$。$\hat{H}$ 有正交基 $|\phi_a\rangle$，记 $|\phi_a\rangle$ 在控制子系统和环境中的投影分别为 $|\tilde{\psi}_a\rangle$ 和 $|\tilde{\psi}_a^\perp\rangle$，即 $|\tilde{\psi}_a\rangle \in \hat{H}_C$，$|\tilde{\psi}_a^\perp\rangle \in \hat{H}_E$。$\hat{M}_C$ 是 $\hat{H}_C$ 中的一个可观测量，则有

$$|\phi_a\rangle = |\tilde{\psi}_a\rangle + |\tilde{\psi}_a^\perp\rangle \tag{1.195}$$

$$\hat{M}_C|\psi_a^\perp\rangle = \langle\psi_a^\perp|\hat{M}_C = 0 \tag{1.196}$$

不同 a 值的 $|\psi_a\rangle$ 彼此正交,但 $|\psi_a\rangle$ 在控制子系统中的投影 $|\tilde{\psi}_a\rangle$ 不一定彼此正交,也不一定归一。例如,一个两比特和一个电子构成的系统,只关注电子自旋向上 $|\uparrow\rangle$ 时的情形,则

$$\hat{H}_{\mathrm{C}} = \hat{H}_{12} \otimes |\uparrow\rangle \qquad (1.197)$$

$$\hat{H}_{\mathrm{E}} = \hat{H}_{12} \otimes |\downarrow\rangle \qquad (1.198)$$

对于大系统,不同 a 值的 $|\phi_a\rangle$ 彼此正交,但在子空间的投影 $|\tilde{\psi}_a\rangle$ 却不一定正交。由于 $|\phi_a\rangle$ 归一,因此有

$$1 = \langle \phi_a | \phi_a \rangle = \langle \tilde{\psi}_a | \tilde{\psi}_a \rangle + \langle \tilde{\psi}_a^{\perp} | \tilde{\psi}_a^{\perp} \rangle \qquad (1.199)$$

取:

$$\lambda_a = 1 - \langle \tilde{\psi}_a^{\perp} | \tilde{\psi}_a^{\perp} \rangle \qquad (1.200)$$

则可以将子空间波函数归一化为

$$|\tilde{\psi}_a\rangle = \sqrt{\lambda_a} |\psi_a\rangle \qquad (1.201)$$

由此 $|\psi_a\rangle$ 是已归一化的态。这里 λ_a 不为负。

在大系统 $\hat{H}$ 中对子空间 $\hat{H}_{\mathrm{C}}$ 的态 ρ_{C} 执行正交投影测量 $\{E_a = |\phi_a\rangle\langle\phi_a|\}$,对于子空间的观测者,子空间的态为 $\rho_{\mathrm{C}} = \mathrm{Tr}_{\mathrm{E}}(\rho)$,则测量结果为 a 的概率为

$$\begin{aligned} p(a) &= \langle \phi_a | \rho_{\mathrm{C}} | \phi_a \rangle \\ &= \langle \tilde{\psi}_a | \rho_{\mathrm{C}} | \tilde{\psi}_a \rangle = \lambda_a \langle \psi_a | \rho_{\mathrm{C}} | \psi_a \rangle \end{aligned} \qquad (1.202)$$

测量后,子系统状态塌缩到 $|\psi_a\rangle$。

考虑控制子系统中的单位算符 I_{C},也就是大系统 $\hat{H}$ 向子系统 $\hat{H}_{\mathrm{C}}$ 的投影算符,定义算符:

$$F_a = I_{\mathrm{C}} E_a I_{\mathrm{C}} = |\tilde{\psi}_a\rangle\langle\tilde{\psi}_a| = \lambda_a |\psi_a\rangle\langle\psi_a| \qquad (1.203)$$

这样在 $\hat{H}_{\mathrm{C}}$ 中观测结果为 a 的概率 $p(a)$ 为

$$p(a) = \lambda_a \langle \psi_a | \rho_{\mathrm{C}} | \psi_a \rangle = \mathrm{Tr}(F_a \rho_{\mathrm{C}}) \qquad (1.204)$$

很显然,定义的算符 F_a 是厄米算符,且有非负本征值。不难验算有 $\mathrm{Tr}(F_a) = \lambda_a \in [0, 1]$。$F_a$ 不一定彼此正交,一般不构成正交投影算符系列。但它们的总和:

$$\sum_a F_a = I_{\mathrm{C}} \sum_a E_a I_{\mathrm{C}} = I_{\mathrm{C}} \qquad (1.205)$$

为子空间 $\hat{H}_C$ 中的单位算符。F_a 在子空间 $\hat{H}_C$ 执行类似于 E_a 在大空间 $\hat{H}$ 中的投影分解，但并不是正交投影分解。

作为推广，定义 POVM[22] 为一组能对子空间单位算符进行分解的非负厄米算符系列，是子空间中单位算符非正交方式分解的非负厄米算符系列。如果是正交的方式分解，则回归为正交投影测量。由此可见，POVM 是一种广义测量。根据 POVM 理论，对子空间 $\hat{H}_C$ 中的 ρ_C 态作广义测量时，测量结果为 a 的概率为

$$p(a) = \lambda_a \langle \psi_a | \rho_C | \psi_a \rangle = \mathrm{Tr}(F_a \rho_C) \tag{1.206}$$

为保证概率非负，F_a 必须正定，为保证总概率为 1，必须有 $\sum_a F_a = I_C$。

测量后，被测系统态变为

$$\rho \to \rho' = \sum_a [\lambda_a \langle \psi_a | \rho_C | \psi_a \rangle] | \psi_a \rangle \langle \psi_a |$$
$$= \sum_a \sqrt{F_a} \rho_C \sqrt{F_a} \tag{1.207}$$

类比式 (1.193)，式 (1.207) 是正交投影测量向 POVM 的推广。

假设 Alice 有两个电子，分别为

$$|\psi_1\rangle = |\uparrow\rangle \tag{1.208}$$
$$|\psi_2\rangle = \frac{1}{\sqrt{2}}(|\uparrow\rangle + |\downarrow\rangle) \tag{1.209}$$

她将其中一个电子给了 Bob，Bob 需要通过测量来判断他得到的电子是哪个态。$|\psi_1\rangle$ 和 $|\psi_2\rangle$ 彼此非正交,因此无法通过正交投影测量来判断。如果测量结果是 $|\downarrow\rangle$，可以判断电子状态一定是 $|\psi_2\rangle$，但是如果测量结果为 $|\uparrow\rangle$，Bob 无法判断电子的状态。

构造如下 POVM：

$$F_1 = \frac{\sqrt{2}}{1+\sqrt{2}} |\downarrow\rangle\langle\downarrow| \tag{1.210}$$
$$F_2 = \frac{\sqrt{2}}{1+\sqrt{2}} \frac{1}{\sqrt{2}}(|\uparrow\rangle - |\downarrow\rangle)(|\uparrow\rangle + |\downarrow\rangle) \tag{1.211}$$
$$F_3 = I - F_1 - F_2 \tag{1.212}$$

不难计算有

$$P(|\psi_1\rangle) = \langle \psi_1 | F_1 | \psi_1 \rangle = 0 \tag{1.213}$$

$$P(|\psi_2\rangle) = \langle \psi_2 | F_2 | \psi_2 \rangle = 0 \tag{1.214}$$

因此，如果测量结果是 F_1，Bob 可以断定他获得的电子是 $|\psi_2\rangle$；如果测量结果是 F_2，他获得的电子是 $|\psi_1\rangle$。由此可见，构造的 POVM 可以区分非正交态。

1.5.3　海森伯不确定性原理

如果同时对两个力学量进行测量，且这两个力学量彼此不对易，对易关系为 $[\hat{A}, \hat{B}] = \mathrm{i}\hat{C}$，则对任一归一化波函数，可以证明：

$$\langle \hat{A}^2 \rangle \cdot \langle \hat{B}^2 \rangle \geqslant \frac{\langle \hat{C} \rangle^2}{4} \tag{1.215}$$

或

$$\Delta A \cdot \Delta B \geqslant \frac{\langle \hat{C} \rangle}{2} \tag{1.216}$$

式 (1.216) 称为广义海森伯不确定性关系。需要注意如下几点：

(1) 海森伯不确定性关系普遍成立，其物理根源为微观粒子的波动性——波粒二象性。将傅里叶变换的带宽定理应用于德布罗意波，即可得到海森伯不确定性关系。因此更准确地说，海森伯不确定性关系源于微观粒子的波动性。

(2) 测量有两方面的涵义，一方面是对单个粒子实施单次实验测量；另一方面是对大量同类粒子实施相同实验测量，即量子系综的统计行为。对这两方面，海森伯不确定性关系都是正确的。客观上，微观粒子的 x 和 p_x 不同时具有确定的数值，同时系综的统计行为也具有不确定性。

(3) 两个非对易的力学量无法同时精确测定，涨落的下限称为标准量子极限 (standard quantum limit，SQL)。标准量子极限的具体数值与量子态和测量方式有关，底线是海森伯不确定性关系。如何突破标准量子极限将在量子精确测量部分详细展开。

海森伯不确定性关系是微观粒子波粒二象性引起的量子涨落满足的关系式，因此除了可以用来估算基态能量之外，还有助于建立清晰的物理图像，如原子的稳定性问题。

假定讨论的势场具有球对称性，且 $V(r) = -\alpha r^{-s}\ (\alpha > 0)$，$s$ 是个数，势场是吸引势。体系的哈密顿量是

$$H = T + V = \frac{p^2}{2m} - \frac{\alpha}{r^s} \tag{1.217}$$

位置的不确定度可近似为 $\Delta r \sim r$，由不确定性关系 $\Delta r \cdot \Delta p \geqslant \hbar/2$，有

$$p \sim \Delta p \sim \frac{1}{r}$$

所有定性的动能项必与 $1/r^2$ 成正比。将式 (1.217) 改写成

$$H = \frac{c}{r^2} - \frac{\alpha}{r^s} \qquad (1.218)$$

式中, c 和 α 均大于零。式 (1.218) 等号右端第一项表示排斥力, 动能项相当于正比于 r^{-2} 的排斥势; 第二项表示吸引力。若 $s < 2$, 则当 $r \to 0$ 时, 以第一项排斥力为主; 当 $r \to \infty$ 时, 以第二项吸引力为主。$r \to 0$ 的排斥力防止体系塌缩成一点; $r \to \infty$ 的吸引力防止体系碎裂飞散, 使得体系有可能形成束缚态。例如, 对于库仑场, $s = 1$, 氢原子中的电子在核库仑场中可以形成稳定的束缚态。量子力学从最根本的物理图像上解释了氢原子的稳定性, 克服了玻尔理论中将定态作为假设带来的不足。

反之, 若 $s > 2$, 则当 $r \to 0$ 时, 以第二项吸引力为主; 当 $r \to \infty$ 时, 以第一项排斥力为主, 于是体系不可能出现稳定的束缚态。特别当 $r \to 0$ 时, $\langle \hat{H} \rangle \to -\infty$, 表示在这种情况下, 体系是不稳定的, 它的最低能级是负无穷大。按最小作用量原理, 体系达到稳定平衡时, 其能量最小。如果没有其他限制, 粒子必然处在最低能级。但现在的最低能级是负无穷, 因此粒子必然在这个下限为负无穷的 "能谱" 中不断 "坠落", 并在坠落过程中不断放出能量。这显然是不可能, 也是不合理的。这时的实际情况是和体系动能部分相应的排斥力不能抵抗吸引力, 体系发生 "塌缩", 是不稳定的。

1.6　全同粒子公设

1.6.1　全同性原理及其内涵

自然界中存在两种类型的粒子: 费米子和玻色子。这两类粒子的波函数具有不同的对称性 (分别为交换反对称和交换对称), 且具有不同的自旋数 (分别为半整数和整数)。自旋和对称之间的联系可由相对论量子场论予以证明。不同类型的粒子满足不同的统计规律, 费米子满足费米–狄拉克统计, 玻色子则由玻色–爱因斯坦统计来描述。

如果两个微观粒子的所有内禀自由度 (质量、电荷、自旋、同位旋等内禀性质) 都相同, 则称它们为全同粒子。经典粒子不存在空间重叠, 因此空间上可分辨, 不存在全同粒子。微观世界由于存在波粒二象性, 两个或多个粒子在其波函数重叠区完全无法分辨而存在置换对称性, 呈现出交换效应。这种置换对称性就是微观粒子的全同性原理。

全同性是指如果让两个全同粒子处在相同的物理条件下, 它们有完全相同的实验表现, 原理上无法区分它们谁是谁。简单说全同性原理就是全同粒子的无法分辨性。具体说就是交换系统中的任意两个全同粒子所处的状态和地位, 不会带

来任何可观察的物理效应。也就是量子系综中的任意两个全同粒子，系统的力学量算符与系综所有可观察概率对于任何一对粒子交换都必须是对称的。

考虑 N 个粒子组成的全同粒子体系，哈密顿量可表示为

$$H = H(\vec{r}_1, \cdots, \vec{r}_i, \cdots, \vec{r}_j, \cdots, \vec{r}_N, t) \tag{1.219}$$

相应波函数为

$$\psi = \psi(\vec{r}_1, \cdots, \vec{r}_i, \cdots, \vec{r}_j, \cdots, \vec{r}_N, t) \tag{1.220}$$

为了阐述基本原理，不考虑粒子自旋。如果考虑自旋，则哈密顿量和波函数还应包括各个粒子的自旋自由度。

由于交换任意一对全同粒子具有观察概率的对称性，因此总波函数的模方必须是对称函数，即对于任何一对粒子编号的置换只能改变一个相因子。引入置换算符 $\hat{P}_{ij}$，表示将第 i 个粒子和第 j 个粒子相互交换的运算，于是有①

$$\hat{P}_{ij}\psi(\vec{r}_1, \cdots, \vec{r}_i, \cdots, \vec{r}_j, \cdots, \vec{r}_N, t)$$
$$= \psi(\vec{r}_1, \cdots, \vec{r}_j, \cdots, \vec{r}_i, \cdots, \vec{r}_N, t)$$
$$= e^{i\delta_{ij}}\psi(\vec{r}_1, \cdots, \vec{r}_i, \cdots, \vec{r}_j, \cdots, \vec{r}_N, t) \tag{1.221}$$

再用 $\hat{P}_{ji}$ 作用于式 (1.221)，两边的波函数 ψ 将还原，但等式右边多出一个相因子 $e^{i(\delta_{ij}+\delta_{ji})}$。根据全同性原理，实际上置换算符 $\hat{P}_{ij}$ 应当与脚标无关，可记作 $\hat{P}_{ij} = \hat{P}_{ji} = \hat{P}$，相应的 $\delta_{ij} = \delta_{ji} = \delta$。于是两次置换全同系统编号顺序将还原，所以有

$$\hat{P}^2 = I \Rightarrow e^{2i\delta} = 1 \Rightarrow e^{i\delta} = \pm 1 \tag{1.222}$$

式 (1.222) 表明为保证全部观测概率是对称的，体系所有可能状态的波函数必须相对于任意两个粒子置换为全对称或全反对称的，即

$$\psi(\vec{r}_1, \cdots, \vec{r}_i, \cdots, \vec{r}_j, \cdots, \vec{r}_N, t)$$
$$= \pm\psi(\vec{r}_1, \cdots, \vec{r}_j, \cdots, \vec{r}_i, \cdots, \vec{r}_N, t) \tag{1.223}$$

---

① 根据全同粒子体系哈密顿量的置换不变性有

$$\hat{P}_{ij}\hat{H}(\vec{r}_1, \cdots, \vec{r}_i, \cdots, \vec{r}_j, \cdots, \vec{r}_N, t)\psi(\vec{r}_1, \cdots, \vec{r}_i, \cdots, \vec{r}_j, \cdots, \vec{r}_N, t)$$
$$= \hat{H}(\vec{r}_1, \cdots, \vec{r}_j, \cdots, \vec{r}_i, \cdots, \vec{r}_N, t)\hat{P}_{ij}\psi(\vec{r}_1, \cdots, \vec{r}_i, \cdots, \vec{r}_j, \cdots, \vec{r}_N, t)$$
$$= \hat{H}(\vec{r}_1, \cdots, \vec{r}_i, \cdots, \vec{r}_j, \cdots, \vec{r}_N, t)\hat{P}_{ij}\psi(\vec{r}_1, \cdots, \vec{r}_i, \cdots, \vec{r}_j, \cdots, \vec{r}_N, t)$$
$$\Rightarrow [\hat{P}_{ij}, \hat{H}] = 0$$

式中，$\hat{P}_{ij}$ 是守恒量，其本征值是 ± 1。

实验表明，自然界存在两种粒子——玻色子和费米子。玻色子与费米子的自旋分别为整数和半整数，由玻色子和费米子构成的全同粒子系综，波函数满足置换对称和反对称。

对于置换算符，有如下性质：

(1) 如果 ψ 是哈密顿量 $\hat{H}$ 的对应本征值为 E 的本征函数，则 $\hat{P}\psi$ 也是 $\hat{H}$ 的本征函数，本征值也是 E：

$$\hat{H}\hat{P}\psi = \hat{P}\hat{H}\psi = E\hat{P}\psi \tag{1.224}$$

(2) 考虑到 $\hat{P}^2 = 1$，可得 $\hat{P} = \hat{P}^{-1}$。因此对于每次置换，总有

$$\langle\varphi|\psi\rangle = \langle\hat{P}\varphi|\hat{P}\psi\rangle = \langle\hat{P}^{-1}\varphi|\hat{P}^{-1}\psi\rangle \tag{1.225}$$

(3) 考虑 $\hat{P}$ 的厄米共轭算符 $\hat{P}^\dagger$，有

$$\langle\varphi|\hat{P}\psi\rangle = \langle\varphi|(\hat{P}^\dagger)^\dagger\psi\rangle = \langle\hat{P}^\dagger\varphi|\psi\rangle \tag{1.226}$$

$$\langle\varphi|\hat{P}\psi\rangle = \langle\hat{P}^{-1}\varphi|\hat{P}\hat{P}^{-1}\psi\rangle = \langle\hat{P}^{-1}\varphi|\psi\rangle \tag{1.227}$$

因此 $\hat{P}$ 是幺正算符：

$$\hat{P}^\dagger\hat{P} = \hat{P}\hat{P}^\dagger = 1 \tag{1.228}$$

(4) 系统的全部可观察量算符对于粒子间的置换完全对称，即

$$\langle\psi|\hat{O}|\psi\rangle = \langle\hat{P}\psi|\hat{O}|\hat{P}\psi\rangle = \langle\psi|\hat{P}^\dagger\hat{O}\hat{P}|\psi\rangle \tag{1.229}$$

因此有

$$\hat{P}^\dagger\hat{O}\hat{P} = \hat{O} \quad \text{或} \quad \hat{P}\hat{O} = \hat{O}\hat{P} \tag{1.230}$$

1.6.2 交换效应

微观粒子的波粒二象性，尤其是波动性，导致在波包重叠区原理上无法分辨测量结果：无法区分测量塌缩中所得到的粒子。波动性越强或波长越大，越不容易分辨和追踪它们。因此，对于微观世界中的全同粒子，一旦它们的波包有重叠而又没有守恒的内禀自由度可供鉴别，波动性将使它们失去"个性"和"可分辨性"，出现波函数对称化或反对称化所造成的可观察的物理效应——交换效应。

考虑两个电子组成的费米子系统，假设电子 1 处于 $\varphi_\alpha(\vec{r}_1, s_{z1})$ 态，记为 $\varphi_\alpha(1)$，电子 2 处于 $\varphi_\beta(\vec{r}_2, s_{z2})$ 态，记为 $\varphi_\beta(2)$。不考虑电子间的相互作用，两个单电子态的反对称化波函数为

$$\Phi(1;2) = \frac{1}{\sqrt{2}}[\varphi_\alpha(1)\varphi_\beta(2) - \varphi_\beta(1)\varphi_\alpha(2)] \tag{1.231}$$

系统概率密度分布为

$$|\Phi(1;2)|^2 = \frac{1}{2}\left[|\varphi_\alpha(1)|^2|\varphi_\beta(2)|^2 + |\varphi_\beta(1)|^2|\varphi_\alpha(2)|^2\right.$$
$$\left. - \varphi_\alpha^*(1)\varphi_\beta(1)\varphi_\beta^*(2)\varphi_\alpha(2) + \varphi_\alpha(1)\varphi_\beta^*(1)\varphi_\beta(2)\varphi_\alpha^*(2)\right] \quad (1.232)$$

由于波函数反对称化，虽然式 (1.232) 等号右边有两项干涉项，但是这种干涉效应是否可观察还依赖于选取的测量方式，具体如下：

(1) 如果两个粒子的空间波函数没有重叠，等号右边最后两项的积分数值等于零，与没有反对称化结果一致，交换效应消失。

(2) 如果两个粒子的空间波函数有部分重叠，但交集很小，等号右边最后两项的积分数值很小，这时仍与没有反对称化结果一致，交换效应消失。

(3) 如果两个粒子的空间波函数有重叠，但两个电子自旋 $\hat{s}_z$ 取值不同，并且在演化过程中守恒，这时交换效应是否消失取决于测量所选取的方式。如果观测的物理量与 $\hat{s}_z$ 对易，则可以通过 $\hat{s}_z$ 对它们进行区分。自旋波函数的正交性使干涉项的积分等于零，交换效应消失。如果观测的物理量与 $\hat{s}_z$ 不对易，作相应分解时交换项不会消失，则存在交换效应。这时两个电子在这种测量中不可分辨。

下面以图 1.3 所示的光子分束器对上述结论予以说明。水平偏振光子 1 由 a 入射，经半透半反的光子分束器予以相干分解，反射向 c，同时透射向 d；垂直偏振光子 2 由 b 入射，经半透半反的光子分束器予以相干分解，反射向 d，同时透射向 c。a、b、c 和 d 表示四个空间模式，假定分束器不改变光子的偏振状态。此时两个光子的输入态为

$$|\psi_i\rangle_{12} = |H\rangle_1 \otimes |a\rangle_1 \cdot |V\rangle_2 \otimes |b\rangle_1 \quad (1.233)$$

考虑反射时引起的附加相位，则出射态可写为

$$|\psi_f\rangle_{12} = |H\rangle_1 \otimes \frac{1}{\sqrt{2}}(\mathrm{i}|c\rangle_1 + |d\rangle_1) \cdot |V\rangle_2 \otimes \frac{1}{\sqrt{2}}(\mathrm{i}|d\rangle_2 + |c\rangle_2) \quad (1.234)$$

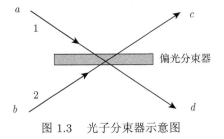

图 1.3　光子分束器示意图

如果两个光子同时到达分束器，在出射态中光子的空间模式有重叠，就必须考虑两个光子按照全同性原理所产生的交换干涉。这时将出射光子态对称化为

$$
\begin{aligned}
|\psi_f\rangle &= \frac{1}{\sqrt{2}}(|\psi_f\rangle_{12} + |\psi_f\rangle_{21}) \\
&= \frac{1}{2}[|H\rangle_1 \otimes (\mathrm{i}|c\rangle_1 + |d\rangle_1) \cdot |V\rangle_2 \otimes (\mathrm{i}|d\rangle_2 + |c\rangle_2) \\
&\quad + |H\rangle_2 \otimes (\mathrm{i}|c\rangle_2 + |d\rangle_2) \cdot |V\rangle_1 \otimes (\mathrm{i}|d\rangle_1 + |c\rangle_1)] \\
&= \frac{1}{2}\left[\mathrm{i}\frac{1}{\sqrt{2}}(|H\rangle_1|V\rangle_2 + |V\rangle_1|H\rangle_2)(|d\rangle_1|d\rangle_2 + |c\rangle_1|c\rangle_2)\right. \\
&\quad \left. + \frac{1}{\sqrt{2}}(|H\rangle_1|V\rangle_2 - |V\rangle_1|H\rangle_2)(|d\rangle_1|c\rangle_2 - |c\rangle_1|d\rangle_2)\right]
\end{aligned}
\tag{1.235}
$$

如果 c、d 处的探测器不分辨偏振，这两个光子不可分辨，全同性原理的交换作用和符合测量坍缩使光子的偏振状态发生变化。如果在 c 或 d 处探测到两个光子，则这两个光子处于纠缠态 $(|H\rangle_1|V\rangle_2 + |V\rangle_1|H\rangle_2)/\sqrt{2}$。如果在 c 和 d 处各探测到一个光子，则这两个光子处于纠缠态 $(|H\rangle_1|V\rangle_2 - |V\rangle_1|H\rangle_2)/\sqrt{2}$。如果采用偏振灵敏的探测器，由于分束器过程和测量过程中偏振矢量一直守恒，两个光子就可以用偏振状态予以分辨，此时不存在交换效应。

由于全同粒子的不可分辨性，光子的相干既可以来源于光子自身的相干，也可以是光子与光子之间的相干。

全同性原理的物理根源是微观粒子的波粒二象性，特别是它和微观粒子的波动性有着深刻的内在联系。可以说微观粒子的波动性反映在单个粒子上表现为不确定性关系，反映在全同粒子之间的关系上是全同性原理，即全同性原理所主张的全对称或全反对称的量子纠缠。正因为全同性原理深深根植于微观粒子的内禀属性，所以它对全部量子理论都是正确的。

1.7　量子力学中的绘景

在量子力学中，一切实验结果都可由可观测力学量对应的算符 $\hat{O}$ 在不同的态 $|a\rangle$ 和态 $|b\rangle$ 间的矩阵元 $\langle a|\hat{O}|b\rangle$ 来表述。当研究所有这样的矩阵元对时间的演化时，可以用下面三种不同的方法描述：

(1) 系统随时间变化的性质完全反映在态 (波函数) 随时间的变化上，而算符不随时间改变，这就是薛定谔绘景 (Schrödinger picture)；

(2) 系统随时间变化的性质完全反映在算符随时间的变化上，而态不随时间改变，这就是海森伯绘景 (Heisenberg picture)；

(3) 系统随时间变化的性质部分反映在态随时间的变化上，部分反映在算符随时间的变化上，这就是相互作用绘景 (interaction picture)。

为了对微观系统进行理论描述，人们相应地构造出两个理论要素，即力学量算符和态矢量。一般微观系统能够直接观测的只有两类量，即各种可观察力学量的数值及对应数值的概率，且实验表现是客观的。但是理论上为了方便描述，可以主观地根据不同层次考量选择不同的描述方式。那么，态矢量和力学量算符如何分担描写系统动力学演化的任务呢？根据态矢量和力学量算符扮演的角色不同，有三种观点：① 态矢量承担系统的全部动力学演化，而力学量算符不承担薛定谔绘景；② 力学量算符承担系统的全部动力学演化，而态矢量不承担海森伯绘景；③ 两者各有分担，各随时间变化，一个承担运动学部分，另一个描述动力学部分的相互作用绘景。

虽然可以在不同的绘景下处理问题，但必须保证它们在物理上的等价性，即三个绘景下计算的可观察力学量的数值与对应该数值的概率必须相同，即

$$\langle \psi_S | \hat{O}_S | \varphi_S \rangle = \langle \psi_H | \hat{O}_H | \varphi_H \rangle = \langle \psi_I | \hat{O}_I | \varphi_I \rangle \tag{1.236}$$

这是绘景问题的准则。绘景问题需要解决的问题有两个：① 约定三个绘景如何定义各自的态矢量与力学量算符；② 态矢量和力学量算符在三个绘景之间的转换公式。

1.7.1　薛定谔绘景

厄米算符 $\hat{Q}$ 的本征方程为

$$\hat{Q} u_n(\vec{r}) = Q_n u_n(\vec{r}) \tag{1.237}$$

以 $\hat{Q}$ 的本征函数系 $\{u_n(\vec{r})\}$ 为基矢构成的绘景称为薛定谔绘景。这种绘景的主要特点是通过波函数 $\psi(\vec{r}, t)$ 随时间演化来表征系统状态的变化，而系统的力学量算符 (如 H、$\hat{p}$ 等) 则不随时间而变。

在薛定谔绘景中，波函数显含时间 t。任一波函数 $|\psi(\vec{r}, t)\rangle$ 可按 $u_n(\vec{r})$ 展开：

$$\psi(\vec{r}, t) = \sum_n c_n(t) u_n(\vec{r}) \tag{1.238}$$

其展开系数 $\{c_n(t)\}$ 写成列矩阵后就表示在薛定谔绘景下 Q 表象中的波函数，它是时间的函数。同样在薛定谔绘景中的算符 $\hat{O}_S$ 不显含时间 t，如角动量 $\hat{l}$、动量算符 $\hat{p}$ 等都不是时间 t 的函数。

综上所述，在薛定谔绘景中，基矢和算符均不显含时间 t，但态矢量是 t 的函数。态矢量承担由 $H(t)$ 产生的全部演化，算符不承担此种演化。一般地，用 $|\psi_S(t)\rangle$ 表示在薛定谔绘景中的态矢量，则薛定谔方程为

$$i\hbar \frac{\partial}{\partial t} |\psi_S(t)\rangle = \hat{H} |\psi_S(t)\rangle \tag{1.239}$$

很容易看出，$|\psi_S(t)\rangle$ 满足：

$$|\psi_S(t)\rangle = \hat{U}_S(t,\ t_0)|\psi_S(0)\rangle \tag{1.240}$$

式中，

$$\hat{U}_S(t,\ t_0) = \exp\left[-\mathrm{i}\int_{t_0}^{t} H(t')\mathrm{d}t'\right] \tag{1.241}$$

1.7.2 海森伯绘景

为保证海森伯绘景中可观测力学量的取值与相应概率不变，先定义此绘景中的态矢量 $|\psi_H\rangle$ 与算符。令

$$
\begin{aligned}
|\psi_H\rangle &= U_S^{-1}(t,\ t_0)|\psi_S(t)\rangle \\
&= U_S^{-1}(t,\ t_0)U_S(t,\ t_0)|\psi_S(0)\rangle \\
&= |\psi_S(0)\rangle
\end{aligned} \tag{1.242}
$$

不难验证，对算符 $\hat{O}$ 有

$$\hat{O}_H(t) = U_S^{-1}(t,\ t_0)\hat{O}_S U_S(t,\ t_0) \tag{1.243}$$

可见 $|\psi_H\rangle$ 与时间 t 无关，所以有

$$\mathrm{i}\hbar\frac{\partial}{\partial t}|\psi_H\rangle = 0 \tag{1.244}$$

这样选择态矢量并规定算符的变换，很容易验证有

$$\langle\psi_S|\hat{O}_S|\varphi_S\rangle = \langle\psi_H|\hat{O}_H(t)|\varphi_H\rangle \tag{1.245}$$

由式 (1.242) 可见，海森伯绘景中的态矢量 $|\psi_H\rangle$ 可由薛定谔绘景中的态矢量 $|\psi_S\rangle$ 经过一个含时间的幺正变换得出。海森伯绘景中，算符是时间 t 的函数。$\hat{O}_H$ 满足的运动方程是

$$\frac{\mathrm{d}\hat{O}_H(t)}{\mathrm{d}t} = \frac{1}{\mathrm{i}\hbar}\left[\hat{O}_H(t),\ \hat{H}_H(t)\right] \tag{1.246}$$

由于在海森伯绘景中，态矢量不显含时间 t，因此相应的薛定谔方程是平庸的。决定体系演化性质的是方程 (1.246)，称为海森伯方程。一般而言，海森伯方程等号右边还有一项薛定谔绘景下的算符对时间的偏微分，考虑到除时间算符外，薛定谔绘景中算符均不显含时间而等于零。

综上所述，在海森伯绘景中，基矢和算符均显含时间 t，但态矢量不是 t 的函数。还可以注意到，当算符 $\hat{O}$ 是哈密顿算符 $\hat{H}$ 时，有

$$\hat{H}_S = \hat{H}_H = \hat{H} \tag{1.247}$$

即哈密顿算符在薛定谔绘景和海森伯绘景中有相同的形式。

1.7.3　相互作用绘景

　　除了上述两种绘景之外，在量子力学中还有一种介于二者之间有利用微扰计算的绘景——相互作用绘景。如果系统的哈密顿量 $\hat{H}$ 可分解为两部分之和：

$$\hat{H} = \hat{H}_0 + \hat{H}_{\mathrm{I}} \tag{1.248}$$

式中，$\hat{H}_0$ 为自由哈密顿量；$\hat{H}_{\mathrm{I}}$ 为相互作用哈密顿量，分别予以专门考虑。将系统哈密顿量分解为两部分，一般而言，虽然这两部分均含时，却又有所不同。自由哈密顿量 $\hat{H}_0$ 的随时演化属于运动学演化，而相互作用哈密顿量 $\hat{H}_{\mathrm{I}}$ 的演化为动力学演化。引入相互作用绘景就是集中体现相互作用 $\hat{H}_{\mathrm{I}}$ 对系统演化带来的影响，以便最大程度上由 $\hat{H}_{\mathrm{I}}$ 决定系统的态矢量随时间的演化。

　　由薛定谔绘景变换到相互作用绘景的方法是引入幺正变换：

$$\hat{U}_0(t) = \exp\left(-\frac{\mathrm{i}\hat{H}_0 t}{\hbar}\right) \tag{1.249}$$

显然有 $\hat{U}_0^\dagger(t) = \hat{U}_0^{-1}(t)$，即 $\hat{U}_0^\dagger(t)\hat{U}_0(t) = I$。将 $\hat{U}_0(t)$ 对时间求导可得它满足方程：

$$\mathrm{i}\hbar\frac{\partial}{\partial t}\hat{U}_0(t) = \hat{H}_0\hat{U}_0(t) \tag{1.250}$$

相互作用绘景中的态矢量与薛定谔绘景中的态矢量有下列关系：

$$|\psi_{\mathrm{S}}(t)\rangle = \hat{U}_0(t)|\psi_{\mathrm{I}}(t)\rangle \tag{1.251}$$

这样选择相互作用绘景下的态矢量，相当于将薛定谔绘景下随时间演化的态矢量再按照自由哈密顿量 $\hat{H}_0$ 演化回去，将运动学演化部分从态矢量的演化中消除掉，因此相互作用绘景下态矢量的随时演化体现出来的全部是相互作用哈密顿量 $\hat{H}_{\mathrm{I}}$ 引起的动力学行为。现在推导相互作用绘景中波函数 $|\psi_{\mathrm{I}}(t)\rangle$ 满足的运动学方程。在薛定谔绘景中，波函数 $|\psi_{\mathrm{S}}(t)\rangle$ 满足的运动方程为

$$\mathrm{i}\hbar\frac{\partial}{\partial t}|\psi_{\mathrm{S}}(t)\rangle = (\hat{H}_0 + \hat{H}_{\mathrm{I}})|\psi_{\mathrm{S}}(t)\rangle \tag{1.252}$$

将式 (1.251) 代入式 (1.252) 有

$$
\begin{aligned}
\mathrm{r.h.s.} &= \mathrm{i}\hbar\frac{\partial}{\partial t}|\psi_{\mathrm{S}}(t)\rangle \\
&= \mathrm{i}\hbar\frac{\partial}{\partial t}\hat{U}_0(t)|\psi_{\mathrm{I}}(t)\rangle + \mathrm{i}\hbar\hat{U}_0(t)\frac{\partial}{\partial t}|\psi_{\mathrm{I}}\rangle \\
&= \hat{H}_0 U_0(t)|\psi_{\mathrm{I}}(t)\rangle + \mathrm{i}\hbar\hat{U}_0(t)\frac{\partial}{\partial t}|\psi_{\mathrm{I}}\rangle
\end{aligned} \tag{1.253}
$$

$$l.h.s. = (\hat{H}_0 + \hat{H}_I)\hat{U}_0(t)|\psi_I(t)\rangle \tag{1.254}$$

整理即可得到相互作用绘景下波函数满足的薛定谔方程:

$$i\hbar\frac{\partial}{\partial t}|\psi_I(t)\rangle = \hat{U}_0^\dagger(t)\hat{H}_I\hat{U}_0(t)|\psi_I(t)\rangle$$
$$= \hat{H}_I(t)|\psi_I(t)\rangle \tag{1.255}$$

式 (1.255) 给出相互作用绘景中体系的波函数随时间的演化,原则上由系统的相互作用哈密顿量 $\hat{H}_I(t)$ 决定,所以它突出了相互作用的效应。

根据不同绘景中力学量的期望值一致原则,即

$$\langle\hat{O}\rangle = \langle\psi_S(t)|\hat{O}|\psi_S(t)\rangle = \langle\psi_H|\hat{O}|\psi_H\rangle = \langle\psi_I(t)|\hat{O}|\psi_I(t)\rangle \tag{1.256}$$

可知相互作用绘景中的算符与薛定谔绘景中的算符满足关系:

$$\hat{O}_I = \hat{U}_0^\dagger(t)\hat{O}_S(t)\hat{U}_0(t)$$
$$= \exp\left(\frac{i\hat{H}_0 t}{\hbar}\right)\hat{O}_S(t)\exp\left(-\frac{i\hat{H}_0 t}{\hbar}\right) \tag{1.257}$$

相互作用绘景中不仅波函数 $|\psi_I(t)\rangle$ 随时间变化,而且力学量算符 $\hat{O}$ 也是时间的函数,力学量算符 $\hat{O}$ 满足的方程可由式 (1.257) 对时间 t 求导给出:

$$\frac{d\hat{O}_I}{dt} = \frac{\partial\hat{O}_I}{\partial t} + \frac{1}{i\hbar}\left[\hat{O}_I,\ \hat{H}_0\right] \tag{1.258}$$

由相互作用绘景中态矢量和算符演化方程可知:在相互作用绘景中,算符随时间的演化与海森伯绘景中的运动方程相同,但必须将海森伯绘景中的 $\hat{H}_H$ 换成 $\hat{H}_0$;态矢量随时间的演化与薛定谔绘景中的运动方程相同,但必须将薛定谔绘景中的 $\hat{H}_S$ 替换成 $\hat{H}_I$。态矢量随时间的演化决定于相互作用 $\hat{H}_I$。考虑到一般情况下 $\hat{H}_0$ 和 $\hat{H}_I$ 不对易,因此不管薛定谔绘景中 $\hat{H}_I$ 是否含时,相互作用绘景下的相互作用哈密顿量 $\hat{H}_I$ 都将显含时间。因此,相互作用绘景下态矢量方程对应一个含时系统。算符的演化与态矢量不同,完全由自由哈密顿量 $\hat{H}_0$ 决定,与相互作用哈密顿量无关。相互作用绘景中,态矢量承担系统的动力学演化,算符承担系统的运动学演化。这正是相互作用绘景的优越性所在。

从作用效果上来看,薛定谔绘景到相互作用绘景的变换 $U_0(t)$ 是将薛定谔绘景中态矢量的全部演化分为运动学演化和动力学演化,并将其中的运动学演化以逆变换的形式予以消除。变换在保留其中动力学演化部分的同时,基本上剔除了运动学演化部分,将其转移到算符上,体现为算符的演化方程。

对比三种绘景，薛定谔绘景中态矢量承担全部演化，因此其主要计算态矢量或者波函数；海森伯绘景中算符承担全部演化，因此其主要计算算符矩阵；相互作用绘景介于二者之间，相互作用影响归于态矢量，运动学本底归于算符，但计算的重点依然是承载相互作用的态矢量，而不是算符。

参 考 文 献

[1] 张永德. 量子力学 [M]. 2 版. 北京: 科学出版社, 2008.

[2] QI F H, WANG Z Y, XU W W, et al. Towards simultaneous observation of path and interference of a single photon in a modified Mach-Zehnder interferometer[J]. Photonics Research, 2020, 8(4): 622-629.

[3] HORODECKI R, HORODECKI P, HORODECKI M, et al. Quantum entanglement[J]. Reviews of Modern Physics, 2009, 81(2): 865-942.

[4] BENNETT C H, BRASSARD G, CRÉPEAU C, et al. Teleporting an unknown quantum state via dual classical and Einstein-Podolsky-Rosen channels[J]. Physical Review Letters, 1993, 70(13): 1895-1899.

[5] BOUWMEESTER D, PAN J W, MATTLE K, et al. Experimental quantum teleportation[J]. Nature, 1997, 390(6660): 575-579.

[6] BENNETT C H, WIESNER S J. Communication via one- and two-particle operators on Einstein-Podolsky-Rosen states[J]. Physical Review Letters, 1992, 69(20): 2881-2884.

[7] BARENCO A, EKERT A. Dense coding based on quantum entanglement[J]. Journal of Modern Optics, 1995, 42(6): 1253-1259.

[8] BENNETT C H, DIVINCENZO D P, SHOR P W, et al. Remote state preparation[J]. Physical Review Letters, 2001, 87(7): 077902.

[9] BERRY D W, SANDERS B C. Optimal remote state preparation[J]. Physical Review Letters, 2003, 90(5): 057901.

[10] 盛宇波, 邓富国, 李熙涵, 等. 量子力学新进展 (第五辑): 纠缠纯化与浓缩 [M]. 北京: 清华大学出版社, 2011.

[11] 李明, 费少明, 王志玺. 量子力学新进展 (第五辑): 量子纠缠判据、纠缠度量及隐形传态保真度的计算 [M]. 北京: 清华大学出版社, 2011.

[12] BAUMGRATZ T, CRAMER M, PLENIO M B. Quantifying coherence[J]. Physical Review Letters, 2014, 113(14): 140401.

[13] HU M L, HU X Y, WANG J C, et al. Quantum coherence and geometric quantum discord[J]. Physics Reports, 2018, 762: 1-100.

[14] CHITAMBAR E, GOUR G. Quantum resource theory[J]. Reviews of Modern Physics, 2019, 91(2): 025001.

[15] WOOTTERS W K, ZUREK W H. A single quantum cannot be cloned[J]. Nature, 1982, 299: 802-803.

[16] DUAN L M, GUO G C. A probabilistic cloning machine for replicating two non-orthogonal states[J]. Physics Letters A, 1998, 243(5-6): 261-264.

[17] PATI A K, BRAUNSTEIN S L. Impossibility of deleting an unknown quantum state[J]. Nature, 2000, 404: 164-165.

[18] BENNETT C H, BARSSARD G. Quantum cryptography: Public key distribution and coin tossing[C]. Proceedings of IEEE International Conference on Computers, Systems and Signal Processing, Bangalore, India, 1984: 175-179.

[19] GISIN N, RIBORDY G, TITTEL W, et al. Quantum cryptography[J]. Reviews of Modern Physics, 2002, 74(1): 195.

[20] HIRSCHFELDER J O. Classical and quantum mechanical hypervirial theorems[J]. Journal of Chemical Physics, 1960, 33(5): 1462-1466.

[21] 丁亦兵. 量子力学新进展 (第三辑): 超位力定理及其应用 [M]. 北京: 清华大学出版社, 2003.

[22] PERES A. How to differentiate between non-orthogonal states[J]. Physics Letters A, 1988, 128(1-2): 19.

第 2 章 角动量和对称性

对于系统所处的空间，除了有均匀性之外，还有各向同性。因此，一个封闭系统整体绕某个轴旋转任意角度，其哈密顿量应该保持不变。很显然，这条性质对于旋转任意小的角度同样成立。基于此，有必要考虑角动量。

原子中的电子既有轨道角动量，又有自旋角动量，很自然要考虑两个角动量之间的耦合。对于多粒子体系，只要粒子具有角动量，就存在角动量耦合的问题。尤其是在相对论量子力学的框架下，由于自旋-轨道耦合等，轨道角动量与哈密顿量不再对易，轨道角动量不再是守恒量，对应的量子数也不再是好量子数。只有轨道角动量和自旋角动量耦合之后的总角动量才是守恒量。因此，本章简单论述角动量与旋转之间的关系及自旋后，讨论角动量的耦合及耦合表象与无耦合表象之间的变换。

对称性意味着和谐、规律、秩序与必然，与杂乱无章和不可预测相对立。正如 Weyl 所说，对称性是一种意念，人们长年累月地试图以它去理解并创造秩序和美。自然的基本设计是美丽的，显露给人们的是一种设计的美，对称性正是这种美的重要特性。因此，追求和理解自然界最深层次的对称性一直是物理学发展的主要旋律，也常常是对某种基本对称性的信念，激励人们去发展物理学。

2.1 旋转与角动量的对易关系

在经典物理学中，角动量是一个非常重要的概念，如孤立体系总角动量为运动常量；有心力场角动量守恒等。经典物理学中，角动量与旋转息息相关，常表述为 $\vec{l} = \vec{r} \times \vec{p}$，称为轨道角动量。量子力学中，轨道角动量满足的相关规律都有对应和等价的结果。此外，还赋予了角动量更为丰富的内容。本节详细讨论旋转与角动量的关系，并从经典物理学的情况出发，推广至量子力学情形。

2.1.1 经典角动量

对于平移操作，不管是否沿同一个方向平移，最终状态与平移操作的次序无关，如先沿 x 方向平移，再沿 y 方向平移的效果与先沿 y 方向平移，再沿 x 方向平移的效果完全等同。考虑三维矢量 $\vec{A} = A_x \hat{e}_x + A_y \hat{e}_y + A_z \hat{e}_z$ 的旋转问题，约定从正 z 轴看 xy 平面，顺时针方向旋转，φ 取正值，逆时针方向旋转，φ 取负值。绕其他轴的旋转类推。假设旋转的轴为 $\hat{n}$，旋转的角度为 φ，则有关系式：

$$\vec{A}' = R_{\hat{n}}(\varphi)\vec{A} \tag{2.1}$$

如果绕 z 轴旋转，有

$$R_z(\varphi) = \begin{pmatrix} \cos\varphi & -\sin\varphi & 0 \\ \sin\varphi & \cos\varphi & 0 \\ 0 & 0 & 1 \end{pmatrix} \tag{2.2}$$

如果旋转的角度无穷小，保留至 ϵ^2，则旋转矩阵可写为

$$R_z(\epsilon) = \begin{pmatrix} 1 - \dfrac{\epsilon^2}{2} & -\epsilon & 0 \\ \epsilon & 1 - \dfrac{\epsilon^2}{2} & 0 \\ 0 & 0 & 1 \end{pmatrix} \tag{2.3}$$

同样绕 x、y 轴旋转无穷小角度的旋转矩阵为

$$R_x(\epsilon) = \begin{pmatrix} 1 & 0 & 0 \\ 0 & 1 - \dfrac{\epsilon^2}{2} & -\epsilon \\ 0 & \epsilon & 1 - \dfrac{\epsilon^2}{2} \end{pmatrix} \tag{2.4}$$

$$R_y(\epsilon) = \begin{pmatrix} 1 - \dfrac{\epsilon^2}{2} & 0 & \epsilon \\ 0 & 1 & 0 \\ -\epsilon & 0 & 1 - \dfrac{\epsilon^2}{2} \end{pmatrix} \tag{2.5}$$

考虑连续两次旋转，有

$$R_x(\epsilon)R_y(\epsilon) = \begin{pmatrix} 1 - \dfrac{\epsilon^2}{2} & 0 & \epsilon \\ \epsilon^2 & 1 - \dfrac{\epsilon^2}{2} & -\epsilon \\ -\epsilon & \epsilon & 1 - \epsilon^2 \end{pmatrix} \tag{2.6}$$

$$R_y(\epsilon)R_x(\epsilon) = \begin{pmatrix} 1 - \dfrac{\epsilon^2}{2} & \epsilon^2 & \epsilon \\ 0 & 1 - \dfrac{\epsilon^2}{2} & -\epsilon \\ -\epsilon & \epsilon & 1 - \epsilon^2 \end{pmatrix} \tag{2.7}$$

因此有

$$R_x(\epsilon)R_y(\epsilon) - R_y(\epsilon)R_x(\epsilon) = \begin{pmatrix} 0 & -\epsilon^2 & 0 \\ \epsilon^2 & 0 & 0 \\ 0 & 0 & 0 \end{pmatrix} = R_z(\epsilon^2) - 1 \tag{2.8}$$

不难验证有

$$R_y(\epsilon)R_z(\epsilon) - R_z(\epsilon)R_y(\epsilon) = \begin{pmatrix} 0 & 0 & 0 \\ 0 & 0 & -\epsilon^2 \\ 0 & \epsilon^2 & 0 \end{pmatrix} = R_x(\epsilon^2) - 1 \qquad (2.9)$$

$$R_z(\epsilon)R_x(\epsilon) - R_x(\epsilon)R_z(\epsilon) = \begin{pmatrix} 0 & 0 & \epsilon^2 \\ 0 & 0 & 0 \\ -\epsilon^2 & 0 & 0 \end{pmatrix} = R_y(\epsilon^2) - 1 \qquad (2.10)$$

上述三个关系可写成

$$[R_\alpha(\epsilon), R_\beta(\epsilon)] = \varepsilon_{\alpha\beta\gamma}R_\gamma(\epsilon^2) - 1 \qquad (2.11)$$

上述关系式表明，除绕同一个轴的旋转外，旋转操作与平移不同，旋转的效果与先后次序有关。

2.1.2　量子力学角动量

1. 无穷小幺正算符及生成元

若一个幺正算符 $\hat{U}$ 和单位算符 I 相差一个无穷小，则这个幺正算符称为无穷小幺正算符。这时 $\hat{U}$ 可记为

$$\hat{U} = 1 - \mathrm{i}\epsilon\hat{\Omega} \qquad (2.12)$$

$\hat{U}$ 的逆算符或者厄米共轭算符为

$$\hat{U}^{-1} = \hat{U}^\dagger = 1 + \mathrm{i}\epsilon\hat{\Omega}^\dagger \qquad (2.13)$$

$\hat{U}$ 是幺正算符，因此有

$$\begin{aligned} I &= \hat{U}^\dagger\hat{U} = (1 + \mathrm{i}\epsilon\hat{\Omega}^\dagger)(1 - \mathrm{i}\epsilon\hat{\Omega}) \\ &\approx I + \mathrm{i}\epsilon(\hat{\Omega}^\dagger - \hat{\Omega}) \end{aligned} \qquad (2.14)$$

若式 (2.14) 成立，则算符 $\hat{\Omega}$ 必须满足：

$$\hat{\Omega}^\dagger = \hat{\Omega} \qquad (2.15)$$

式 (2.15) 表明如果将一个无穷小幺正算符 $\hat{U}$ 表示为上述形式，则其中的 $\hat{\Omega}$ 为厄米算符，$\hat{\Omega}$ 也常称为幺正算符 $\hat{U}$ 的生成元。因此，按以下方式可以用厄米算符构造出一个幺正算符 $\hat{U}$：

$$\hat{U} = \sum_{n=0}^{\infty} \frac{1}{n!}(-\mathrm{i}\alpha)^n \hat{\Omega}^n$$

$$= e^{-i\alpha\hat{\Omega}} \approx 1 - i\alpha\hat{\Omega} \tag{2.16}$$

式中，α 为任意实数。

2. 角动量对易关系与旋转

量子力学建立于 N 维希尔伯特空间，旋转操作作用于态矢量上，可表示为

$$|\alpha\rangle_R = \hat{\mathcal{D}}(R)|\alpha\rangle \tag{2.17}$$

式中，$\hat{\mathcal{D}}(R)$ 是一个矩阵，其维度视具体情形而定，这里先讨论其算符形式。

任何一个无穷小幺正变换均对应于一个厄米生成元算符，即

$$\hat{U}_\epsilon = 1 - i\hat{G}\epsilon \tag{2.18}$$

对于空间 $\vec{r}$ 方向平移无穷小 $\mathrm{d}\vec{r}$：

$$G \to \frac{\vec{p}}{\hbar}, \quad \epsilon \to \mathrm{d}\vec{r} \tag{2.19}$$

$$\hat{T}(\mathrm{d}\vec{r}) = 1 - i\frac{\vec{p}}{\hbar} \cdot \mathrm{d}\vec{r} \simeq \exp\left(-i\frac{\vec{p}}{\hbar} \cdot \mathrm{d}\vec{r}\right) \tag{2.20}$$

对于无限小时间演化 $\mathrm{d}t$，有

$$G \to \frac{H}{\hbar}, \quad \epsilon \to \mathrm{d}t \tag{2.21}$$

和

$$\hat{U}(t + \mathrm{d}t, t) = 1 - i\frac{H}{\hbar}\mathrm{d}t \simeq \exp\left(-i\frac{H}{\hbar}\mathrm{d}t\right) \tag{2.22}$$

对于绕 $\vec{k}$ 旋转无穷小角度 $\mathrm{d}\varphi$ 操作，有

$$G \to \frac{\hat{J}_k}{\hbar}, \quad \epsilon \to \mathrm{d}\varphi, \quad \hat{\mathcal{D}}(\vec{k}, \mathrm{d}\varphi) = 1 - i\frac{\hat{J}_k}{\hbar}\mathrm{d}\varphi \tag{2.23}$$

推广至绕单位矢量 $\hat{n}$ 旋转无穷小角度 $\mathrm{d}\varphi$，有

$$\hat{\mathcal{D}}(\hat{n}, \mathrm{d}\varphi) = 1 - i\left(\frac{\hat{\vec{J}} \cdot \hat{n}}{\hbar}\right)\mathrm{d}\varphi \tag{2.24}$$

对于有限大小的旋转，考虑到绕同一个轴的旋转与先后次序无关，可将其拆分为无穷个无限小的旋转。例如，绕 z 轴旋转 φ 角：

$$\hat{\mathcal{D}}(z, \varphi) = \lim_{N \to \infty}\left(1 - i\frac{\hat{J}_z}{\hbar}\frac{\varphi}{N}\right)^N$$

$$= \exp\left(-\mathrm{i}\frac{\hat{J}_z\varphi}{\hbar}\right)$$

$$= 1 - \frac{\mathrm{i}\hat{J}_z\varphi}{\hbar} - \frac{\hat{J}_z^2\varphi^2}{2\hbar^2} + \cdots \tag{2.25}$$

假设量子角动量的旋转与经典角动量的旋转满足同样的关系式，即下述关系式中如果等号左边的经典角动量关系式成立，则等号右边对应的量子角动量关系式也成立：

$$R_x R_y = R_z \quad \Rightarrow \quad \hat{\mathcal{D}}(x)\hat{\mathcal{D}}(y) = \hat{\mathcal{D}}(z) \tag{2.26}$$

$$R^{-1} R = 1 \quad \Rightarrow \quad \hat{\mathcal{D}}(x)^{-1}\hat{\mathcal{D}}(x) = 1 \tag{2.27}$$

类比

$$[R_\alpha(\epsilon), R_\beta(\epsilon)] = \varepsilon_{\alpha\beta\gamma} R_\gamma(\epsilon^2) - 1 \tag{2.28}$$

有

$$[\hat{D}(\alpha,\epsilon), \hat{D}(\beta,\epsilon)] = \varepsilon_{\alpha\beta\gamma} \hat{D}(\gamma,\epsilon^2) - 1 \tag{2.29}$$

即

$$\begin{aligned}
[\hat{D}(x,\epsilon), \hat{D}(y,\epsilon)] &= \left(1 - \frac{\mathrm{i}\hat{J}_x\epsilon}{\hbar} - \frac{\hat{J}_x^2\epsilon^2}{2\hbar^2}\right)\left(1 - \frac{\mathrm{i}\hat{J}_y\epsilon}{\hbar} - \frac{\hat{J}_y^2\epsilon^2}{2\hbar^2}\right) \\
&\quad - \left(1 - \frac{\mathrm{i}\hat{J}_y\epsilon}{\hbar} - \frac{\hat{J}_y^2\epsilon^2}{2\hbar^2}\right)\left(1 - \frac{\mathrm{i}\hat{J}_x\epsilon}{\hbar} - \frac{\hat{J}_x^2\epsilon^2}{2\hbar^2}\right) \\
&= -[\hat{J}_x, \hat{J}_y]\frac{\epsilon^2}{\hbar^2} + \cdots
\end{aligned}$$

因此有

$$D(z,\epsilon^2) - 1 \simeq 1 - \frac{\mathrm{i}\hat{J}_z\epsilon^2}{\hbar} - 1 = -\frac{\mathrm{i}\hat{J}_z\epsilon^2}{\hbar} \tag{2.30}$$

整理即有

$$[\hat{J}_x, \hat{J}_y] = \mathrm{i}\hbar\hat{J}_z \tag{2.31}$$

推广式 (2.31) 可得

$$[\hat{J}_\alpha, \hat{J}_\beta] = \mathrm{i}\hbar\varepsilon_{\alpha\beta\gamma}\hat{J}_\gamma \tag{2.32}$$

式 (2.32) 正是量子力学中角动量的对易关系式。量子力学中角动量各分量是不对易的，原因在于旋转操作本身与次序有关。这种各分量间的不对易性又称为非阿贝尔的，如角动量。若各分量间是对易的，则与先后次序无关，又称为阿贝尔的。

2.2 自旋角动量与泡利算符

2.2.1 自旋与泡利矩阵

引入电子自旋角动量的实验基础有 ① 原子光谱的精细结构 (如氢原子 2p→1s 的跃迁存在彼此很靠近的两条谱线)[1]; ② 1912 年反常塞曼效应 (特别是氢原子的偶数重磁场谱线分裂, 无法用轨道磁矩与外磁场的相互作用解释); ③ 1922 年施特恩–格拉赫实验 [2] 等。

电子自旋是一个新的自由度, 与电子的空间运动完全无关, 是电子的内禀属性, 电子的自旋磁矩也是内禀磁矩。电子自旋具有如下特性:

(1) 它是内禀的物理量, 不能用坐标、动量、时间等变量来表示;

(2) 它完全是一种相对论效应 (相对论量子力学中的狄拉克方程会很自然地推导出自旋自由度, 详细内容请参考第 10 章), 没有经典的对应量;

(3) 它是角动量, 满足角动量算符的对易关系, 而且电子自旋在空间中任何方向的投影只取 $\pm\hbar/2$ 两个值。

为方便讨论问题, 引入算符 $\hat{\vec{\sigma}}$:

$$\hat{\vec{s}} = \frac{\hbar}{2}\hat{\vec{\sigma}} \tag{2.33}$$

写成分量式为

$$\hat{s}_\alpha = \frac{\hbar}{2}\hat{\sigma}_\alpha, \quad \alpha = x, y, z \tag{2.34}$$

由角动量对易关系:

$$\hat{\vec{s}} \times \hat{\vec{s}} = \mathrm{i}\hbar\hat{\vec{s}} \tag{2.35}$$

或

$$[\hat{s}_\alpha, \hat{s}_\beta] = \mathrm{i}\hbar\varepsilon_{\alpha\beta\gamma}\hat{s}_\gamma \tag{2.36}$$

可知算符 $\hat{\vec{\sigma}}$ 满足的对易关系如下:

$$\hat{\vec{\sigma}} \times \hat{\vec{\sigma}} = 2\mathrm{i}\hat{\vec{\sigma}} \quad \text{或} \quad [\hat{\sigma}_\alpha, \hat{\sigma}_\beta] = 2\mathrm{i}\varepsilon_{\alpha\beta\gamma}\hat{\sigma}_\gamma \tag{2.37}$$

$\hat{s}_\alpha$ 的本征值为 $\pm\hbar/2$, 因此 $\hat{\sigma}_\alpha$ ($\alpha = x, y, z$) 的本征值为 ± 1, 且

$$\hat{\sigma}_x^2 = \hat{\sigma}_y^2 = \hat{\sigma}_z^2 = \hat{\sigma}_0 \tag{2.38}$$

$\hat{\sigma}_0$ 为二阶单位矩阵。由式 (2.38) 及 $\hat{\sigma}$ 的对易关系可导出 $\hat{\sigma}_\alpha$ 间的反对易关系[①]:

$$[\hat{\sigma}_0, \hat{\sigma}_\beta] = 0 \tag{2.39}$$

同时

$$\begin{aligned}
[\hat{\sigma}_0, \hat{\sigma}_\beta] &= [\hat{\sigma}_\alpha^2, \hat{\sigma}_\beta] \\
&= \hat{\sigma}_\alpha[\hat{\sigma}_\alpha, \hat{\sigma}_\beta] + [\hat{\sigma}_\alpha, \hat{\sigma}_\beta]\hat{\sigma}_\alpha \\
&= 2\mathrm{i}\varepsilon_{\alpha\beta\gamma}(\hat{\sigma}_\alpha\hat{\sigma}_\gamma + \hat{\sigma}_\gamma\hat{\sigma}_\alpha) \\
&= 2\mathrm{i}\varepsilon_{\alpha\beta\gamma}[\hat{\sigma}_\alpha, \hat{\sigma}_\gamma]_+
\end{aligned} \tag{2.40}$$

因此有

$$[\hat{\sigma}_\alpha, \hat{\sigma}_\gamma]_+ = 0 \tag{2.41}$$

$\hat{\sigma}$ 各分量的反对易关系也可结合对易关系直接从反对易关系定义式导出:

$$\begin{aligned}
[\hat{\sigma}_x, \hat{\sigma}_y]_+ &= \hat{\sigma}_x\hat{\sigma}_y + \hat{\sigma}_y\hat{\sigma}_x \\
&= (1/2\mathrm{i})[(\hat{\sigma}_y\hat{\sigma}_z - \hat{\sigma}_z\hat{\sigma}_y)\hat{\sigma}_y + \hat{\sigma}_y(\hat{\sigma}_y\hat{\sigma}_z - \hat{\sigma}_z\hat{\sigma}_y)] \\
&= 0
\end{aligned}$$

因此有

$$[\hat{\sigma}_\alpha, \hat{\sigma}_\beta]_+ = 2\delta_{\alpha\beta}$$

综合反对易关系式与对易关系式，不难得出:

$$\hat{\sigma}_\alpha\hat{\sigma}_\beta = \mathrm{i}\varepsilon_{\alpha\beta\gamma}\hat{\sigma}_\gamma \tag{2.42}$$

由对易关系还可得

$$0 = \mathrm{Tr}[\hat{\sigma}_\alpha, \hat{\sigma}_\beta] = 2\mathrm{i}\varepsilon_{\alpha\beta\gamma}\mathrm{Tr}(\hat{\sigma}_\gamma) \tag{2.43}$$

因此

$$\mathrm{Tr}(\hat{\sigma}_\gamma) = 0, \quad \gamma = x, y, z \tag{2.44}$$

[①] 任意算符 $\hat{A}$ 和 $\hat{B}$ 的反对易关系为

$$[\hat{A}, \hat{B}]_+ = \hat{A}\hat{B} + \hat{B}\hat{A}$$

综上所述，$\hat{\sigma}_\alpha$ 有如下性质：① 自逆，即自己是自己的逆算符 ($\sigma_\alpha^2 = 1$)；② 满足反对易关系；③ 迹为零。

由 $\hat{\sigma}$ 算符的上述性质，很容易确定它们相应的厄米矩阵。但是要想完全确定，必须另外附加规定。不同的附加规定所求的 3 个 $\hat{\sigma}_\alpha$ 也将不同。这里只给出一个常用表象，即 $\{\hat{s}^2\ \hat{s}_z\}$ 表象。为此所做的附加规定为 $\hat{\sigma}_z$ 是对角的，于是可直接得到

$$\hat{\sigma}_x = \begin{pmatrix} 0 & 1 \\ 1 & 0 \end{pmatrix}, \quad \hat{\sigma}_y = \begin{pmatrix} 0 & -i \\ i & 0 \end{pmatrix}, \quad \hat{\sigma}_z = \begin{pmatrix} 1 & 0 \\ 0 & -1 \end{pmatrix} \tag{2.45}$$

相应的

$$\hat{s}_x = \frac{\hbar}{2}\begin{pmatrix} 0 & 1 \\ 1 & 0 \end{pmatrix}, \quad \hat{s}_y = \frac{\hbar}{2}\begin{pmatrix} 0 & -i \\ i & 0 \end{pmatrix}, \quad \hat{s}_z = \frac{\hbar}{2}\begin{pmatrix} 1 & 0 \\ 0 & -1 \end{pmatrix} \tag{2.46}$$

式 (2.45) 称为泡利矩阵。式 (2.45) 的三个矩阵加上二阶单位矩阵 σ_0 组成一组完备基，用它们可分解任何 2×2 的复矩阵。由于 $\hat{\sigma}_\alpha$ 的自逆性质和反对易关系，用它们作基矢展开任意 2×2 矩阵并做乘法运算，都表现出很好的便利性。

2.2.2 泡利矩阵应用举例

关于泡利矩阵 $\hat{\vec{\sigma}}$ 有一些很重要的公式，这里略举一二。

例 2.1：$\hat{\vec{A}}$ 和 $\hat{\vec{B}}$ 是与 $\hat{\vec{\sigma}}$ 对易的矢量算符 ($\hat{\vec{A}}$ 与 $\hat{\vec{B}}$ 是否对易没有要求)，定义矢量算符间的标积，矢积分别为

$$\begin{aligned}
\hat{\vec{A}} \cdot \hat{\vec{B}} &= \hat{A}_x\hat{B}_x + \hat{A}_y\hat{B}_y + \hat{A}_z\hat{B}_z \\
&= \sum_\alpha \hat{A}_\alpha\hat{B}_\alpha
\end{aligned} \tag{2.47}$$

$$\begin{aligned}
\hat{\vec{A}} \times \hat{\vec{B}} &= \hat{e}_x(\hat{A}_y\hat{B}_z - \hat{A}_z\hat{B}_y) + \hat{e}_y(\hat{A}_z\hat{B}_x - \hat{A}_x\hat{B}_z) \\
&\quad + \hat{e}_z(\hat{A}_x\hat{B}_y - \hat{A}_y\hat{B}_x) \\
&= \sum_{\alpha\beta\gamma} \varepsilon_{\alpha\beta\gamma}\hat{e}_\alpha\hat{A}_\beta\hat{B}_\gamma
\end{aligned} \tag{2.48}$$

并且有

$$\begin{aligned}
(\hat{\vec{A}} \times \hat{\vec{B}}) \cdot \hat{\vec{C}} &= \hat{\vec{A}} \cdot (\hat{\vec{B}} \times \hat{\vec{C}}) \\
&= \sum_{\alpha\beta\gamma} \varepsilon_{\alpha\beta\gamma}\hat{A}_\alpha\hat{B}_\beta\hat{C}_\gamma
\end{aligned} \tag{2.49}$$

可证明：

$$(\hat{\vec{A}} \cdot \hat{\vec{\sigma}})(\hat{\vec{B}} \cdot \hat{\vec{\sigma}}) = \hat{\vec{A}} \cdot \hat{\vec{B}} + \mathrm{i}(\hat{\vec{A}} \times \hat{\vec{B}}) \cdot \hat{\vec{\sigma}} \tag{2.50}$$

证明：将 $\hat{\vec{A}}$、$\hat{\vec{B}}$、$\hat{\vec{\sigma}}$ 写成分量式，有

$$
\begin{aligned}
(\hat{\vec{A}}\cdot\hat{\vec{\sigma}})(\hat{\vec{B}}\cdot\hat{\vec{\sigma}}) &= (\hat{A}_x\hat{\sigma}_x+\hat{A}_y\hat{\sigma}_y+\hat{A}_z\hat{\sigma}_z)\cdot(\hat{B}_x\hat{\sigma}_x+\hat{B}_y\hat{\sigma}_y+\hat{B}_z\hat{\sigma}_z)\\
&= \hat{A}_x\hat{B}_x+\hat{A}_y\hat{B}_y+\hat{A}_z\hat{B}_z+\hat{A}_x\hat{B}_y\hat{\sigma}_x\hat{\sigma}_y+\hat{A}_x\hat{B}_z\hat{\sigma}_x\hat{\sigma}_z\\
&\quad +\hat{A}_y\hat{B}_x\hat{\sigma}_y\hat{\sigma}_x+\hat{A}_y\hat{B}_z\hat{\sigma}_y\hat{\sigma}_z+\hat{A}_z\hat{B}_x\hat{\sigma}_z\hat{\sigma}_x+\hat{A}_z\hat{B}_y\hat{\sigma}_z\hat{\sigma}_y\\
&= \hat{\vec{A}}\cdot\hat{\vec{B}}+\mathrm{i}\hat{\sigma}_x(\hat{A}_y\hat{B}_z-\hat{A}_z\hat{B}_y)+\mathrm{i}\hat{\sigma}_y(\hat{A}_z\hat{B}_x-\hat{A}_x\hat{B}_z)\\
&\quad +\mathrm{i}\hat{\sigma}_z(\hat{A}_x\hat{B}_y-\hat{A}_y\hat{B}_x)\\
&= \hat{\vec{A}}\cdot\hat{\vec{B}}+\mathrm{i}(\hat{\vec{A}}\times\hat{\vec{B}})\cdot\hat{\vec{\sigma}}\\
&= \hat{\vec{A}}\cdot\hat{\vec{B}}+\mathrm{i}\hat{\vec{\sigma}}\cdot(\hat{\vec{A}}\times\hat{\vec{B}})
\end{aligned}\tag{2.51}
$$

式 (2.51) 对于任意 $\hat{\vec{B}}$ 均成立，可得

$$
\begin{aligned}
(\hat{\vec{\sigma}}\cdot\hat{\vec{A}})(\hat{\vec{\sigma}}\cdot\hat{\vec{B}}) &= \hat{\vec{A}}\cdot\hat{\vec{B}}+\mathrm{i}\hat{\vec{\sigma}}\cdot(\hat{\vec{A}}\times\hat{\vec{B}})\\
&= \hat{\vec{A}}\cdot\hat{\vec{B}}+\mathrm{i}(\hat{\vec{\sigma}}\times\hat{\vec{A}})\cdot\hat{\vec{B}}
\end{aligned}\tag{2.52}
$$

对比式 (2.52) 等号左右两边，有

$$
(\hat{\vec{\sigma}}\cdot\hat{\vec{A}})\hat{\vec{\sigma}}=\hat{\vec{A}}+\mathrm{i}(\hat{\vec{\sigma}}\times\hat{\vec{A}})\tag{2.53}
$$

同理还可得

$$
\hat{\vec{\sigma}}(\hat{\vec{\sigma}}\cdot\hat{\vec{A}})=\hat{\vec{A}}+\mathrm{i}(\hat{\vec{A}}\times\hat{\vec{\sigma}})=\hat{\vec{A}}-\mathrm{i}(\hat{\vec{\sigma}}\times\hat{\vec{A}})\tag{2.54}
$$

$$
\hat{\vec{\sigma}}(\hat{\vec{\sigma}}\cdot\hat{\vec{A}})+(\hat{\vec{\sigma}}\cdot\hat{\vec{A}})\hat{\vec{\sigma}}=2\hat{\vec{A}}\tag{2.55}
$$

$$
\hat{\vec{\sigma}}(\hat{\vec{\sigma}}\cdot\hat{\vec{A}})-(\hat{\vec{\sigma}}\cdot\hat{\vec{A}})\hat{\vec{\sigma}}=2\mathrm{i}\hat{\vec{A}}\times\hat{\vec{\sigma}}\tag{2.56}
$$

上述各式应用极广，如求 $\hat{\vec{\sigma}}\cdot\vec{n}$ 的本征态，$\vec{n}=\{\sin\theta\cos\varphi,\sin\theta\sin\varphi,\cos\theta\}$。

由式 (2.50) 可知 $(\hat{\vec{\sigma}}\cdot\vec{n})^2=1$，所以矩阵 $\hat{\vec{\sigma}}\cdot\vec{n}$ 的本征值为 ±1。设本征态为 $\phi(\vec{n})=(a,b)^{\mathrm{T}}$，则本征方程为

$$
\hat{\vec{\sigma}}\cdot\vec{n}\begin{pmatrix}a\\b\end{pmatrix}=\pm\begin{pmatrix}a\\b\end{pmatrix}\tag{2.57}
$$

即

$$
\begin{pmatrix}\cos\theta & \sin\theta\mathrm{e}^{-\mathrm{i}\varphi}\\ \sin\theta\mathrm{e}^{\mathrm{i}\varphi} & -\cos\theta\end{pmatrix}\begin{pmatrix}a\\b\end{pmatrix}=\pm\begin{pmatrix}a\\b\end{pmatrix}\tag{2.58}
$$

由该本征值方程可分别求出对应本征值为 ±1 的本征态，具体形式如下：

$$
\phi_{+1}(\vec{n})=\begin{pmatrix}\mathrm{e}^{-\mathrm{i}\varphi/2}\cos(\theta/2)\\ \mathrm{e}^{\mathrm{i}\varphi/2}\sin(\theta/2)\end{pmatrix}\tag{2.59}
$$

$$\phi_{-1}(\vec{n}) = \begin{pmatrix} -e^{-i\varphi/2}\sin(\theta/2) \\ e^{i\varphi/2}\cos(\theta/2) \end{pmatrix} \tag{2.60}$$

不难验证，有

$$\langle\phi_{\pm1}(\vec{n})|\hat{\vec{\sigma}}|\phi_{\pm1}(\vec{n})\rangle = \pm\vec{n} \tag{2.61}$$

例 2.2：证明下述等式 ($\hat{e}_\alpha = \vec{\alpha}/\alpha$ 为 $\vec{\alpha}$ 方向单位矢量，$\alpha = |\vec{\alpha}|$)：

(1) $e^{i\vec{\alpha}\cdot\hat{\vec{\sigma}}} = \cos\alpha + i(\hat{e}_\alpha \cdot \hat{\vec{\sigma}})\sin\alpha$;

(2) $e^{-i\alpha\hat{\sigma}_x/2}\hat{\sigma}_y e^{i\alpha\hat{\sigma}_x/2} = \hat{\sigma}_y\cos\alpha + \hat{\sigma}_z\sin\alpha$;

(3) $e^{-i\alpha\hat{\sigma}_x/2}\hat{\sigma}_z e^{i\alpha\hat{\sigma}_x/2} = \hat{\sigma}_z\cos\alpha - \hat{\sigma}_y\sin\alpha$。

证明：(1) 将 $e^{i\vec{\alpha}\cdot\hat{\vec{\sigma}}}$ 展开成 $\hat{\vec{\sigma}}$ 的级数，并利用 $\hat{\sigma}_{x,y,z}^2$，有

$$\begin{aligned}
e^{i\vec{\alpha}\cdot\hat{\vec{\sigma}}} &= \sum_{n=0}^{\infty}\frac{(i\vec{\alpha}\cdot\hat{\vec{\sigma}})^n}{n!} \\
&= \sum_{n=0}^{\infty}\frac{i^{2n}}{(2n)!}(\vec{\alpha}\cdot\hat{\vec{\sigma}})^{2n} + \sum_{n=0}^{\infty}\frac{i^{2n+1}}{(2n+1)!}(\vec{\alpha}\cdot\hat{\vec{\sigma}})^{2n+1} \\
&= \sum_{n=0}^{\infty}\frac{(-1)^n}{(2n)!}\alpha^{2n} + i(\vec{\alpha}\cdot\hat{\vec{\sigma}})\sum_{n=0}^{\infty}\frac{(-1)^n}{(2n+1)!}\alpha^{2n} \\
&= \cos\alpha + i(\hat{e}_\alpha\cdot\hat{\vec{\sigma}})\sin\alpha
\end{aligned}$$

因此，不难得出：

$$e^{i\alpha\hat{\sigma}_{x,y,z}} = \cos\alpha + i\hat{\sigma}_{x,y,z}\sin\alpha \tag{2.62}$$

(2) 利用 (1) 的结论，有

$$\begin{aligned}
e^{-i\alpha\hat{\sigma}_x/2}\hat{\sigma}_y e^{i\alpha\hat{\sigma}_x/2} &= [\cos(\alpha/2) - i\hat{\sigma}_x\sin(\alpha/2)]\hat{\sigma}_y[\cos(\alpha/2) + i\hat{\sigma}_x\sin(\alpha/2)] \\
&= \hat{\sigma}_y\cos^2(\alpha/2) + \hat{\sigma}_x\hat{\sigma}_y\hat{\sigma}_x\sin^2(\alpha/2) \\
&\quad - i\sin(\alpha/2)\cos(\alpha/2)[\hat{\sigma}_x,\hat{\sigma}_y] \\
&= \hat{\sigma}_y\cos\alpha + \hat{\sigma}_z\sin\alpha
\end{aligned}$$

(3) 按照 (2) 的程序，即可得

$$\begin{aligned}
e^{-i\alpha\hat{\sigma}_x/2}\hat{\sigma}_z e^{i\alpha\hat{\sigma}_x/2} &= [\cos(\alpha/2) - i\hat{\sigma}_x\sin(\alpha/2)]\hat{\sigma}_z[\cos(\alpha/2) + i\hat{\sigma}_x\sin(\alpha/2)] \\
&= \hat{\sigma}_z\cos\alpha - \hat{\sigma}_y\sin\alpha
\end{aligned}$$

例 2.3：定义 $\hat{\sigma}_+ = \hat{\sigma}_x + i\hat{\sigma}_y$、$\hat{\sigma}_- = \hat{\sigma}_x - i\hat{\sigma}_y = \hat{\sigma}_+^\dagger$。

(1) 计算 $[\hat{\sigma}_+, \hat{\sigma}_-]$、$[\hat{\sigma}_z, \hat{\sigma}_\pm]$，并证明 $\hat{\sigma}_+^2 = \hat{\sigma}_-^2 = 0$;

(2) 证明 $e^{\alpha\hat{\sigma}_z}\hat{\sigma}_\pm = \hat{\sigma}_\pm e^{\alpha\hat{\sigma}_z}e^{\pm2\alpha}$ (α 为常数);

(3) 化简 $e^{\alpha\hat{\sigma}_z}\hat{\sigma}_x e^{-\alpha\hat{\sigma}_z}$。

解：(1) 利用泡利算符关系式 $\hat{\sigma}_{x,y,z}^2 = 1$，反对易关系 $[\hat{\sigma}_\alpha, \hat{\sigma}_\beta]_+ = 0$，有

$$\begin{aligned}
\hat{\sigma}_+^2 &= (\hat{\sigma}_x + \mathrm{i}\hat{\sigma}_y)^2 \\
&= \hat{\sigma}_x^2 - \hat{\sigma}_y^2 + \mathrm{i}[\hat{\sigma}_x, \hat{\sigma}_y]_+ = 0 \\
\hat{\sigma}_-^2 &= (\hat{\sigma}_x - \mathrm{i}\hat{\sigma}_y)^2 \\
&= \hat{\sigma}_x^2 - \hat{\sigma}_y^2 - \mathrm{i}[\hat{\sigma}_x, \hat{\sigma}_y]_+ = 0
\end{aligned}$$

同样可计算

$$\begin{aligned}
[\hat{\sigma}_+, \hat{\sigma}_-] &= [\hat{\sigma}_x + \mathrm{i}\hat{\sigma}_y, \hat{\sigma}_x - \mathrm{i}\hat{\sigma}_y] \\
&= -2\mathrm{i}[\hat{\sigma}_x, \hat{\sigma}_y] = 4\hat{\sigma}_z
\end{aligned}$$

$$[\hat{\sigma}_z, \hat{\sigma}_\pm] = \pm 2\hat{\sigma}_\pm$$

(2) 利用 (1) 中计算所得对易关系 $[\hat{\sigma}_z, \hat{\sigma}_\pm] = \pm 2\hat{\sigma}_\pm$，有

$$\begin{aligned}
e^{\alpha\hat{\sigma}_z}\hat{\sigma}_\pm e^{-\alpha\hat{\sigma}_z} &= \hat{\sigma}_\pm + \alpha[\hat{\sigma}_z, \hat{\sigma}_\pm] + \frac{\alpha^2}{2!}[\hat{\sigma}_z, [\hat{\sigma}_z, \hat{\sigma}_\pm]] + \cdots \\
&= \hat{\sigma}_\pm \left[1 \pm 2\alpha + \frac{(\pm 2)^2}{2!} + \frac{(\pm 2)^3}{3!} + \cdots \right] \\
&= \hat{\sigma}_\pm e^{\pm 2\alpha}
\end{aligned} \tag{2.63}$$

在式 (2.63) 等号左右两边右乘 $e^{\alpha\hat{\sigma}_z}$ 可得

$$e^{\alpha\hat{\sigma}_z}\hat{\sigma}_\pm = \hat{\sigma}_\pm e^{\alpha\hat{\sigma}_z} e^{\pm 2\alpha} \tag{2.64}$$

(3) 由 $\hat{\sigma}_\pm$ 定义式可知：

$$\hat{\sigma}_x = \frac{\hat{\sigma}_+ + \hat{\sigma}_-}{2}, \quad \hat{\sigma}_y = \frac{\hat{\sigma}_+ - \hat{\sigma}_-}{2\mathrm{i}}$$

因此有

$$\begin{aligned}
e^{\alpha\hat{\sigma}_z}\hat{\sigma}_x e^{-\alpha\hat{\sigma}_z} &= \frac{1}{2} e^{\alpha\hat{\sigma}_z}(\hat{\sigma}_+ + \hat{\sigma}_-) e^{-\alpha\hat{\sigma}_z} \\
&= \frac{1}{2}\left(\hat{\sigma}_+ e^{2\alpha} + \hat{\sigma}_- e^{-2\alpha} \right) \\
&= \hat{\sigma}_x \cosh(2\alpha) + \mathrm{i}\hat{\sigma}_y \sinh(2\alpha)
\end{aligned}$$

同样的计算过程还可得出：

$$e^{\alpha\hat{\sigma}_z}\hat{\sigma}_y e^{-\alpha\hat{\sigma}_z} = \hat{\sigma}_y \cosh(2\alpha) - \mathrm{i}\hat{\sigma}_x \sinh(2\alpha)$$

令 $\alpha = \mathrm{i}\lambda$，则

$$\cosh(2\mathrm{i}\lambda) = \frac{1}{2}\left(\mathrm{e}^{2\mathrm{i}\lambda} + \mathrm{e}^{-2\mathrm{i}\lambda}\right) = \cos(2\lambda)$$

$$\sinh(2\mathrm{i}\lambda) = \frac{1}{2}\left(\mathrm{e}^{2\mathrm{i}\lambda} - \mathrm{e}^{-2\mathrm{i}\lambda}\right) = \mathrm{i}\sin(2\lambda)$$

这样，上述两式可变为

$$\mathrm{e}^{\mathrm{i}\lambda\hat{\sigma}_z}\hat{\sigma}_x\mathrm{e}^{-\mathrm{i}\lambda\hat{\sigma}_z} = \hat{\sigma}_x\cos(2\lambda) - \hat{\sigma}_y\sin(2\alpha)$$

$$\mathrm{e}^{\mathrm{i}\lambda\hat{\sigma}_z}\hat{\sigma}_y\mathrm{e}^{-\mathrm{i}\lambda\hat{\sigma}_z} = \hat{\sigma}_x\sin(2\lambda) + \hat{\sigma}_y\cos(2\alpha)$$

与例 2.2 所得结果一致。

2.2.3　自旋 1/2 粒子的旋转算符

本小节以 1/2 自旋为例来说明角动量的旋转，量子计算中的一个核心任务就是实现单比特的各种门操作。固态量子计算中常用的量子比特就是量子点中电子或空穴的自旋态，其状态对应于布洛赫球面上的一个点，各种门操作就是各种旋转操作。利用泡利算符的性质 $\hat{\sigma}_\alpha^2 = 1$ 和 $(\hat{n}\cdot\hat{\sigma})^2 = 1$，可以极大简化旋转操作运算。

1. 态空间的旋转算符

考虑绕 x 轴旋转 φ 角的操作，由 2.1.2 小节可知该操作可表示为

$$\begin{aligned}
\hat{\mathcal{D}}_x(\varphi) &= \mathrm{e}^{-\mathrm{i}\varphi\hat{s}_x/\hbar} = \mathrm{e}^{-\mathrm{i}\varphi\hat{\sigma}_x/2} = \sum_{n=0}^{\infty}\left(-\frac{\mathrm{i}\varphi}{2}\right)^n\frac{\hat{\sigma}_x^n}{n!} \\
&= \sum_{n=0}^{\infty}\left(-\frac{\mathrm{i}\varphi}{2}\right)^{2n}\frac{1}{(2n)!} + \sum_{n=0}^{\infty}\left(-\frac{\mathrm{i}\varphi}{2}\right)^{2n+1}\frac{\hat{\sigma}_x}{(2n+1)!} \\
&= \cos\frac{\varphi}{2} - \mathrm{i}\sin\frac{\varphi}{2}\hat{\sigma}_x \\
&= \begin{pmatrix} \cos\dfrac{\varphi}{2} & -\mathrm{i}\sin\dfrac{\varphi}{2} \\ -\mathrm{i}\sin\dfrac{\varphi}{2} & \cos\dfrac{\varphi}{2} \end{pmatrix}
\end{aligned} \tag{2.65}$$

同样的运算可得绕 y 轴、z 轴分别旋转 φ 角对应的操作为

$$\begin{aligned}
\hat{\mathcal{D}}_y(\varphi) &= \cos\frac{\varphi}{2} - \mathrm{i}\sin\frac{\varphi}{2}\hat{\sigma}_y \\
&= \begin{pmatrix} \cos\dfrac{\varphi}{2} & -\sin\dfrac{\varphi}{2} \\ \sin\dfrac{\varphi}{2} & \cos\dfrac{\varphi}{2} \end{pmatrix}
\end{aligned} \tag{2.66}$$

$$\hat{\mathcal{D}}_z(\varphi) = \cos\frac{\varphi}{2} - \mathrm{i}\sin\frac{\varphi}{2}\hat{\sigma}_z$$

$$= \begin{pmatrix} \mathrm{e}^{-\mathrm{i}\varphi/2} & 0 \\ 0 & \mathrm{e}^{\mathrm{i}\varphi/2} \end{pmatrix} \tag{2.67}$$

上面的讨论是绕 x、y、z 轴的旋转, 如果是绕任意矢量 $\hat{n}$ 旋转, 则转动算符为

$$\hat{\mathcal{D}}(\hat{n},\varphi) = \exp\left(\frac{-\mathrm{i}\hat{\vec{s}}\cdot\hat{n}\varphi}{\hbar}\right) = \exp\left(\frac{-\mathrm{i}\vec{\sigma}\cdot\hat{n}\varphi}{2}\right)$$

$$= \sum_{n=0}^{\infty}\left(-\frac{\mathrm{i}\varphi}{2}\right)^n\frac{1}{n!}(\vec{n}\cdot\hat{\vec{\sigma}})^n$$

$$= \cos\frac{\varphi}{2} - \mathrm{i}\sin\frac{\varphi}{2}(n_x\hat{\sigma}_x + n_y\hat{\sigma}_y + n_z\hat{\sigma}_z)$$

$$= \begin{pmatrix} \cos(\varphi/2) - \mathrm{i}n_z\sin(\varphi/2) & -(\mathrm{i}n_x + n_y)\sin(\varphi/2) \\ -(\mathrm{i}n_x - n_y)\sin(\varphi/2) & \cos(\varphi/2) + \mathrm{i}n_z\sin(\varphi/2) \end{pmatrix} \tag{2.68}$$

上述计算有用到关系式:

$$(\vec{\sigma}\cdot\hat{n})^k = \begin{cases} 1, & k \text{ 取偶数} \\ \vec{\sigma}\cdot\hat{n}, & k \text{ 取奇数} \end{cases} \tag{2.69}$$

2. 自旋态的旋转

考虑空间 $\{|z+\rangle, |z-\rangle\}$ 中任一态矢量 $|\alpha\rangle$ 绕 z 轴旋转 φ 角, 有

$$|\alpha\rangle_\varphi = \hat{\mathcal{D}}_z(\varphi)|\alpha\rangle = \exp\left(-\mathrm{i}\frac{\hat{s}_z}{\hbar}\varphi\right)|\alpha\rangle \tag{2.70}$$

不难计算旋转前后自旋角动量各分量平均值 $\langle\hat{s}_\alpha\rangle_\varphi$[①]:

$$\langle\hat{s}_x\rangle_\varphi = \langle\alpha|\hat{\mathcal{D}}_z^\dagger(\varphi)\hat{s}_x\hat{\mathcal{D}}_z(\varphi)|\alpha\rangle$$

$$= \langle\hat{s}_x\rangle\cos\varphi - \langle\hat{s}_y\rangle\sin\varphi \tag{2.71}$$

---

① 利用公式 $\mathrm{e}^A B\mathrm{e}^{-A} = B + [A, B] + \dfrac{1}{2!}[A, [A, B]] + \cdots$ 有

$$\hat{\mathcal{D}}_z^\dagger(\varphi)\hat{s}_x\hat{\mathcal{D}}_z(\varphi) = \exp\left(\mathrm{i}\frac{\hat{s}_z}{\hbar}\varphi\right)\hat{s}\exp\left(-\mathrm{i}\frac{\hat{s}_z}{\hbar}\varphi\right)$$

$$= \hat{s}_x\left[1 + \frac{(\mathrm{i}\varphi)^2}{2!} + \frac{(\mathrm{i}\varphi)^4}{4!} + \cdots\right] - \hat{s}_y\left[\frac{\mathrm{i}\varphi}{1!} + \frac{(\mathrm{i}\varphi)^3}{3!} + \frac{(\mathrm{i}\varphi)^5}{5!} + \cdots\right]$$

$$= \hat{s}_x\cos\varphi - \hat{s}_y\sin\varphi$$

$$\hat{\mathcal{D}}_z^\dagger(\varphi)\hat{s}_y\hat{\mathcal{D}}_z(\varphi) = \hat{s}_y\cos\varphi + \hat{s}_x\sin\varphi$$

$$\langle \hat{s}_y \rangle_\varphi = \langle \alpha | \hat{\mathcal{D}}_z^\dagger(\varphi) \hat{s}_y \hat{\mathcal{D}}_z(\varphi) | \alpha \rangle$$

$$= \langle \hat{s}_y \rangle \cos\varphi + \langle \hat{s}_x \rangle \sin\varphi \tag{2.72}$$

$$\langle \hat{s}_z \rangle_\varphi = \langle \hat{s}_z \rangle \tag{2.73}$$

上述关系式表明：量子力学中自旋角动量平均值的演化与经典物理学中矢量的演化类似。需要指明，关系式 (2.71)~ 式 (2.73) 不仅对自旋 1/2 系统成立，对所有角动量，上述关系式均成立。

旋转操作同样会改变体系状态，假设初始状态为 $|\alpha\rangle = (\alpha_1, \alpha_2)^{\mathrm{T}}$

$$|\alpha\rangle_\varphi = \exp\left(-\mathrm{i}\frac{\hat{s}_z}{\hbar}\varphi\right)|\alpha\rangle = \exp\left(\frac{-\mathrm{i}\varphi}{2}\hat{\sigma}_z\right)|\alpha\rangle$$

$$= \sum_{n=2k} \frac{(-\mathrm{i}\varphi/2)^{2k}}{(2k)!} \begin{pmatrix} \alpha_1 \\ \alpha_2 \end{pmatrix}$$

$$+ \sum_{n=2k+1} \frac{(-\mathrm{i}\varphi/2)^{2k+1}}{(2k+1)!} \begin{pmatrix} \alpha_1 \\ -\alpha_2 \end{pmatrix}$$

$$= \begin{pmatrix} \mathrm{e}^{-\mathrm{i}\varphi/2}\alpha_1 \\ \mathrm{e}^{\mathrm{i}\varphi/2}\alpha_2 \end{pmatrix} \tag{2.74}$$

在自旋内禀空间考虑处于 z 方向均匀磁场中的电子，磁矩与磁场的相互作用哈密顿量表示为

$$\hat{H} = -\vec{M}\cdot\vec{B} = -\frac{e}{m_e c}\hat{\vec{s}}\cdot\vec{B} = \frac{|e|B}{m_e c}\hat{s}_z = \omega\hat{s}_z \tag{2.75}$$

时间演化算符为

$$\hat{U}(t,0) = \exp\left(-\frac{\mathrm{i}\hat{H}t}{\hbar}\right) = \exp\left(-\frac{\mathrm{i}\hat{s}_z\omega t}{\hbar}\right) \tag{2.76}$$

自旋角动量各分量平均值随时间的演化为

$$\langle \hat{s}_x \rangle_t = \langle \hat{s}_x \rangle_0 \cos(\omega t) - \langle \hat{s}_y \rangle_0 \sin(\omega t) \tag{2.77}$$

$$\langle \hat{s}_y \rangle_t = \langle \hat{s}_y \rangle_0 \cos(\omega t) + \langle \hat{s}_x \rangle_0 \sin(\omega t) \tag{2.78}$$

$$\langle \hat{s}_z \rangle_t = \langle \hat{s}_z \rangle_0 \tag{2.79}$$

电子波函数随时间演化为

$$|\alpha\rangle_t = \exp\left(-\frac{\mathrm{i}\hat{\sigma}_z\omega t}{2}\right) \begin{pmatrix} \alpha_1 \\ \alpha_2 \end{pmatrix}$$

$$= \begin{pmatrix} \mathrm{e}^{-\mathrm{i}\omega t/2} & 0 \\ 0 & \mathrm{e}^{\mathrm{i}\omega t/2} \end{pmatrix} \begin{pmatrix} \alpha_1 \\ \alpha_2 \end{pmatrix}$$

$$= \begin{pmatrix} \mathrm{e}^{-\mathrm{i}\omega t/2}\alpha_1 \\ \mathrm{e}^{\mathrm{i}\omega t/2}\alpha_2 \end{pmatrix} \tag{2.80}$$

经过时间 $t = 2\pi/\omega$，自旋取向回到初始状态。

如果初始时刻电子处于态 $|x+\rangle$，不难验证 $t = 0$ 时刻有 $\langle \hat{s}_y \rangle_0 = \langle \hat{s}_z \rangle_0 = 0$，则 t 时刻：

$$\langle \hat{s}_x \rangle_t = \langle \hat{s}_x \rangle_0 \cos(\omega t) = \frac{\hbar}{2}\cos(\omega t)$$

$$\langle \hat{s}_y \rangle_t = \langle \hat{s}_x \rangle_0 \sin(\omega t) = \frac{\hbar}{2}\sin(\omega t)$$

$$\langle \hat{s}_z \rangle_t = \langle \hat{s}_z \rangle_0 = 0$$

并且有

$$|\alpha\rangle_t = \begin{pmatrix} \mathrm{e}^{-\mathrm{i}\omega t/2} \\ \mathrm{e}^{\mathrm{i}\omega t/2} \end{pmatrix} \tag{2.81}$$

利用旋转操作算符，可以写出方向角为 (β, α) 的态矢量。在 $\{\hat{\vec{s}}^2, \hat{s}_z\}$ 表象下，如图 2.1 所示，方向角为 (β, α) 的态矢量 $\chi(\beta, \alpha)$ 可以看成由态矢量 $|z+\rangle = (1, 0)^{\mathrm{T}}$ 经过连续两次旋转而来，先绕 y 轴旋转 β 角，再绕 z 轴旋转 α 角即可得态矢量 $\chi(\beta, \alpha)$，因此有

$$\chi(\beta, \alpha) = \hat{\mathcal{D}}(z, \alpha)\hat{\mathcal{D}}(y, \beta)|z+\rangle$$

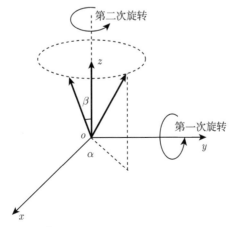

图 2.1　$\hat{\vec{\sigma}} \cdot \hat{n}$ 对应本征值为 1 的本征态示意图

$$= [\cos(\alpha/2) - \mathrm{i}\sigma_z \sin(\alpha/2)][\cos(\beta/2) - \mathrm{i}\sigma_y \sin(\beta/2)]|z+\rangle$$

$$= \begin{pmatrix} \cos(\alpha/2) - \mathrm{i}\sin(\alpha/2) & 0 \\ 0 & \cos(\alpha/2) + \mathrm{i}\sin(\alpha/2) \end{pmatrix}$$

$$\times \begin{pmatrix} \cos(\beta/2) & -\sin(\beta/2) \\ \sin(\beta/2) & \cos(\beta/2) \end{pmatrix} \begin{pmatrix} 1 \\ 0 \end{pmatrix}$$

$$= \begin{pmatrix} \cos(\beta/2)\mathrm{e}^{-\mathrm{i}\alpha/2} \\ \sin(\beta/2)\mathrm{e}^{\mathrm{i}\alpha/2} \end{pmatrix} \tag{2.82}$$

2.3 角动量理论

2.3.1 角动量对易关系

由于三维空间旋转具有几何特性，角动量满足如下对易关系：

$$\hat{\vec{J}} \times \hat{\vec{J}} = \mathrm{i}\hbar \hat{\vec{J}} \tag{2.83}$$

式 (2.83) 也可写成分量形式：

$$[\hat{J}_x, \hat{J}_y] = \mathrm{i}\hbar\hat{J}_z, \quad [\hat{J}_y, \hat{J}_z] = \mathrm{i}\hbar\hat{J}_x, \quad [\hat{J}_z, \hat{J}_x] = \mathrm{i}\hbar\hat{J}_y$$

角动量的对易关系是建立角动量理论的基础，该对易关系也意味对角动量三个分量进行测量，不可能同时有确定值。如果任意三个观察算符 $\hat{J}_x$、$\hat{J}_y$、$\hat{J}_z$ 满足上述对易关系式，称 $\hat{J}_x$、$\hat{J}_y$、$\hat{J}_z$ 的集合为角动量 $\hat{\vec{J}}$。在以具有 SU(2) 对称的马赫–曾德尔干涉仪为内核的量子计量中 [3-4]，常基于光子的产生湮灭算符重新引入具有角动量性质的一组厄米算符 [5-6]，在分析测量灵敏度时可以带来很多方便。

引入角动量 $\hat{\vec{J}}$ 的平方算符 $\hat{\vec{J}}^2$：

$$\hat{\vec{J}}^2 = \hat{\vec{J}} \cdot \hat{\vec{J}} = \hat{J}_x^2 + \hat{J}_y^2 + \hat{J}_z^2 \tag{2.84}$$

因为 $\hat{J}_x$、$\hat{J}_y$、$\hat{J}_z$ 都是厄米算符，所以 $\hat{\vec{J}}^2$ 也是厄米算符，对应一个可观测力学量。不难验算，$\hat{\vec{J}}^2$ 与角动量各分量均对易，即

$$[\hat{\vec{J}}^2, \hat{J}_z] = [\hat{J}_x^2, \hat{J}_z] + [\hat{J}_y^2, \hat{J}_z] = 0$$
$$[\hat{\vec{J}}^2, f(\hat{\vec{J}})] = 0$$

对易子在量子力学中除了直接与测量相关外，还与力学量完全集的选择有关。以中心力场为例，在不考虑电子自旋的情况下，电子角动量 $\hat{\vec{l}}$ 的三个分量均与哈密顿量 $\hat{H}$ 对易，因此 $\hat{\vec{l}}^2$ 与哈密顿量 $\hat{H}$ 也对易。但 $\hat{\vec{l}}^2$、$\hat{l}_x$、$\hat{l}_y$、$\hat{l}_z$ 并不两两对

易，为了构成力学量完全集，习惯上选择 $\hat{l}^2$ 和 $\hat{l}_z$。$\hat{H}$、$\hat{l}^2$、$\hat{l}_z$ 两两对易，这样可以选择哈密顿量 $\hat{H}$ 的一些本征态，它们同时也是 $\hat{l}^2$ 和 $\hat{l}_z$ 的本征态。由于角动量各分量并不对易，因此不可能得到角动量三个分量的共同本征矢，也不可能同时将它们对角化。

2.3.2　角动量升降算符

1. 升降算符运算规则

引入算符：

$$\hat{J}_+ = \hat{J}_x + \mathrm{i}\hat{J}_y \tag{2.85}$$

$$\hat{J}_- = \hat{J}_+^\dagger = \hat{J}_x - \mathrm{i}\hat{J}_y \tag{2.86}$$

与占有数表象下处理谐振子时引入的算符 $\hat{a}$ 和 $\hat{a}^\dagger$ 类似，$\hat{J}_+$ 和 $\hat{J}_-$ 不是厄米算符，但彼此互为伴随算符。不难计算有如下对易关系：

$$[\hat{J}_+, \hat{\vec{J}}^2] = [\hat{J}_-, \hat{\vec{J}}^2] = 0 \tag{2.87}$$

$$[\hat{J}_z, \hat{J}_+] = [\hat{J}_z, \hat{J}_x] + \mathrm{i}[\hat{J}_z, \hat{J}_y] = \mathrm{i}\hbar\hat{J}_y + \hbar\hat{J}_x = \hbar\hat{J}_+ \tag{2.88}$$

$$[\hat{J}_z, \hat{J}_-] = [\hat{J}_z, \hat{J}_x] - \mathrm{i}[\hat{J}_z, \hat{J}_y] = \mathrm{i}\hbar\hat{J}_y - \hbar\hat{J}_x = -\hbar\hat{J}_- \tag{2.89}$$

且有

$$\begin{aligned}
\hat{J}_+\hat{J}_- &= (\hat{J}_x + \mathrm{i}\hat{J}_y)(\hat{J}_x - \mathrm{i}\hat{J}_y) \\
&= \hat{J}_x^2 + \hat{J}_y^2 - \mathrm{i}[\hat{J}_x, \hat{J}_y] \\
&= \hat{\vec{J}}^2 - \hat{J}_z^2 + \hbar\hat{J}_z
\end{aligned} \tag{2.90}$$

$$\begin{aligned}
\hat{J}_-\hat{J}_+ &= (\hat{J}_x - \mathrm{i}\hat{J}_y)(\hat{J}_x + \mathrm{i}\hat{J}_y) \\
&= \hat{\vec{J}}^2 - \hat{J}_z^2 - \hbar\hat{J}_z
\end{aligned} \tag{2.91}$$

因为 $[\hat{\vec{J}}^2, \hat{J}_z] = 0$，所以算符 $\hat{\vec{J}}^2$ 和 $\hat{J}_z$ 有一组共同的本征态，记为 $|\beta m\rangle$。假定 $\hat{\vec{J}}^2$ 和 $\hat{J}_z$ 的本征值分别为 $\beta\hbar^2$ 和 $m\hbar$，则算符 $\hat{\vec{J}}^2$ 和 $\hat{J}_z$ 的本征方程可写为

$$\hat{\vec{J}}^2|\beta m\rangle = \beta\hbar^2|\beta m\rangle \tag{2.92}$$

$$\hat{J}_z|\beta m\rangle = m\hbar|\beta m\rangle \tag{2.93}$$

利用上述关系式可得

$$\hat{\vec{J}}^2\hat{J}_+|\beta m\rangle = \hat{J}_+\hat{\vec{J}}^2|\beta m\rangle = \beta\hbar^2\hat{J}_+|\beta m\rangle \tag{2.94}$$

$$\hat{J}_z\hat{J}_+|\beta m\rangle = (\hat{J}_+\hat{J}_z + \hbar\hat{J}_+)|\beta m\rangle$$

$$= (m+1)\hbar\hat{J}_+|\beta m\rangle \qquad (2.95)$$

$$\hat{\vec{J}}^{\,2}\hat{J}_-|\beta m\rangle = \hat{J}_-\hat{\vec{J}}^{\,2}|\beta m\rangle = \beta\hbar^2\hat{J}_-|\beta m\rangle \qquad (2.96)$$

$$\hat{J}_z\hat{J}_-|\beta m\rangle = (\hat{J}_+\hat{J}_z - \hbar\hat{J}_-)|\beta m\rangle$$

$$= (m-1)\hbar\hat{J}_-|\beta m\rangle \qquad (2.97)$$

式 (2.94) $\sim$ 式 (2.97) 的计算结果表明,如果 $\hat{J}_+|\beta m\rangle \neq 0$ $(\hat{J}_-|\beta m\rangle \neq 0)$,则它也是 $\hat{\vec{J}}^{\,2}$ 和 $\hat{J}_z$ 的本征态,且本征值分别为 $\beta\hbar^2$ 和 $(m+1)\hbar$ $[(m-1)\hbar]$,所以态 $\hat{J}_+|\beta m\rangle$ $(\hat{J}_-|\beta m\rangle)$ 与态 $|\beta, m+1\rangle$ $(|\beta, m-1\rangle)$ 只相差一个常系数,即

$$\hat{J}_+|\beta m\rangle = \hbar a_{\beta m}|\beta, m+1\rangle \qquad (2.98)$$

$$\hat{J}_-|\beta m\rangle = \hbar b_{\beta m}|\beta, m-1\rangle \qquad (2.99)$$

式中,$a_{\beta m}$ 和 $b_{\beta m}$ 为待定系数。在确定待定系数之前,先考察 β 和 m 的取值。由关系式:

$$\hat{\vec{J}}^{\,2} = \hat{J}_x^2 + \hat{J}_y^2 + \hat{J}_z^2 \qquad (2.100)$$

可知:

$$\beta \geqslant m^2 \qquad (2.101)$$

算符 $\hat{J}_\pm$ 作用到态 $|\beta m\rangle$ 的过程可重复,β 给定之后,如果 $m\hbar$ 是 $\hat{J}_z$ 的本征值,则 $(m\pm 1)\hbar$, $(m\pm 2)\hbar$, $\cdots$ 都是 $\hat{J}_z$ 的本征值。考虑到 β 与 m 受条件 $\beta \geqslant m^2$ 的限制,所以 β 给定后,m 的取值必有上限 $(m_{\max})$ 和下限 $(m_{\min})$。因此有

$$\hat{J}_+|\beta m_{\max}\rangle = 0 \qquad (2.102)$$

$$\hat{J}_-|\beta m_{\min}\rangle = 0 \qquad (2.103)$$

由 $\hat{J}_+|\beta m_{\max}\rangle = 0$ 可得

$$0 = \hat{J}_-\hat{J}_+|\beta m_{\max}\rangle = (\hat{\vec{J}}^{\,2} - \hat{J}_z^2 - \hbar\hat{J}_z)|\beta m_{\max}\rangle$$

$$= [\beta - m_{\max}(m_{\max} + 1)]\hbar^2|\beta m_{\max}\rangle$$

这样便得到了 β 与 $m_{\max}$ 之间的关系:

$$\beta = m_{\max}(m_{\max} + 1) \qquad (2.104)$$

从 $\hat{J}_-|\beta m_{\min}\rangle = 0$ 出发,同样计算:

$$0 = \hat{J}_+\hat{J}_-|\beta m_{\min}\rangle = (\hat{\vec{J}}^{\,2} - \hat{J}_z^2 + \hbar\hat{J}_z)|\beta m_{\min}\rangle$$

$$= [\beta - m_{\min}(m_{\min} - 1)]\hbar^2 |\beta m_{\min}\rangle$$

可得 β 与 $m_{\min}$ 之间的关系:

$$\beta = -m_{\min}(-m_{\min} + 1) \tag{2.105}$$

所以有 $m_{\max} = -m_{\min}$ ($\beta \geqslant m^2$ 也表明这个结果是正确的), 取 $m_{\max} = -m_{\min} = j$, 有

$$\vec{J}^2 = j(j+1)\hbar^2, \quad \beta = j(j+1) \tag{2.106}$$

$$J_z = m\hbar, \quad m = j, j-1, \cdots, -j \tag{2.107}$$

因为 $m_{\max} - m_{\min} = 2j$ 必须为 0 或正整数, 所以 j 的取值只能是

$$j = 0, \quad \frac{1}{2}, \quad 1, \quad \frac{3}{2}, \quad 2, \quad \cdots \tag{2.108}$$

用 j 替换 β, 则待定系数和波函数可改写为 a_{jm}、b_{jm}、$|jm\rangle$。下面求 a_{jm} 和 b_{jm}。对式 (2.98) 两边取厄米共轭有

$$\langle jm| \hat{J}_- = \hbar a_{jm}^* \langle j, m+1| \tag{2.109}$$

式 (2.109) 等号左边左乘式 (2.98) 等号左边, 右边左乘式 (2.98) 等号右边, 可得

$$\begin{aligned}
\hbar^2 |a_{jm}|^2 &= \langle jm| \hat{J}_- \hat{J}_+ |jm\rangle \\
&= \langle jm| \hat{\vec{J}}^2 - \hat{J}_z^2 - \hbar\hat{J}_z |jm\rangle \\
&= [j(j+1) - m(m+1)]\hbar^2
\end{aligned} \tag{2.110}$$

同理有

$$\begin{aligned}
\hbar^2 |b_{jm}|^2 &= \langle jm| \hat{J}_+ \hat{J}_- |jm\rangle \\
&= \langle jm| \hat{\vec{J}}^2 - \hat{J}_z^2 + \hbar\hat{J}_z |jm\rangle \\
&= [j(j+1) - m(m-1)]\hbar^2
\end{aligned} \tag{2.111}$$

适当选择相位, 使 a_{jm} 和 b_{jm} 为非负实数, 则

$$\begin{aligned}
a_{jm} &= \sqrt{j(j+1) - m(m+1)} \\
&= \sqrt{(j+m+1)(j-m)}
\end{aligned} \tag{2.112}$$

$$\begin{aligned}
b_{jm} &= \sqrt{j(j+1) - m(m-1)} \\
&= \sqrt{(j+m)(j-m+1)}
\end{aligned} \tag{2.113}$$

这样可以得到如下运算关系:

$$\hat{J}_{+}|jm\rangle = \hbar\sqrt{(j+m+1)(j-m)}|j,m+1\rangle \tag{2.114}$$

$$\hat{J}_{-}|jm\rangle = \hbar\sqrt{(j+m)(j-m+1)}|j,m-1\rangle \tag{2.115}$$

2. 简单应用举例

下面通过几个具体实例来说明角动量升降算符的应用。

例 2.4: 根据角动量升降算符,很自然有

$$\hat{J}_{+}|j,j\rangle = 0, \quad \hat{J}_{-}|j,-j\rangle = 0$$

结合波函数的正交归一性 $\langle j'm'|jm\rangle = \delta_{jj'}\delta_{mm'}$,可求角动量算符的矩阵元,如:

$$\langle j'm'|\hat{J}_{+}|jm\rangle = \hbar\sqrt{(j+m+1)(j-m)}\delta_{m',m+1}\delta_{jj'}$$

$$\langle j'm'|\hat{J}_{-}|jm\rangle = \hbar\sqrt{(j+m)(j-m+1)}\delta_{m',m-1}\delta_{jj'}$$

$$\langle j'm'|\hat{J}_{x}|jm\rangle = \frac{1}{2}(\langle j'm'|\hat{J}_{+}|jm\rangle + \langle j'm'|\hat{J}_{-}|jm\rangle)$$

$$\langle j'm'|\hat{J}_{y}|jm\rangle = \frac{\mathrm{i}}{2}(\langle j'm'|\hat{J}_{-}|jm\rangle - \langle j'm'|\hat{J}_{+}|jm\rangle)$$

式中,$\hat{J}_x$ 的矩阵元为 0 和正实数;$\hat{J}_y$ 的矩阵元为 0 和纯虚数。很显然在 $\hat{J}^2$ 和 $\hat{J}_z$ 的共同本征态 $|jm\rangle$ 下,$\hat{J}^2$ 和 $\hat{J}_z$ 为对角矩阵,对角矩阵元为本征值 $j(j+1)\hbar^2$ 和 $m\hbar$。

利用角动量理论可以很容易计算泡利矩阵的矩阵元。对自旋角动量进行分析可知 $j=1/2$,$m=\pm1/2$,选取 $\hat{s}_z$ 表象,有

$$\hat{s}_{z}\left|\pm\frac{1}{2}\right\rangle = \pm\frac{\hbar}{2}\left|\pm\frac{1}{2}\right\rangle \tag{2.116}$$

引入算符 $\hat{s}_{\pm} = \hat{s}_{x} \pm \mathrm{i}\hat{s}_{y}$,有

$$\hat{s}_{+}\left|\frac{1}{2}\right\rangle = 0 \tag{2.117}$$

$$\hat{s}_{-}\left|\frac{1}{2}\right\rangle = \hbar\sqrt{1\times1}\left|-\frac{1}{2}\right\rangle = \hbar\left|-\frac{1}{2}\right\rangle \tag{2.118}$$

$$\hat{s}_{-}\left|-\frac{1}{2}\right\rangle = 0 \tag{2.119}$$

$$\hat{s}_{+}\left|-\frac{1}{2}\right\rangle = \hbar\sqrt{1\times1}\left|\frac{1}{2}\right\rangle = \hbar\left|\frac{1}{2}\right\rangle \tag{2.120}$$

这样，$\hat{s}_x$ 的各矩阵元为

$$\left\langle \frac{1}{2} \middle| \hat{s}_x \middle| \frac{1}{2} \right\rangle = \left\langle \frac{1}{2} \middle| \frac{\hat{s}_+ + \hat{s}_-}{2} \middle| \frac{1}{2} \right\rangle = \frac{\hbar}{2} \left\langle \frac{1}{2} \middle| -\frac{1}{2} \right\rangle = 0$$

$$\left\langle \frac{1}{2} \middle| \hat{s}_x \middle| -\frac{1}{2} \right\rangle = \left\langle \frac{1}{2} \middle| \frac{\hat{s}_+ + \hat{s}_-}{2} \middle| -\frac{1}{2} \right\rangle = \frac{\hbar}{2} \left\langle \frac{1}{2} \middle| \frac{1}{2} \right\rangle = \frac{\hbar}{2}$$

$$\left\langle -\frac{1}{2} \middle| \hat{s}_x \middle| \frac{1}{2} \right\rangle = \frac{\hbar}{2}, \quad \left\langle -\frac{1}{2} \middle| \hat{s}_x \middle| -\frac{1}{2} \right\rangle = 0$$

同理可计算 $\hat{s}_y$ 的矩阵元为

$$\left\langle \frac{1}{2} \middle| \hat{s}_y \middle| \frac{1}{2} \right\rangle = 0, \left\langle \frac{1}{2} \middle| \hat{s}_y \middle| -\frac{1}{2} \right\rangle = -\mathrm{i}\frac{\hbar}{2}$$

$$\left\langle -\frac{1}{2} \middle| \hat{s}_y \middle| \frac{1}{2} \right\rangle = \mathrm{i}\frac{\hbar}{2}, \left\langle -\frac{1}{2} \middle| \hat{s}_y \middle| -\frac{1}{2} \right\rangle = 0$$

这样便得到了 $\hat{s}_x$ 和 $\hat{s}_y$ 的矩阵形式:

$$\hat{s}_x = \frac{\hbar}{2} \begin{pmatrix} 0 & 1 \\ 1 & 0 \end{pmatrix}, \quad \hat{s}_y = \frac{\hbar}{2} \begin{pmatrix} 0 & -\mathrm{i} \\ \mathrm{i} & 0 \end{pmatrix} \tag{2.121}$$

例 2.5：设算符 $\hat{F}$ 和角动量 $\hat{\vec{J}}$ 的各个分量均对易，试证明:

(1) 在 $\hat{\vec{J}}^2$、$\hat{J}_z$ 共同本征态下，$\hat{F}$ 的平均值与量子数 m 无关;

(2) 给定 j 后，在 $\{|jm\rangle, m = j, j-1, \cdots, -j\}$ 子态矢空间中，$\hat{F}$ 可以表示为常数矩阵。

证明: (1) 由 $\hat{J}_+$ 算符的作用规则有

$$\hat{J}_+|jm\rangle = \hbar\sqrt{(j+m+1)(j-m)}|j, m+1\rangle \tag{2.122}$$

对式 (2.122) 两边取厄米共轭，并整理有

$$\langle j, m+1| = \frac{\langle jm|\hat{J}_-}{\hbar\sqrt{(j+m+1)(j-m)}}$$

因此有

$$\begin{aligned}
\langle j, m+1|\hat{F}|j, m+1\rangle &= \frac{\langle jm|\hat{J}_-\hat{F}|j, m+1\rangle}{\hbar\sqrt{(j+m+1)(j-m)}} \\
&= \frac{\langle jm|\hat{F}\hat{J}_-|j, m+1\rangle}{\hbar\sqrt{(j+m+1)(j-m)}} = \langle jm|\hat{F}|jm\rangle
\end{aligned}$$

以此类推，对于同一个 j 的不同 m、m' 总有

$$\langle jm|\hat{F}|jm\rangle = \langle jm'|\hat{F}|jm'\rangle$$

(2) 利用 $\hat{F}$ 与 $\hat{J}_z$ 对易，且 $\hat{J}_z$ 是厄米算符有

$$m\hbar\langle jm'|\hat{F}|jm\rangle = \langle jm'|\hat{F}\hat{J}_z|jm\rangle$$
$$= \langle jm'|\hat{J}_z\hat{F}|jm\rangle$$
$$= m'\hbar\langle jm'|\hat{F}|jm\rangle$$

因此有

$$(m - m')\langle jm'|\hat{F}|jm\rangle = 0 \tag{2.123}$$

当 $m \neq m'$ 时，$\langle jm'|\hat{F}|jm\rangle = 0$，所以 $\hat{F}$ 为对角矩阵。再利用 (1) 的结论，对角矩阵元均相等，所以 $\hat{F}$ 可以表示成常数 $\langle jm|\hat{F}|jm\rangle$ 与单位矩阵的乘积。

2.4 角动量的耦合

量子力学中，凡是能与经典对应的一切角动量都称为轨道角动量，一般用 $\hat{l}$ 表示对应的可观测量。除轨道角动量外，还有一类没有经典对应的内禀角动量，称为自旋角动量，用 $\hat{s}$ 表示对应的可观测量。基于此，考虑角动量耦合有两方面原因：① 通常情况下，原子核外面的电子不止一个，电子角动量会耦合在一起。即使只有一个电子，其轨道角动量和自旋角动量也会耦合在一起。② 如果体系哈密顿量中有角动量耦合的贡献，如自旋–轨道耦合，此时原来的角动量 z 分量不再是守恒量，不能再用来构成力学量完全集，对应的量子数也不再是好量子数。

考虑两个角动量 $\hat{\vec{J}}_1$ 和 $\hat{\vec{J}}_2$，$\hat{\vec{J}}_1$、$\hat{\vec{J}}_2$ 既可以是自旋角动量，也可以是轨道角动量或其他角动量。它们满足角动量对易关系：

$$\hat{\vec{J}}_1 \times \hat{\vec{J}}_1 = i\hbar\hat{\vec{J}}_1, \quad \hat{\vec{J}}_2 \times \hat{\vec{J}}_2 = i\hbar\hat{\vec{J}}_2 \tag{2.124}$$

并且各分量均与 $\hat{\vec{J}}_\alpha^2$ ($\alpha = 1,\, 2$) 对易，即

$$[\hat{\vec{J}}_\alpha^2, \hat{J}_{\alpha j}] = 0, \quad j = x,\, y,\, z \tag{2.125}$$

$\hat{\vec{J}}_1$ 和 $\hat{\vec{J}}_2$ 是两个独立的角动量，彼此相互对易。$\hat{\vec{J}}_1^2$、$\hat{\vec{J}}_2^2$、$\hat{J}_{1z}$、$\hat{J}_{2z}$ 两两相互对易，不计其他量子数，可构造无耦合表象基矢：

$$|j_1, j_2, m_1, m_2\rangle = |j_1, m_1\rangle \otimes |j_2, m_2\rangle \tag{2.126}$$

各自的本征值方程如下:

$$\hat{J}_1^2|j_1,m_1\rangle = j_1(j_1+1)\hbar^2|j_1,m_1\rangle \tag{2.127}$$

$$\hat{J}_{1z}|j_1,m_1\rangle = m_1\hbar|j_1,m_1\rangle \tag{2.128}$$

$$\hat{J}_2^2|j_2,m_2\rangle = j_2(j_2+1)\hbar^2|j_2,m_2\rangle \tag{2.129}$$

$$\hat{J}_{2z}|j_2,m_2\rangle = m_2\hbar|j_2,m_2\rangle \tag{2.130}$$

下面构造耦合表象基矢。定义总角动量 $\hat{\vec{J}}$ 为角动量 $\hat{\vec{J}}_1$ 与 $\hat{\vec{J}}_2$ 之和:

$$\hat{\vec{J}} = \hat{\vec{J}}_1 + \hat{\vec{J}}_2 \tag{2.131}$$

可证明 $\hat{\vec{J}}$ 也是角动量 (满足 $\hat{\vec{J}} \times \hat{\vec{J}} = \mathrm{i}\hbar\hat{\vec{J}}$),而且有如下对易关系:

$$[\hat{\vec{J}}^2,\ \hat{\vec{J}}_1^2] = [\hat{\vec{J}}^2,\ \hat{\vec{J}}_2^2] = [\hat{\vec{J}}^2,\ \hat{J}_z] = 0 \tag{2.132}$$

$\hat{\vec{J}}^2$、$\hat{\vec{J}}_1^2$、$\hat{\vec{J}}_2^2$、$\hat{J}_z$ 两两对易,它们具有共同的正交、归一、完备的本征函数系。记相应于量子数 j_1、j_2、j、m 的本征函数为 $|j_1,j_2,j,m\rangle$,则

$$\hat{\vec{J}}^2|j_1,j_2,j,m\rangle = j(j+1)\hbar^2|j_1,j_2,j,m\rangle \tag{2.133}$$

$$\hat{J}_z|j_1,j_2,j,m\rangle = m\hbar|j_1,j_2,j,m\rangle \tag{2.134}$$

下面寻找量子数 j 和 m 与 j_1、j_2、m_1 和 m_2 之间的关系。为此,将耦合表象的基矢以幺正变换按无耦合表象的基矢展开:

$$|j_1,j_2,j,m\rangle = \sum_{m_1,m_2} |j_1,m_1,j_2,m_2\rangle\langle j_1,m_1,j_2,m_2|j_1,j_2,j,m\rangle \tag{2.135}$$

幺正变换的系数 $\langle j_1,m_1,j_2,m_2|j_1,j_2,j,m\rangle$ 称为 Clebsch-Gordan 系数,简称 C-G 系数。从表象变换的角度来看,C-G 系数就是幺正变换所对应的幺正矩阵的矩阵元,它们是在耦合基 $|j_1,j_2,j,m\rangle$ 中发现无耦合基 $|j_1,m_1,j_2,m_2\rangle$ 的概率幅。两个角动量的耦合与分解问题,就是按照式 (2.135) 进行变换的问题,中心任务是求出 C-G 系数。在进行表象变换时,首先要解决的问题是当 j_1 与 j_2 给定后,j 有哪些可能取值,m 与 m_1 和 m_2 的关系如何? 即先确定耦合之后的总角动量量子数 j,总角动量磁量子数 m 与 j_1、j_2、m_1、m_2 的关系。为此用算符 $\hat{J}_z$ 作用于式 (2.135) 等号两边可得

$$\hat{J}_z|j_1,j_2,j,m\rangle = \sum_{m_1,m_2} (\hat{J}_{1z}+\hat{J}_{2z})|j_1,m_1,j_2,m_2\rangle$$
$$\cdot\langle j_1,m_1,j_2,m_2|j_1,j_2,j,m\rangle \tag{2.136}$$

因此有

$$m = m_1 + m_2 \tag{2.137}$$

这样，式 (2.135) 变为

$$|j_1, j_2, j, m\rangle = \sum_{m_1} |j_1, m_1, j_2, m - m_1\rangle \langle j_1, m_1, j_2, m - m_1 | j_1, j_2, j, m\rangle \tag{2.138}$$

式 (2.138) 与式 (2.135) 一样，将耦合表象和无耦合表象联系起来。当 j、j_1、j_2 给定后，磁量子数 m、m_1、m_2 的最大值分别为 j、j_1、j_2，而且 $m = m_1 + m_2$，因此 j 的最大值 $j_{\max}$ 必然是

$$j_{\max} = j_1 + j_2 \tag{2.139}$$

下面求 j_1、j_2 给定时，j 的最小值 $j_{\min}$。出发点是耦合表象与无耦合表象应该有相同的维数，式 (2.135) 和式 (2.138) 只不过是将无耦合表象中的基矢用 C-G 系数重新组合成耦合表象的基矢。先考虑无耦合表象，给定 j_1，m_1 可取 $-j_1$，$-j_1 + 1$，$\cdots$，$j_1 - 1$，j_1，共 $2j_1 + 1$ 个值。同样，当 j_2 给定时，m_2 可取 $-j_2$，$-j_2 + 1$，$\cdots$，$j_2 - 1$，j_2，共 $2j_2 + 1$ 个值。因此，当 j_1 和 j_2 同时给定时，无耦合表象中基矢 $|j_1, m_1, j_2, m_2\rangle$ 的数目是 $(2j_1 + 1)(2j_2 + 1)$。再考虑耦合表象，对于确定的 j，m 的取值是 $-j, -j + 1, \cdots, j - 1, j$，共 $2j + 1$ 个值，而 j 的取值是从 $j_{\min}$ 依次加 1 直到 $j_{\max}$，所以耦合表象的维度为

$$\sum_{j=j_{\min}}^{j_{\max}} (2j + 1) = \frac{(2j_{\min} + 1) + (2j_{\max} + 1)}{2} \times (j_{\max} - j_{\min} + 1)$$
$$= j_{\max}^2 + 2j_{\max} - j_{\min}^2 + 1 \tag{2.140}$$

可得

$$j_{\min} = |j_1 - j_2| \tag{2.141}$$

故当 j_1、j_2 给定时，j 的可能取值是

$$j = j_1 + j_2, j_1 + j_2 - 1, \cdots, |j_1 - j_2| \tag{2.142}$$

量子数 j_1、j_2、j 之间的这种关系常被形象称为三角形条件，记为 $\triangle(j_1 j_2 j)$，但需注意的是 j 是量子化的，所以 $\vec{j}_1$ 和 $\vec{j}_2$ 的夹角也必须是量子化的。j 确定后，m 的可能取值是

$$m = j,\ j - 1,\ \cdots,\ -j \tag{2.143}$$

C-G 系数表达式在群论和光谱学书中多有详尽的描述，物理内容不多，但推导过程冗长，下面以两个角动量为 $\hbar/2$ 的自旋–轨道耦合和自旋–自旋耦合为例，给出 C-G 系数的一般性质和计算公式。

2.4.1　自旋–轨道耦合

先考虑自旋角动量与轨道角动量的耦合。$\hat{s}$ 与 $\hat{\vec{l}}$ 代表两种不同的自由度，因此有

$$[\hat{s}_\alpha, \hat{l}_\beta] = 0, \quad \alpha, \beta = x, y, z \tag{2.144}$$

它们耦合的结果 $\hat{\vec{j}} = \hat{\vec{l}} + \hat{\vec{s}}$ 仍为角动量，满足角动量对易关系式：

$$[\hat{j}_\alpha, \hat{j}_\beta] = \mathrm{i}\hbar\varepsilon_{\alpha\beta\gamma}\hat{j}_\gamma, \quad [\hat{\vec{j}}^2, \hat{j}_z] = 0 \tag{2.145}$$

此外：

$$[\hat{\vec{j}}^{\,2}, \hat{\vec{l}}^{\,2}] = [\hat{\vec{j}}^{\,2}, \hat{\vec{s}}^{\,2}] = [\hat{j}_\alpha, \hat{\vec{l}}^{\,2}] = [\hat{j}_\alpha, \hat{\vec{s}}^{\,2}] = 0 \tag{2.146}$$

于是得到如下两组关于角动量的完备力学量组：

$$(\hat{\vec{j}}^{\,2}, \ \hat{j}_z, \ \hat{\vec{l}}^{\,2}, \ \hat{\vec{s}}^{\,2}) \quad \text{和} \quad (\hat{\vec{l}}^{\,2}, \ \hat{l}_z, \ \hat{\vec{s}}^{\,2}, \ \hat{s}_z) \tag{2.147}$$

每组内四个角动量两两对易，故分别存在共同的本征态。这两组本征态构成两个关于角动量的表象 (自旋角动量量子数 $s = 1/2$)：

$$\text{耦合表象：} |j, m_j, l, s\rangle \tag{2.148}$$

$$\text{无耦合表象：} |l, m, s, m_s\rangle \tag{2.149}$$

可验证还有如下对易关系成立：

$$[\hat{\vec{l}}\cdot\hat{\vec{s}}, \ \hat{\vec{l}}^{\,2}] = [\hat{\vec{l}}\cdot\hat{\vec{s}}, \ \hat{\vec{s}}^{\,2}] = [\hat{\vec{l}}\cdot\hat{\vec{s}}, \ \hat{\vec{j}}^{\,2}] = [\hat{\vec{l}}\cdot\hat{\vec{s}}, \ \hat{\vec{j}}_z] = 0 \tag{2.150}$$

式 (2.150) 表明，如果哈密顿量 $\hat{H}$ 中含有自旋–轨道耦合项 $(\hat{\vec{s}}\cdot\hat{\vec{l}})$，在耦合表象中仍能将 $\hat{H}$ 对角化，而在无耦合表象中则不能，因为这时 $\hat{l}_z$ 与 $\hat{s}_z$ 已不守恒 $([\hat{\vec{s}}\cdot\hat{\vec{l}}, \ l_z] \neq 0,\ [\hat{\vec{l}}\cdot\hat{\vec{s}}, \ s_z] \neq 0)$，$m$ 与 m_s 不再是好量子数。

耦合表象的基矢 $|j, m_j, l, 1/2\rangle$ $(j = l \pm 1/2,\ m_j = -j, \cdots, j)$，总数为 $[2(l+1/2)+1] + [2(l-1/2)+1] = 2(2l+1)$ 个；无耦合表象的基矢 $|l, m, 1/2, m_s\rangle$ $(m = -l, \cdots, l,\ m_s = 1/2, -1/2)$，总数也是 $2(2l+1)$ 个。两个表象的基矢数目相等，它们在量子数 l、$s(=1/2)$ 固定的总角动量态的子空间中，各自都构成完备基。因此这两套基矢之间也能彼此相互展开。

下面探讨任一耦合表象基矢在无耦合表象中的展开式。考虑到自旋角动量任何方向的取值只能是 $\pm\hbar/2$，所以自旋–轨道耦合产生的总角动量量子数只能有两

个取值 $j = l \pm 1/2$ (当 $l = 0$ 时，$j = s = 1/2$)，正号表示两者平行耦合，负号表示两者反平行耦合。首先考虑平行耦合情况下的任一耦合基矢 $|j = l + 1/2, m_j, l, 1/2\rangle$，$m_j$ 为 $(-j, \cdots, j)$ 中某一给定值。由于 $\hat{j}_z = \hat{l}_z + \hat{s}_z$，$m_j$ 确定之后对量子数 m、m_s 有限制 $(m_j = m + m_s)$，这一展开式只涉及无耦合表象中的如下两个基矢：

$$\left|j = l + \frac{1}{2}, m_j, l, \frac{1}{2}\right\rangle = \sum_{m, m_s} \alpha_{m, m_s} \left|l, m, \frac{1}{2}, m_s\right\rangle$$

$$= \alpha_1 \left|l, m, \frac{1}{2}, \frac{1}{2}\right\rangle + \alpha_2 \left|l, m + 1, \frac{1}{2}, -\frac{1}{2}\right\rangle \quad (2.151)$$

由 $|j = l + 1/2, m_j, l, 1/2\rangle$ 的归一化条件可知 $\alpha_1^2 + \alpha_2^2 = 1$。为确定系数 α_1 和 α_2，可将

$$\hat{\vec{j}}^2 = \hat{\vec{l}}^2 + \hat{\vec{s}}^2 + 2\hat{\vec{l}} \cdot \hat{\vec{s}}$$

$$= \hat{\vec{l}}^2 + \hat{\vec{s}}^2 + 2\hat{l}_z \hat{s}_z + \hat{l}_+ \hat{s}_- + \hat{l}_- \hat{s}_+ \quad (2.152)$$

作用于式 (2.151) 等号左右两端，计算可得

$$\text{r.h.s.} = \left[l(l+1) + \frac{3}{4}\right] \hbar^2 \left(\alpha_1 \left|l, m, \frac{1}{2}, \frac{1}{2}\right\rangle + \alpha_2 \left|l, m + 1, \frac{1}{2}, -\frac{1}{2}\right\rangle\right)$$

$$+ m\hbar^2 \alpha_1 \left|l, m, \frac{1}{2}, \frac{1}{2}\right\rangle - (m+1)\hbar^2 \alpha_2 \left|l, m + 1, \frac{1}{2}, -\frac{1}{2}\right\rangle$$

$$+ \hbar^2 \sqrt{(l+m+1)(l-m)} \alpha_1 \left|l, m + 1, \frac{1}{2}, -\frac{1}{2}\right\rangle$$

$$+ \hbar^2 \sqrt{(l+m+1)(l-m)} \alpha_2 \left|l, m, \frac{1}{2}, \frac{1}{2}\right\rangle$$

$$= \hbar^2 \left\{\alpha_1 \sqrt{(l+m+1)(l-m)}\right.$$

$$\left. + \alpha_2 \left[l(l+1) + \frac{3}{4} - (m+1)\right]\right\} \left|l, m + 1, \frac{1}{2}, -\frac{1}{2}\right\rangle$$

$$+ \hbar^2 \left\{\alpha_1 \left[l(l+1) + \frac{3}{4} + m\right]\right.$$

$$\left. + \alpha_2 \sqrt{(l+m+1)(l-m)}\right\} \left|l, m, \frac{1}{2}, \frac{1}{2}\right\rangle$$

$$\text{l.h.s.} = \left(l + \frac{1}{2}\right)\left(l + \frac{3}{2}\right) \hbar^2 \left|j = l + \frac{1}{2}, m_j, l, \frac{1}{2}\right\rangle$$

将式 (2.151) 等号左右两边乘以 $(l+1/2)(l+3/2)$，并与式 (2.133) 对比系数，即可得

$$\alpha_2 \sqrt{(l+m+1)(l-m)} = \alpha_1(l-m)$$
$$\alpha_1 \sqrt{(l+m+1)(l-m)} = \alpha_2(l+m+1)$$

于是系数比值：

$$\frac{\alpha_1}{\alpha_2} = \sqrt{\frac{l+m+1}{l-m}}$$

结合归一化条件：

$$\alpha_1 = \sqrt{\frac{l+m+1}{2l+1}} \tag{2.153}$$

$$\alpha_2 = \sqrt{\frac{l-m}{2l+1}} \tag{2.154}$$

最后得到展开式为

$$\left| j = l+\frac{1}{2}, m_j, l, \frac{1}{2} \right\rangle = \sqrt{\frac{l+m+1}{2l+1}} \left| l, m, \frac{1}{2}, \frac{1}{2} \right\rangle$$
$$+ \sqrt{\frac{l-m}{2l+1}} \left| l, m+1, \frac{1}{2}, -\frac{1}{2} \right\rangle \tag{2.155}$$

同样的步骤可得出反平行耦合时耦合表象基矢在无耦合表象基矢中的展开式：

$$\left| j = l-\frac{1}{2}, m_j, l, \frac{1}{2} \right\rangle = \beta_1 \left| l, m, \frac{1}{2}, \frac{1}{2} \right\rangle + \beta_2 \left| l, m+1, \frac{1}{2}, -\frac{1}{2} \right\rangle$$

展开系数 β_1、β_2 满足关系：

$$\frac{\beta_1}{\beta_2} = -\sqrt{\frac{l-m}{l+m+1}}$$

结合归一化条件 $\beta_1^2 + \beta_2^2 = 1$，可得

$$\beta_1 = -\sqrt{\frac{l-m}{2l+1}}$$
$$\beta_2 = \sqrt{\frac{l+m+1}{2l+1}}$$

这时的展开式为

$$\left| j = l-\frac{1}{2}, m_j, l, \frac{1}{2} \right\rangle = -\sqrt{\frac{l-m}{2l+1}} \left| l, m, \frac{1}{2}, \frac{1}{2} \right\rangle$$

$$+\sqrt{\frac{l+m+1}{2l+1}}\left|l,m+1,\frac{1}{2},-\frac{1}{2}\right\rangle \tag{2.156}$$

式 (2.155) 和式 (2.156) 联合构成无耦合基矢叠加成耦合基矢的幺正变换, 可求得对应于耦合基矢叠加成无耦合基矢时的逆变换, 这里不再赘述。

2.4.2　两个自旋 1/2 的耦合

1. 基本对易关系

考虑两个 $\hbar/2$ 自旋角动量的耦合, 而且感兴趣的仅仅是它们的自旋自由度。$\hat{s}_1$ 和 $\hat{s}_2$ 是两个不同的自由度[①]:

$$[\hat{s}_{1i},\hat{s}_{2j}]=0,\quad i,\,j=x,\,y,\,z \tag{2.157}$$

耦合的总自旋角动量:

$$\hat{\vec{S}}=\hat{\vec{s}}_1+\hat{\vec{s}}_2,\quad \hat{\vec{S}}\times\hat{\vec{S}}=\mathrm{i}\hbar\hat{\vec{S}},\quad \hat{S}_i=\hat{s}_{1i}+\hat{s}_{2i} \tag{2.158}$$

根据角动量耦合法则, 总自旋角动量量子数 S 可取 $1/2+1/2=1$ 和 $S=1/2-1/2=0$。当 $S=1$ 时 (自旋平行耦合), $m_S=-1,0,1$, 构成自旋三重态; 当 $S=0$ 时 (自旋反平行耦合), $m_S=0$, 构成自旋单态。

2. 基矢的变换

在直积空间中, 无耦合表象基矢 $|s_1,\,m_{s1},\,s_2,\,m_{s2}\rangle$ 可写为

$$\left|\frac{1}{2},\frac{1}{2},\frac{1}{2},\frac{1}{2}\right\rangle,\ \left|\frac{1}{2},\frac{1}{2},\frac{1}{2},-\frac{1}{2}\right\rangle \tag{2.159}$$

$$\left|\frac{1}{2},-\frac{1}{2},\frac{1}{2},\frac{1}{2}\right\rangle,\ \left|\frac{1}{2},-\frac{1}{2},\frac{1}{2},-\frac{1}{2}\right\rangle \tag{2.160}$$

将耦合表象基矢 $|s_1,s_2,S,m_S\rangle$ 按无耦合表象基矢展开, 有

$$\left|\frac{1}{2},\frac{1}{2},1,-1\right\rangle=\left|\frac{1}{2},-\frac{1}{2},\frac{1}{2},-\frac{1}{2}\right\rangle \tag{2.161}$$

$$\left|\frac{1}{2},\frac{1}{2},1,0\right\rangle=\frac{1}{\sqrt{2}}\left(\left|\frac{1}{2},\frac{1}{2},\frac{1}{2},-\frac{1}{2}\right\rangle+\left|\frac{1}{2},-\frac{1}{2},\frac{1}{2},\frac{1}{2}\right\rangle\right) \tag{2.162}$$

$$\left|\frac{1}{2},\frac{1}{2},1,1\right\rangle=\left|\frac{1}{2},\frac{1}{2},\frac{1}{2},\frac{1}{2}\right\rangle \tag{2.163}$$

$$\left|\frac{1}{2},\frac{1}{2},0,0\right\rangle=\frac{1}{\sqrt{2}}\left(\left|\frac{1}{2},1/2,\frac{1}{2},-\frac{1}{2}\right\rangle-\left|\frac{1}{2},-\frac{1}{2},\frac{1}{2},\frac{1}{2}\right\rangle\right) \tag{2.164}$$

---

① 属于不同粒子的泡利矩阵互不关联, 彼此对易, 矩阵乘积运算只在同一粒子的泡利矩阵之间进行。

自旋平行耦合所形成的三重态关于两粒子自旋交换均对称，自旋反平行耦合的单态关于两粒子自旋交换为反对称。利用式 (2.161) ～ 式 (2.164) 可验证：

$$\hat{\vec{S}}^2|1,0\rangle = \left(\hat{\vec{s}}_1^2 + \hat{\vec{s}}_2^2 + 2\hat{\vec{s}}_1 \cdot \hat{\vec{s}}_2\right)\frac{1}{\sqrt{2}}\left(\left|\frac{1}{2},-\frac{1}{2}\right\rangle + \left|-\frac{1}{2},\frac{1}{2}\right\rangle\right)$$

$$= \frac{\hbar^2}{4}\left(\hat{\vec{\sigma}}_1^2 + \hat{\vec{\sigma}}_2^2 + 2\hat{\vec{\sigma}}_1 \cdot \hat{\vec{\sigma}}_2\right)\frac{1}{\sqrt{2}}\left(\left|\frac{1}{2},-\frac{1}{2}\right\rangle + \left|-\frac{1}{2},\frac{1}{2}\right\rangle\right)$$

$$= \frac{\hbar^2}{4}(3+3)\frac{1}{\sqrt{2}}\left(\left|\frac{1}{2},-\frac{1}{2}\right\rangle + \left|-\frac{1}{2},\frac{1}{2}\right\rangle\right)$$

$$+ \frac{1}{2}\frac{1}{\sqrt{2}}\left[\left(\left|-\frac{1}{2},\frac{1}{2}\right\rangle + \left|\frac{1}{2},-\frac{1}{2}\right\rangle\right) + \mathrm{i}\cdot(-\mathrm{i})\left(\left|-\frac{1}{2},\frac{1}{2}\right\rangle + \left|\frac{1}{2},-\frac{1}{2}\right\rangle\right)\right.$$

$$\left. - \left(\left|\frac{1}{2},-\frac{1}{2}\right\rangle + \left|-\frac{1}{2},\frac{1}{2}\right\rangle\right)\right]$$

$$= 2\hbar^2\frac{1}{\sqrt{2}}\left(\left|\frac{1}{2},-\frac{1}{2}\right\rangle + \left|-\frac{1}{2},\frac{1}{2}\right\rangle\right) = 2\hbar^2|1,0\rangle$$

同样的运算还可验证：

$$\hat{S}_z|0,0\rangle = \frac{\hbar}{2}(\hat{\sigma}_{z1} + \hat{\sigma}_{z2})\frac{1}{\sqrt{2}}\left[\begin{pmatrix}1\\0\end{pmatrix}_1\begin{pmatrix}0\\1\end{pmatrix}_2 - \begin{pmatrix}0\\1\end{pmatrix}_1\begin{pmatrix}1\\0\end{pmatrix}_2\right]$$

$$= \frac{\hbar}{2}\left[\begin{pmatrix}1&0\\0&-1\end{pmatrix}_1 + \begin{pmatrix}1&0\\0&-1\end{pmatrix}_2\right]$$

$$\times \frac{1}{\sqrt{2}}\left[\begin{pmatrix}1\\0\end{pmatrix}_1\begin{pmatrix}0\\1\end{pmatrix}_2 - \begin{pmatrix}0\\1\end{pmatrix}_1\begin{pmatrix}1\\0\end{pmatrix}_2\right]$$

$$= \frac{\hbar}{2}\frac{1}{\sqrt{2}}\left[\begin{pmatrix}1\\0\end{pmatrix}_1\begin{pmatrix}0\\1\end{pmatrix}_2 + \begin{pmatrix}0\\1\end{pmatrix}_1\begin{pmatrix}1\\0\end{pmatrix}_2\right.$$

$$\left. - \begin{pmatrix}1\\0\end{pmatrix}_1\begin{pmatrix}0\\1\end{pmatrix}_2 - \begin{pmatrix}0\\1\end{pmatrix}_1\begin{pmatrix}1\\0\end{pmatrix}_2\right] = 0$$

$$\hat{S}_x|1,0\rangle = \frac{\hbar}{2}(\hat{\sigma}_{x1} + \hat{\sigma}_{x2})\frac{1}{\sqrt{2}}\left(\left|\frac{1}{2},-\frac{1}{2}\right\rangle + \left|-\frac{1}{2},\frac{1}{2}\right\rangle\right)$$

$$= \frac{\hbar}{2}\frac{1}{\sqrt{2}}\left[\hat{\sigma}_{x1}\left(\left|\frac{1}{2},-\frac{1}{2}\right\rangle + \left|-\frac{1}{2},\frac{1}{2}\right\rangle\right) + \hat{\sigma}_{x2}\left(\left|\frac{1}{2},-\frac{1}{2}\right\rangle + \left|-\frac{1}{2},\frac{1}{2}\right\rangle\right)\right]$$

$$= \frac{\hbar}{2}\frac{1}{\sqrt{2}}\left(\left|-\frac{1}{2},-\frac{1}{2}\right\rangle + \left|\frac{1}{2},\frac{1}{2}\right\rangle + \left|\frac{1}{2},\frac{1}{2}\right\rangle + \left|-\frac{1}{2},-\frac{1}{2}\right\rangle\right)$$

$$= \frac{\hbar}{\sqrt{2}}(|1,1\rangle + |1,-1\rangle)$$

从上面的计算结果可以看出，态 $|1,1\rangle$、态 $|1,0\rangle$ 和态 $|1,-1\rangle$ 是不同的，主

要体现在 $\hat{S}_z$ 作用在这些波函数上时, 分别得出 $\hbar$、0、$-\hbar$ 三个不同的值。虽然两个电子自旋平行, 但对这三个态各不相同。处于态 $|1,1\rangle$ 时, 两个电子自旋平行, 且平行于 z 轴, 自旋方向都朝上。处于态 $|1,-1\rangle$ 时, 两个电子自旋也平行, 且都在 $-z$ 轴方向, 反平行于 z 轴。处于态 $|1,0\rangle$ 时, 两个电子虽然平行, 但是合成之后的总自旋角动量垂直于 z 轴。对于处于态 $|0,0\rangle$ 的电子, 由于 $\hat{S}^2$ 和 $\hat{S}_z$ 的本征值均为零, 两个电子的自旋是反平行的, 总自旋为零。

图 2.2为两个电子自旋–自旋耦合的四种可能状态示意图。图中, 用沿锥面旋转的矢量来表示 $\hat{S}_z$ 的本征态。矢量沿 z 轴的投影等于定值 (自身表象), 但沿 x、y 轴的投影却不固定, 说明 $\hat{S}_x$、$\hat{S}_y$ 没有确定值。形象化地将 $\hat{S}_x$、$\hat{S}_y$、$\hat{S}_z$ 三个算符的不对易性表示出来。图 2.2(a)~(c) 是自旋三重态, 图 2.2(d) 是自旋单态。在量子计算与量子信息中, 常将态 $|1,1\rangle$ 和态 $|1,-1\rangle$ 重新进行对称与反对称组合, 与态 $|1,0\rangle$ 和态 $|0,0\rangle$ 一起构成一组贝尔基。

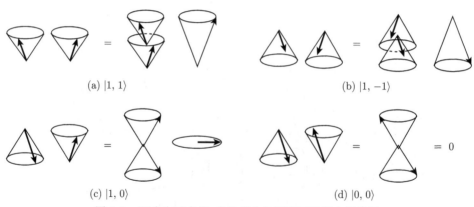

(a) $|1,1\rangle$ (b) $|1,-1\rangle$

(c) $|1,0\rangle$ (d) $|0,0\rangle$

图 2.2 两个电子自旋–自旋耦合的四种可能状态示意图

例 2.6: 设 $\vec{n} = (\sin\theta\cos\varphi, \sin\theta\sin\varphi, \cos\theta)$, 计算 $\hat{\vec{n}} \cdot \hat{\vec{\sigma}}_1 |0,0\rangle$。

解:

$$\hat{\vec{n}} \cdot \hat{\vec{\sigma}}_1 |0,0\rangle = \begin{pmatrix} \cos\theta & \sin\theta e^{-i\varphi} \\ \sin\theta e^{i\varphi} & -\cos\theta \end{pmatrix}_1$$

$$\times \frac{1}{\sqrt{2}} \left[\begin{pmatrix} 1 \\ 0 \end{pmatrix}_1 \left|-\frac{1}{2}\right\rangle_2 - \begin{pmatrix} 0 \\ 1 \end{pmatrix}_1 \left|\frac{1}{2}\right\rangle_2 \right]$$

$$= \frac{1}{\sqrt{2}} \left[\cos\theta \left(\left|\frac{1}{2}, -\frac{1}{2}\right\rangle + \left|-\frac{1}{2}, \frac{1}{2}\right\rangle \right) \right.$$

$$\left. + \sin\theta \left(e^{i\varphi} \left|-\frac{1}{2}, -\frac{1}{2}\right\rangle - e^{-i\varphi} \left|\frac{1}{2}, \frac{1}{2}\right\rangle \right) \right]$$

$$= \cos\theta|1,0\rangle + \frac{1}{\sqrt{2}}\sin\theta e^{i\varphi}|1,-1\rangle - \frac{1}{\sqrt{2}}\sin\theta e^{-i\varphi}|1,1\rangle$$

结合平行耦合和反平行耦合与幺正变换性质，可知从无耦合表象变换到耦合表象幺正变换的矩阵元，也就是 C-G 系数有如下性质。

(1) 当 $m \neq m_1 + m_2$ 时 $(\hat{j}_z = \hat{j}_{1z} + \hat{j}_{2z})$：

$$\langle j_1, m_1, j_2, m_2 | j_1, j_2, j, m\rangle = 0 \tag{2.165}$$

(2) 当 j 和 m 均取最大值时，式 (2.135) 等号右端只有 $m_1 = j_1$，$m_2 = j_2$ 一项：

$$|j_1, j_2, j_1+j_2, j_1+j_2\rangle = |j_1, j_1, j_2, j_2\rangle \langle j_1, j_1, j_2, j_2 | j_1, j_2, j_1+j_2, j_1+j_2\rangle$$

因此有

$$|\langle j_1, j_1, j_2, j_2 | j_1, j_2, j_1+j_2, j_1+j_2\rangle|^2 = 1 \tag{2.166}$$

适当选择相位，取 C-G 系数为实数，式 (2.166) 给出：

$$\langle j_1, j_1, j_2, j_2 | j_1, j_2, j_1+j_2, j_1+j_2\rangle = 1 \tag{2.167}$$

(3) C-G 系数组成的矩阵是无耦合表象与耦合表象之间的变换矩阵，表象变换由幺正矩阵相联系，这要求由 C-G 系数组成的矩阵必须是幺正矩阵 $(\hat{U}^\dagger \hat{U} = I)$，即满足：

$$\sum_{m_1} \langle j_1, j_2, j', m | j_1, m_1, j_2, m-m_1\rangle \times \langle j_1, m_1, j_2, m-m_1 | j_1, j_2, j, m\rangle = \delta_{jj'} \tag{2.168}$$

$$\sum_{j} \langle j_1, m'_1, j_2, m-m'_1 | j_1, j_2, j, m\rangle \times \langle j_1, j_2, j, m | j_1, m_1, j_2, m-m_1\rangle = \delta_{m_1 m'_1} \tag{2.169}$$

式 (2.168) 与式 (2.169) 正是 C-G 系数的正交归一性。利用式 (2.169) 可求出式 (2.138) 的逆变换：

$$\begin{aligned} |j_1, m_1, j_2, m-m_1\rangle = &\sum_{j} |j_1, j_2, j, m\rangle \\ &\times \langle j_1, j_2, j, m | j_1, m_1, j_2, m-m_1\rangle \end{aligned} \tag{2.170}$$

上面的演算过程还可得出无耦合表象和耦合表象基矢的完备性，即

$$\sum_{m} |j_1, m_1, j_2, m-m_1\rangle\langle j_1, m_1, j_2, m-m_1| = 1$$

$$\sum_j |j_1, j_2, j, m\rangle\langle j_1, j_2, j, m| = 1$$

(4) 由式 (2.168) 和式 (2.169) 可知 C-G 系数有如下对称性关系：

$$\langle j_1, m_1, j_2, m_2|j_1, j_2, j, m\rangle = (-1)^{j_1+j_2-j}\langle j_1, -m_1, j_2, -m_2|j_1, j_2, j, -m\rangle$$

$$\langle j_1, m_1, j_2, m_2|j_1, j_2, j, m\rangle = (-1)^{j_1+j_2-j}\langle j_2, m_1, j_1, m_2|j_2, j_1, j, m\rangle$$

$$\langle j_1, m_1, j_2, m_2|j_1, j_2, j, m\rangle = (-1)^{j_1-m_1}\left(\frac{2j+1}{2j_2+1}\right)^{1/2}\langle j_1, m_1, j, -m|j_1, j, j_2, -m\rangle$$

2.4.3 碱金属原子的精细结构

原子中的电子绕原子核运动时会产生磁场，该磁场与电子自身的磁矩发生耦合，产生的附加能量使原有能级发生劈裂，这就是自旋–轨道耦合[①]。由于自旋–轨道耦合，原子能级发生劈裂。详细计算请参见 4.2.3 小节。

将坐标系建在核外电子上，带正电的原子核绕核外电子做圆周运动，原子核在电子所在位置产生磁场 $\vec{B}$，与电子的磁矩 $\vec{\mu}$ 耦合，产生 $-\vec{\mu}\cdot\vec{B}$ 的附加能。按毕奥–萨伐尔定律有 $(e > 0)$

$$\vec{B} = -\frac{1}{c}\vec{v}\times\frac{Ze\vec{r}}{r^3}$$

因此有

$$\begin{aligned}-\vec{\mu}\cdot\vec{B} &= -\left(\frac{-e\hbar}{2mc}\vec{\sigma}\right)\cdot\left(-\frac{1}{c}\vec{v}\times\frac{Ze\vec{r}}{r^3}\right)\\&= \frac{1}{m^2c^2r}\frac{d}{dr}\left(-\frac{Ze^2}{r}\right)\left(\frac{\hbar}{2}\vec{\sigma}\right)\cdot(\vec{r}\times\vec{p})\\&= \frac{1}{m^2c^2r}\frac{dV}{dr}\vec{s}\cdot\vec{l}\end{aligned}$$

转入原子核参考系，并引入 Thomas 项进动修正，正确的旋轨耦合项为

$$\frac{1}{2m^2c^2r}\frac{dV}{dr}\vec{s}\cdot\vec{l} \tag{2.171}$$

下面对旋轨耦合项进行数量级估算。$r\sim a_B$，$l = s\sim a_B p\approx a_B mv$，有

$$\frac{1}{2m^2c^2r}\frac{dV}{dr}\vec{s}\cdot\vec{l}\sim\frac{1}{2m^2c^2a_B}\frac{Ze^2}{a_B^2}(a_B mv)^2$$

$$\sim\frac{Ze^2}{2a_B}\left(\frac{v}{c}\right)^2$$

---

① 哈密顿量中考虑自旋轨道相互作用的项通常称为旋轨耦合项，或 Thomas 项。

$$\sim 库仑能 \cdot \beta^2$$

估算结果表明旋轨耦合效应是相对论性的修正。

碱金属原子光谱双线结构的物理根源在于最外层价电子的自旋–轨道耦合,最外层电子的自旋与轨道角动量平行耦合与反平行耦合使能级出现双重劈裂。考虑旋轨耦合,哈密顿量为

$$H = -\frac{\hbar^2}{2m}\nabla^2 + V(r) + \xi(r)\frac{\vec{l}\cdot\vec{s}}{\hbar^2} \tag{2.172}$$

式中,

$$\xi(r) = \frac{\hbar^2}{2m^2c^2r}\frac{\mathrm{d}V}{\mathrm{d}r} \tag{2.173}$$

这里 V 是考虑内层电子对核库仑场的屏蔽作用之后的等效屏蔽库仑势,$\hat{\vec{l}}\cdot\hat{\vec{s}} = (\hat{\vec{j}}^2 - \hat{\vec{l}}^2 - \hat{\vec{s}}^2)/2$,所以旋轨耦合项导致的能移为 (耦合表象下)

$$\begin{aligned}
\Delta E &= \left\langle njm_jl\frac{1}{2}\left|\xi(r)\frac{\vec{l}\cdot\vec{s}}{\hbar^2}\right|njm_jl\frac{1}{2}\right\rangle \\
&= \frac{1}{2}\xi_{nl}\left[j(j+1) - l(l+1) - \frac{3}{4}\right] \\
&= \begin{cases} \dfrac{1}{2}l\xi_{nl}, & j = l + \dfrac{1}{2} \\[3mm] -\dfrac{1}{2}(l+1)\xi_{nl}, & j = l - \dfrac{1}{2} \end{cases}
\end{aligned}$$

式中 (考虑到 V 是吸引势,$V < 0 \Rightarrow \xi(r) > 0$),

$$\xi_{nl} = \int_0^\infty [R_{nl}(r)]^2\xi(r)r^2\mathrm{d}r > 0$$

自旋–轨道耦合的结果是使 j 较大的态有较高的能量,即 $E_{\text{parallel}} > E_{\text{antiparallel}}$。s 态 $l = 0$,不存在自旋–轨道耦合。对于钠原子,外层价电子基态为 $3s_{1/2}$,$l = 1$ 的激发态由于自旋–轨道耦合出现双重劈裂,即 $3p_{1/2}$ 和 $3p_{3/2}$。$3p \to s_{1/2}$ 的跃迁分裂为两个跃迁 ($3p_{3/2} \to 3s_{1/2}$ 和 $3p_{1/2} \to 3s_{1/2}$),产生钠的双线黄光。

2.5 对称性和守恒律

在探讨量子力学中的对称性和守恒律之前,先回顾经典力学中的对称性和守恒律。在经典力学中由拉格朗日量 $\mathcal{L}(q_i, \dot{q}_i, t)$ 或哈密顿量 $\hat{H}$ 决定体系的运动规律,因此需知 $\mathcal{L}(q_i, \dot{q}_i, t)$ 对于某一种对称变换是否不变,如果不变,则体系在变

换前后的运动规律也不变。在经典力学中，这种不变性表现为某一运动积分等于常数，即表现为一个守恒量。本节回顾如下三方面内容：时间均匀性与能量守恒、空间均匀性与动量守恒、空间各向同性与角动量守恒。

2.5.1 经典力学中的对称性和守恒律

1. 时间均匀性与能量守恒

时间均匀性意味着时间没有起点，这时孤立系统拉格朗日量不显含时间 (否则时间就有起点)，即 $\mathcal{L} = \mathcal{L}(q_i, \dot{q}_i)$，拉格朗日量对时间的全微分为

$$\frac{\mathrm{d}\mathcal{L}}{\mathrm{d}t} = \sum_i \frac{\partial \mathcal{L}}{\partial q_i} \dot{q}_i + \sum_i \frac{\partial \mathcal{L}}{\partial \dot{q}_i} \ddot{q}_i \tag{2.174}$$

将拉格朗日方程代入式 (2.174) 有

$$\begin{aligned}
\frac{\mathrm{d}\mathcal{L}}{\mathrm{d}t} &= \sum_i \frac{\mathrm{d}}{\mathrm{d}t}\left(\frac{\partial \mathcal{L}}{\partial \dot{q}_i}\right)\dot{q}_i + \sum_i \frac{\partial \mathcal{L}}{\partial \dot{q}_i}\ddot{q}_i \\
&= \sum_i \frac{\mathrm{d}}{\mathrm{d}t}\left(\frac{\partial \mathcal{L}}{\partial \dot{q}_i}\dot{q}_i\right)
\end{aligned}$$

整理可得

$$\frac{\mathrm{d}}{\mathrm{d}t}\left(\sum_i \dot{q}_i \frac{\partial \mathcal{L}}{\partial \dot{q}_i} - \mathcal{L}\right) = 0 \tag{2.175}$$

式 (2.175) 表明体系运动过程中，物理量：

$$E = H \equiv \sum_i \dot{q}_i \frac{\partial \mathcal{L}}{\partial \dot{q}_i} - \mathcal{L} \tag{2.176}$$

为常数，即体系能量守恒。孤立系统的拉格朗日量可写为 $\mathcal{L} = T(q_i, \dot{q}_i) - V(q_i)$，其中 T 为速度的二次式，所以：

$$\sum_i \dot{q}_i \frac{\partial \mathcal{L}}{\partial \dot{q}_i} = \sum_i \dot{q}_i \frac{\partial T}{\partial \dot{q}_i} = 2T \tag{2.177}$$

将其代入式 (2.176) 有 (取直角坐标)

$$\begin{aligned}
E &= T(q_i, \dot{q}_i) + V(q_i) \\
&= \sum_i \frac{1}{2} m_i v_i^2 + V(\vec{r}_1, \vec{r}_2, \cdots)
\end{aligned} \tag{2.178}$$

2. 空间均匀性与动量守恒

空间均匀性又称空间平移不变性。平移意味着体系每一部分的移动都相同，即 $\vec{r} \to \vec{r} + \vec{\varepsilon}$。无限小平移导致拉格朗日量的变化为 (假定粒子速度不变)

$$\delta\mathcal{L} = \sum_i \frac{\partial\mathcal{L}}{\partial\vec{r}_i} \cdot \delta\vec{r}_i = \vec{\epsilon}\cdot\sum_i \frac{\partial\mathcal{L}}{\partial\vec{r}_i} \tag{2.179}$$

因为 $\vec{\epsilon}$ 是任意的，所以 $\delta\mathcal{L}=0$ 的条件等价于：

$$\sum_i \frac{\partial\mathcal{L}}{\partial\vec{r}_i} = 0 \tag{2.180}$$

由拉格朗日方程有

$$\sum_i \frac{\mathrm{d}}{\mathrm{d}t}\frac{\partial\mathcal{L}}{\partial\vec{v}_i} = \frac{\mathrm{d}}{\mathrm{d}t}\sum_i \frac{\partial\mathcal{L}}{\partial\vec{v}_i} = 0 \tag{2.181}$$

式 (2.181) 表明封闭力学系统在运动过程中矢量：

$$\vec{p} = \sum_i \frac{\partial\mathcal{L}}{\partial\vec{v}_i} = \sum_i m_i\vec{v}_i \tag{2.182}$$

为常数。式 (2.182) 的推导利用了拉格朗日量的表达式 $\mathcal{L} = \sum_i m_i\vec{v}_i{}^2/2 - V(\vec{r}_1,$ $\vec{r}_2,\cdots)$。由式 (2.180) 并结合拉格朗日量的表达式还可得出：

$$\sum_i \frac{\partial\mathcal{L}}{\partial\vec{r}_i} = -\sum_i \frac{\partial V}{\partial\vec{r}_i}$$

$$= -\sum_i \nabla_i V = \sum_i \vec{F}_i = 0 \tag{2.183}$$

这时封闭体系所受合力为零。考虑由两部分组成的简单体系，有 $\vec{F}_1 + \vec{F}_2 = 0$，即第二部分施加给第一部分的力 $\vec{F}_1$ 与第一部分施加给第二部分的力 $\vec{F}_2$ 大小相等，方向相反，这正是牛顿第三定律。

3. 空间各向同性与角动量守恒

空间各向同性又称空间旋转不变性。空间各向同性意味着封闭体系作为一个整体绕任意一个轴旋转一个角度体系的力学性质不变。下面从无限小转动出发，得出拉格朗日量保持不变的条件。

假设体系绕矢量 $\hat{e}_n$ 转过无限小的角度 $\delta\phi$。首先考虑旋转过程中体系上任一点的改变量，如图 2.3所示，矢径末端的改变量为 $|\delta\vec{r}| = r\sin\theta\delta\phi$，方向垂直于 $\vec{r}$ 与 $\delta\vec{\phi}$ 组成的平面，即

$$\delta\vec{r} = \delta\vec{\phi}\times\vec{r} \tag{2.184}$$

旋转过程中体系的速度也会发生变化：

$$\delta\vec{v} = \delta\vec{\phi}\times\vec{v} \tag{2.185}$$

如果旋转过程中拉格朗日量不变，其条件为

$$\delta\mathcal{L} = \sum_i \left(\frac{\partial\mathcal{L}}{\partial\vec{r}_i}\cdot\delta\vec{r}_i + \frac{\partial\mathcal{L}}{\partial\vec{v}_i}\cdot\delta\vec{v}_i\right) = 0 \tag{2.186}$$

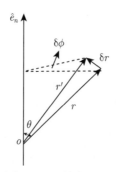

图 2.3　旋转示意图

对式 (2.186) 作如下代换：

$$\frac{\partial \mathcal{L}}{\partial \vec{v}_i} = \vec{p}_i$$

$$\frac{\partial \mathcal{L}}{\partial \vec{r}_i} = \frac{\mathrm{d}}{\mathrm{d}t}\frac{\partial \mathcal{L}}{\partial \dot{\vec{r}}_i} = \frac{\mathrm{d}}{\mathrm{d}t}\frac{\partial \mathcal{L}}{\partial \vec{v}_i} = \dot{\vec{p}}_i$$

则有

$$
\begin{aligned}
\sum_i \left(\frac{\partial \mathcal{L}}{\partial \vec{r}_i} \cdot \delta\vec{r}_i + \frac{\partial \mathcal{L}}{\partial \vec{v}_i} \cdot \delta\vec{v}_i \right) &= \sum_i [\dot{\vec{p}}_i \cdot (\delta\vec{\phi} \times \vec{r}_i) + \vec{p}_i \cdot (\delta\vec{\phi} \times \vec{v}_i)] \\
&= \delta\vec{\phi} \cdot \sum_i (\vec{r}_i \times \dot{\vec{p}}_i + \vec{v}_i \times \vec{p}_i) \\
&= \delta\vec{\phi} \cdot \frac{\mathrm{d}}{\mathrm{d}t} \sum_i (\vec{r}_i \times \vec{p}_i) = 0
\end{aligned}
\tag{2.187}
$$

因为旋转角度 $\delta\vec{\phi}$ 是任意的，所以有

$$\frac{\mathrm{d}}{\mathrm{d}t}\vec{L} \equiv \frac{\mathrm{d}}{\mathrm{d}t} \sum_i \vec{r}_i \times \vec{p}_i = 0 \tag{2.188}$$

式 (2.188) 表明体系运动过程中角动量是守恒量。

2.5.2　量子力学中的对称性和守恒律

　　无论是种类，还是程度，量子力学中的对称性都高于经典力学中的对称性。经典力学中的对称性，量子力学中也都对应存在 (如时空均匀性等)，而且量子力学中还存在一些经典力学中没有的对称性 (如全同性原理、同位旋对称性等)。

　　根据不同的标准，可以将量子力学中的对称性及其相应变换进行分类。例如，根据相应变换是离散的还是连续的，可分为离散变换 (如空间反射变换、时间反演变换、全同粒子置换与晶体中的对称变换) 和连续变换；也可根据对称性涉及

的是系统的内禀属性还是外在属性分类。空间平移、时间平移和空间旋转这三个
对称性是系统所处的时空性质对系统运动方式提出的要求 (时空特性对孤立系统
哈密顿量的要求)，而全同粒子置换对称性和同位旋空间旋转对称性等是系统的内
部对称性，反映系统组成粒子的内禀属性或系统内部动力学性质。空间反射、时
间反演对称性也根源于系统内部的动力学性质，反映了系统的内禀属性。

　　根据波函数的统计解释，Wigner 曾经证明，量子体系的对称性变换或为幺正
变换，或为反幺正变换[①]。对于连续的对称性变换，则必为幺正变换；对于分立的
对称性变换，则可能出现反幺正变换 (最常见的反幺正变换是时间反演，由于它
的反线性性质而不存在相应的守恒量)。一个系统的对称变换 $\hat{U}$ 既然能使系统的
物理性质保持不变[②]，也就应当使该系统的哈密顿量保持不变[③]：

$$\hat{U}^{\dagger}\hat{H}\hat{U} = \hat{H} \tag{2.189}$$

如果对称变换 $\hat{U}(\alpha)$ 是连续的，则 $\hat{U}(\alpha)$ 是幺正算符，一个连续变化的幺正变换
总可以表示为

$$\hat{U}(\alpha) = \mathrm{e}^{\mathrm{i}\alpha\hat{\Omega}} \tag{2.190}$$

式中，$\hat{\Omega}$ 为厄米算符；α 为连续变化的实参数。若取 α 足够小，这时有

$$[\hat{H}, \hat{U}] = \sum_{n=0}^{\infty} \frac{(\mathrm{i}\alpha)^n}{n!}[\hat{H}, \hat{\Omega}^n] = 0 \tag{2.191}$$

---

　　① 反幺正变换或称反线性的幺正变换。先定义反线性算符，对于任意复常数 α 和 β，波函数 φ 和 ψ，反线
性算符 $\hat{A}$ 满足：

$$\hat{A}(\alpha\varphi + \beta\psi) = \alpha^*\varphi + \beta^*\psi$$

即如将某一常数抽出算符作用之外，需要对它取复数共轭。这是与线性算符唯一的，也是最本质的区别。

　　反线性厄米算符 $\hat{A}$ 定义为

$$\langle\varphi|\hat{A}\psi\rangle = \langle\hat{A}^{\dagger}\varphi|\psi\rangle^* = \langle\psi|\hat{A}^{\dagger}\varphi\rangle$$

中间标积有复数共轭，是反线性算符的要求，使定义在逻辑上自洽。

　　反线性幺正算符 $\hat{A}$ 定义为

$$\langle\varphi|\hat{A}\psi\rangle = \langle\hat{A}^{-1}\varphi|\psi\rangle^* = \langle\psi, \hat{A}^{-1}\varphi\rangle$$

所以对于反幺正算符也有

$$\hat{A}^{\dagger} = \hat{A}^{-1}$$

这与幺正算符是一样的。

　　② "使系统在物理性质上保持不变"的变换均称为系统的对称变换，其含义是一种变换保持系统的全部可观
测概率，全部力学量的期望值不变。总而言之，凡是有物理意义的，可在实验上观测到的量都不变。

　　③ 幺正的条件和哈密顿量保持不变的条件也可由变换后的波函数满足归一化条件和薛定谔方程得出。前者
给出 $(\hat{U}\psi, \hat{U}\psi) = 1 = (\psi, \psi)$，即算符 $\hat{U}$ 是幺正算符 $(\hat{U}^{\dagger}\hat{U} = 1)$。由薛定谔方程有

$$\mathrm{i}\hbar\,\partial_t(\hat{U}\psi) = \hat{H}(\hat{U}\psi) \quad \Rightarrow \quad \hat{U}^{\dagger}\hat{H}\hat{U} = \hat{H}$$

因此有

$$[\hat{H}, \hat{\Omega}] = 0 \tag{2.192}$$

于是得到: 如果连续变化 $\hat{U}(\alpha)$ 是量子系综的对称变换, 则 $\hat{U}(\alpha)$ 的生成元 (厄米算子 $\hat{\Omega}$) 是一个守恒量。或者说, 当量子系综存在一种 (连续变化的) 对称性, 就相应地存在一个守恒律和守恒量。

如果对称变换 $\hat{U}$ 是离散的。这时 $\hat{U}$ 可能是幺正算符, 也可能是反幺正算符, 但它们都应和系综的哈密顿量对易:

$$[\hat{H}, \hat{U}] = 0 \tag{2.193}$$

量子力学中, 包括幺正的空间反射变换和反幺正的时间反演变换两种。其中空间反射变换 $\hat{U}$ 又是厄米的, 是守恒的力学量——宇称。对于时间反演变换, 由于它具有反线性性质, 不存在相应的守恒量。一般说来, 当系统存在一种对称性时, 系统必定相应具有某种有规律、有次序的规则, 但并非总是一个守恒的力学量。

1. 时间均匀性与能量守恒

由力学量随时间变化的方程式可知, 如果体系的哈密顿量 $\hat{H}$ 不显含时间, $\hat{H}$ 就是守恒量, 即体系能量守恒。$\hat{H}$ 不显含时间意味着体系具有时间均匀性, 而且时间流逝本身是均匀的, 并不存在与众不同的绝对的时间标架。因此, 和经典力学情况相似, 一个孤立的没有任何外界参照物的量子系综的哈密顿量中不能显含时间, 否则就可以观测系综的绝对的时间坐标, 这违背时间轴的均匀性质。

定义时间平移算符:

$$|\psi^{(\tau)}(t)\rangle = \hat{U}(\tau)|\psi(t)\rangle = |\psi(t - \tau)\rangle \tag{2.194}$$

时间平移算符是关于系综演化时间的变换算符, 它是在设想中将系综的描述沿时间轴向未来方向平移 τ 的操作, 即把系综在任一时刻 $t = t_0$ 发生的时间在设想中推迟到 $t = t_0 + \tau$ 时刻发生。由薛定谔方程有

$$\frac{\mathrm{d}}{\mathrm{d}t}|\psi(t)\rangle = \frac{\hat{H}}{\mathrm{i}\hbar}|\psi(t)\rangle \tag{2.195}$$

将 $|\psi(t - \tau)\rangle$ 在 t 处展开, 并考虑到 τ 为无限小:

$$|\psi(t - \tau)\rangle = \sum_{n=0}^{\infty} \frac{(-\tau)^n}{n!} \left(\frac{\mathrm{d}}{\mathrm{d}t}\right)^n |\psi(t)\rangle$$

$$\approx |\psi(t)\rangle + (-\tau)\frac{\mathrm{d}}{\mathrm{d}t}|\psi(t)\rangle$$

$$= |\psi(t)\rangle + \frac{\mathrm{i}\hat{H}\tau}{\hbar}|\psi(t)\rangle$$

$$\approx \exp\left(\mathrm{i}\frac{\hat{H}\tau}{\hbar}\right)|\psi(t)\rangle \tag{2.196}$$

这样，便得到了时间平移算符 $\hat{U}(\tau)$：

$$\hat{U}(\tau) = \exp\left(\mathrm{i}\frac{\hat{H}\tau}{\hbar}\right) \tag{2.197}$$

式 (2.197) 表明时间平移算符 $\hat{U}(\tau)$ 等价于演化算符，其无穷小生成元为 $\hat{H}$。根据定义，$\hat{U}(\tau)$ 推迟时间演化，因而和时间演化算符是反方向的。$\hat{U}(\tau)$ 是幺正变换，不改变系统的一切可观察物理效应。在这个变换下，态和算符的变化分别为

$$\text{态的变化}|\psi(t)\rangle \to |\psi^{(\tau)}(t)\rangle = \hat{U}(\tau)|\psi(t)\rangle = |\psi(t-\tau)\rangle \tag{2.198}$$

$$\text{算符的变化}\hat{\Omega} \to \hat{\Omega}^{(\tau)} = \hat{U}(\tau)\hat{\Omega}\hat{U}(\tau)^{-1} \tag{2.199}$$

对于任意给定的两个态矢 $|\varphi(t)\rangle$、$|\psi(t)\rangle$ 和任意一个力学量算符 $\hat{\Omega}$，有

$$\begin{aligned}
\langle\varphi^{(\tau)}(t)|\psi^{(\tau)}(t)\rangle &= \langle\varphi(t-\tau)|\psi(t-\tau)\rangle \\
&= \langle\varphi(t)|\hat{U}(\tau)^{-1}\hat{U}(\tau)|\psi(t)\rangle \\
&= \langle\varphi(t)|\psi(t)\rangle
\end{aligned} \tag{2.200}$$

$$\begin{aligned}
\langle\varphi^{(\tau)}(t)|\hat{\Omega}^{(\tau)}|\psi^{(\tau)}(t)\rangle &= \langle\varphi(t-\tau)|\hat{U}(\tau)\hat{\Omega}\hat{U}(\tau)^{-1}|\psi(t-\tau)\rangle \\
&= \langle\varphi(t-\tau)|\hat{U}(\tau)^{-1}\hat{U}(\tau)\hat{\Omega}\hat{U}(\tau)^{-1}\hat{U}(\tau)|\psi(t-\tau)\rangle \\
&= \langle\varphi(t)|\hat{\Omega}|\psi(t)\rangle
\end{aligned} \tag{2.201}$$

$\hat{U}(\tau)$ 变换前后的所有概率幅和矩阵元都不变。这也表明如果 $\hat{H}$ 不显含时间 t，体系应该时间平移不变。或者说，这时采用时间轴上任意不同点作为计算时间的起点，不会产生物理上可觉察的差异。

根据力学量随时间演化方程，并考虑孤立系统 $\hat{H}$ 不显含时间 t，有

$$\frac{\mathrm{d}\hat{H}}{\mathrm{d}t} = \frac{\partial\hat{H}}{\partial t} = 0 \tag{2.202}$$

即对 $\hat{H}$ 不显含 t 的量子系综，总有 $\mathrm{d}\hat{H}/\mathrm{d}t = 0$，时间平移算符的生成元 $\hat{H}$ 是个守恒量。这意味着在系综的任何态中：① $\hat{H}$ 的平均值不随时间变化；② $\hat{H}$ 取各个本征值的概率分布不随时间变化。为了更加清楚，可将任一态 $|\psi(\vec{r},t)\rangle$ 按 $\hat{H}$ 的本征态展开：

$$|\psi(\vec{r},t)\rangle = \sum_n b_n|\psi_n\rangle\mathrm{e}^{-\mathrm{i}E_n t/\hbar} \tag{2.203}$$

则 $\hat{H}$ 在态 $|\psi(\vec{r}, t)\rangle$ 下的平均值为

$$\langle\psi(\vec{r}, t)|\hat{H}|\psi(\vec{r}, t)\rangle = \sum_{mn} b_m^* b_n \langle\psi_m(\vec{r})|\hat{H}|\psi_n(\vec{r})\rangle \exp\left[\frac{\mathrm{i}(E_m - E_n)t}{\hbar}\right]$$

$$= \sum_n |b_n|^2 E_n \tag{2.204}$$

式中，系数 b_n 是初态 $|\psi(\vec{r}, 0)\rangle$ 的展开系数，与时间无关。在任意态 $|\psi(\vec{r}, t)\rangle$ 中测量算符 $\hat{H}$ 所表示的可观测力学量 (系综的能量) 时，得到平均值以及任一本征值 E_n 的概率不随时间变化，只取决于初始时刻的分布。这正是孤立系综的能量守恒定律。特殊情况下，如果初态就是系综某个能量的本征态，则以后将一直保持不变。

2. 空间均匀性与动量守恒

类似的方式可求得空间平移算符 $\hat{U}(\vec{a})$。假设有一团概率云，经过平移变换之后，$\vec{r}$ 处的值 $|\psi^{(\vec{a})}(\vec{r}, t)\rangle$ 是变换前概率云在 $\vec{r} - \vec{a}$ 处的值 $|\psi(\vec{r} - \vec{a}, t)\rangle$，即

$$|\psi^{(a)}(\vec{r}, t)\rangle = \hat{U}(\vec{a})|\psi(\vec{r}, t)$$

$$= |\psi(\vec{r} - \vec{a}, t)\rangle \tag{2.205}$$

于是有

$$|\psi^{(a)}(\vec{r}, t)\rangle = |\psi(\vec{r} - \vec{a}, t)\rangle$$

$$= \sum_{n=0}^{\infty} \frac{1}{n!}\left(\sum_{i=x,y,z} -a_i \frac{\partial}{\partial x_i}\right)^n |\psi(\vec{r}, t)\rangle$$

$$= \exp(-\vec{a} \cdot \nabla)|\psi(\vec{r}, t)\rangle$$

$$= \exp\left(-\frac{\mathrm{i}}{\hbar}\vec{a} \cdot \hat{\vec{p}}\right)|\psi(\vec{r}, t)\rangle \tag{2.206}$$

空间平移算符 $\hat{U}(\vec{a})$ 为

$$\hat{U}(\vec{a}) = \exp\left(-\frac{\mathrm{i}}{\hbar}\vec{a} \cdot \hat{\vec{p}}\right) \tag{2.207}$$

由表达式可看出，空间平移算符是幺正算符，满足：

$$\hat{U}^\dagger(\vec{a}) = \exp\left(\frac{\mathrm{i}}{\hbar}\vec{a} \cdot \hat{p}\right) = \hat{U}^{-1}(\vec{a}) = \hat{U}(-\vec{a}) \tag{2.208}$$

且平移算符的无穷小算符就是动量算符 $\hat{p}$。如果体系的总能量算符 $\hat{H}$ 具有平移不变性，满足 $\hat{U}^\dagger(\vec{a})\hat{H}\hat{U}(\vec{a})$，则有

$$\hat{H}\hat{U}(\vec{a}) = \hat{U}(\vec{a})\hat{H} \tag{2.209}$$

因此有

$$[\hat{\vec{p}}, \hat{H}] = 0 \tag{2.210}$$

即 $\vec{p}$ 是守恒量，这便是动量守恒定律。如果体系能量算符 $\hat{H}$ 取如下形式:

$$\hat{H} = \hat{T} + \hat{V} = -\frac{\hbar^2}{2m}\nabla^2 + V(\vec{r}) \tag{2.211}$$

平移不变性要求 $[V(\vec{r}), \hat{p}] = 0$，即 $\nabla V(\vec{r}) = 0$，则 $V(\vec{r})$ 为常量。

　　设有两个宏观粒子组成的孤立系综，它们之间存在相互作用。因为它们处在均匀的空间，在空间中的绝对坐标是不可观测的，所以它们之间的相互作用只依赖于它们之间的相对坐标，形式为 $V(\vec{r}_1 - \vec{r}_2)$。根据力的表达式 (作用在第 i 个粒子上的作用力为 $\vec{F}_i = -\nabla_i V$) 有

$$\vec{F}_1 = -\vec{F}_2 \tag{2.212}$$

这正是牛顿第三定律。由于 $\vec{F}_i = \mathrm{d}\vec{p}_i/\mathrm{d}t$，牛顿第三定律就是两个宏观粒子组成的孤立系综动量守恒的等价说法。牛顿第三定律源于宏观粒子所处时空的均匀性，经典力学分析得到的总动量守恒的结论和量子力学的结论也一般无二。从表观看来，量子力学不兼容的只是牛顿第二定律、质点概念和轨道描述。

3. 空间各向同性与角动量守恒

　　空间各向同性又称旋转不变性。考虑所处空间是各向同性的，没有一个特殊方向 (若存在外场，则破坏这种各向同性)，设想一个孤立系综绕任意轴 $(\hat{e}_n)$ 旋转一个无限小角度 $(\delta\phi)$，这种操作不影响系综的任何物理性质 (图 2.3)。先考虑简单的情况，即转轴 $\hat{e}_n$ 为球坐标系极轴 (z 轴) 的情形。取 $\hat{U}(\delta\phi)|\psi(r,\theta,\phi)\rangle = |\psi^{(\delta\phi)}(r,\theta,\phi)\rangle$，有

$$\begin{aligned}
|\psi^{(\delta\phi)}(r,\theta,\phi)\rangle &= \hat{U}(\delta\phi)|\psi(r,\theta,\phi)\rangle \\
&= |\psi(r,\theta,\phi-\delta\phi)\rangle \\
&= |\psi(r,\theta,\phi)\rangle - \frac{\partial|\psi(r,\theta,\phi)\rangle}{\partial\phi}\delta\phi \\
&= \left(1 - \delta\phi\frac{\partial}{\partial\phi}\right)|\psi(r,\theta,\phi)\rangle
\end{aligned} \tag{2.213}$$

转动算符 $\hat{U}(\delta\phi)$ 为

$$\hat{U}(\delta\phi) = 1 - \delta\phi\frac{\partial}{\partial\phi} = 1 + \delta\phi\frac{\hat{l}_z}{\mathrm{i}\hbar} \approx \exp\left(\delta\phi\frac{\hat{l}_z}{\mathrm{i}\hbar}\right) \tag{2.214}$$

式中，轨道角动量 (z 分量) 算符 $\hat{l}_z = -\mathrm{i}\hbar\partial_\phi$ 为转动变换的无穷小算符。

现在考虑旋转轴沿任意方向 $\hat{e}_n$ 的情形。矢径 $\vec{r}$ 经过无穷小转动后：

$$\vec{r}' = \vec{r} + \delta\vec{r}, \quad \delta\vec{r} = \delta\phi\hat{e}_n \times \vec{r}$$

转动前后的波函数关系为

$$\begin{aligned}
|\psi^{(\delta\phi)}(\vec{r})\rangle &= \hat{U}(\delta\phi)|\psi(\vec{r})\rangle = |\psi(\vec{r} - \delta\vec{r})\rangle \\
&= |\psi(\vec{r})\rangle - \delta\vec{r}\cdot\nabla|\psi(\vec{r})\rangle \\
&= (1 - \delta\vec{r}\cdot\nabla)|\psi(\vec{r})\rangle \\
&= [1 - (\delta\phi\hat{e}_n \times \vec{r})\cdot\nabla]|\psi(\vec{r})\rangle \\
&= [1 - \delta\phi\hat{e}_n\cdot(\vec{r}\times\nabla)]|\psi(\vec{r})\rangle
\end{aligned}$$

可得转动算符为

$$\begin{aligned}
\hat{U}(\delta\phi) &= 1 - \delta\phi\hat{e}_n\cdot(\vec{r}\times\nabla) \\
&= 1 + \frac{\delta\phi}{\mathrm{i}\hbar}\hat{e}_n\cdot\hat{\vec{l}} \\
&= \exp\left(\frac{\delta\phi}{\mathrm{i}\hbar}\hat{e}_n\cdot\hat{\vec{l}}\right)
\end{aligned}$$

式中，$\hat{\vec{l}} = -\mathrm{i}\hbar\vec{r}\times\nabla = \vec{r}\times\vec{p}$ 是轨道角动量算符，转动变换的无穷小算符为 $\hat{e}_n\cdot\hat{\vec{l}}$。如果体系具有对 $\hat{e}_n$ 轴的旋转不变性，满足 $\hat{U}(\delta\phi)\hat{H} = \hat{H}\hat{U}(\delta\phi)$，则 $\hat{l}_n$ 与 $\hat{H}$ 必然对易，即 $[\hat{l}_n, \hat{H}] = 0$，$\hat{l}_n$ 为守恒量。如果 $\hat{H}$ 具有对任意轴的旋转不变性，则 $\hat{\vec{l}}$ 各分量均与 $\hat{H}$ 对易，即 $[\hat{l}_\alpha, \hat{H}] = 0$ ($\alpha = x, y, z$)，$\vec{l}$ 为守恒量，这正是角动量守恒定律。

如果 $\hat{H}$ 可表示成 $\hat{T} + \hat{V}$ 的形式，则动能算符 $\hat{T} = -\hbar^2\nabla^2/(2m)$ 具有对任意轴的旋转不变性，满足 $[\hat{l}_\alpha, \hat{T}] = 0$ ($\alpha = x, y, z$)。因此势能 $V(\vec{r})$ 具有哪种旋转对称性，$\hat{H}$ 也具有同样的对称性。例如，中心力场 $V = V(r)$，满足 $[\hat{l}_\alpha, V(r)] = 0$ ($\alpha = x, y, z$)，$V(r)$ 各向同性，具有对任意轴的旋转不变性，$\hat{H}$ 也具有对任意轴的旋转不变性，因此 $\vec{l}$ 为守恒量，即角动量守恒。

由于时间和空间内禀地具有均匀各向同性的性质，只要不遭受外来破坏，这些属性就会自然地显现在体系的运动中，成为体系能量、动量、角动量三个普适守恒定律的物理根源。因此与其说这三个守恒定律是体系本身的内禀性质，不如更准确地说，是时空的属性在体系运动行为上的体现。这说明了为什么从经典力学过渡到量子力学时，虽然研究对象的行为迥然不同，概念和结论也发生了翻天覆地的变化，但这三个守恒定律却贯穿下来的缘故。因为从经典力学观点来看，量子体系的行为虽然"乖僻"，但毕竟也存在且运动于经典体系同一时空之中。从而，这些时空也必定体现在量子体系运动的行为之上，使量子系综表现出三个守恒定律的存在。这三个守恒定律的物理基础正是时空均匀各向同性的性质。

4. 空间反射对称性与宇称守恒

在非相对论量子力学中，有关时空的变换，除了上述三个连续变换之外，还有两个离散的变换，即空间反演变换和时间反演变换。这里讨论空间反演变换。

在空间反演变换 $\hat{P}$(宇称算符) 作用下：

$$\hat{P}\psi(x,y,z) = \psi(-x,-y,-z) \tag{2.215}$$

经 $\hat{P}$ 变换后的波函数 $\psi(-\vec{r})$ 是原先波函数 $\psi(\vec{r})$ 对于原点的镜像反射。对任意两个波函数 $\phi(\vec{r})$ 和 $\psi(\vec{r})$，有

$$\begin{aligned}\langle\phi(\vec{r})|\hat{P}\psi(\vec{r})\rangle &= \langle\phi(\vec{r})|\psi(-\vec{r})\rangle \\ &\overset{\vec{r}\to-\vec{r}}{=}\langle\phi(-\vec{r})|\psi(\vec{r})\rangle = \langle\hat{P}\phi(\vec{r})|\psi(\vec{r})\rangle\end{aligned} \tag{2.216}$$

所以宇称算符是厄米算符，即 $\hat{P}^\dagger = \hat{P}$。

显然，连续空间反射变换两次还原：

$$\hat{P}^2|\psi(\vec{r})\rangle = \hat{P}|\psi(-\vec{r})\rangle = |\psi(-(-\vec{r}))\rangle = |\psi(\vec{r})\rangle \tag{2.217}$$

因此有 $\hat{P}^2 = 1$，即宇称算符是自逆算符，$\hat{P}^{-1} = \hat{P}$。由 $\hat{P}^2 = 1$ 可知，宇称算符的本征值只有两个，即 $\lambda = \pm 1$。$\lambda = 1$ 对应的本征态，有

$$\hat{P}\psi(\vec{r}) = \psi(-\vec{r}) = +\psi(\vec{r}) \tag{2.218}$$

称为偶宇称态。$\lambda = -1$ 对应的本征态，有

$$\hat{P}\psi(\vec{r}) = \psi(-\vec{r}) = -\psi(\vec{r}) \tag{2.219}$$

称为奇宇称态。

考虑任意两个态矢量，有

$$\hat{P}|\varphi(\vec{r})\rangle = |\varphi(-\vec{r})\rangle \tag{2.220}$$

$$\hat{P}|\psi(\vec{r})\rangle = |\psi(-\vec{r})\rangle \tag{2.221}$$

因此有

$$\langle\varphi(\vec{r})|\hat{P}^\dagger\hat{P}|\psi(\vec{r})\rangle = \langle\varphi(-\vec{r})|\psi(-\vec{r})\rangle$$

$$= \langle \varphi(\vec{r}) | \psi(\vec{r}) \rangle \tag{2.222}$$

式 (2.222) 利用了标积的定义式。于是得到:

$$\hat{P}^\dagger \hat{P} = 1 \tag{2.223}$$

宇称算符是幺正的。归纳起来,$\hat{P}$ 既是幺正的、自逆的,又是厄米的,即

$$\hat{P}^\dagger = \hat{P}^{-1} = \hat{P} \tag{2.224}$$

假设一个体系具有空间反演不变性,即

$$\hat{P}^\dagger \hat{H} \hat{P} = \hat{H} \tag{2.225}$$

则 $[\hat{P}, \hat{H}] = 0$,这时宇称为守恒量。若体系的能量本征态不简并,则该能量本征态必有确定的宇称。

状态可按宇称的奇偶来分类,算符也可以按它在空间反演下的性质来分类。假设算符 $\hat{A}$ 与宇称算符 $\hat{P}$ 对易,则

$$\hat{P}^\dagger \hat{A} \hat{P} = \hat{A} \tag{2.226}$$

类似于算符 $\hat{A}$,其空间反演不变,称为偶宇称算符,如角动量算符 $\hat{l} = \hat{r} \times \hat{p}$、动能算符 $\hat{T} = \hat{p}^2/2m$。如果算符 $\hat{A}$ 与宇称算符 $\hat{P}$ 反对易,则

$$\hat{P}^\dagger \hat{A} \hat{P} = -\hat{A} \tag{2.227}$$

称为奇宇称算符,如动量算符 $\hat{p}$、位置算符 $\vec{r}$、电偶极矩算符 $\hat{\mu} = -e\vec{r}$ 等。一般的算符不一定具有这样的性质,但总可以表示成 $\hat{A} = \hat{A}_+ + \hat{A}_-$ 的形式。

这两类算符的矩阵元具有下列宇称选择定则。设 $|P'\rangle$ 与 $|P''\rangle$ 分别代表宇称为 P' 与 P'' 的态,对于偶宇称算符和奇宇称算符分别有

$$\langle P'|\hat{A}_+|P''\rangle = \langle P'|\hat{P}\hat{A}_+\hat{P}|P''\rangle$$
$$= P'P''\langle P'|\hat{A}_+|P''\rangle$$
$$= \delta_{P',P''}\langle P'|\hat{A}_+|P''\rangle \tag{2.228a}$$
$$\langle P'|\hat{A}_-|P''\rangle = -P'P''\langle P'|\hat{A}_-|P''\rangle$$
$$= \delta_{P',-P''}\langle P'|\hat{A}_-|P''\rangle \tag{2.228b}$$

式 (2.228b) 表明,只有在宇称相同的两个态之间,偶宇称算符 $\hat{A}_+$ 的矩阵元才不等于零,而对于奇宇称算符 $\hat{A}_-$,只有在宇称相反的两个态之间,矩阵元才不等于零。

量子态中的宇称量子数极为重要，它使得经典物理学中关于自然界存在基本的左右对称这个信念变成一个定律——宇称守恒定律。首先它让人们相信支配运动规律的哈密顿量 $\hat{H}$ 是一个在空间反演下不变号的标量。其次还为研究多粒子体系伴随粒子的产生和湮灭情形提供一条重要的思路，即反应前初态 N_i 个粒子的总宇称等于反应后末态 N_f 个粒子的总宇称，这正是宇称守恒定律。

自然界中也不完全是左右对称的，存在对称破缺，量子体系中也存在这种类似的对称破缺，如弱相互作用下宇称不守恒[7]。因此所有轻子，如电子、μ 子、τ 子及相应的中微子 (它们只参与弱作用和电磁作用，而不参与强作用) 的内禀宇称 $\hat{P}$ 都没有意义。宇称不守恒将人们的研究视野从守恒定律外推至对称性，对物理学的发展和研究视角产生了极大的影响。

参 考 文 献

[1] 杨福家. 原子物理学 [M]. 4 版. 北京: 高等教育出版社, 2019.

[2] 宁长春, 汪亚平, 胡海冰, 等. 斯特恩–盖拉赫实验历史概述 [J]. 大学物理, 2016, 35(3): 43-49, 163.

[3] DU W, BAO G Z, YANG P Y, et al. SU(2)-in-SU(1, 1) nested interferometer for high sensitivity, loss-tolerant quantum metrology[J]. Physical Review Letters, 2022, 128: 033601.

[4] BARBIER I M. Optical quantum metrology[J]. PRX Quantum, 2022, 3: 010202.

[5] YURKE B, MCCALL S L, KLAUDER J R. SU(2) and SI(1, 1) interferences[J]. Physical Review A, 1986, 33: 4033-4054.

[6] CAMPOS R A, SALEH B E A, TEICH M C. Quantum-mechanical lossless beam splitter: SU(2) symmetry and photon statistics[J]. Physical Review A, 1989, 40: 1371-1384.

[7] LEE T D, YANG C N. Question of parity conservation in weak interactions[J]. Physical Review, 1956, 104(1): 254-258.

第 3 章 近 似 方 法

3.1 含 时 微 扰

量子力学中, 如果体系的哈密顿量不显含时间, 则可以将其归为本征值问题, 体系的状态不随时间演化。如果涉及体系与外界的相互作用, 尤其是含时的相互作用 (哈密顿量依赖于时间 t), 则体系的状态必将随时间演化, 含时微扰理论就是处理随时间演化问题的常用方法。此外, 发展含时微扰理论还有两方面意义: ① 在处理原子的线状光谱时, 虽然引入了量子跃迁的概念, 但是无法解决谱线宽度、强弱和缺级等问题, 谱线的宽度与强弱是与电子在不同能级之间的跃迁概率紧密相连的, 因此有必要发展含时微扰理论以解决量子跃迁和跃迁选择等问题; ② 在电磁场与物质相互作用时, 微扰一般是电磁场与原子之间的某种比较弱的耦合, 从实际情况, 该微扰相互作用的引入必定与时间相关。

3.1.1 概述

由两能级原子与激光场相互作用实例可知, 含时微扰理论的基本思想是将体系的初始状态视为零级解, 将零级解代入方程求出一级解, 再将一级解代入方程求二级解, 这样一级一级求出最终解。

1. 一阶结果

初始时刻, 系统一般处在 $\hat{H}_0$ 的某个本征态 $|k\rangle$, 因此除 $c_k = 1$ 外, 其余均为零, 这正是体系的零级解。现考虑由初态 $|k\rangle$ 到 $|m\rangle$ 能级的跃迁概率, 将上述零级解代入含时薛定谔方程, 并对时间积分可得:

(1) 跃迁概率振幅 $a_m(t)$ 为

$$a_m(t) = \frac{1}{i\hbar} \int_0^t dt' H'_{mk}(t') \exp(i\omega_{mk} t') \tag{3.1}$$

式中, $\omega_{mk} = (E_m - E_k)/\hbar$ 表示能级 $|m\rangle$ 与 $|k\rangle$ 之间的跃迁频率; $H'_{mk} = \langle m|\hat{H}'|k\rangle$ 表示微扰引入导致能级 $|m\rangle$ 与 $|k\rangle$ 之间的相互作用。

(2) 跃迁概率 $P_{k \to m} = |a_m(t)|^2$ 为

$$P_{k \to m} = |a_m(t)|^2 = \frac{1}{\hbar^2} \left| \int_0^t dt' \hat{H}'_{mk}(t') \exp(i\omega_{mk} t') \right|^2 \tag{3.2}$$

需要注意的是该处理只在

$$P_{k \to m} \ll 1 \tag{3.3}$$

满足时有效。也就是说相互作用哈密顿量的一阶微扰作用很小,这样在高阶展开时能保证很快收敛。

(3) 应用举例。设在 $t \to -\infty$ 时,一维线性谐振子处于基态,求经过微扰 $H'(t) = -eExe^{-t^2/\tau^2}$ 后,在 $t = \infty$ 时,处于第 n 个本征态 $|n\rangle$ 的概率幅。由式 (3.1) 有

$$
\begin{aligned}
a_n(\infty) &= -\frac{\mathrm{i}}{\hbar} \int_{-\infty}^{\infty} \mathrm{d}t(-e\mathcal{E})\langle n|x|0\rangle e^{-t^2/\tau^2} e^{\mathrm{i}n\omega t} \\
&= -\frac{\mathrm{i}}{\hbar} \sqrt{\frac{\hbar}{2m\omega}} \int_{-\infty}^{\infty} \mathrm{d}t(-e\mathcal{E})\langle n|a + a^\dagger|0\rangle e^{-t^2/\tau^2} e^{\mathrm{i}n\omega t}
\end{aligned} \tag{3.4}
$$

如激发到态 $|1\rangle$ 的概率幅为

$$
\begin{aligned}
a_1(\infty) &= \frac{\mathrm{i}e\mathcal{E}}{\hbar} \sqrt{\frac{\hbar}{2m\omega}} \int_{-\infty}^{\infty} e^{-t^2/\tau^2} e^{\mathrm{i}\omega t} \mathrm{d}t \\
&= \frac{\mathrm{i}e\mathcal{E}}{\hbar} \sqrt{\frac{\hbar}{2m\omega}} \sqrt{\pi\tau^2} e^{-\omega^2\tau^2/4}
\end{aligned} \tag{3.5}
$$

从态 $|0\rangle$ 往态 $|1\rangle$ 的跃迁概率为

$$P_{0 \to 1} = |a_1(\infty)|^2 = \frac{e^2\mathcal{E}^2\pi\tau^2}{2m\hbar\omega} e^{-\omega^2\tau^2/2}$$

2. 二阶结果

将上述一阶结果代入含时薛定谔方程,再一次对时间积分,即可得到二阶结果,即

$$c_k^{(2)} = -\frac{1}{\hbar^2} \int_0^t \mathrm{d}t' H'_{km}(t') \exp(-\mathrm{i}\omega_{km}t') \int_0^{t'} \mathrm{d}t'' H'_{mk}(t'') e^{\mathrm{i}\omega_{mk}t''} \tag{3.6}$$

3.1.2 两种常见跃迁

1. 常微扰与费米黄金规则

经常会有这样一种情况:一个系统在 $t = 0$ 时刻突然出现了微扰相互作用 H',然后这个微扰一直保持一个常量。此时 H' 是常微扰,只在 $(0, t)$ 时间间隔起作用,初始时刻体系处在态 $|k\rangle$,在 $t' = t$ 时跃迁到态 $|m\rangle$ 的概率幅为

$$a_m(t) = -\frac{\mathrm{i}}{\hbar} \int_0^t H'_{mk} e^{\mathrm{i}\omega_{mk}t'} \mathrm{d}t' = \frac{(1 - e^{\mathrm{i}\omega_{mk}t})H'_{mk}}{\hbar\omega_{mk}}$$

态 $|k\rangle$ 跃迁至态 $|m\rangle$ 的概率为

$$
\begin{aligned}
P_{k\to m}(t) = |a_m(t)|^2 &= \frac{|H'_{mk}|^2}{\hbar^2\omega_{mk}^2}(1 - \mathrm{e}^{\mathrm{i}\omega_{mk}t})(1 - \mathrm{e}^{-\mathrm{i}\omega_{mk}t}) \\
&= \frac{2|H'_{mk}|^2}{\hbar^2\omega_{mk}^2}[1 - \cos(\omega_{mk}t)] \\
&= \frac{4|H'_{mk}|^2}{\hbar^2}\frac{\sin^2\dfrac{\omega_{mk}t}{2}}{\omega_{mk}^2} = \frac{|H'_{mk}|^2t^2}{\hbar^2}f(\omega_{mk})
\end{aligned} \tag{3.7}
$$

式中,

$$
f(\omega_{mk}) = \left[\frac{\sin(\omega_{mk}t/2)}{\omega_{mk}t/2}\right]^2 \tag{3.8}
$$

$f(\omega_{mk})$ 的函数图如图 3.1 所示, 在 $\omega_{mk} = 0$ 处达极大值 1, 函数宽度为 $2\pi/t$ 量级, 且具有单位面积。利用狄拉克 δ 函数有

$$
\lim_{t\to\infty}\frac{t}{2\pi}f(\omega_{mk}) = \delta(\omega_{mk}) \tag{3.9}
$$

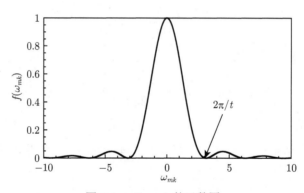

图 3.1 $f(\omega_{mk})$ 的函数图

因此, 当 $t \to \infty$ 时, 跃迁概率可写为[①]

$$
\begin{aligned}
P_{k\to m}(t \to \infty) &= \lim_{t\to\infty}|a_m(t)|^2 \\
&= \frac{1}{\hbar^2}|H'_{mk}|^2\pi t\delta(\omega_{mk}/2)
\end{aligned}
$$

---

① 这里有利用 δ 函数的性质:

$$
\delta(\alpha x) = \frac{1}{|\alpha|}\delta(x) \tag{3.10}
$$

$$= 2\pi t \delta(\omega_{mk}) \frac{|H'_{mk}|^2}{\hbar^2} \tag{3.11}$$

态 $|k\rangle$ 往态 $|m\rangle$ 跃迁的速率为

$$w_{k \to m} = \frac{\mathrm{d}P_{k \to m}}{\mathrm{d}t} = 2\pi \frac{|H'_{mk}|^2}{\hbar} \delta(E_m - E_k) \tag{3.12}$$

式 (3.12) 表明, 对于常微扰, 经过足够长时间后, 它的跃迁速率与时间无关。这里跃迁速率只涉及两个单态之间的跃迁, 其中 $\delta(E_m - E_k)$ 表示能量守恒, $|H'_{mk}|^2$ 表示 H' 在态 $|k\rangle$ 和态 $|m\rangle$ 之间扰动的扰动强度。出现能量的 δ 函数说明所有导致能量改变的跃迁都是不可能的。

根据函数 $f(\omega_{mk})$ 的线型可以得到更严格的结果, 能引起有效跃迁的末态 $|m\rangle$ 能量满足:

$$E_k - \frac{\pi \hbar}{t} < E_m < E_k + \frac{\pi \hbar}{t} \tag{3.13}$$

因此, 精确至 $2\pi\hbar/t$, 末态能量与初态能量是相同的, 即相互作用时间 t 越长, 末态能量涨落 ΔE_m 越小。

对于给定的跃迁频率 ω_{mk}, 函数 $f(\omega_{mk})t^2$ 表现出随时间振荡的行为 (除 $\omega_{mk} = 0$ 外), 后面会用非微扰的方法来讨论这种振荡行为, 即拉比振荡。

若向连续态跃迁 (如在静电场扰动下原子电离), 设 $E_m \to E_m + \mathrm{d}E_m$ 内态数目为 $\rho(E_m)\mathrm{d}E_m$, 其中 $\rho(E_m)$ 为 E_m 附近单位能量间隔内末态的态密度, 则单位时间内向 E_m 附近的连续末态跃迁的概率为

$$P = \frac{2\pi t}{\hbar} |H'_{mk}|^2 \rho(E_m) \tag{3.14}$$

跃迁速率为

$$w = \frac{\mathrm{d}P}{\mathrm{d}t} = \frac{2\pi}{\hbar} |H'_{mk}|^2 \rho(E_m) \tag{3.15}$$

式 (3.15) 称为费米黄金规则, 它对讨论粒子跃迁具有特别重要的意义, 式中态密度的具体形式取决于体系末态的具体情况。

2. 余弦微扰

考虑如下余弦形式微扰:

$$H'(t) = \hat{A}\cos(\omega t) = \hat{F}(\mathrm{e}^{\mathrm{i}\omega t} + \mathrm{e}^{-\mathrm{i}\omega t}) \tag{3.16}$$

式中, $\hat{F} = \hat{A}/2$。无微扰哈密顿量本征方程为

· 102 ·

$$H_0|\phi_k\rangle = E_k|\phi_k\rangle \tag{3.17}$$

由含时微扰理论公式 (3.1) 有 ($F_{mk} = \langle m|\hat{F}|k\rangle$, $\omega_\pm = \omega_{mk} \pm \omega$)

$$a_m(t) = \frac{1}{i\hbar}\int_0^t H'_{mk}(t')e^{i\omega_{mk}t'}dt'$$

$$= -\frac{\hat{F}_{mk}}{\hbar}\left[\frac{e^{i(\omega_{mk}+\omega)t}-1}{\omega_{mk}+\omega} + \frac{e^{i(\omega_{mk}-\omega)t}-1}{\omega_{mk}-\omega}\right] \tag{3.18}$$

相应的跃迁概率为

$$P_{k\to m} = \frac{|F_{mk}|^2}{\hbar^2}\left|\frac{1-e^{i(\omega_{mk}+\omega)t}}{\omega_{mk}+\omega} + \frac{1-e^{i(\omega_{mk}-\omega)t}}{\omega_{mk}-\omega}\right|^2$$

$$= \frac{|F_{mk}|^2}{\hbar^2}\left|e^{i\omega_+t/2}\frac{\sin\omega_+t/2}{\omega_+/2} + e^{i\omega_-t/2}\frac{\sin\omega_-t/2}{\omega_-/2}\right|^2 \tag{3.19}$$

式中，$\omega_\pm = \omega_{mk} \pm \omega$。跃迁概率由两部分构成，对应的分母分别为 $\omega_+/2$ 和 $\omega_-/2$。要使跃迁概率足够大，有必要将考虑范围限定在一个区间内，式 (3.19) 中的一个分母要比另一个小。很显然，当 $|\omega_{mk}-\omega| \ll \omega$ 时就满足这样的条件，因此该条件成为准共振激发条件。为确保准共振激发过程中有足够大的跃迁概率，这样的条件是必要的。以电磁场与原子的电偶极相互作用过程为例，有 $H'_{mk}/\hbar\omega \ll 10^{-6}$，$\omega_{mk}+\omega$ 远大于 ω，因此式 (3.19) 中等号右边第一项 (反共振项) 与第二项 (共振项) 的比可以忽略不计。这样，跃迁概率可简化为

$$P_{k\to m} \simeq \frac{|F_{mk}|^2}{\hbar^2}\frac{4\sin^2\omega_-t/2}{\omega_-^2}$$

$$\stackrel{t\to\infty}{=} \frac{|F_{mk}|^2}{\hbar^2}\pi t\delta(\omega_-/2)$$

$$= \frac{2\pi t}{\hbar^2}|F_{mk}|^2\delta(E_m - E_k - \hbar\omega) \tag{3.20}$$

跃迁速率为

$$w_{k\to m} = \frac{2\pi}{\hbar^2}|F_{mk}|^2\delta(E_m - E_k - \hbar\omega) \tag{3.21}$$

上述计算结果表明：① 跃迁过程满足能量守恒，只有满足 $\hbar\omega = E_m - E_k$ 的跃迁才能发生；② $w_{k\to m} = w_{m\to k}$[①]；③ 如果 $\omega_{mk} < 0$，则满足的准共振激发条件为 $|\omega_{mk}+\omega| \ll \omega$；④ 当 $\omega = 0$ 时，周期性微扰变为常微扰，这时结果过渡到常微扰的结果。

---

① 从低能态到高能态的跃迁为受激吸收过程，在激光驱动下，从高能态到低能态的跃迁为受激辐射过程。

准共振近似意味着除了满足准共振条件外，还需满足 $H'_{mk}/\hbar\omega \ll 1$，在光学范围内通常是很容易满足的。但是如果激光强度很强，或者是射频范围的微波场与原子相互作用，$H'_{mk}/\hbar\omega$ 的比值可以接近 1，这种情况下，反共振项会引起共振中心频率的移动 (即布洛赫–西格尔移动)，因此不能忽略。

3.1.3　含时微扰与定态微扰的关联

在运用微扰理论时，需要人为地将哈密顿量分解为两部分，$\hat{H} = \hat{H}_0 + \hat{H}'$，在 $\hat{H}_0$ 的空间中逐级将 $\hat{H}'$ 考虑进去，最终求得更为精确的解。根据微扰哈密顿量 $\hat{H}'$ 是否含时，分成定态微扰理论和含时微扰理论。严格来说，不存在不含时的相互作用。但是，很多情况下，如斯塔克效应、塞曼效应等，在这些过程中，$\hat{H}'$ 实际上是时间的函数，但通常仍用定态微扰理论予以处理。因此，有必要探讨定态微扰理论与含时微扰理论之间的关系。

思路如下：假定微扰 $\hat{H}'(t)$ 随时间变化，在 $t \to -\infty$ 时，$\hat{H}'(t) = 0$，然后缓慢增加 (绝热近似，具体内容请参考 3.2 节)，至 $t \to +\infty$ 时，趋于常数 H'，则从 $t \to -\infty$ 至 t 时刻的跃迁概率幅为

$$a_m = \frac{1}{\mathrm{i}\hbar} \int_{-\infty}^{t} H'_{mk}(t') \mathrm{e}^{\mathrm{i}\omega_{mk}t'} \mathrm{d}t'$$

$$= -\frac{H'_{mk}(t')}{\hbar\omega_{mk}} \mathrm{e}^{\mathrm{i}\omega_{mk}t'} \Bigg|_{-\infty}^{t} + \int_{-\infty}^{t} \frac{\partial H'_{mk}}{\partial t'} \frac{\mathrm{e}^{\mathrm{i}\omega_{mk}t'}}{\hbar\omega_{mk}} \mathrm{d}t'$$

$$= -\frac{H'_{mk}(t)}{\hbar\omega_{mk}} \mathrm{e}^{\mathrm{i}\omega_{mk}t} + \int_{-\infty}^{t} \frac{\partial H'_{mk}}{\partial t'} \frac{\mathrm{e}^{\mathrm{i}\omega_{mk}t'}}{\hbar\omega_{mk}} \mathrm{d}t'$$

所有在一级近似下，经微扰修正后的波函数为

$$\psi(t) = \sum_m a_m \Phi_m = \sum_m a_m \phi_m \mathrm{e}^{-\mathrm{i}E_m t/\hbar}$$

$$= \left(\phi_k + \sum_{m \neq k} \frac{H'_{mk}(t)}{E_m - E_k} \phi_m \right) \mathrm{e}^{-\mathrm{i}E_k t/\hbar}$$

$$+ \sum_{m \neq k} \int_{-\infty}^{t} \frac{\partial H'_{mk}(t')}{\partial t'} \frac{\mathrm{e}^{\mathrm{i}\omega_{mk}t'}}{\hbar\omega_{mk}} \mathrm{d}t' \phi_m \mathrm{e}^{-\mathrm{i}E_m t/\hbar} \tag{3.22}$$

当 $t \to \infty$ 时，$H'(t \to \infty) \to H'$，式 (3.22) 等号右边第一部分是定态微扰理论一级近似下的结果，指数 $\mathrm{e}^{-\mathrm{i}E_k t/\hbar}$ 表示这时定态波函数随时间的变化，也表征体系仍在态 $|k\rangle$ 上，没有量子跃迁；第二部分依赖于微扰随时间的变化 $\partial H'_{mk}(t')/\partial t'$。

如果外加微扰随时间变化非常缓慢，则 $\partial H'_{mk}(t')/\partial t' \to 0$，第二部分的贡献远小于第一部分的贡献，此时自然过渡至定态微扰理论，量子跃迁概率也由第二部分给出。为此，考虑时间间隔 $t' \in [0,t]$ 内的常微扰 $H'(t') = H'[\theta(t') - \theta(t' - t)]$，有[①]

$$
\begin{aligned}
P_{k\to m} &= \frac{1}{\hbar^2 \omega_{mk}^2} \left| \int_{-\infty}^{\infty} \frac{\partial H'_{mk}}{\partial t'} e^{i\omega_{mk}t'} dt' \right|^2 \\
&= \frac{1}{\hbar^2 \omega_{mk}^2} \left| \int_{-\infty}^{\infty} H'_{mk}[\delta(t') - \delta(t' - t)]e^{i\omega_{mk}t'} dt' \right|^2 \\
&= \frac{|H'_{mk}|^2}{\hbar^2 \omega_{mk}^2} \left| 1 - e^{i\omega_{mk}t} \right|^2 \\
&= \frac{4|H'_{mk}|^2}{\hbar^2} \frac{\sin^2(\omega_{mk}t/2)}{\omega_{mk}^2}
\end{aligned}
\tag{3.23}
$$

式 (3.23) 给出的正是前面得到的跃迁振幅结果。由此可见，定态微扰只是一种近似。事实上，任何外加微扰总有作用时间，如定态微扰中讨论过的斯塔克效应。外加电场的时间比原子的特征时间大得多，因此微扰随时间的变化率足够缓慢，$\partial H'_{mk}(t')/\partial t' \to 0$，从而回归到定态微扰理论。

3.1.4　原子对光的发射和吸收

　　量子理论在玻尔量子论的基础上向前发展了一大步，可以解决很多玻尔量子论解决不了的难题。例如，含时微扰理论可给出跃迁振幅，从而得出谱线强度。但是在处理光与物质相互作用过程中光子的吸收、辐射等问题时，非相对论性量子力学不能解决这些问题。在光的照射下，原子可能吸收光子从较低的能级跃迁到较高的能级，也可能从较高的能级跃迁到较低的能级且同时发射出光子，这种现象分别称为受激吸收和受激辐射。实验中还发现，即使没有外界光的作用，本来处在较高激发态的原子也能跃迁到较低的能级放出光子，该过程称为自发辐射。根据量子力学理论，处于激发态的电子在没有外来刺激的情况下将一直处于该定态，不会自动跃迁至基态，这与实际的自发辐射不符。因为光子是相对论性的，所以要严格处理自发辐射等光子的吸收与辐射问题需要用量子电动力学，将辐射场量

---

① 阶梯函数 $\theta(t')$ 定义为

$$
\theta(t') = \begin{cases} 0, & t' < 0 \\ 1, & t' > 0 \end{cases}
$$

因此，不难求得

$$
\frac{\partial H'(t')}{\partial t'} = H'[\delta(t') - \delta(t' - t)]
$$

子化。这里介绍爱因斯坦在处理光与物质相互作用时发展的唯象理论。

假定平面单色光入射,根据麦克斯韦方程组,电场强度与磁感应强度可写为

$$\vec{E} = E_0 \hat{e} \cos(\omega t - \vec{k} \cdot \vec{r}) \tag{3.24}$$

$$\vec{B} = \vec{k} \times \vec{E} / |\vec{k}| \tag{3.25}$$

可以对电子受到的洛伦兹力与电场力做一个简单估算:

$$\left| \frac{e}{c} \vec{v} \times \vec{B} \right| \Big/ \left| e\vec{E} \right| \approx \frac{v}{c} \ll 1 \tag{3.26}$$

所以处在电磁场中的电子受到的洛伦兹力远小于电场力。在原子中,磁场作用远小于电场,因此只需要考虑电场的作用。另外,考虑到原子的尺度 (0.1nm 量级) 远小于光波长 (100nm 量级),有

$$\vec{k} \cdot \vec{r} \approx \frac{2\pi}{\lambda} \cdot a \ll 1 \tag{3.27}$$

因此在原子尺度可以不考虑电场强度的变化,可将电场写为 $\vec{E} = E_0 \hat{e} \cos(\omega t)$。这样电磁场与原子的相互作用哈密顿量为

$$H' = e\vec{E} \cdot r = -\vec{\mu} \cdot \hat{e} E_0 \cos(\omega t) \tag{3.28}$$

式中,$\vec{\mu} = -e\vec{r}$ 表示电偶极矩。如果将电磁场与原子的作用视为微扰,则可直接借用周期性微扰的结论,取 $\hat{F} = -\vec{\mu} \cdot \hat{e} E_0$,有 (假定 μ 与 $\hat{e}$ 之间的夹角为 θ,并只考虑光的吸收)

$$\begin{aligned} w_{k \to m} &= \frac{\pi}{2\hbar} |\vec{\mu}_{mk} \cdot \hat{e}|^2 E_0^2 \delta(E_m - E_k - \hbar\omega) \\ &= \frac{\pi}{2\hbar} |\mu_{mk}|^2 E_0^2 \cos^2\theta \delta(E_m - E_k - \hbar\omega) \end{aligned}$$

对于非偏振电磁场,θ 完全无规则,$\cos^2\theta$ 可用其空间平均值近似代替:

$$\begin{aligned} \overline{\cos^2\theta} &= \frac{1}{4\pi} \int \cos^2\theta \mathrm{d}\Omega \\ &= \frac{1}{4\pi} \int_0^{2\pi} \mathrm{d}\varphi \int_0^{\pi} \cos^2\theta \sin\theta \mathrm{d}\theta = \frac{1}{3} \end{aligned} \tag{3.29}$$

这样跃迁速率可写为

$$w_{k \to m} = \frac{\pi}{6\hbar} |\mu_{mk}|^2 E_0^2 \delta(E_m - E_k - \hbar\omega) \tag{3.30}$$

如果以自然光而非单色光入射, 记圆频率间隔 $\omega \to \omega + d\omega$ 中的能量密度为 $I(\omega)d\omega$, 则

$$
\begin{aligned}
I(\omega) &= \frac{1}{8\pi}\overline{E^2 + B^2} \approx \frac{1}{4\pi}\overline{E^2} \\
&= \frac{1}{4\pi}\frac{E_0^2}{T}\int_0^T \cos^2(\omega t)dt \\
&= \frac{1}{4\pi}\frac{E_0^2}{T}\frac{T}{2} = \frac{E_0^2}{8\pi}
\end{aligned}
$$

因此自然光入射时, 单位时间的跃迁概率为

$$
\begin{aligned}
w_{k\to m} &= \int_0^\infty \frac{\pi}{6\hbar^2}|\mu_{mk}|^2 8\pi I(\omega)\delta(\omega_{mk} - \omega)d\omega \\
&= \frac{4\pi^2}{3\hbar^2}|\mu_{mk}|^2 I(\omega_{mk}) = B_{km}I(\omega_{mk})
\end{aligned} \tag{3.31}
$$

只有与跃迁频率共振的成分才对跃迁概率有贡献, 其他频率成分对电子的跃迁无贡献, 跃迁概率与入射光的强度 $I(\omega_{mk})$ 成正比, B_{km} 称为受激吸收系数 (假定 $E_m > E_k$). 根据 $\mu_{mk} = \mu_{km}$, 显然有 $B_{km} = B_{mk}$, 其中 B_{mk} 称为受激辐射系数。

为了处理自发辐射的问题, 爱因斯坦建立了一套唯象理论。假定同时存在自发辐射和受激辐射, 避开量子力学处理自发辐射是否可能这一问题。当体系与辐射场达到热平衡后, 利用平衡条件来建立自发辐射和受激辐射之间的关系。

假设能级 $E_m > E_k$, 从能级 E_m 到 E_k 的受激辐射系数为 B_{mk}, 自发辐射系数为 A_{mk}, 从能级 E_k 到 E_m 的受激吸收系数为 B_{km}。考虑强度为 $I(\omega)$ 的激光驱动, 处于 E_m 能级的原子, 受激辐射出一个 $\hbar\omega_{mk}$ 光子跃迁到 E_k 的概率是 $B_{mk}I(\omega_{mk})$, 自发辐射跃迁到 E_k 的概率是 A_{mk}, 处于 E_k 能级的原子由受激吸收一个 $\hbar\omega_{mk}$ 光子跃迁到 E_m 的概率是 $B_{km}I(\omega_{mk})$。假定处在能级 E_k 和 E_m 的原子数分别为 N_k 和 N_m, 原子在各能级上满足玻尔兹曼分布:

$$
N_k \propto e^{-E_k/k_B T}
$$
$$
N_m \propto e^{-E_m/k_B T}
$$

当原子和电磁辐射达到平衡后有

$$
N_m[A_{mk} + B_{mk}I(\omega_{mk})] = N_k B_{km}I(\omega_{mk}) \tag{3.32}
$$

整理可得

$$
I(\omega_{mk}) = \frac{A_{mk}}{\dfrac{N_k}{N_m}B_{km} - B_{mk}}
$$

$$= \frac{A_{mk}}{B_{km} \mathrm{e}^{\hbar \omega_{mk}/k_{\mathrm{B}}T} - B_{mk}} \tag{3.33}$$

将式 (3.33) 与普朗克黑体辐射公式类比, 并注意到

$$\rho(\nu) = 2\pi I(\omega) \tag{3.34}$$

$$I(\omega)\mathrm{d}\omega = I(\omega)2\pi\mathrm{d}\nu = \rho(\nu)\mathrm{d}\nu \tag{3.35}$$

可得

$$\frac{8\pi h \nu_{mk}^3}{c^3} \frac{1}{\mathrm{e}^{h\nu_{mk}/k_{\mathrm{B}}T} - 1} = 2\pi \frac{A_{mk}}{B_{km}} \frac{1}{\mathrm{e}^{\hbar \omega_{mk}/k_{\mathrm{B}}T} - B_{mk}/B_{km}}$$

$$= 2\pi \frac{A_{mk}}{B_{km}} \frac{1}{\mathrm{e}^{\hbar \omega_{mk}/k_{\mathrm{B}}T} - 1} \tag{3.36}$$

可得自发辐射系数 A_{mk}:

$$A_{mk} = \frac{4h\nu_{mk}^3}{c^3} B_{mk}$$

$$= \frac{4h\nu_{mk}^3}{c^3} \frac{4\pi^2}{3\hbar^2} |\mu_{mk}|^2$$

$$= \frac{4\omega_{mk}^3}{3\hbar c^3} |\mu_{mk}|^2 \tag{3.37}$$

下面对自发辐射系数 A_{mk} 进行讨论。

(1) 处于高能态的原子自发辐射强度与受激辐射强度之比为

$$\frac{A_{mk}}{B_{mk}I(\omega_{mk})} = \mathrm{e}^{\hbar \omega_{mk}/k_{\mathrm{B}}T} - 1$$

式中, $k_{\mathrm{B}} = 1.38 \times 10^{-23}$ J/K 是玻尔兹曼常数; $\hbar = 1.05 \times 10^{-34}$ J·s 是普朗克常数。室温 ($T = 300$ K) 下, 以 ^{87}Rb D_1 线为例 ($\lambda \approx 800$ nm), 代入式中可得 $\frac{A_{mk}}{B_{mk}I(\omega_{mk})} \approx 8.97 \times 10^{25}$, 即通常情况下自发辐射系数远大于受激辐射系数。

(2) 处于激发态的原子数满足方程:

$$\frac{\mathrm{d}N_m}{\mathrm{d}t} = -N_m A_{mk} \tag{3.38}$$

方程的解为

$$N_m(t) = N_m(0)\mathrm{e}^{-A_{mk}t} = N_m(0)\mathrm{e}^{-t/\tau_{mk}} \tag{3.39}$$

式中, $\tau_{mk} = 1/A_{mk}$ 表示原子处于态 $|m\rangle$ 的寿命。

(3) 由自发辐射系数与受激辐射系数关系式可知，自发辐射与受激辐射满足同样的选择定则。跃迁概率表明，若电偶极矩矩阵元 $\vec{\mu}_{mk} = 0$，即 $\vec{r}_{mk} = (x\hat{e}_x + y\hat{e}_y + z\hat{e}_z)_{mk}$，则 $w_{k\to m} = 0$，这样从态 $|k\rangle$ 到态 $|m\rangle$ 的跃迁将被禁戒。假设原子初态 $|nlm\rangle = R_{nl}Y_{lm}$，末态 $|n'l'm'\rangle = R_{n'l'}Y_{l'm'}$，由 $\hat{l}_z$ 与坐标各分量之间的对易关系可得

$$
\begin{aligned}
0 &= \langle n'l'm'|[\hat{l}_z, z]|nlm\rangle = \langle n'l'm'|\hat{l}_z z - z\hat{l}_z|nlm\rangle \\
&= (m' - m)\hbar\langle n'l'm'|z|nlm\rangle
\end{aligned}
\tag{3.40}
$$

当且仅当 $\Delta m = m' - m = 0$ 时，才有 $\langle n'l'm'|z|nlm\rangle \neq 0$。

同理有

$$
\begin{aligned}
\langle n'l'm'|[\hat{l}_z, x]|nlm\rangle &= (m' - m)\hbar\langle n'l'm'|x|nlm\rangle \\
&= \mathrm{i}\hbar\langle n'l'm'|y|nlm\rangle
\end{aligned}
\tag{3.41}
$$

$$
\begin{aligned}
\langle n'l'm'|[\hat{l}_z, y]|nlm\rangle &= (m' - m)\hbar\langle n'l'm'|y|nlm\rangle \\
&= -\mathrm{i}\hbar\langle n'l'm'|x|nlm\rangle
\end{aligned}
\tag{3.42}
$$

上述运算中第一个等号直接利用算符 $\hat{l}_z$ 的本征值方程，第二个等号利用对易关系 $[\hat{l}_z, x] = \mathrm{i}\hbar y$ 与 $[\hat{l}_z, y] = -\mathrm{i}\hbar x$。联合式 (3.41) 与式 (3.42)，消去 $\langle n'l'm'|y|nlm\rangle$ 即可得

$$
(m' - m)^2\langle n'l'm'|[\hat{l}_z, x]|nlm\rangle = \langle n'l'm'|[\hat{l}_z, x]|nlm\rangle
\tag{3.43}
$$

当且仅当 $\Delta m = m' - m = \pm 1$ 时，才有 $\langle n'l'm'|x|nlm\rangle$ 与 $\langle n'l'm'|y|nlm\rangle$ 不等于零。这样便得到了电偶极跃迁对磁量子数 m 的选择定则 $\Delta m = 0, \pm 1$。

下面考虑电偶极跃迁对轨道角动量量子数 l 的要求。根据坐标与角动量的对易关系，不难得出：

$$
[\hat{\vec{l}}^2, [\hat{\vec{l}}^2, \vec{r}]] = 2\hbar^2(\vec{r}\hat{\vec{l}}^2 + \hat{\vec{l}}^2\vec{r})
\tag{3.44}
$$

对式 (3.44) 求矩阵元，等号左边有

$$
\begin{aligned}
\langle n'l'm'|[\hat{\vec{l}}^2, [\hat{\vec{l}}^2, \vec{r}]]|nlm\rangle &= \langle n'l'm'|\hat{\vec{l}}^2[\hat{\vec{l}}^2, \vec{r}] - [\hat{\vec{l}}^2, \vec{r}]\hat{\vec{l}}^2|nlm\rangle \\
&= [l'(l' + 1) - l(l + 1)]\hbar^2\langle n'l'm'|[\hat{\vec{l}}^2, \vec{r}]|nlm\rangle \\
&= [l'(l' + 1) - l(l + 1)]^2\hbar^4\langle n'l'm'|\vec{r}|nlm\rangle \\
&= [(l' + l + 1)(l' - l)]^2\hbar^4\langle n'l'm'|\vec{r}|nlm\rangle
\end{aligned}
\tag{3.45}
$$

等号右边有

$$2\hbar^2\langle n'l'm'|(\vec{r}\hat{\vec{l}}^{\,2}+\hat{\vec{l}}^{\,2}\vec{r})|nlm\rangle$$
$$= 2\hbar^4[l(l+1)+l'(l'+1)]\langle n'l'm'|\vec{r}|nlm\rangle$$
$$= \hbar^4[(l'+l+1)^2+(l'-l)^2-1]\langle n'l'm'|\vec{r}|nlm\rangle \tag{3.46}$$

要使矩阵元 $\langle n'l'm'|\vec{r}|nlm\rangle$ 不为零，则必有

$$[(l'+l+1)(l'-l)]^2 = [(l'+l+1)^2+(l'-l)^2-1] \tag{3.47}$$

对式 (3.47) 化简整理，有

$$[(l'+l+1)^2-1][(l'-l)^2-1] = 0 \tag{3.48}$$

式 (3.48) 成立有两种可能：① $l'=l=0$；② $\Delta l=l'-l=\pm1$。考虑到波函数的宇称只与轨道角动量量子数有关，因此电偶极相互作用不能发生在轨道角动量量子数相等的两能级之间，故电偶极跃迁对轨道角动量量子数的选择定则是 $\Delta l=\pm1$。这样便得到了电偶极相互作用的选择定则[①]：

$$\Delta l = \pm1 \tag{3.49}$$

$$\Delta m = 0,\ \pm1 \tag{3.50}$$

[①] 选择定则也可以由球谐函数的性质得到。球坐标下：

$$x = r\sin\theta\cos\varphi = \frac{r}{2}\sin\theta(\mathrm{e}^{\mathrm{i}\varphi}+\mathrm{e}^{-\mathrm{i}\varphi})$$
$$y = r\sin\theta\sin\varphi = \frac{r}{2\mathrm{i}}\sin\theta(\mathrm{e}^{\mathrm{i}\varphi}-\mathrm{e}^{-\mathrm{i}\varphi})$$
$$z = r\cos\theta$$

当且仅当坐标矩阵元 $\langle n'l'm'|r\cos\theta|nlm\rangle$ 和 $\langle n'l'm'|r\sin\theta\mathrm{e}^{\pm\mathrm{i}\varphi}|nlm\rangle$ 不全为零时，跃迁速率 $w_{k\to m}$ 才不为零，意味着态 $|nlm\rangle$ 和态 $|n'l'm'\rangle$ 之间可以发生跃迁。

利用球谐函数关系式：

$$\cos\theta Y_{lm} = \sqrt{\frac{(l+1)^2-m^2}{(2l+1)(2l+3)}}Y_{l+1,m} - \sqrt{\frac{l^2-m^2}{(2l-1)(2l+1)}}Y_{l-1,m}$$

$$\mathrm{e}^{\pm\mathrm{i}\varphi}\sin\theta Y_{lm} = \mp\sqrt{\frac{(l\pm m+1)(l\pm m+2)}{(2l+1)(2l+3)}}Y_{l+1,m\pm1}$$
$$\pm\sqrt{\frac{(l\mp m)(l\mp m-1)}{(2l-1)(2l+1)}}Y_{l-1,m\pm1}$$

以及球谐函数的正交性，即可得电偶极跃迁的选择定则为

$$\Delta l = l'-l = \pm1,\quad \Delta m = m'-m = 0,\ \pm1$$

很显然，电偶极跃迁的选择定则与主量子数 n 无关，该选择定则适用于电偶极相互作用 (如自发辐射、受激辐射和受激吸收)，对可见光和紫外光也完全适用。但是如果电磁波的波长很短，如 X 射线，波长可与原子尺寸比拟，电偶极近似不再成立，$\vec{k} \cdot \vec{r}$ 不能略去。除电偶极辐射外，还存在四极辐射，四级辐射的选择定则要做出相应的修改。

上述讨论不涉及电子自旋，如果考虑电子自旋和自旋–轨道耦合，电子的状态要用 4 个量子数描述，相应的电偶极相互作用选择定则可概括为

$$\text{宇称改变} \tag{3.51}$$

$$\Delta l = \pm 1 \tag{3.52}$$

$$\Delta j = 0, \ \pm 1 \tag{3.53}$$

$$\Delta m = 0, \ \pm 1 \tag{3.54}$$

3.2 绝热近似

含时微扰理论有两种比较特殊的情况：① 处于某个定态的系统，其哈密顿量在某个时刻突然转变，体系变为另一个定态系统 (如势能范围的突然变化、耦合系数的突然变化、电离与衰变等)，这种情况称为突变微扰理论。系统在突变过程中，状态的演化跟不上外部环境的突变而保持不变，因此能量守恒。② 哈密顿量随时间演化特别缓慢，体系状态的变化能与哈密顿量的演化同步，这种情况称为绝热近似。本节探讨绝热近似。

3.2.1 绝热过程与绝热定理

1. 绝热过程

在玻璃盒中放入一个没有摩擦和阻尼的理想单摆，单摆摆动周期记为 T_i，在单摆摆动的同时，玻璃盒做非常缓慢的运动，设玻璃盒运动特征时间为 T_e。如果玻璃盒的运动特征时间和单摆摆动周期满足 $T_e \gg T_i$，则玻璃盒的运动对单摆摆动的影响可以忽略，类似这样的过程称为绝热过程。此时玻璃盒的运动不会改变单摆摆动的平面，也不会影响摆动的周期与幅度。

由绝热定理可知，假定初始时刻体系处于哈密顿量 $H_i(t)$ 的第 n 个本征态，如果体系哈密顿量随时间演化的变化非常缓慢，则体系在演化过程中一直处于哈密顿量 $H(t)$ 的第 n 个本征态，演化结束后体系处于 $H_f(t)$ 的第 n 个本征态。有几点需要指出：

(1) 与微扰不同，绝热定理描述的是体系哈密顿量变化非常缓慢的情况，并非指哈密顿量变化很小。哈密顿量变化很小时，体系哈密顿量也可以变化很快；哈密顿量变化很大时，体系哈密顿量也可以做到缓慢变化。

(2) 哈密顿量变化非常缓慢的涵义是指体系的状态演化能及时跟上体系哈密顿量的变化。因此演化过程中和演化结束后，体系一直处于与初始状态相对应的体系哈密顿量的第 n 个本征态。

(3) 整个演化过程必然伴随着粒子与外界的能量交换，因此对哈密顿量 $H(t)$ 描述的粒子而言，能量并不守恒。

以宽度为 a 的一维无限深势阱为例，假设初始时刻粒子处于基态 $|1\rangle$，现将势阱的宽度非常缓慢地由 a 变为 $2a$，则在阱宽缓慢增大的过程中，粒子的状态一直能跟上阱宽的变化，因此粒子将一直处于势阱的基态。当然，阱宽为 $2a$ 的基态并非阱宽为 a 的基态。与绝热演化相对应的是突然变化。当体系发生突然变化时 (外部环境或者体系哈密顿量变化的特征时间远小于体系内部特征时间)，粒子的状态来不及改变，因此这时可以认为体系状态波函数保持不变。

2. 绝热定理

下面具体探讨绝热定理。如果体系哈密顿量不含时，则对应于本征值为 E_n 的本征方程为

$$H\phi_n(\vec{r}) = E_n\phi_n(\vec{r}) \tag{3.55}$$

总波函数为 $\psi(\vec{r}, t) = \phi_n(\vec{r})\exp(-iE_n t/\hbar)$。如果体系哈密顿量含时，则无论是其本征值 $E_n(t)$，还是与此本征值相应的本征函数 $\phi_n(\vec{r}, t)$ 均与时间相关，但仍然满足薛定谔方程：

$$H(t)\phi_n(t) = E_n(t)\phi_n(t) \tag{3.56}$$

并且，对于某一时刻，仍然满足正交归一关系 $\langle\phi_m(t)|\phi_n(t)\rangle = \delta_{mn}$。本征函数 $\phi_n(t)$ 仍构成一组完备基，任一波函数可按其展开：

$$\psi(t) = \sum_n c_n(t)\phi_n(t)e^{i\theta_n(t)} \tag{3.57}$$

式中，$\theta_n(t)$ 为

$$\theta_n(t) = \exp\left[\frac{1}{i\hbar}\int_0^t E_n(t')\mathrm{d}t'\right] \tag{3.58}$$

将式 (3.57) 代入含时薛定谔方程：

$$i\hbar\frac{\partial}{\partial t}\psi(t) = H(t)\psi(t) \tag{3.59}$$

有

$$\text{l.h.s.} = i\hbar\sum_n\left[\dot{c}_n(t)\phi_n(t) + c_n(t)\dot{\phi}_n(t)\right]e^{i\theta_n}$$

$$+ \sum_n c_n(t) E_n(t) \phi_n(t) \mathrm{e}^{\mathrm{i}\theta_n}$$

$$\text{r.h.s.} = \sum_n c_n(t) E_n(t) \phi_n(t) \mathrm{e}^{\mathrm{i}\theta_n}$$

整理后的薛定谔方程为

$$\mathrm{i}\hbar \sum_n \dot{c}_n(t) \phi_n(t) \mathrm{e}^{\mathrm{i}\theta_n} = -\mathrm{i}\hbar \sum_n c_n(t) \dot{\phi}_n(t) \mathrm{e}^{\mathrm{i}\theta_n} \tag{3.60}$$

用 $\psi_m^*(t)$ 左乘式 (3.60)，再对全空间积分，并利用瞬时基矢 $\{\phi_n(t)\}$ 的正交性，有

$$\mathrm{i}\hbar \dot{c}_m(t) = -\mathrm{i}\hbar \sum_n c_n(t) \langle \phi_m(t) | \dot{\phi}_n(t) \rangle \mathrm{e}^{\mathrm{i}(\theta_n - \theta_m)}$$

$$= -\mathrm{i}\hbar c_m(t) \langle \phi_m(t) | \dot{\phi}_m(t) \rangle$$

$$-\mathrm{i}\hbar \sum_{n \neq m} c_n(t) \langle \phi_m(t) | \dot{\phi}_n(t) \rangle \mathrm{e}^{\mathrm{i}(\theta_n - \theta_m)} \tag{3.61}$$

将哈密顿量本征方程 (3.56) 两边对 t 取微分，再用 $\psi_m^*(t)$ 左乘，并对全空间积分，有

$$\langle \phi_m(t) | \dot{H}(t) | \phi_n(t) \rangle = \dot{E}_n(t) \delta_{mn} + [E_n(t) - E_m(t)] \langle \phi_m(t) | \dot{\phi}_n(t) \rangle \tag{3.62}$$

当 $n \neq m$ 时，可得

$$\langle \phi_m(t) | \dot{\phi}_n(t) \rangle = -\frac{\langle \phi_m(t) | \dot{H}(t) | \phi_n(t) \rangle}{E_m(t) - E_n(t)} \tag{3.63}$$

代入式 (3.61)，有

$$\mathrm{i}\hbar \dot{c}_m(t) = -\mathrm{i}\hbar c_m(t) \langle \phi_m(t) | \dot{\phi}_m(t) \rangle$$

$$- \mathrm{i}\hbar \sum_{n \neq m} c_n(t) \frac{\langle \phi_m(t) | \dot{H}(t) | \phi_n(t) \rangle}{E_n(t) - E_m(t)} \mathrm{e}^{\mathrm{i}(\theta_n - \theta_m)} \tag{3.64}$$

下面引入绝热近似。如果体系哈密顿量随时间变化足够缓慢，即 $\dot{H}(t)$ 足够小，式 (3.64) 等号右边第二项可以忽略 (这就是绝热近似)，式 (3.64) 简化为

$$\dot{c}_m(t) = -c_m(t) \langle \phi_m(t) | \dot{\phi}_m(t) \rangle \tag{3.65}$$

直接对式 (3.65) 积分即可得方程的解：

$$c_m(t) = c_m(0) \exp \left[-\int_0^t \langle \phi_m(t') | \dot{\phi}_m(t') \rangle \mathrm{d}t' \right]$$

$$= c_m(0)\mathrm{e}^{\mathrm{i}\gamma_m(t)} \tag{3.66}$$

式中，实数 $\gamma_m(t)$ 的具体形式如下[①]：

$$\gamma_m(t) = \mathrm{i}\int_0^t \langle\phi_m(t')|\dot{\phi}_m(t')\rangle \mathrm{d}t' \tag{3.67}$$

为了更好地理解绝热近似，将相互作用绘景下的含时薛定谔方程 (3.64) 写成矩阵形式：

$$\mathrm{i}\hbar\frac{\mathrm{d}}{\mathrm{d}t}\begin{pmatrix} c_1 \\ c_2 \\ \vdots \end{pmatrix} = -\mathrm{i}\hbar\begin{pmatrix} \langle\phi_1|\dot{\phi}_1\rangle & \langle\phi_1|\dot{\phi}_2\rangle\mathrm{e}^{\mathrm{i}(\theta_2-\theta_1)} & \cdots \\ \langle\phi_2|\dot{\phi}_1\rangle\mathrm{e}^{\mathrm{i}(\theta_1-\theta_2)} & \langle\phi_2|\dot{\phi}_2\rangle & \cdots \\ \vdots & \vdots & \ddots \end{pmatrix}\begin{pmatrix} c_1 \\ c_2 \\ \vdots \end{pmatrix} \tag{3.68}$$

式 (3.68) 等号右边方阵中的对角元表示由于体系波函数的变化引起相应定态的能级移动，非对角元是方程 (3.64) 等号右边的第二项，表示不同定态之间的耦合。从物理效果上来讲，第二项引起从态 $|\phi_n(t)\rangle$ 到态 $|\phi_m(t)\rangle$ 的跃迁。因此，绝热近似的涵义是态 $|\phi_n(t)\rangle$ 到态 $|\phi_m(t)\rangle$ 的跃迁概率非常小，可以忽略，也就是波函数随时间变化引起的不同能级间的耦合 $\hbar\langle\phi_m(t)|\dot{\phi}_n(t)\rangle$ 可视为微扰。由定态微扰条件可知绝热近似应该满足的条件为

$$\hbar\left|\frac{\langle\phi_m(t)|\dot{\phi}_n(t)\rangle}{E_m(t) - E_n(t)}\right| \ll 1 \tag{3.69}$$

也就是说能级间的耦合强度 $\hbar\langle\phi_m(t)|\dot{\phi}_n(t)\rangle$ 与这两个能级间的距离 $E_m(t) - E_n(t)$ 相比可以忽略，或者说能级间的耦合引起能级位置的移动可以忽略。对方程 (3.64) 积分，可得等价的绝热近似的条件[②]为

$$\hbar\frac{|\langle\phi_m(t)|\dot{H}(t)|\phi_n(t)\rangle|}{|E_m(t) - E_n(t)|^2} \ll 1 \tag{3.70}$$

如果体系初始时刻处于第 n 个本征态 $\phi_n(t=0)$，即 $c_n(0) = 1$，$c_m(0) = 0$ $(m \ne n)$，经历绝热演化之后，体系的状态为

$$\psi_n(t) = \mathrm{e}^{\mathrm{i}\gamma_n(t)}\exp\left[\frac{1}{\mathrm{i}\hbar}\int_0^t E_n(t')\mathrm{d}t'\right]\phi_n(t) \tag{3.71}$$

---

① 对归一化条件 $\langle\phi_m(t)|\phi_m(t)\rangle = 1$ 取时间微分有

$$\langle\dot{\phi}_m(t)|\phi_m(t)\rangle + \langle\phi_m(t)|\dot{\phi}_m(t)\rangle = 0$$

因此有

$$\mathrm{Re}[\langle\phi_m(t)|\dot{\phi}_m(t)\rangle] = 0$$

所以 $\langle\phi_m(t)|\dot{\phi}_m(t)\rangle$ 为纯虚数，$\gamma_m(t)$ 为实数。

② 近年来绝热近似的条件受到了质疑，详细论述见文献 [1] 和 [2]，文中对绝热条件的自洽性提出了质疑，并对绝热近似条件进行了修正，但由于其局限性并没有被广大学者所接受，部分评论文章见文献 [3] 和 [4]。

式 (3.71) 表明在演化过程中体系的状态一直处在与初始状态对应的哈密顿量的第 n 个本征态上，但演化之后除了动力学相位 $\dfrac{1}{\hbar}\displaystyle\int_0^t E_n(t')\mathrm{d}t'$ 外，还积累了一个额外的相位 $\gamma_n(t)$。附加相位 $\gamma_n(t)$ 的物理意义是什么，是否会影响力学量的观测，带来可观测的物理效果呢？由于波函数本身具有相位的不确定性，任意相角均可被吸收进波函数，因此长期以来这个相位并没有引起人们关注，直到 1984 年物理学家 Berry[5] 提出 Berry 相。

下面以磁场中的电子为例，具体说明绝热定理及相位 γ_n 的计算。假定有一个质量为 m，电量为 $-e$ 的电子位于原点，现对它施加大小为 B_0，方向与 z 轴成 θ 角，并且以 ω 的角速度进动的磁场，即

$$\vec{B}(t) = B_0[\sin\alpha\cos(\omega t)\hat{e}_x + \sin\alpha\sin(\omega t)\hat{e}_y + \cos\alpha\hat{e}_z] \tag{3.72}$$

电子的自旋角动量与磁场耦合，则哈密顿量为

$$\begin{aligned}
H(t) &= \frac{e}{m}\vec{B}\cdot\vec{s} \\
&= \frac{e\hbar B_0}{2m}[\sin\alpha\cos(\omega t)\hat{\sigma}_x + \sin\alpha\sin(\omega t)\hat{\sigma}_y + \cos\alpha\hat{\sigma}_z]
\end{aligned} \tag{3.73}$$

令 $\omega_0 = eB_0/m$，则哈密顿量可写为

$$H(t) = \frac{1}{2}\hbar\omega_0 \begin{pmatrix} \cos\alpha & \mathrm{e}^{-\mathrm{i}\omega t}\sin\alpha \\ \mathrm{e}^{\mathrm{i}\omega t}\sin\alpha & -\cos\alpha \end{pmatrix} \tag{3.74}$$

该哈密顿量有两个本征值 $\pm\hbar\omega_0/2$，相应的本征函数分别为

$$|\phi_+(t)\rangle = \begin{pmatrix} \cos\dfrac{\alpha}{2} \\ \mathrm{e}^{\mathrm{i}\omega t}\sin\dfrac{\alpha}{2} \end{pmatrix} \tag{3.75}$$

$$|\phi_-(t)\rangle = \begin{pmatrix} \mathrm{e}^{-\mathrm{i}\omega t}\sin\dfrac{\alpha}{2} \\ -\cos\dfrac{\alpha}{2} \end{pmatrix} \tag{3.76}$$

很容易验证有 $\langle\phi_+(t)|\phi_-(t)\rangle = 0$。如果初始时刻电子处于态 $|\phi_+(0)\rangle = \left(\cos\dfrac{\alpha}{2}, \sin\dfrac{\alpha}{2}\right)^{\mathrm{T}}$，磁场的变化很缓慢 $(\omega_0 \gg \omega)$，根据绝热定理，在整个演化过程中电子将一直处于态 $|\phi_+(t)\rangle$。磁场扫过一个周期 $T = 2\pi/\omega$ 后，积累的相位为

$$\gamma_+ = \mathrm{i}\int_0^{2\pi/\omega} \langle\phi_+(t')|\dot{\phi}_+\rangle\mathrm{d}t'$$

$$
\begin{aligned}
&= \mathrm{i} \int_0^{2\pi/\omega} \mathrm{i}\omega \sin^2 \frac{\alpha}{2} \mathrm{d}t' \\
&= \pi(\cos\alpha - 1)
\end{aligned}
\tag{3.77}
$$

此问题可以精确求解。假设初始状态为 $|\phi_+(0)\rangle = \left(\cos\dfrac{\alpha}{2}, \sin\dfrac{\alpha}{2}\right)^{\mathrm{T}}$，体系状态演化由含时薛定谔方程给出：

$$
\mathrm{i}\hbar\frac{\mathrm{d}}{\mathrm{d}t}\left[\begin{array}{c} x_1(t) \\ x_2(t) \end{array}\right] = \frac{1}{2}\hbar\omega_0 \left(\begin{array}{cc} \cos\alpha & \mathrm{e}^{-\mathrm{i}\omega t}\sin\alpha \\ \mathrm{e}^{\mathrm{i}\omega t}\sin\alpha & -\cos\alpha \end{array}\right)\left(\begin{array}{c} x_1(t) \\ x_2(t) \end{array}\right)
\tag{3.78}
$$

将方程 (3.78) 写成概率幅方程，整理后如下：

$$
\dot{x}_1(t) + \frac{\mathrm{i}}{2}\omega_0\cos\alpha x_1(t) + \frac{\mathrm{i}}{2}\omega_0\sin\alpha\mathrm{e}^{-\mathrm{i}\omega t}x_2(t) = 0
\tag{3.79}
$$

$$
\dot{x}_2(t) - \frac{\mathrm{i}}{2}\omega_0\cos\alpha x_2(t) + \frac{\mathrm{i}}{2}\omega_0\sin\alpha\mathrm{e}^{\mathrm{i}\omega t}x_1(t) = 0
\tag{3.80}
$$

方程的通解为

$$
x_1(t) = \mathrm{e}^{-\mathrm{i}\omega t/2}(\alpha_1\mathrm{e}^{\mathrm{i}\lambda t/2} + \beta_1\mathrm{e}^{-\mathrm{i}\lambda t/2})
\tag{3.81}
$$

$$
x_2(t) = \mathrm{e}^{\mathrm{i}\omega t/2}(\alpha_2\mathrm{e}^{\mathrm{i}\lambda t/2} + \beta_2\mathrm{e}^{-\mathrm{i}\lambda t/2})
\tag{3.82}
$$

式中，$\lambda = \sqrt{\omega_0^2 + \omega^2 - 2\omega\omega_0\cos\alpha}$。待定系数 $\alpha_{1,2}$、$\beta_{1,2}$ 可由初始条件求得

$$
\begin{aligned}
\alpha_1 &= \frac{1}{2}\cos\frac{\alpha}{2}\left(1 - \frac{\omega_0 - \omega}{\lambda}\right) \\
\beta_1 &= \frac{1}{2}\cos\frac{\alpha}{2}\left(1 + \frac{\omega_0 - \omega}{\lambda}\right) \\
\alpha_2 &= \frac{1}{2}\sin\frac{\alpha}{2}\left(1 + \frac{\omega_0 - \omega}{\lambda}\right) \\
\beta_2 &= \frac{1}{2}\sin\frac{\alpha}{2}\left(1 - \frac{\omega_0 - \omega}{\lambda}\right)
\end{aligned}
$$

因此，含时薛定谔方程的精确解为

$$
|\phi(t)\rangle = \left(\begin{array}{c} \left(\cos\dfrac{\lambda t}{2} - \mathrm{i}\dfrac{\omega_0 - \omega}{\lambda}\sin\dfrac{\lambda t}{2}\right)\cos\dfrac{\alpha}{2}\mathrm{e}^{-\mathrm{i}\omega t/2} \\ \left(\cos\dfrac{\lambda t}{2} - \mathrm{i}\dfrac{\omega_0 + \omega}{\lambda}\sin\dfrac{\lambda t}{2}\right)\sin\dfrac{\alpha}{2}\mathrm{e}^{\mathrm{i}\omega t/2} \end{array}\right)
\tag{3.83}
$$

可以求出体系演化过程中处于态 $|\phi_-(t)\rangle$ 的概率为

$$
|\langle\phi_-(t)|\phi(t)\rangle|^2 = \left(\frac{\omega}{\lambda}\sin\alpha\sin\frac{\lambda t}{2}\right)^2
\tag{3.84}
$$

对上述结果做两点讨论：

(1) 绝热演化，即 $\omega \ll \omega_0$ $(\lambda \simeq \omega_0)$

$$|\langle \phi_-(t)|\phi(t)\rangle|^2 = \left(\frac{\omega}{\omega_0}\sin\alpha\sin\frac{\lambda t}{2}\right)^2 \to 0$$

演化过程中，体系一直处于态 $|\phi_+(t)\rangle$，处于态 $|\phi_-(t)\rangle$ 的概率为零，电子自旋方向一直与磁场方向一致。

(2) 非绝热演化，即 $\omega \gg \omega_0$ $(\lambda \simeq \omega)$

$$|\langle \phi_-(t)|\phi(t)\rangle|^2 = \left(\frac{\omega}{\lambda}\sin\alpha\sin\frac{\lambda t}{2}\right)^2$$

此时，初始时刻电子处于态 $|\phi_+(0)\rangle$，由于态 $|\phi_+(t)\rangle$ 与态 $|\phi_-(t)\rangle$ 之间非绝热耦合，电子在态 $|\phi_+(t)\rangle$ 与态 $|\phi_-(t)\rangle$ 之间来回振荡。

3.2.2　Berry 相

根据绝热定理，如果初始时刻体系处于哈密顿量 $H(t)$ 的某个瞬时本征态 $|\phi_n(t_0)\rangle$ 上，只要体系哈密顿量变化足够缓慢，满足绝热近似条件，则在 τ 之后的任一时刻 t，体系仍将保持在瞬时本征态 $|\phi_n(t)\rangle$ 上。演化完成之后，体系的状态波函数仅积累了一个相位 γ_n。量子力学中描述体系状态的波函数具有整体相位的不确定性，因此很自然有演化完之后体系的状态与初始状态是同一个状态。果真如此吗？

为了更加清楚地说明上述问题，考虑这样一个过程。地球北极有一个沿正东西方向摆动的单摆，让此单摆沿正南方向从北极移动到赤道，再沿正东方向移动到正东位置，随后沿正北方向移动到北极。整个移动过程非常缓慢，最后单摆却不是沿正东西方向摆动，其摆动平面积累了 $\pi/2$ 的相位。也就是说演化结束后体系的状态并不是原来的状态，即使体系演化满足绝热条件，也可能带来可观测的物理效果。计算可知，$\pi/2$ 正好是单摆演化轨道所对应的立体角，从这个角度来说，积累的 $\pi/2$ 的相位具有几何的涵义。

一般来说，绝热演化中体系相互作用哈密顿量是时间的函数。例如，光与原子相互作用过程中，光场强度可以是时间的慢变函数。各光场强度所对应的拉比频率可视为哈密顿量的各参量 $\vec{R}(t)$。经过一段时间 T 演化之后，如果体系各参量在相应的参量空间构成闭合曲线回到原出发点，即 $\vec{R}(T) = \vec{R}(0)$，则称该过程为非绝热和乐过程。哈密顿量中各参量经绝热演化并回归为相应的初始值后，体系的状态与初始状态有何差别？

初始体系处于 $H(0)$ 的本征态 $|\phi_n(0)\rangle$，经绝热演化后，波函数积累的相位为

$$\gamma_m(T) = \mathrm{i}\int_0^T \left\langle \phi_m(t)\left|\frac{\partial}{\partial t}\right|\phi_m(t)\right\rangle \mathrm{d}t$$

$$=\mathrm{i}\int_{\vec{R}_i}^{\vec{R}_f}\sum_{\alpha}\langle\phi_m|\partial_{R_\alpha}\phi_m\rangle\cdot\mathrm{d}R_\alpha$$

$$=\mathrm{i}\oint\langle\phi_m|\nabla_{\vec{R}}\phi_m\rangle\cdot\mathrm{d}\vec{R} \tag{3.85}$$

引入 $\vec{R}$ 空间的矢势 $\vec{A}(\vec{R})=\mathrm{i}\langle\phi_m|\nabla_{\vec{R}}\phi_m\rangle$, 并利用斯托克斯公式有

$$\gamma_m(T)=\int_S\mathrm{d}\vec{S}\cdot(\nabla_{\vec{R}}\times\vec{A}) \tag{3.86}$$

如果参量空间是三维的, 即 $\vec{R}=(R_1,R_2,R_3)$, 则可以引入磁感应强度 $\vec{B}=\nabla_{\vec{R}}\times\vec{A}$, 这样所探讨的问题可类比于电磁场。显然有

$$\gamma_m(T)=\int_S\vec{B}\cdot\mathrm{d}\vec{S}$$

$$=\mathrm{i}\iint_S[\nabla_{\vec{R}}\times\langle\phi_m|\nabla_{\vec{R}}\phi_m\rangle]\cdot\mathrm{d}\vec{S} \tag{3.87}$$

因此 Berry 相 $\gamma_m(T)$ 可理解为穿过曲面 S 的磁通量。虽然将 Berry 相写成上述形式只是数学上的考虑, 但是也提供了一条量子系统中实现人工磁单极的思路[6]。

Berry 相还可写成另外的形式:

$$\gamma_m(T)=\mathrm{i}\iint_S[\nabla_{\vec{R}}\times\langle\phi_m(\vec{R})|\nabla_{\vec{R}}\phi_m(\vec{R})\rangle]\cdot\mathrm{d}\vec{S}$$

$$=\mathrm{i}\iint_S[\langle\nabla_{\vec{R}}\phi_m(\vec{R})|\times|\nabla_{\vec{R}}\phi_m(\vec{R})\rangle]\cdot\mathrm{d}\vec{S}$$

$$=\mathrm{i}\iint_S\sum_{n\neq m}[\langle\nabla_{\vec{R}}\phi_m(\vec{R})|n\rangle\times\langle n|\nabla_{\vec{R}}\phi_m(\vec{R})\rangle]\cdot\mathrm{d}\vec{S} \tag{3.88}$$

对哈密顿量本征值方程 $\hat{H}(\vec{R})|\phi_m(\vec{R})\rangle=E_m(\vec{R})|\phi_m(\vec{R})\rangle$ 取梯度, 再用 $\phi_n^*(\vec{R})$ 左乘等式两边, 并对全空间积分。当 $n\neq m$ 时有

$$\langle\phi_n|\nabla_{\vec{R}}\phi_m\rangle=\frac{\langle\phi_n(\vec{R})|\nabla_{\vec{R}}\hat{H}(\vec{R})|\phi_m(\vec{R})\rangle}{E_m-E_n} \tag{3.89}$$

将上述结果代入式 (3.88), 则 Berry 相的相位为

$$\gamma_m=\mathrm{i}\iint_S\sum_{n\neq m}\frac{\langle\phi_m(\vec{R})|\nabla_{\vec{R}}\hat{H}(\vec{R})|\phi_n(\vec{R})\rangle\times\langle\phi_n(\vec{R})|\nabla_{\vec{R}}\hat{H}(\vec{R})|\phi_m(\vec{R})\rangle}{[E_n(\vec{R})-E_m(\vec{R})]^2}\cdot\mathrm{d}\vec{S}$$

$$\tag{3.90}$$

为了使 Berry 相的意义更加清楚，考虑双态系统 $\{|\pm(\vec{R})\rangle\}$。如果初始时刻系统处于态 $|+(\vec{R})\rangle$，绝热演化完之后积累的 Berry 相的相位为

$$\gamma_+ = i \iint_S \frac{\langle+(\vec{R})|\nabla_{\vec{R}}\hat{H}(\vec{R})|-(\vec{R})\rangle \times \langle-(\vec{R})|\nabla_{\vec{R}}\hat{H}(\vec{R})|+(\vec{R})\rangle}{[E_+(\vec{R}) - E_-(\vec{R})]^2} \cdot d\vec{S}$$

(3.91)

由上述推导过程不难看出，如果初始时刻系统处于态 $|-(\vec{R})\rangle$，绝热演化完之后积累的 Berry 相 $\gamma_- = -\gamma_+$。

如果参量空间是三维的，则与双态系统相互作用的哈密顿量总可以写为如下形式：

$$\hat{H} = \frac{1}{2}\begin{pmatrix} Z & X - iY \\ X + iY & -Z \end{pmatrix}$$

(3.92)

该哈密顿量的本征值为

$$E_\pm(\vec{R}) = \pm\frac{1}{2}(X^2 + Y^2 + Z^2) = \pm\frac{1}{2}R$$

(3.93)

还可计算得

$$\nabla\hat{H}(\vec{R}) = \frac{1}{2}\hat{\vec{\sigma}}$$

(3.94)

这样，Berry 相 γ_+ 为[①]

$$\gamma_+ = i \iint_S \frac{1}{4R^2}\left[\langle+|\hat{\vec{\sigma}}|-\rangle \times \langle-|\hat{\vec{\sigma}}|+\rangle\right] \cdot d\vec{S}$$
$$= -\frac{1}{2}\iint_S \frac{\vec{R}}{R^3} \cdot d\vec{S} = -\frac{1}{2}\Omega$$

(3.95)

式中，Ω 是参量空间中演化路径所围面积对应的立体角。正是由于 Berry 相与立体角之间的关系，Berry 相也称为几何相。可以这样说，Berry 相反映的是参量空间中体系演化的拓扑性质。

3.3 绝热过程的应用

随时演化的哈密顿量可以通过控制激光场的强度或包络等方式来实现。绝热演化不仅可实现高效的相干布居转移以实现量子态 (包括相干叠加态) 的制备，其

---

① 计算过程中有用到关系式：

$$\hat{\sigma}_x|\pm\rangle = |\mp\rangle, \quad \hat{\sigma}_y|\pm\rangle = \pm i|\mp\rangle, \quad \hat{\sigma}_z|\pm\rangle = \pm|\pm\rangle \qquad (3.96)$$

演化过程中积累的几何相还可用于实现几何量子计算。下面对绝热定理的应用进行简单介绍。

3.3.1 绝热跟随

考虑如图 3.2 所示的二能级与电磁场相互作用系统，失谐量 $\Delta(t)$ 和拉比频率 $\Omega(t)$ 都是时间 t 的函数，体系相互作用哈密顿量为

$$\hat{H}(t) = -\hbar \begin{pmatrix} 0 & \Omega(t) \\ \Omega(t) & \Delta(t) \end{pmatrix} \tag{3.97}$$

求解 $\hat{H}(t)$ 的本征值方程，可得其本征值为

$$E_\pm(t) = \frac{\hbar}{2} \left[-\Delta(t) \pm \sqrt{\Delta(t)^2 + 4\Omega(t)^2} \right] \tag{3.98}$$

相应的本征函数分别为

$$|+\rangle = \cos\theta(t)|1\rangle + \sin\theta(t)|3\rangle \tag{3.99}$$

$$|-\rangle = \sin\theta(t)|1\rangle - \cos\theta(t)|3\rangle \tag{3.100}$$

混合角 $\theta(t)$ 定义如下：

$$\tan 2\theta(t) = -\frac{2\Omega(t)}{\Delta(t)} \tag{3.101}$$

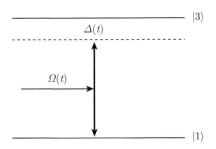

图 3.2 二能级与电磁场相互作用示意图

将求解所得本征值与本征函数代入绝热条件，即可得二能级系统与激光相互作用绝热演化的条件为

$$\left| \frac{\dot{\Omega}(t)\Delta(t) - \Omega(t)\dot{\Delta}(t)}{\Delta(t)^2 + 4\Omega(t)^2} \right| \ll \sqrt{\Delta(t)^2 + 4\Omega(t)^2} \tag{3.102}$$

要在二能级系统中实现绝热演化，需要控制激光参数，让 $\Delta(t)$ 和 $\Omega(t)$ 缓慢演化以满足式 (3.102)。

(1) 如果保证失谐量 $\Delta(t) \neq 0$，激光场拉比频率像脉冲一样由零开始缓慢增大，再缓慢减小至零，则混合角 θ 从零开始增加至某一个值，再缓慢变为零。原子开始处于基态 $|1\rangle$，也就是混合角 $\theta = 0$ 时相互作用哈密顿量的本征态 $|-\rangle$。由绝热定理可知，基态的原子会逐渐跃迁至激发态 $|3\rangle$，形成态 $|1\rangle$ 和态 $|3\rangle$ 的相干叠加态，再逐渐回到基态 $|1\rangle$，这便是绝热回归。

图 3.3 是实现绝热回归的激光场失谐量 $\Delta(t)$ 与拉比频率 $\Omega(t)$ 和基态与激发态上的布局演化。假设激光脉冲为高斯型，即

$$\Omega(t) = \Omega^0 \exp\left(-\frac{t^2}{\tau^2}\right) \tag{3.103}$$

式中，Ω^0 表示脉冲幅度；τ 表示脉宽。各参数均以激发态自发衰减率 γ 归一化，$\Omega^0 = 5.0$，$\tau = 5.0$，$\Delta = -1.0$。随着激光脉冲的驱动，部分布局由基态 $|1\rangle$ 激发到激发态 $|3\rangle$，当激光脉冲与原子相互作用结束后，所有布局又回到基态 $|1\rangle$。

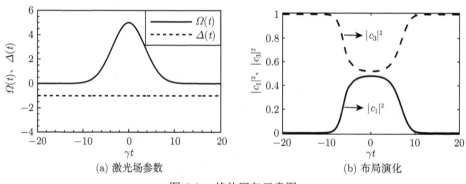

(a) 激光场参数   (b) 布局演化

图 3.3   绝热回归示意图

(2) 如果控制激光场强度不变，引入线性啁啾，即让失谐量 $\Delta(t)$ 从 $-\infty$ 绝热演化至 $+\infty$，此时混合角 θ 从 0 到 $\pi/2$ 变化。由绝热定理可知，如果系统初始时刻处于激发态 $|3\rangle$，体系的状态将一直处在态 $|-\rangle$，裸态下实现从态 $|3\rangle$ 到态 $|1\rangle$ 的相干布居转移。选取光脉冲参数为 $\Omega^0 = 1.0\gamma$，$\tau = 5.0$。同时引入线性啁啾，让失谐量随时间演化满足 $\Delta(t) = \alpha t$，$\alpha = 0.3$ 为线性啁啾率。$\Delta(t)$ 和 $\Omega(t)$ 的变化如图 3.4(a) 所示。经光脉冲作用后，粒子逐渐由激发态 $|3\rangle$ 转移至基态 $|1\rangle$，如图 3.4(b) 所示。

该相互作用系统的绝热条件可以简单写为

$$\hbar|\langle+|\dot{-}\rangle| = \hbar\dot{\theta}(t) \ll |E_+ - E_-| \tag{3.104}$$

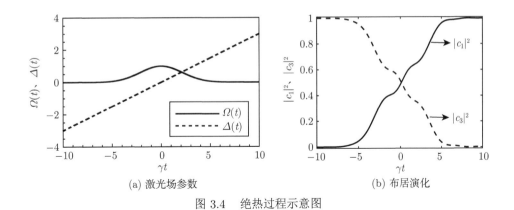

(a) 激光场参数　　　　(b) 布居演化

图 3.4　绝热过程示意图

在激光场扫频过程中，当激光场与原子能级完全共振时，缀饰能级 $|+\rangle$ 与 $|-\rangle$ 间的能量差最小，为 2Ω，因此绝热条件可表示为

$$\int_{-\infty}^{\infty} \mathrm{d}t\dot{\theta}(t) \ll \int_{-\infty}^{\infty} 2\Omega(t)\mathrm{d}t = A \tag{3.105}$$

考虑到绝热耦合 $\dot{\theta}(t)$ 可视为微扰，看作小量，所有绝热条件可表示为 $A \ll 1$，这样可以得到整个过程演化的最小时间尺度为 $\tau \sim 1/\Omega(t)$。

3.3.2　受激拉曼绝热过程

三能级系统中的绝热过程称为受激拉曼绝热过程 (stimulated Raman adiabatic passage, STIRAP)。将绝热过程从二能级系统推广至三能级系统，更多是出于绝热过程在分子动力学、量子态相干操控等应用上的考虑。三能级系统中，可以一直让系统在哈密顿量本征值为零的态 (暗态) 上演化，避免激发态的自发辐射、外部环境对过程的影响，因此效率较高。从几何意义上来讲，三能级系统中的受激拉曼绝热过程可以用暗态旋转来理解，这里简单阐述受激拉曼绝热过程的物理思想。这方面有很多很好的综述文章，里面还涉及以受激拉曼绝热技术为基础发展起来的新技术及相关应用，详细内容请参阅文献 [7] ~ [9]。

考虑如图 3.5 所示的三能级结构，目的是将原子从初始态 $|1\rangle$ 转移至目标态 $|2\rangle$。满足双光子共振条件的相互作用哈密顿量可写为

$$H = -\hbar \begin{pmatrix} 0 & 0 & \Omega_p(t) \\ 0 & 0 & \Omega_c(t) \\ \Omega_p(t) & \Omega_c(t) & \Delta_p(t) \end{pmatrix} \tag{3.106}$$

该哈密顿量的本征值为

$$E_0 = 0 \tag{3.107}$$

$$E_\pm = \frac{\hbar}{2}\left[-\Delta_p(t) \pm \sqrt{\Delta_p^2(t) + 4\Omega^2(t)}\right] \tag{3.108}$$

式中，$\Omega(t) = \sqrt{\Omega_p^2(t) + \Omega_c^2(t)}$，相应本征态为

$$|+\rangle = \sin\theta\sin\phi|1\rangle + \cos\theta\sin\phi|2\rangle + \cos\phi|3\rangle \tag{3.109}$$

$$|0\rangle = \cos\theta|1\rangle - \sin\theta|2\rangle \tag{3.110}$$

$$|-\rangle = \sin\theta\cos\phi|1\rangle + \cos\theta\cos\theta|2\rangle - \sin\phi|3\rangle \tag{3.111}$$

混合角 θ 与 ϕ 的定义分别为

$$\tan\theta = \frac{\Omega_p(t)}{\Omega_c(t)}, \quad \tan 2\phi = -\frac{\Delta_p(t)}{2\Omega(t)} \tag{3.112}$$

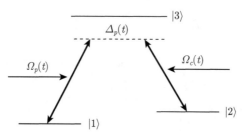

图 3.5　三能级与电磁场相互作用示意图

对应本征值为 0 的本征态 $|0\rangle$ 中不包含激发态 $|3\rangle$，因此不会探测到从激发态 $|3\rangle$ 自发辐射的荧光，此态称为暗态，也常记作 $|D\rangle$。如果能让控制光脉冲先于探测光脉冲进入介质，则开始时有

$$\theta = 0, \quad |0\rangle = |D\rangle = |1\rangle \tag{3.113}$$

如果探测光脉冲与控制光脉冲随时间演化如图 3.6(a) 所示，满足绝热条件，由绝热定理可知体系将一直处于暗态 $|0\rangle$。在探测光脉冲与控制光脉冲和体系作用过程中，混合角 θ 由 0 逐渐变为 $\pi/2$。作用结束之后：

$$\theta = \pi/2, \quad |0\rangle = |D\rangle = -|2\rangle \tag{3.114}$$

这样便实现布居从态 $|1\rangle$ 到态 $|2\rangle$ 的相干转移，且整个过程与激发态 $|3\rangle$ 无关，因此布居转移非常高效，此过程为受激拉曼绝热过程。整个过程体系处在暗态 $|0\rangle$，因此从某种意义上来讲，受激拉曼绝热过程就是暗态的旋转过程。

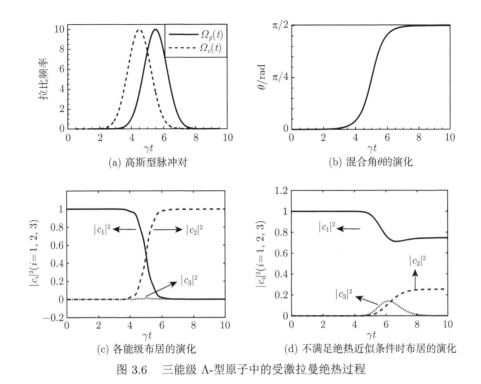

(a) 高斯型脉冲对　　　　　　　　　　(b) 混合角 θ 的演化

(c) 各能级布居的演化　　　　　　(d) 不满足绝热近似条件时布居的演化

图 3.6　三能级 Λ-型原子中的受激拉曼绝热过程

为了看清楚绝热条件对受激拉曼绝热过程的约束, 对由哈密顿量式 (3.106) 给出的薛定谔方程进行数值模拟。假定探测光脉冲和控制光脉冲均为高斯型:

$$\Omega_p(t) = \Omega_p^0 \exp\left[-\frac{(t-\tau_0)^2}{\tau^2}\right] \tag{3.115}$$

$$\Omega_c(t) = \Omega_c^0 \exp\left[-\frac{(t+\tau_0)^2}{\tau^2}\right] \tag{3.116}$$

按照惯例, 所有参数均用激发态 $|3\rangle$ 的自发辐射率 γ 归一化。各参数取值分别为 $\Omega_p^0 = \Omega_c^0 = 10.0$, $\tau = 1.0$, $\tau_0 = 0.5$, $\Delta_p = \Delta_c = 0$。对应这组参数的脉冲对与混合角 θ 随时间的演化分别如图 3.6(a) 和 (b) 所示。不难验证, 有 $\gamma/(\Omega_{p,c}^2 2\tau_0) = 10^{-2} \ll 1$, 满足绝热近似条件。在这样一对光脉冲的作用下, 各能级布居随时间的演化如图 3.6(c) 所示。图中可明显看出, 整个演化过程中激发态 $|3\rangle$ 上布居几乎为零, 说明体系一直处于暗态。

如果探测光脉冲与控制光脉冲幅值设为 $\Omega_p^0 = \Omega_c^0 = 0.5\gamma$, 各能级上的布居随时间的演化如图 3.6(d) 所示。此时有 $\gamma/(\Omega_{p,c}^2 2\tau_0) = 4 > 1$, 不满足绝热近似条件。虽然此时混合角仍然能从 0 变为 $\pi/2$, 但该参数条件下系统中会引入非绝热耦合, 导致演化过程中激发态 $|3\rangle$ 上有较大概率布居, 无法实现高效的布居转移。

接下来以一种特殊的脉冲形式来定量分析三能级系统中的绝热条件。选择探测光脉冲与控制光脉冲形式为

$$\Omega_p(t) = \Omega \sin \frac{t}{\tau}, \quad \Omega_c(t) = \Omega \cos \frac{t}{\tau} \tag{3.117}$$

体系 $t = 0$ 时处于基态 $|1\rangle$，如果系统演化满足绝热近似，则 $t = (\pi/2)\tau$ 时，系统将处于态 $-|2\rangle$。在探讨绝热演化效率时，很自然的问题是绝热近似给出的表征光脉冲之间延迟的 τ 最小值为多少？

三能级系统动力学演化满足的概率幅方程为

$$\dot{c}_1(t) = i\Omega_p^*(t)c_3(t) \tag{3.118}$$

$$\dot{c}_2(t) = i\Omega_c^*(t)c_3(t) \tag{3.119}$$

$$\dot{c}_3(t) = i\Omega_p(t)c_1(t) + i\Omega_c(t)c_2(t) - \gamma c_3(t) \tag{3.120}$$

选择 $1/\tau$ 为小量，可将概率幅方程按 $c_i(t)$ 展开：

$$c_i(t) = c_i^{(0)} + c_i^{(1)} + \cdots \tag{3.121}$$

并将其代入概率幅方程，结合归一化条件有[①]

$$c_1^{(0)} = \frac{\Omega_c(t)}{\sqrt{|\Omega_p(t)|^2 + |\Omega_c(t)|^2}} = \cos \frac{t}{\tau} \tag{3.122}$$

$$c_2^{(0)} = \frac{\Omega_p(t)}{\sqrt{|\Omega_p(t)|^2 + |\Omega_c(t)|^2}} = \sin \frac{t}{\tau} \tag{3.123}$$

$$c_3^{(0)} = 0 \tag{3.124}$$

式 (3.122) ~ 式 (3.124) 正是暗态的结果，激发态 $|3\rangle$ 上没有布居，因此要计算一阶结果。将上述零级结果代入概率幅方程，取一阶有

$$\dot{c}_1^{(0)} = i\Omega_p^*(t)c_3^{(1)} \tag{3.125}$$

$$\dot{c}_2^{(0)} = i\Omega_c^*(t)c_3^{(1)} \tag{3.126}$$

$$\dot{c}_3^{(0)} = 0 = i\Omega_p(t)c_1^{(1)}(t) + i\Omega_c(t)c_2^{(1)}(t) - \gamma c_3^{(1)}(t) \tag{3.127}$$

---

① 在 τ 的时间尺度考虑问题，概率幅方程 (3.118) ~ 方程 (3.120) 等号左边的微分项 $\mathrm{d}/\mathrm{d}t \sim 1/\tau$，为一阶小量。

因此在一阶近似下，激发态 $|3\rangle$ 的布居为

$$c_3^{(1)} = \frac{\dot{c}_1^{(0)}}{\mathrm{i}\Omega_p^*(t)} = \frac{1}{\mathrm{i}\Omega_p^*(t)} \left(-\sin\frac{t}{\tau} \right) \frac{1}{\tau} = \frac{\mathrm{i}}{\Omega\tau} \tag{3.128}$$

在一阶修正下，有 $c_{1,2}^{(1)} \propto \mathrm{i}\gamma/(\Omega^2\tau)$。绝热近似要求激发态上的布居可忽略，即 c_1、c_2 的一阶修正为小量。这样，该系统中的绝热近似条件等价为

$$\frac{\gamma}{\Omega^2\tau} \ll 1 \tag{3.129}$$

受激拉曼绝热过程还可以应用于四能级或更多能级的系统中。例如，用驱动场耦合的两个能级代替图 3.5 中的能级 $|2\rangle$，通过调控三个激光场的参数，可以实现任意相干叠加态的制备，这部分思想将随后展开。四能级 Tripod 型系统中存在二重简并暗态，暗态之间存在非绝热耦合，利用该耦合也可实现相干叠加态的制备[10-11]。这都是绝热过程在量子信息过程中的应用。

3.3.3　快速绝热过程

利用受激拉曼绝热过程可以实现布居转移、相干叠加态制备等。由于整个过程中体系一直工作在暗态，与激发态无关，受激拉曼绝热过程效率非常高。不足的是整个过程中系统的演化受绝热条件的约束，整个过程时间一般较长，是一个慢过程，因此量子退相干和环境噪声等因素将影响该技术在量子计算过程中的应用。为此，人们努力寻找加快量子绝热过程的方法。早期常用的办法是利用超短脉冲直接驱动原子等相干介质，可以实现原子布居的超快转移，但是该方案需要严格控制超短脉冲面积，给实验带来一定的难度 (对超短脉冲而言)，并且该方案中超短脉冲强度的涨落会对布居转移带来负面的效果。基于此，很自然的问题是有没有一种既高效又快速的方式实现布居转移、相干态制备及其他量子信息过程呢？既能加速绝热慢过程，又能提高量子态制备与传输的保真度。答案就是快速绝热技术。

快速绝热技术经过近十多年的发展，形成了很多加速技术，并被广泛应用于原子的冷却与转移等量子信息处理过程。比较有代表性的方案有无跃迁量子驱动方案[12-17] (或量子无摩擦动力学)、基于 Lewis-Riesenfeld 不变量的反控制[18-21]、受激拉曼绝热捷径 (stimulated Raman shortcut-to-adiabatic passage，STIRSAP)[22-24]、Lyapunov 控制[25]、SU(2) 逆向操控[26-28]、Lie 代数变换[29] 等。这些方案中，无跃迁量子驱动方案是通过在系统中引入额外的驱动，以消除非绝热耦合，其他方案需要根据目的精确设计脉冲形式。通过不同的方式，加速不同物理系统量子绝热演化过程，减小系统能耗及环境退相干的影响，同时减少系统的演化时间，在期望的时间尺度内产生类似于量子绝热过程的鲁棒结果。由于这些优势，快速绝热技术被成功应

用于光学囚禁势中的原子冷却[30]、机械振子的冷却[31]、光晶格中的波包传输[32]、RCL 电路等不同物理系统中。这里主要阐述无跃迁量子驱动实现快速布局转移的基本思想，并将该思想应用于超快相干叠加态的制备。

为了突破绝热条件的限制，快速地将原子从态 $|1\rangle$ 转移到态 $|2\rangle$，并消除非绝热耦合，在态 $|1\rangle$ 和态 $|2\rangle$ 之间加入拉比频率为 $2\Omega_d(t)$ 的射频场，如图 3.7 所示。为方便，假定 $\Omega_p(t)$、$\Omega_c(t)$、$\Omega_d(t)$ 的中心频率与相应跃迁精确共振，失谐量均等于零。在偶极近似和旋转波近似下，相互作用哈密顿量为 (希尔伯特空间的基矢为 $\{|1\rangle,\ |2\rangle,\ |3\rangle\}$)

$$\hat{H} = -\hbar \begin{pmatrix} 0 & \Omega_d(t)\mathrm{e}^{\mathrm{i}\phi} & \Omega_p(t) \\ \Omega_d(t)\mathrm{e}^{-\mathrm{i}\phi} & 0 & \Omega_c(t) \\ \Omega_p(t) & \Omega_c(t) & 0 \end{pmatrix} \tag{3.130}$$

式中，ϕ 表示 $\Omega_p(t)$、$\Omega_c(t)$ 和 $\Omega_d(t)$ 之间的相对相位。

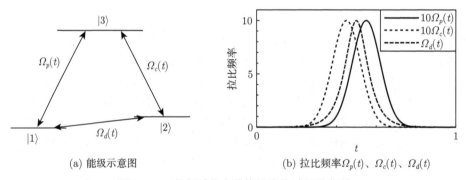

(a) 能级示意图   (b) 拉比频率$\Omega_p(t)$、$\Omega_c(t)$、$\Omega_d(t)$

图 3.7   三能级系统中的快速绝热过程示意图

将问题从 $\{|1\rangle,|2\rangle,|3\rangle\}$ 表象转入以 $\{|D\rangle,|B\rangle,|3\rangle\}$ 为基矢的缀饰态表象，基矢之间的变换关系为

$$\begin{pmatrix} |D\rangle \\ |B\rangle \\ |3\rangle \end{pmatrix} = \tilde{S} \begin{pmatrix} |1\rangle \\ |2\rangle \\ |3\rangle \end{pmatrix} \tag{3.131}$$

$\tilde{S}$ 是表象变换矩阵 S 的转置矩阵，S 的具体形式为

$$S = \begin{pmatrix} \cos\theta(t) & \sin\theta(t) & 0 \\ -\sin\theta(t) & \cos\theta(t) & 0 \\ 0 & 0 & 1 \end{pmatrix} \tag{3.132}$$

$\theta(t)$ 是混合角，定义如下

$$\tan \theta(t) = \frac{\Omega_p(t)}{\Omega_c(t)} \tag{3.133}$$

分别记 $\{|1\rangle, |2\rangle, |3\rangle\}$ 表象和 $\{|D\rangle, |B\rangle, |3\rangle\}$ 表象下的波函数为 $\Phi(t)$ 和 $\Psi(t)$，有 $\Psi(t) = S^{\dagger}\Phi(t)$，即 $\Phi(t) = S\Psi(t)$。对两边取微分 (注意变换矩阵 S 含时) 有

$$\begin{aligned} \mathrm{i}\hbar \frac{\mathrm{d}}{\mathrm{d}t}\Phi(t) &= \mathrm{i}\hbar \frac{\mathrm{d}}{\mathrm{d}t}[S\Psi(t)] \\ &= \mathrm{i}\hbar \left[\dot{S}\Psi(t) + S\dot{\Psi}(t) \right] \end{aligned} \tag{3.134}$$

同时又有

$$\mathrm{i}\hbar \frac{\mathrm{d}}{\mathrm{d}t}\Phi(t) = H\Phi(t) = HS\Psi(t) \tag{3.135}$$

可得

$$\begin{aligned} \mathrm{i}\hbar \frac{\mathrm{d}}{\mathrm{d}t}\Psi(t) &= \left(S^{-1}HS - \mathrm{i}\hbar S^{-1}\dot{S} \right)\Psi(t) \\ &= \left(-\mathrm{i}\hbar S^{\dagger}\dot{S} + S^{\dagger}HS \right)\Psi(t) = \hat{H}_{\text{eff}}\Psi(t) \end{aligned} \tag{3.136}$$

将哈密顿量 $\hat{H}$ 和变换矩阵 S 代入式 (3.136)，即可得到 $\{|D\rangle, |B\rangle, |3\rangle\}$ 表象下的等效哈密顿量 $\hat{H}_{\text{eff}}$ 为

$$\begin{aligned} \hat{H}_{\text{eff}} =\ & \mathrm{i}\hbar\dot{\theta}(t) \begin{pmatrix} 0 & 1 & 0 \\ -1 & 0 & 0 \\ 0 & 0 & 0 \end{pmatrix} \\ & -\hbar \begin{pmatrix} -\Omega_d \cos\phi \sin(2\theta) & \tilde{\Omega}_d^* & 0 \\ \tilde{\Omega}_d(t) & \Omega_d \cos\phi \sin(2\theta) & \Omega(t) \\ 0 & \Omega(t) & 0 \end{pmatrix} \\ =\ & -\hbar \begin{pmatrix} -\Omega_d \cos\phi \sin(2\theta) & \tilde{\Omega}_d^* - \mathrm{i}\dot{\theta}(t) & 0 \\ \tilde{\Omega}_d + \mathrm{i}\dot{\theta}(t) & \Omega_d \cos\phi \sin(2\theta) & \Omega(t) \\ 0 & \Omega(t) & 0 \end{pmatrix} \end{aligned} \tag{3.137}$$

式中，

$$\tilde{\Omega}_d(t) = \Omega_d(t)[\cos(2\theta)\cos\phi - \mathrm{i}\sin\phi] \tag{3.138}$$

$$\Omega(t) = \sqrt{\Omega_p^2(t) + \Omega_c^2(t)} \tag{3.139}$$

从等效哈密顿量的矩阵形式可看出，出现在对角元上的拉莫尔频率 $\Omega_d(t)$ 的实部会导致态 $|D\rangle$ 和态 $|B\rangle$ 能级移动，拉莫尔频率 $\Omega_d(t)$ 对非对角元的贡献 (既

有实部的贡献，也有虚部的贡献) 表示态 $|D\rangle$ 和态 $|B\rangle$ 之间的耦合。如果可以控制 $\Omega_p(t)$、$\Omega_c(t)$、$\Omega_d(t)$ 间的相对相位 $\phi = \pi/2$，则等效哈密顿量为

$$\hat{H}_{\text{eff}} = -\hbar \begin{pmatrix} 0 & \mathrm{i}[\Omega_d(t) - \dot{\theta}(t)] & 0 \\ -\mathrm{i}[\Omega_d(t) - \dot{\theta}(t)] & 0 & \Omega(t) \\ 0 & \Omega(t) & 0 \end{pmatrix} \tag{3.140}$$

调控 $\Omega_d(t)$，使其满足 $\Omega_d(t) = \dot{\theta}(t)$，则暗态 $|D\rangle$ 仍可从系统中解耦出来。初始时刻体系处于暗态 $|D\rangle$，整个过程中体系一直处于暗态 $|D\rangle$，从而实现高效的快速绝热过程。整个过程中激发态 $|3\rangle$ 不参与，避免了激发态自发辐射对转移效率的影响。此时对场 $\Omega_d(t)$ 的要求为

$$A = \int_{-\infty}^{\infty} \mathrm{d}t\, 2\Omega_d(t) = 2\theta\big|_0^{\pi/2} = \pi \tag{3.141}$$

因此，要抵消掉快速演化引起的非绝热耦合要求 $\Omega_d(t)$ 的面积为 π。

图 3.8 中给出了拉比频率 $\Omega_d(t) = 0$ 和 $\Omega_d(t) = \dot{\theta}$ 时各能级布居随时间的演化。假定光脉冲为高斯型，拉比频率如下：

$$\Omega_p(t) = \Omega_p^0 \exp\left[-\frac{(t - t_{\mathrm{d}} - \tau_0)^2}{\tau^2}\right] \tag{3.142}$$

$$\Omega_c(t) = \Omega_c^0 \exp\left[-\frac{(t - t_{\mathrm{d}} + \tau_0)^2}{\tau^2}\right] \tag{3.143}$$

各参数取值分别为 $\Omega_p^0 = \Omega_c^0 = 1.0$，$\tau = 0.1$，$t_{\mathrm{d}} = 0.5$，$\tau_0 = 0.05$，$\phi = \pi/2$，$\Omega_d^0 \simeq -8.86$。如果没加驱动场 $\Omega_d(t)$，$\gamma/(\Omega_{p,c}^2\tau) \simeq 100$，不满足绝热条件，无法完成布居转移 (各能级布居随时间的演化见图 3.8(a))。加入 $\Omega_d(t)$ 耦合能级 $|1\rangle$ 和 $|2\rangle$，且满足条件 $\int_{-\infty}^{\infty} 2\Omega_d(t)\mathrm{d}t \simeq \pi$。调控相对相位 $\phi = \pi/2$，$\Omega_d(t)$ 的耦合与非绝热耦合相抵消，激发态 $|3\rangle$ 从体系中解耦，因此可实现高效的相干布居转移。由图 3.8(b) 给出的各能级布居随时间的演化可看出，完成布居转移的时间要比 $1/\gamma$ 小很多，理论上可以设计任意快的转移过程。因此该过程称为快速绝热过程。

快速绝热过程可以实现对受激拉曼绝热过程的加速，因此利用快速绝热过程可以实现相干叠加量子态的超快制备。量子系统与经典系统最主要的区别之一就是态的相干叠加，正是因为有量子态的相干叠加，才赋予量子体系诸多的优越性，如量子体系天然的并行计算能力。同时，量子相干在纠缠态的制备[33]、电磁感应透明[34] 和高灵敏度量子计量[35] 等方面都有潜在应用。因此如何制备所需要的相干叠加态一直是研究人员的追求。最常用的方法是直接用共振脉冲耦合制备相干叠

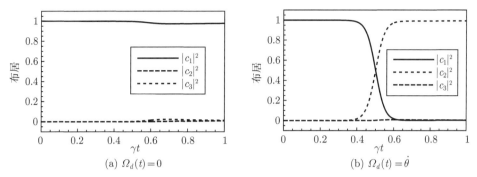

(a) $\Omega_d(t)=0$　　　　　　　　　　　　　　(b) $\Omega_d(t)=\dot\theta$

图 3.8　各能级布居随时间的演化

加的量子态，通过对光脉冲强度与持续时间的控制实现所需量子态相干叠加的制备。但是这种方法需要精确控制光脉冲的面积，为了消除这方面的弊端，研究者提出了基于受激拉曼绝热技术和快速绝热捷径的相干叠加态制备方案[36]，如图 3.9 所示，初始时刻原子处于基态 $|1\rangle$，目的是制备态 $|3\rangle$ 和态 $|4\rangle$ 的任意相干叠加态。制备过程分如下两步：

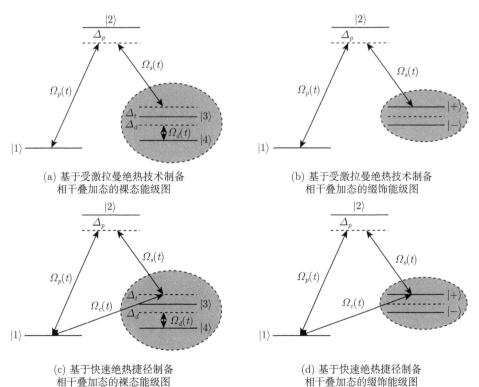

(a) 基于受激拉曼绝热技术制备　　　　　　　(b) 基于受激拉曼绝热技术制备
　　相干叠加态的裸态能级图　　　　　　　　　　　相干叠加态的缀饰能级图

(c) 基于快速绝热捷径制备　　　　　　　　　(d) 基于快速绝热捷径制备
　　相干叠加态的裸态能级图　　　　　　　　　　　相干叠加态的缀饰能级图

图 3.9　基于受激拉曼绝热技术和快速绝热捷径的相干叠加态制备示意图

(1) 用连续驱动场 $\Omega_d(t)$ 制备需要的目标态，直接用驱动场耦合相干叠加态的各能级，通过对驱动场强度与失谐量的控制实现对所需制备相干叠加态的控制。考虑图 3.9(a) 所示态 $|3\rangle$、态 $|4\rangle$ 和 $\Omega_d(t)$ 组成的子系统，可求得本征值为

$$\lambda_{\pm} = \frac{\Delta_d}{2} \pm \sqrt{\left(\frac{\Delta_d}{2}\right)^2 + \Omega_d^2(t)} \tag{3.144}$$

相应本征态如下：

$$|+\rangle = \sin\theta|3\rangle + \cos\theta|4\rangle \tag{3.145}$$

$$|-\rangle = \cos\theta|3\rangle - \sin\theta|4\rangle \tag{3.146}$$

这里混合角 θ 定义为

$$\tan(2\theta) = \frac{2\Omega_d(t)}{\Delta_d} \tag{3.147}$$

(2) 选择需要制备的态，如态 $|+\rangle$，引入泵浦场 $\Omega_p(t)$ 和斯托克斯场 $\Omega_s(t)$ 在态 $|1\rangle$、态 $|2\rangle$、态 $|+\rangle$ 间构建受激拉曼绝热技术的相干布居转移，即控制各光场在子空间满足双光子共振，则系统存在如下暗态：

$$|D_+\rangle = \cos\vartheta|1\rangle - \sin\vartheta|+\rangle \tag{3.148}$$

混合角 ϑ 为

$$\tan\vartheta = \frac{\Omega_p(t)}{\Omega_s(t)} \tag{3.149}$$

控制泵浦脉冲与斯托克斯光脉冲以反直觉方式作用于原子以确保 ϑ 逐渐从 0 变为 $\pi/2$，则原子从初始态 $|1\rangle$ 转移至态 $|\pm\rangle$，如图 3.9(b)。这里需要控制斯托克斯场脉宽小于缀饰能级和之间的能量差，这样这个演化过程中，态 $|-\rangle$ 对体系演化的影响才能忽略，才能将态 $|-\rangle$ 从整个绝热过程中解耦出来。通过控制泵浦场 $\Omega_p(t)$ 和斯托克斯场 $\Omega_s(t)$ 以反直觉方式加入，即可制备出所需要的相干叠加态 $|+\rangle$。

利用受激拉曼绝热技术制备相干叠加态可以理解为子空间中暗态旋转，该方法的优点是制备的态保真度高，但是弊端也很明显。由于演化过程要受绝热条件的限制，时间尺度过长，无法将该方案推广至解相率较大的量子系统，而且外部噪声的影响也不能完全忽略。为了克服这样的困难，可以在初始态 $|1\rangle$ 和目标态 $|+\rangle$ 之间加入控制场，如图 3.9(c) 所示，这样目标态的制备可以打破绝热条件的限制，从而实现目标态的超快制备。引入控制场的目的是抵消体系非绝热演化导

致的非绝热耦合，因此该方案仍可以理解为缀饰子空间的暗态旋转。这部分的详细推导与数值分析请见文献 [37]。

如需制备最大相干叠加态 $(|3\rangle + |4\rangle)/\sqrt{2}$，控制驱动场 Ω_d 与跃迁 $|3\rangle \leftrightarrow |4\rangle$ 精确共振即可。泵浦脉冲与斯托克斯光脉冲为高斯型，各参数分别为 $\Omega_p^0 = 4.0$，$\Omega_s^0 = 4\sqrt{2}$，$\Omega_d = 10.0$，$\Delta_s = 0$，$\Delta_d = 0$，$t_d = 2.0$，$\tau = 0.5$，$\tau_0 = 0.5\tau$，如图 3.10 (a) 所示。为确保缀饰子空间中控制场 $\Omega_c(t)$ 与跃迁 $|1\rangle \leftrightarrow |+\rangle$ 精确共振，泵浦场失谐量取为 $\Delta_p = \Omega_d = 10.0$。没有控制场辅助时，各能级上布居随时间的演化如图 3.10(b) 所示，光场相互作用结束之后，仍有超过 60% 的布居在初始态。加入控制场，并调控控制场强度为如下形式：

$$\Omega_c(t) = \dot{\vartheta} = \frac{\dot{\Omega}_p(t)\Omega_s(t) - \Omega_p(t)\dot{\Omega}_s(t)}{\Omega_p^2(t) + \Omega_s^2(t)} \tag{3.150}$$

时，各能级上布居及相应态 $|3\rangle$ 与态 $|4\rangle$ 之间相干的矩阵元 ρ_{34} 随时间的演化分别如图 3.10(c) 和 (d) 所示，此时非绝热耦合已完全被加入的控制脉冲抵消。随着时间的演化，系统一直处于暗态，控制混合角 $\vartheta: 0 \to \pi/2$，暗态旋转结束后，基本上所有布居均从初始态 $|1\rangle$ 转移至目标态 $|+\rangle$。

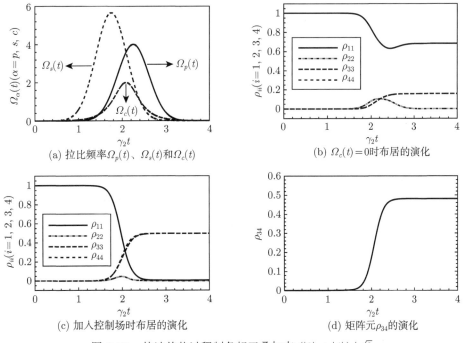

(a) 拉比频率 $\Omega_p(t)$、$\Omega_s(t)$ 和 $\Omega_c(t)$

(b) $\Omega_c(t) = 0$ 时布居的演化

(c) 加入控制场时布居的演化

(d) 矩阵元 ρ_{34} 的演化

图 3.10　快速绝热过程制备相干叠加态 $(|3\rangle + |4\rangle)/\sqrt{2}$

上述绝热捷径方法可以在打破绝热近似的条件下加速目标态的制备，但是需要精确控制控制场的面积、波形与频率。为了适当放宽条件，可以结合大失谐方案[23]。当 $\Delta_{p,s} \gg \Omega_{p,s}$ 时，低能态布居的激发可以忽略，激发态 $|2\rangle$ 可以绝热近似掉。在缀饰子空间中，四能级系统简化为两个二能级系统，即 $\{|1\rangle,|+\rangle\}$ 和 $\{|1\rangle,|-\rangle\}$。这样，上述方案中耦合 $|1\rangle \leftrightarrow |+\rangle$ 跃迁的控制场 $\Omega_c(t)$ 的作用效果可以附加到原有的泵浦脉冲和斯托克斯光脉冲上，即将原来高斯型的泵浦脉冲和斯托克斯光脉冲改为如下波形：

$$\Omega_p'(t) = \sqrt{2\Delta_p \left[\sqrt{\tilde{\Delta}_{\text{eff}}^2(t) + \tilde{\Omega}_{\text{eff}}^2(t)} \right] + \tilde{\Delta}_{\text{eff}}^2(t)} \tag{3.151}$$

$$\Omega_s'(t) = \sqrt{2\Delta_p \left[\sqrt{\tilde{\Delta}_{\text{eff}}^2(t) + \tilde{\Omega}_{\text{eff}}^2(t)} \right] - \tilde{\Delta}_{\text{eff}}^2(t)} \tag{3.152}$$

式中，$\tilde{\Delta}_{\text{eff}}(t)$ 和 $\tilde{\Omega}_{\text{eff}}(t)$ 的具体形式如下：

$$\tilde{\Delta}_{\text{eff}}(t) = \frac{\Omega_p^2(t) - \Omega_s^2(t)}{2\Delta_p} + \dot{\alpha}(t) \tag{3.153}$$

$$\tilde{\Omega}_{\text{eff}}(t) = \sqrt{\Omega_{\text{eff}}^2(t) + \Omega_a^2(t)} \tag{3.154}$$

式中，

$$\alpha(t) = \tan^{-1} \left[\frac{\Omega_a(t)}{\Omega_{\text{eff}}(t)} \right]$$

$$\Omega_{\text{eff}}(t) = \frac{\Omega_p(t)\Omega_s(t)}{\Delta_p}$$

$$\Omega_a(t) = \frac{\dot{\Omega}_p(t)\Omega_s(t) - \Omega_p(t)\dot{\Omega}_s(t)}{\Omega_p^2(t) + \Omega_s^2(t)}$$

图 3.11(a)~(d) 分别给出了大失谐方案制备叠加态 $(|3\rangle + \sqrt{3}|4\rangle)/2$ 时所用脉冲拉比频率、各能级上的布居、态 $|3\rangle$ 和态 $|4\rangle$ 之间的相干 ρ_{34}，以及保真度 $F(t)$ 随时间的演化。各参数选择如下：$\Delta_s = 100.0$，$\Delta_p - \Delta_s = 10\sqrt{3}$，$\Omega_p^0 = 4.0$，$\Omega_s^0 = 8/\sqrt{3}$，$\Delta_d = 20/\sqrt{3}$，$\Omega_d = 10.0$。保真度定义如下[38]：

$$F(t) = \frac{1}{2} + \frac{|f(t)|}{3} + \frac{|f(t)|^2}{6} \tag{3.155}$$

式中，$f(t) = \langle \psi_t | \psi_p(t) \rangle$、$|\psi_t\rangle$ 与 $|\psi_p(t)\rangle$，分别表示理想和实际制备的目标态。该数值模拟结果表明，该方案的确可以在突破绝热近似的条件下实现高保真度相干叠加态的超快制备。

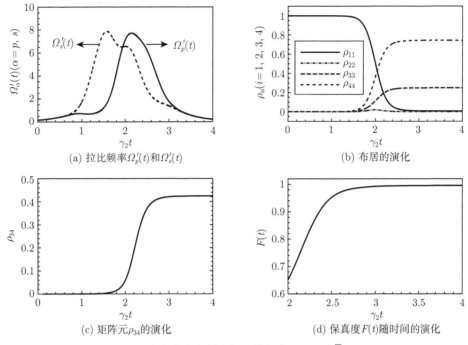

图 3.11　大失谐方案制备相干叠加态 $(|3\rangle + \sqrt{3}|4\rangle))/2$

3.3.4　量子计算简述

　　量子计算机是建立在量子力学基本原理上的,以量子力学系统为信息载体,根据具体问题的算法要求,以量子力学基本规律来执行相关变换、演化等计算任务,再根据量子力学测量公设读取计算结果的计算机。已被证明,量子计算机可用来处理某些经典计算机难以完成的任务,如分解大数质因子、玻色取样等。与经典系统不同,量子系统的态具有相干叠加的性质,特别是具有经典物理系统不具备的量子纠缠特性,这就使得量子计算机具有天然的大规模并行计算能力,因此量子计算机的实现将引起信息技术新的革命。值得注意的是,与经典计算机利用多个计算机并行来实现的方式不同,量子计算机的并行计算能力是所编码量子态的相干叠加性带来的,是在同一个量子芯片上以一种十分自然的方式完成的。关于量子计算机的发展与实现,文献 [39] 对其进行了详细的整理与描述,内容涉及量子算法及其在不同的物理系统中的实现,以及相关的量子信息过程。

　　在诸多实现量子计算的方案中,有一种很有吸引力的方案就是利用体系绝热演化过程中积累的几何相来实现量子门,由几何逻辑门构成的量子计算称为几何量子计算。详细讨论量子计算不是本书的范围,这里只简单讨论量子计算的某一方面,主要介绍量子逻辑门和几何量子计算。

1. 量子逻辑门

量子计算与量子信息过程中，量子信息编码在不同的载体上。只要符合要求的量子系统[40]，如原子的不同能级、量子点中电子或空穴的不同自旋态、光子的不同偏振态等，均可以用来编码信息。单量子比特对应一个二维的希尔伯特空间，它的两个线性独立态矢量基矢为

$$|0\rangle = \begin{pmatrix} 1 \\ 0 \end{pmatrix}, \ |1\rangle = \begin{pmatrix} 0 \\ 1 \end{pmatrix} \tag{3.156}$$

信息被编码在量子态 $|0\rangle$ 和 $|1\rangle$ 上，量子计算的任务就是利用相互作用过程实现对信息载体量子态的操作，不同的操作就是不同的量子逻辑门。为了保证所编码量子态的信息不丢失，所有的操作演化必须是幺正演化，演化矩阵必须是幺正矩阵。因此，对于单量子比特来讲，量子逻辑门对应一个 2×2 的幺正矩阵，如 Hadamard 门和相位门 ϕ，对应的幺正矩阵为

$$H = \frac{1}{\sqrt{2}} \begin{pmatrix} 1 & 1 \\ 1 & -1 \end{pmatrix} \tag{3.157}$$

$$\phi = \begin{pmatrix} 1 & 0 \\ 0 & e^{i\phi} \end{pmatrix} \tag{3.158}$$

Hadamard 门本质就是制备态 $|0\rangle$ 和态 $|1\rangle$ 的对称相干叠加态。在布洛赫球上可以直观看到，如果原子的基态代表态 $|0\rangle$，激发态代表态 $|1\rangle$，则用 $\pi/2$ 脉冲即可实现 Hadamard 门操作。图 3.12 为单比特 Hadamard 门和单比特相位门的线路符号，其中 $x\in\{0,1\}$。

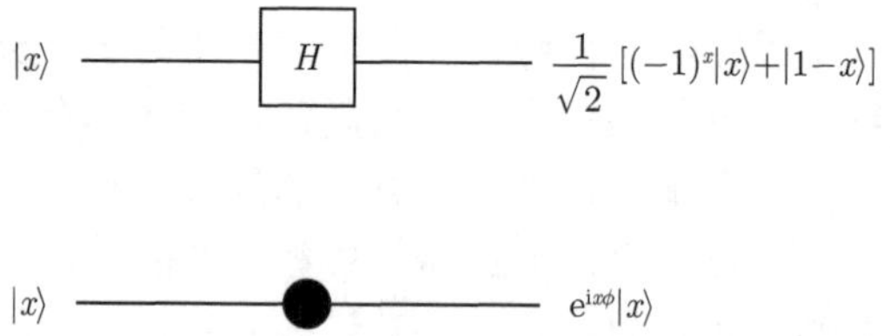

$$|x\rangle \quad \boxed{H} \quad \frac{1}{\sqrt{2}}\left[(-1)^x|x\rangle+|1-x\rangle\right]$$

$$|x\rangle \quad \bullet \quad e^{ix\phi}|x\rangle$$

图 3.12   单比特 Hadamard 门和单比特相位门的线路符号

有了 Hadamard 门和相位门 ϕ，可以实现任意单量子态。假设粒子开始处于量子态 $|0\rangle$，具体操作：首先用 Hadamard 门对其进行操作，其次用 2θ 相位门操作，再次用 Hadamard 门操作，最后用 ϕ 相位门对其操作，最终的量子态为

$$|\psi\rangle_f = \frac{1}{2} \begin{pmatrix} 1 & 0 \\ 0 & e^{i\phi} \end{pmatrix} \begin{pmatrix} 1 & 1 \\ 1 & -1 \end{pmatrix} \begin{pmatrix} 1 & 0 \\ 0 & e^{2i\theta} \end{pmatrix} \begin{pmatrix} 1 & 1 \\ 1 & -1 \end{pmatrix} \begin{pmatrix} 1 \\ 0 \end{pmatrix}$$

$$= \mathrm{e}^{\mathrm{i}\theta} \left(\begin{array}{c} \cos\theta \\ \mathrm{e}^{\mathrm{i}\phi}\sin\theta \end{array} \right) \tag{3.159}$$

为了将两个或者更多量子比特纠缠起来，还需要实现双比特门。对于双量子比特，态矢量空间为四维直积空间，基矢可写为

$$|00\rangle = \left(\begin{array}{c} 1 \\ 0 \\ 0 \\ 0 \end{array} \right), |01\rangle = \left(\begin{array}{c} 0 \\ 1 \\ 0 \\ 0 \end{array} \right), |10\rangle = \left(\begin{array}{c} 0 \\ 0 \\ 1 \\ 0 \end{array} \right), |11\rangle = \left(\begin{array}{c} 0 \\ 0 \\ 0 \\ 1 \end{array} \right) \tag{3.160}$$

双比特态矢空间的幺正变换可用 4×4 的幺正矩阵表示。例如，一个重要的双比特门——控制相位门 $B(\phi)$，其对应的幺正矩阵为

$$B(\phi) = \left(\begin{array}{cccc} 1 & 0 & 0 & 0 \\ 0 & 1 & 0 & 0 \\ 0 & 0 & 1 & 0 \\ 0 & 0 & 0 & \mathrm{e}^{\mathrm{i}\phi} \end{array} \right) \tag{3.161}$$

不为零的相位 ϕ 仅当 $x=y=1$ 时 (即两个量子位均处于态 $|1\rangle$) 才出现，其线路符号如图 3.13 所示。例如，以光子偏振态为信息载体的量子计算中，光子–光子相互作用 (交叉克尔非线性) 常作为实现双比特控制相位门的一种机制[41-42]。根据激光场与原子耦合的选择定则，可以实现当且仅当两个光子的偏振态都适当时，才同时与原子介质相应跃迁耦合，积累不为零的交叉相位，从而实现所需要的控制相位门。组合上述两个单比特量子逻辑门和双比特控制相位门，可实现所有量子计算需要的操作。

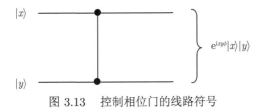

图 3.13　控制相位门的线路符号

2. 几何量子计算简述

基于分束器、克尔非线性等，均可实现上述量子门。这里主要阐述利用绝热过程积累几何相位实现的几何量子计算。

以自旋 1/2 粒子为例，密度矩阵算符可表示成极化矢量的形式：

$$\hat{\rho} = \frac{1}{2}(1 + \vec{p} \cdot \hat{\vec{\sigma}}) = \frac{1}{2}\begin{pmatrix} 1 + p_z & p_x - \mathrm{i}p_y \\ p_x + \mathrm{i}p_y & 1 - p_z \end{pmatrix} \tag{3.162}$$

同样的方式可分解激光场与双态系统的相互作用哈密顿量：

$$H = \frac{1}{2}(\Omega_0 + \vec{\Omega}_{\mathrm{eff}} \cdot \hat{\vec{\sigma}}) \tag{3.163}$$

式中，$\vec{\Omega}_{\mathrm{eff}}$ 是拉比矢量，不仅与描述相互作用强度的拉比频率 Ω 有关，还与激光场与相应跃迁之间的频率差有关。将哈密顿量和密度矩阵算符的形式代入密度矩阵运动方程，并化简可得布洛赫矢量 $\vec{p}$ 的动力学行为满足方程：

$$\frac{\mathrm{d}\vec{p}}{\mathrm{d}t} = \vec{\Omega}_{\mathrm{eff}} \times \vec{p} \tag{3.164}$$

描述系统状态的布洛赫矢量绕 $\vec{\Omega}_{\mathrm{eff}}$ 进动，进动频率为 $|\vec{\Omega}_{\mathrm{eff}}|$，如图 3.14 所示。对于双态系统，为方便处理，可将势能零点选择在双态之间。将相互作用哈密顿量转入相互作用绘景，形式如下：

$$H(t) = \frac{\hbar}{2}\begin{pmatrix} \omega_0 - \omega & \Omega \mathrm{e}^{-\mathrm{i}\phi} \\ \Omega \mathrm{e}^{\mathrm{i}\phi} & -\omega_0 + \omega \end{pmatrix} \tag{3.165}$$

式中，ω_0 表示双态间的跃迁频率；ω 表示激光场的载波频率；ϕ 表示激光场的相位；Ω 表示描述激光场与双态系统相互作用强度的拉比频率。$\vec{\Omega}_{\mathrm{eff}}$ 的三个分量分别为

$$\Omega_x = \Omega\cos\phi, \quad \Omega_y = \Omega\sin\phi, \quad \Omega_z = \omega_0 - \omega \tag{3.166}$$

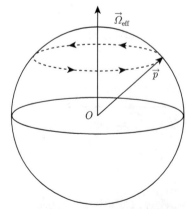

图 3.14　双态系统布洛赫矢量 $\vec{p}$ 绕 $\vec{\Omega}_{\mathrm{eff}}$ 的进动

原则上来讲，通过控制光场的强度 (拉比频率 Ω)、频率 ω 和相位 ϕ，可以制备出任意方向的 $\vec{\Omega}_{\text{eff}}$，也就是说通过一次旋转可以将布洛赫矢量制备到任一规定的方向。这正是量子计算所要实现的。例如，保证 $\omega_0 - \omega \neq 0$，让 ϕ 绝热演化一圈，即可实现布洛赫矢量绕 z 轴的旋转。如果保证 Ω_x 不变，调控 Ω_y 和 Ω_z 绝热演化即可实现绕 x 轴的旋转。

当激光场还没有与粒子作用时，可以将粒子制备在自旋向上的态，这时粒子的布洛赫矢量指向北极。加入激光场，并绝热地增加激光场的强度，开始时 $\vec{\Omega}_{\text{eff}}$ 方向指向北极，布洛赫矢量 $\vec{p}$ 方向与其一致。当激光场强度绝热增强时，$\vec{\Omega}_{\text{eff}}$ 矢量的 x、y 分量逐渐增大。根据绝热定理，布洛赫矢量 $\vec{p}$ 的方向仍与 $\vec{\Omega}_{\text{eff}}$ 一致，与 z 轴的夹角 θ 满足：

$$
\begin{aligned}
\cos\theta &= \frac{\Omega_z}{\sqrt{\Omega_x^2 + \Omega_y^2 + \Omega_z^2}} \\
&= \frac{\omega_0 - \omega}{\sqrt{(\omega_0 - \omega)^2 + \Omega^2}}
\end{aligned} \tag{3.167}
$$

绝热改变激光场的相位 ϕ，即可实现布洛赫矢量 $\vec{p}$ 绕 z 轴的旋转。此时粒子的波函数可写为

$$
|\psi(\alpha)\rangle = \cos\frac{\theta}{2}|\uparrow\rangle + \sin\frac{\theta}{2}e^{i\alpha}|\downarrow\rangle \tag{3.168}
$$

式中，α 是布洛赫矢量在赤道平面的投影与 x 轴的夹角。当 α 从 0 到 2π 缓慢变化一周，初态为态 $|\uparrow\rangle$ 的粒子积累的几何相为

$$
\begin{aligned}
\gamma_\uparrow &= i\oint_C \langle\psi(\alpha)|\frac{\mathrm{d}}{\mathrm{d}t}|\psi(\alpha)\rangle\mathrm{d}t \\
&= i\oint_C \left(\cos\frac{\theta}{2}\langle\uparrow| + \sin\frac{\theta}{2}e^{-i\alpha}\langle\downarrow|\right)\mathrm{d}\left(\cos\frac{\theta}{2}|\uparrow\rangle + \sin\frac{\theta}{2}e^{i\alpha}|\downarrow\rangle\right) \\
&= -\sin^2\frac{\theta}{2}\int_0^{2\pi}\mathrm{d}\alpha \\
&= -\pi(1-\cos\theta) = -\gamma
\end{aligned} \tag{3.169}
$$

同样的过程可计算出，如果粒子初始处在态 $|\downarrow\rangle$，则粒子演化一圈积累的几何相为 $\gamma_\downarrow = \gamma = \pi(1-\cos\theta)$。

虽然态 $|\uparrow\rangle$ 和态 $|\downarrow\rangle$ 在演化一圈的过程中积累了不同的几何相，但态 $|\uparrow\rangle$ 和态 $|\downarrow\rangle$ 对应的不同本征能量导致态 $|\uparrow\rangle$ 和态 $|\downarrow\rangle$ 还会积累不同的动力学相位，而动力学相位的出现对于实现几何量子计算是不需要的。因此需要想办法将其消除，这也正是实现几何量子计算的关键。

假设粒子循环一次，态 $|\uparrow\rangle$ 和态 $|\downarrow\rangle$ 积累的动力学相分别为 $\delta_\uparrow$ 和 $\delta_\downarrow$，可以让粒子循环两次，并结合 π 操作将动力学相的影响消除。对于态 $|\uparrow\rangle$ 粒子，有

$$|\uparrow\rangle \overset{\mathcal{C}}{\to} e^{i(\delta_\uparrow - \gamma)}|\uparrow\rangle \overset{\pi}{\to} e^{i(\delta_\uparrow - \gamma)}|\downarrow\rangle \overset{\mathcal{C}}{\to} e^{i(\delta_\uparrow + \delta_\downarrow - 2\gamma)}|\downarrow\rangle \overset{\pi}{\to} e^{i(\delta_\uparrow + \delta_\downarrow - 2\gamma)}|\uparrow\rangle \quad (3.170)$$

对于态 $|\downarrow\rangle$ 粒子，同样有

$$|\downarrow\rangle \overset{\mathcal{C}}{\to} e^{i(\delta_\downarrow + \gamma)}|\downarrow\rangle \overset{\pi}{\to} e^{i(\delta_\downarrow + \gamma)}|\uparrow\rangle \overset{\mathcal{C}}{\to} e^{i(\delta_\downarrow + \delta_\uparrow + 2\gamma)}|\uparrow\rangle \overset{\pi}{\to} e^{i(\delta_\downarrow + \delta_\uparrow + 2\gamma)}|\downarrow\rangle \quad (3.171)$$

经历两个循环演化之后，态 $|\uparrow\rangle$ 和态 $|\downarrow\rangle$ 上都积累了相同的动力学相位 $e^{i(\delta_\uparrow + \delta_\downarrow)}$，这个整体的动力学相位不会带来可观测的物理效果，因此可以消除掉。还有一种更具智慧的消除动力学相位的方法是让系统一直在相互作用哈密顿量的暗态下演化，此时动力学相位始终为零，演化过程中不会积累动力学相位[43]。

3. 自旋态的非阿贝尔几何操控

首先简单介绍非阿贝尔几何相。考虑哈密顿量 $H(\chi_\kappa)$ $(\kappa = 1, 2, \cdots, N)$ 的 n 重简并本征空间，χ_κ 表示哈密顿量依赖的 N 个参数，由含时薛定谔方程可得哈密顿量在参量空间绝热演化一个循环 $\mathcal{O}$ 之后，体系的状态波函数为

$$|\Psi(t)\rangle = U(\mathcal{O})_A|\Psi(t=0)\rangle \quad (3.172)$$

这种变换 (又称和乐) 可以根据 Wilczek-Zee 规范联络给出[44-45]：

$$U(\mathcal{O})_A = \mathcal{P} \exp \oint_{\mathcal{O}} \sum_{\kappa=1}^{N} A_\kappa \mathrm{d}\chi_\kappa \quad (3.173)$$

式中，$\mathcal{P}$ 表示路径序列算符，其中规范势 A_κ^{ab} 为

$$A_\kappa^{ab} = \left\langle \psi^a(\chi) \left| \frac{\partial}{\partial \chi_\kappa} \right| \psi^b(\chi) \right\rangle \quad (3.174)$$

式中，$\{|\psi^a(\chi)\rangle, a = 1, 2, \cdots, n\}$ 为简并本征空间的正交基。

量子点中的电子自旋有两个取向使得量子点中的自旋态称为量子信息的天然载体。量子点系统在实际应用中具有可扩展、可集成等优点，量子点系统是实现固态量子计算的选择之一[46-48]。按 Loss 等[46] 的建议，量子信息可以直接编码在量子点中的单电子自旋态上。在外加磁场的作用下，不同自旋态的简并消除，形成沿磁场方向的自旋向上和与磁场反向的自旋向下的自旋态，分别可以表示量子比特态 $|0\rangle$ 和态 $|1\rangle$。基于此，发展出很多自旋态相干操控的方案。例如，利用超快光脉冲与单电子量子点相互作用，实验上观察到超过 6 个拉比振荡[49]；随后，在皮秒尺度上实现电子自旋态绕任意轴的旋转也被报道[50]。实验研究表明，量子

点中自旋态的相干时间可以达到毫秒甚至更长的级别，这也为固态量子计算提供了更广阔的操作空间。以半导体量子点中的自旋态为信息载体的量子计算与量子信息可参考文献 [51]。这里简单阐述利用绝热过程中积累的几何相实现量子点中自旋态的几何操控的基本思想[11]。

量子比特为量子点中的重空穴自旋态，其基本思想是构造具有简并暗态的相互作用系统，通过控制激光场强度实现重空穴自旋态的非阿贝尔几何操控。价带空穴与导带电子不同，其超精细相互作用基本可以忽略，因此有比电子更长的相干时间。2007 年，Loss 小组在实验上观测到重空穴长达 270μs 的自旋弛豫时间[52]。

考虑自组织 GaAs/AlGaAs 量子点，在没有外加磁场的情况下，导带电子最低能量状态对应电子自旋取向 $\pm 1/2$ 的二重简并态。价带空穴的总角动量量子数是 $3/2$，其中轻空穴态 (对应磁量子数 $\pm 1/2$) 能量比重空穴态 (对应磁量子数 $\pm 3/2$) 能量高 $30\sim 50$ meV。因此可以在频率自由度上将轻空穴和重空穴跃迁区分开。选择重空穴自旋态为存储信息比特位，为了方便表示为 $|0\rangle = |\Downarrow\rangle = |3/2, -3/2\rangle$ 和 $|1\rangle = |\Uparrow\rangle = |3/2, 3/2\rangle$。根据角动量守恒，$\sigma_+$ 和 σ_- 偏振的光子分别能激发 $|3/2, 3/2\rangle \leftrightarrow |1/2, 1/2\rangle$ 和 $|3/2, -3/2\rangle \leftrightarrow |1/2, -1/2\rangle$ 跃迁。由于远离共振，轻空穴的跃迁不会被激发。系统可视为二重简并的两能级。实现重空穴自旋态的操控，需要建立态 $|\Downarrow\rangle$ 和态 $|\Uparrow\rangle$ 之间的相互作用。因此，需要加入磁场，这里选择 Voigt 构型，即沿 x 方向加入，垂直于量子点的生长方向 z。磁场的引入消除导带电子和价带轻空穴的简并，形成新的能级，即 $|x\pm\rangle_e = (|1/2, 1/2\rangle \pm |1/2, -1/2\rangle)/\sqrt{2}$，$|x\pm\rangle_{\mathrm{LH}} = (|3/2, 1/2\rangle \pm |3/2, -1/2\rangle)/\sqrt{2}$。重空穴由于其朗德因子很小，简并无法消除。为了实现重空穴自旋态的操控，加入 σ_+ 偏振的泵浦光耦合态 $|0\rangle \leftrightarrow |x\pm\rangle_e$ 跃迁和 σ_- 偏振的斯托克斯光耦合态 $|1\rangle \leftrightarrow |x\pm\rangle_e$ 跃迁。选择态 $|x-\rangle_{\mathrm{LH}}$ 作为辅助态，记为态 $|a\rangle$，加入 π 偏振的驱动光脉冲耦合态 $|a\rangle \leftrightarrow |x\pm\rangle_e$ 跃迁，如图 3.15 所示。

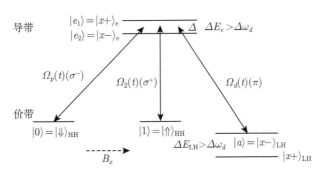

图 3.15　Voigt 构型下量子点偶极跃迁示意图

首先考虑实现绕 y 轴的旋转。旋转波近似下，系统哈密顿量可写为 ($\hbar = 1$)

$$H(t) = (\Delta_s - \Delta_p)|1\rangle\langle1| + (\Delta_d - \Delta_p)|a\rangle\langle a|$$
$$- \Delta_p|e_1\rangle\langle e_1| - (\Delta_p + \Delta)|e_2\rangle\langle e_2| - \Omega_{p1}(t)|e_1\rangle\langle 0|$$
$$- \Omega_{s1}(t)|e_1\rangle\langle 1| - \Omega_{d1}(t)|e_1\rangle\langle a| - \Omega_{p2}(t)|e_2\rangle\langle 0|$$
$$- \Omega_{s2}(t)|e_2\rangle\langle 1| - \Omega_{d2}(t)|e_2\rangle\langle a| + \text{H.c.} \tag{3.175}$$

式中，

$$\Omega_{p(s,d)k}(t) = \frac{1}{2}\langle e_k|\vec{\mu}\cdot\vec{E}_{p(s,d)}(t)|0(1,a)\rangle, \quad k = 1, 2 \tag{3.176}$$

是通常拉比频率的一半，光场与相应跃迁失谐量定义为 $\Delta_{p(s,d)} = \omega_{p(s,d)} - (\omega_{e_1} - \omega_{0(1,a)})$，$\Delta = \omega_{e_1} - \omega_{e_2} = |g_x^e|\mu_B B_x$ 表示导带电子的塞曼分裂。

控制泵浦光、斯托克斯光与驱动场，当它们满足三光子共振，但不在导带塞曼分裂能级中间，即失谐量满足：

$$\Delta_p = \Delta_s = \Delta_d \neq -\Delta/2 \tag{3.177}$$

拉比频率也满足 $\Omega_{j1}(t)/\Omega_{j2}(t) = C$（为了方便，选取 $C = 1$，并且 $\Omega_{j1}(t) = \Omega_{j2}(t) = \Omega_j(t)$）时，上述相互作用哈密顿量有两个简并的暗态，如下：

$$|D_1\rangle = \cos\theta(t)|1\rangle - \sin\theta(t)|a\rangle \tag{3.178}$$

$$|D_2\rangle = \cos\varphi(t)|0\rangle - \sin\varphi(t)\sin\theta(t)|1\rangle - \sin\varphi(t)\cos\theta(t)|a\rangle \tag{3.179}$$

混合角 $\theta(t)$ 和 $\varphi(t)$ 定义如下：

$$\tan\theta(t) = \frac{\Omega_s(t)}{\Omega_d(t)} \tag{3.180}$$

$$\tan\varphi(t) = \frac{\Omega_p(t)}{\sqrt{\Omega_s^2(t) + \Omega_d^2(t)}} \tag{3.181}$$

初始时刻，混合角 $\theta(t)$ 和 $\varphi(t)$ 均为零，有 $|D_1(0)\rangle = |\Uparrow\rangle$，$|D_2(0)\rangle = |\Downarrow\rangle$。绝热加入三个激光脉冲，让混合角 $\theta(t)$ 和 $\varphi(t)$ 绝热演化，由式 (3.174) 可得非阿贝尔几何联络为

$$A = A_\theta \mathrm{d}\theta = -\mathrm{i}\sin\varphi(t)\sigma_y\mathrm{d}\theta \tag{3.182}$$

式中，σ_y 是 y 方向泡利矩阵。与式 (3.182) 对应的演化算符为

$$U(\mathcal{O}) = \exp\left(-\mathrm{i}\sigma_y\int_{\mathcal{O}}\sin\varphi(t)\mathrm{d}\theta\right) = R_y(\beta) \tag{3.183}$$

旋转角 β 定义如下:

$$\beta = \int_{\mathcal{O}} \sin \varphi(t) \mathrm{d}\theta \qquad (3.184)$$

这样就实现了重空穴自旋态绕 y 轴的旋转。

实现绕 z 轴旋转的思路是将态 $|\Uparrow\rangle$ 从系统中解耦出来。将 $\Omega_s(t)$ 和 $\Omega_d(t)$ 之间的相对相位引入态 $|\Downarrow\rangle$。取 $\Omega_p(t) = 0$,含时哈密顿量为

$$\begin{aligned}
H(t) = {} & (\Delta_d - \Delta_s)|a\rangle\langle a| - \Delta_s|e_1\rangle\langle e_1| \\
& - (\Delta_s + \Delta)|e_2\rangle\langle e_2| - \Omega_d(t)(|e_1\rangle\langle a| + |e_2\rangle\langle a|) \\
& - \Omega_s(t)\exp(-\mathrm{i}\phi)(|e_1\rangle\langle 1| + |e_2\rangle\langle 1|) + \text{H.c.}
\end{aligned} \qquad (3.185)$$

当斯托克斯光与驱动场满足双光子共振条件,并且正好处于导带电子塞曼能级的中间时,相互作用哈密顿量有二重简并的暗态:

$$|D_1(t)\rangle = \cos\theta(t)\mathrm{e}^{\mathrm{i}\phi}|1\rangle - \sin\theta(t)|a\rangle \qquad (3.186)$$

$$\begin{aligned}
|D_2(t)\rangle = {} & \frac{1}{\sqrt{2}}\cos\varphi(t)(|e_1\rangle - |e_2\rangle) + \sin\varphi(t)\cos\theta(t)|a\rangle \\
& + \sin\varphi(t)\sin\theta(t)\mathrm{e}^{\mathrm{i}\phi}|1\rangle
\end{aligned} \qquad (3.187)$$

混合角 $\theta(t)$、$\varphi(t)$ 定义如下:

$$\tan\theta(t) = \frac{\Omega_s(t)}{\Omega_d(t)} \qquad (3.188)$$

$$\tan\varphi(t) = \frac{\Delta/2}{\sqrt{2(\Omega_s^2(t) + \Omega_d^2(t))}} \qquad (3.189)$$

在绝热极限下,可以只考虑暗态 $|D_1(t)\rangle$ 与暗态 $|D_2(t)\rangle$ 之间的耦合。忽略它们与其他能级的耦合态,暗态 $|D_1(t)\rangle$ 与暗态 $|D_2(t)\rangle$ 之间的耦合为[45,53]

$$\langle D_2|\dot{D}_1\rangle = -\sin\varphi(t)\dot{\theta}(t) \qquad (3.190)$$

考虑处于态 $|\Uparrow\rangle$ 的重空穴,有 $|D_1(0)\rangle = |1\rangle$。驱动场先于斯托克斯光与量子点内自旋态耦合,控制二者同时结束 (分数受激拉曼绝热过程),这样两个激光场之间的相对相位便引入到态 $|\Uparrow\rangle$ 上。例如,选择如下波形:

$$\Omega_s(t) = \Omega_s^0 \exp(-t^2/\tau^2) \qquad (3.191)$$

$$\Omega_d(t) = \Omega_d^0\{\exp[-(t+\tau_0)^2/\tau^2] + \exp(-t^2/\tau^2)\} \tag{3.192}$$

相互作用过程中混合角 $\theta(t)$ 逐渐从 0 变为 $\pi/4$，根据非阿贝尔几何相理论，作用结束后体系的状态为

$$|\Psi(+\infty)\rangle = \frac{1}{\sqrt{2}}\left[e^{i\phi}(\sin\gamma_f + \cos\gamma_f)|1\rangle + (\sin\gamma_f - \cos\gamma_f)|a\rangle\right] \tag{3.193}$$

式中，γ_f 为

$$\gamma_f = \oint_{\mathcal{O}} \frac{\Delta/2}{\Omega_s^2(t)+\Omega_d^2(t)} \frac{\Omega_s(t)\mathrm{d}\Omega_d(t) - \Omega_d(t)\mathrm{d}\Omega_s(t)}{\sqrt{2(\Omega_d^2(t)+\Omega_s^2(t))+(\Delta/2)^2}} \tag{3.194}$$

如果绝热演化过程中能积累 $\pi/4$ 的几何相位，则有 $|\Uparrow\rangle \to e^{i\phi}|\Uparrow\rangle$，这样通过对斯托克斯光与驱动场之间相对相位的控制实现重空穴自旋态绕 z 轴的旋转。结合上述绕 y 轴和 z 轴的旋转，可以实现任一 2×2 幺正操作。

3.4　WKB 近似

在运用定态微扰理论和含时微扰理论解决具体问题时，首先要将体系的哈密顿量分解成 H_0 和 H'，并且假设体系 H_0 的本征值和本征函数均已知。因此微扰理论的定态微扰理论与含时微扰理论都有一定的局限性，并且对于像超导、超流这样的问题，它们的解本身就不是相互作用耦合系数的解析函数，不可能将其展开成微扰 (相互作用) 的幂级数，所以根本不可能用微扰的方法进行求解。因此有必要发展另外的理论，其中一种思路便是能否找到不同于耦合常数的另外参数，以此参数作幂级数展开。在量子理论中按照这条思路发展了很多方案，如用粒子数 N 倒数做参数展开的大 N 展式；量子色动力学中用色荷数倒数的展式等。这里简单介绍 Wenzel-Kramers-Brillouin (WKB) 近似。

3.4.1　经典区域

考虑一维薛定谔方程：

$$-\frac{\hbar^2}{2m}\frac{\mathrm{d}^2\psi(x)}{\mathrm{d}x^2} + V(x)\psi(x) = E\psi(x) \tag{3.195}$$

可以整理为

$$\frac{\mathrm{d}^2\psi(x)}{\mathrm{d}x^2} = k^2\psi(x) \tag{3.196}$$

式中，$k = \sqrt{2m(E - V)}/\hbar$。如果势函数是常数，$E > V$ 时定态薛定谔方程的解可写为

$$\psi(x) = A\mathrm{e}^{\pm \mathrm{i}kx} \tag{3.197}$$

式中，"$+$"（"$-$"）代表左（右）行波。当势函数 $V(x)$ 不随 x 变化时，解中的振幅 A 与波矢 k 都不会变化，为常数。如果势函数 $V(x)$ 随 x 变化，但是随 x 变化很缓慢，以至于在一个或几个德布罗意波长（$\lambda = h/p$）范围内仍可以将势函数视为常数，这时定态薛定谔方程的解仍然可以写为式 (3.197) 的形式，只需将概率幅 A 和波矢 k 改写为 x 的函数，即

$$\psi(x) = A(x)\mathrm{e}^{\pm \mathrm{i}k(x)x} = A(x)\mathrm{e}^{\pm \mathrm{i}\phi(x)} \tag{3.198}$$

式中，

$$k(x) = \sqrt{2m[E - V(x)]}/\hbar \tag{3.199}$$

将式 (3.198) 代入定态薛定谔方程，实部与虚部分开整理，有

$$A''(x) - \phi'(x)^2 A(x) = -\frac{p(x)^2}{\hbar^2} A(x) \tag{3.200}$$

$$2\phi'(x)A'(x) + \phi''(x)A(x) = 0 \tag{3.201}$$

由于所考虑的情况下势场的变化不是特别剧烈，因此波函数概率幅 $A(x)$ 随 x 的变化不会特别大，可以近似认为 $A''(x) \approx 0$，式 (3.200) 可写为

$$\phi'(x) = \pm\frac{p(x)}{\hbar} \tag{3.202}$$

直接积分可得

$$\phi(x) = \pm \int \frac{p(x)}{\hbar}\mathrm{d}x \tag{3.203}$$

再由式 (3.201)，有

$$\frac{A'(x)}{A(x)} = -\frac{1}{2}\frac{\phi''(x)}{\phi'(x)} \tag{3.204}$$

可得

$$\ln A(x) = -\frac{1}{2}\ln \phi'(x) \tag{3.205}$$

因此有

$$A(x) = \frac{1}{\sqrt{\phi'(x)}} \simeq \frac{1}{\sqrt{p(x)}} \tag{3.206}$$

这样在 $E > V(x)$ 区域的波函数为

$$\psi(x) = \frac{C}{\sqrt{p(x)}} \mathrm{e}^{\pm \frac{1}{\hbar} \int p(x)\mathrm{d}x} \tag{3.207}$$

例 3.1：考虑从 0 到 a 的一维无限深势阱，阱外势函数无穷大，阱内为任一势函数，但变化较为缓慢。因此，利用 WKB 近似，阱内束缚态波函数可写为

$$\begin{aligned}
\psi(x) &= \frac{1}{\sqrt{p(x)}} \left(c_+ \mathrm{e}^{\mathrm{i}\phi(x)} + c_- \mathrm{e}^{-\mathrm{i}\phi(x)} \right) \\
&= \frac{1}{\sqrt{p(x)}} [c_1 \sin \phi(x) + c_2 \cos \phi(x)]
\end{aligned} \tag{3.208}$$

式中，

$$\phi(x) = \frac{1}{\hbar} \int_0^a p(x)\mathrm{d}x \tag{3.209}$$

考虑到波函数连续性：

$$\psi(x)|_{x=0} = 0 \Rightarrow c_2 = 0 \tag{3.210}$$

$$\psi(x)|_{x=a} = 0 \Rightarrow \phi(a) = n\pi \tag{3.211}$$

可得

$$\int_0^a p(x)\mathrm{d}x = n\pi\hbar \tag{3.212}$$

式 (3.212) 正是玻尔量子化条件。考虑阱内势函数为零的特殊情况，则有

$$\sqrt{2mE_n}\, a = n\pi\hbar \tag{3.213}$$

可得一维无限深势阱的能谱：

$$E_n = \frac{n^2\pi^2\hbar^2}{2ma^2} \tag{3.214}$$

根据波函数归一化条件便可得出归一化系数 c_1，这样阱内束缚态波函数便确定下来。

3.4.2　隧穿问题

3.4.1 小节主要探讨了 $E > V(x)$ 的情况，利用 WKB 近似得到了这一经典区域的波函数。如果 $E < V(x)$，重复上面的整个过程可得到此时波函数为

$$\psi(x) = \frac{c}{\sqrt{|p(x)|}} \mathrm{e}^{\pm \frac{1}{\hbar} \int |p(x)| \mathrm{d}x} \tag{3.215}$$

例 3.2：考虑从 0 到 a 的不规则势垒，$x < 0$ 的入射波函数和 $x > a$ 的透射波函数分别为

$$x < 0, \quad \psi(x) = A\mathrm{e}^{\mathrm{i}kx} + B\mathrm{e}^{-\mathrm{i}kx} \tag{3.216}$$

$$x > a, \quad \psi(x) = F\mathrm{e}^{\mathrm{i}kx} \tag{3.217}$$

$0 < x < a$ 区间的波函数可由 WKB 近似得到，为

$$\psi(x) = \frac{c}{\sqrt{|p(x)|}} \mathrm{e}^{-\frac{1}{\hbar} \int_0^a |p(x')| \mathrm{d}x'} \tag{3.218}$$

由此可得透射率为

$$T = \left| \frac{F}{A} \right|^2 \simeq \exp\left(-\frac{2}{\hbar} \int_0^a |p(x)| \mathrm{d}x \right) = \mathrm{e}^{-2\gamma} \tag{3.219}$$

如果给出势垒的形式，由式 (3.219) 便可求得透射率。

例 3.3：原子核的 α 衰变。在核物理研究早期有一个难题就是怎么理解原子核的 α 衰变。以铀为例，实验上测得从原子核辐射出来的 α 粒子能量大约为 4MeV，而卢瑟福在用 α 粒子轰击原子的实验中发现，即使是能量为 9MeV 的 α 粒子，仍被原子核强烈排斥。也就是说，α 粒子从原子核中衰变出来时要穿过高度至少是 9MeV 的势垒，而 α 粒子的能量仅为 4MeV。为解决这个问题，物理学家伽莫夫与他的合作者提出这样一个模型[①]：核子 (质子和中子) 之间的强大核力可看成一个提供吸引力的势阱，将核子限制在势阱内 ($< r_1$)。两个质子和两个中子形成的 α 粒子显然要受到核的库仑排斥势作用。假设 α 粒子的能量为 E，r_2 的值满足以下等式：

$$\frac{1}{4\pi\varepsilon_0} \frac{2Ze^2}{r_2} = E \tag{3.220}$$

由 WKB 近似，可计算出 α 粒子从原子核束缚势阱中隧穿出来的概率为 $\mathrm{e}^{-2\gamma}$，其中 γ 为

$$\gamma = \frac{1}{\hbar} \int_{r_1}^{r_2} \sqrt{2m\left(\frac{1}{4\pi\varepsilon_0} \frac{2Ze^2}{r} - E \right)} \mathrm{d}r$$

---

① 这是量子力学在原子核物理中的第一次应用。

$$
= \frac{\sqrt{2mE}}{\hbar} \int_{r_1}^{r_2} \sqrt{\frac{r_2}{r} - 1}\,\mathrm{d}r
$$

$$
\overset{r = r_2 \sin^2 \theta}{=} \frac{\sqrt{2mE}}{\hbar} \int_{\sin^{-1}\sqrt{\frac{r_1}{r_2}}}^{\pi/2} 2r_2 \cot\theta \sin\theta \cos\theta\,\mathrm{d}\theta
$$

$$
= \frac{\sqrt{2mE}}{\hbar} \left[r_2 \left(\frac{\pi}{2} - \sin^{-1}\sqrt{\frac{r_1}{r_2}} \right) - \sqrt{r_1(r_2 - r_1)} \right]
$$

$$
\overset{r_1 \ll r_2}{=} \frac{\sqrt{2mE}}{\hbar} \left(\frac{\pi}{2} r_2 - 2\sqrt{r_1 r_2} \right) = \alpha_1 \frac{Z}{\sqrt{E}} - \alpha_2 \sqrt{Z r_1} \tag{3.221}
$$

式中,

$$
\alpha_1 = \frac{e^2}{4\pi\varepsilon_0} \frac{\pi\sqrt{2m}}{\hbar} \approx 1.980 \text{ MeV}^{1/2} \tag{3.222}
$$

$$
\alpha_2 = \sqrt{\frac{e^2}{4\pi\varepsilon_0}} \frac{4\sqrt{m}}{\hbar} \approx 1.485 \text{ fm}^{-1/2} \tag{3.223}
$$

如果假定 α 粒子在势阱中来回运动并与势阱壁碰撞, 则每碰撞一次, 隧穿出去的概率为 $e^{-2\gamma}$, 所以 α 粒子单位时间内辐射出去的概率为 $(v/2r_1)e^{-2\gamma}$, 母核的寿命为

$$
\tau = \frac{2r_1}{v} e^{2\gamma} \tag{3.224}
$$

式中, 速度 v 可根据衰变时质量的变化, 再结合爱因斯坦质能关系求得, 这样便可将计算出来的原子核的寿命与实验值进行比较。

　　以上讨论解决了 $E > V(x)$ 经典区域和 $E < V(x)$ 非经典区域的波函数, 但是在 $E \simeq V(x)$ 区域, 由于此时粒子的动量趋于零, 因此相应的德布罗意波长趋于无穷, 显然不能应用前面的近似方法求该区域的波函数, $E = V(x)$ 的点称为转折点。在转折点的做法: ① 将势函数在该点展开, 保留 2~3 项; ② 将展开后的势函数代入薛定谔方程求解; ③ 利用波函数连续性, 一般情况下波函数的一阶微分也连续的条件将不同区域波函数光滑连接, 定出待定系数。这里有两点需要注意: 第一, 转折点两边的区域必须比德布罗意波长大很多; 第二, 转折点附近的势能曲线近似为直线, 曲线斜率变化不大。

参 考 文 献

[1] MARZLIN K P, SANDERS B C. Inconsistency in the application of the adiabatic theorem[J]. Physical Review Letters, 2004, 93(16): 160408.

[2] TONG D M, SINGH K, KWEK L C, et al. Quantitative conditions do not guarantee the validity of the adiabatic approximation[J]. Physical Review Letters, 2005, 95(11): 110407.

[3] DUKI S, MATHUR H, NARAYAN O. Comment on 'Inconsistency in the application of the adiabatic theorem'[J]. Physical Review Letters, 2006, 97(12): 128901.

[4] MA J, ZHANG Y P, WANG E G, et al. Comment II on 'Inconsistency in the application of the adiabatic theorem'[J]. Physical Review Letters, 2006, 97(12): 128902.

[5] BERRY M V. Quantum phase factor accompanying adiabatic changes[J]. Proceedings of the Royal Society A, 1984, 392(1802): 45-57.

[6] BOHM A, MOSTAFAZADEH A, KOIZUMI H, et al. The Geometric Phase in Quantum Physics[M]. 北京: 科学出版社, 2009.

[7] BERGMANN K, THEUER H, SHORE B W. Coherent population transfer among quantum states of atoms and molecules[J]. Review of Modern Physics, 1998, 70(3): 1003-1025.

[8] BERGMANN K, VITANOV N V, SHORE B W. Perspective: Stimulated Raman adiabatic passage: The status after 25 years[J]. Journal of Chemical Physics, 2015, 142(17): 170901.

[9] NITANOV N V, RANGELOV A A, SHORE B W, et al. Stimulated Raman adiabatic passage in physics, chemistry, and beyond[J]. Review of Modern Physics, 2017, 89(1): 015006.

[10] JIN S Q, GONG S Q, LI R X, et al. Coherent population transfer and superposition of atomic states via stimulated Raman adiabatic passage using an excited-doublet four-level atom[J]. Physical Review A, 2004, 69(2): 023408.

[11] SUN H, FENG X L, WU C F, et al. Optical rotation of heavy hole spins by non-Abelian geometric means[J]. Physical Review B, 2009, 80(23): 235404.

[12] UNANYAN R G, YATSENKO L P, BERGMANN K. Laser-induced adiabatic atomic reorientation with control of diabatic losses[J]. Optics Communication, 1997, 139(1-3): 48-54.

[13] DEMIRPLAK M, RICE S A. Adiabatic population transfer with control fields[J]. Journal of Physical Chemistry A, 2003, 107(46): 9937-9945.

[14] BERRY M V. Transitionless quantum driving[J]. Journal of Physics A: Mathematical and Theoretical, 2009, 42(36): 365303.

[15] FLEISCHHAUER M, UNANYAN R, SHORE B W, et al. Coherent population transfer beyond the adiabatic limit: Generalized matched pulses and higher-order trapping states[J]. Physical Review A, 1999, 59(5): 3751-3760.

[16] BAKSIC A, RIBEIRO H, CKERK A A. Speeding up adiabatic quantum state transfer by using dressed states[J]. Physical Review Letters, 2016, 116(23): 230503.

[17] ZHANG J F, SHIM J H, NIEMEYER I, et al. Experimental implementation of assisted quantum adiabatic passage in a single spin[J]. Physical Review Letters, 2013, 110(24): 240501.

[18] LI D X, SHAO X Q. Unconventional Rydberg pumping and applications in quantum information processing[J]. Physical Review A, 2018, 98(6): 062338.

[19] CHEN X, LIZUAIN I, RUSCHHAUPT A. Shortcut to adiabatic passage in two- and three-level atoms[J]. Physical Review Letters, 2010, 105(12): 123003.

[20] BAN Y, CHEN X, SHERMAN E Y, et al. Fast and robust spin manipulation in a quantum dot by electric fields[J]. Physical Review Letters, 2012, 109(20): 206602.

[21] IBÁÑEZ S, MARTÍNEZ-GAROOT S, CHEN X, et al. Shortcuts to adiabaticity for non-Hermitian systems[J]. Physical Review A, 2011, 84(2): 023415.

[22] STENFANATOS D, PASPALAKIS E. Resonant shortcuts for adiabatic rapid passage with only z-field control[J]. Physical Review A, 2019, 100(1): 012111.

[23] DU Y X, LIANG Z T, LI Y C, et al. Experimental realization of stimulated Raman shortcut-to-adiabatic passage with cold atoms[J]. Nature Communication, 2016, 7: 12479.

[24] MORTENSEN H L, SØRENSEN J J W H, MØLMOR K, et al. Fast state transfer in a Λ-system: A shortcut-to-adiabaticity approach to robust and resource optimized control[J]. New Journal of Physics, 2018, 20(2): 025009.

[25] RAN D, SHI Z C, SONG J, et al. Speeding up adiabatic passage by adding Lyapunov control[J]. Physical Review A, 2017, 96(3): 033803.

[26] WU Q C, CHEN Y H, HUANG B H, et al. Improving the stimulated Raman adiabatic passage via dissipative quantum dynamics[J]. Optics Express, 2016, 24(20): 22847-22864.

[27] HUANG B H, KANG Y H, CHEN Y H, et al. Fast quantum state engineering via universal SU(2) transformation[J]. Physical Review A, 2017, 96(2): 022314.

[28] LI Y C, MARTÍNEZ-CERCÓS D, MARTÍNEZ-GARAOT D, et al. Hamiltonian design to prepare arbitrary states of four-level systems[J]. Physical Review A, 2018, 97(1): 013830.

[29] KANG Y H, CHEN Y H, SHI Z C, et al. Pulse design for multilevel systems by utilizing Lie transforms[J]. Physical Review A, 2018, 97(3): 033407.

[30] TORRONTEGUI E, IBÁÑEZ S, CHEN X, et al. Fast atomic transport without vibrational heating[J]. Physical Review A, 2011, 83(1): 013415.

[31] LI Y, WU L A, WANG Y D, et al. Nondeterministic ultrafast ground-state cooling of a mechanical resonator[J]. Physical Review B, 2011, 84(9): 094502.

[32] BASON M G, VITEAU M, MALOSSI N, et al. High-fidelity quantum driving[J]. Nature Physics, 2012, 8: 147-152.

[33] UNANYAN R G, VITANOV N V, BERGMANN K. Preparation of entangled states by adiabatic passage[J]. Physical Review Letters, 2001, 87(13): 137902.

[34] FLEISCHHAUER M, IMAMOGLU A, MARANGOS J P. Electromagnetically induced transparency: Optics in coherent media[J]. Review of Modern Physics, 2005, 77(2): 633-673.

[35] SUN H, FAN S L, ZHANG H J, et al. Magneto-optical rotation in cavity QED with Zeeman coherence[J]. Physics Letters A, 2018, 382(23): 1556-1562.

[36] NIU Y P, GONG S Q, LI R X, et al. Creation of atomic coherent superposition states via the technique of stimulated Raman adiabatic passage using a Λ-type system with a manifold of levels[J]. Physical Review A, 2004, 70(2): 023805.

[37] SUN H, XU N, FAN S L, et al. Speeding up the creation of coherent superposition states by shortcut-to-adiabaticity means[J]. Annals of Physics, 2020, 418: 168200.

[38] BOSE S. Quantum communication through an unmodulated spin chain[J]. Physical Review Letters, 2003, 91(20): 207901.

[39] 李承祖, 陈平形, 梁林梅, 等. 量子计算机研究——原理和物理实现 [M]. 北京: 科学出版社, 2011.

[40] DIVINCENZO D P. The physical implementation of quantum computation[J]. Fortschritte der Physik, 2000, 48(9): 771-783.

[41] OTTAVIANI C, VITALI D, ARTONI M, et al. Polarization qubit phase gate in driven atomic media[J]. Physical Review Letters, 2003, 90(19): 197902.

[42] OTTAVIANI C, REBIC S, VITALI D, et al. Quantum phase-gate operation based on nonlinear optics: Full quantum analysis[J]. Physical Review A, 2006, 73(1): 010301.

[43] DUAN L M, CIRAC J I, ZOLLER P. Geometric manipulation of trapped ions for quantum computation[J]. Science, 2001, 292(5522): 1695-1697.

[44] WILCZEK F, ZEE A. Appearance of gauge structure in simple dynamical systems[J]. Physical Review Letters, 1984, 52(24): 2111-2114.

[45] UNANYAN R G, SHORE B W, BERGMANN K. Laser-driven population transfer in four-level atoms: Consequences of non-Abelian geometrical adiabatic phase factors[J]. Physical Review A, 1999, 59(4): 2910-2919.

[46] LOSS D, DIVINCENZO D P. Quantum computation with quantum dots[J]. Physical Review A, 1998, 57(1): 120-126.

[47] IMAMOĞLU A, AWSCHALOM D D, BURKARD G, et al. Quantum information processing using quantum dot spins and cavity QED[J]. Physical Review Letters, 1999, 83(20): 4204-4207.

[48] HANSON R, KOUWENHOVEN L P, PETTA J R, et al. Spins in few-electron quantum dots[J]. Review of Modern Physics, 2007, 79(4): 1217-1265.

[49] PRESS D, LADD T D, ZHANG B Y, et al. Complete quantum control of a single quantum dot spin using ultrafast optical pulses[J]. Nature, 2008, 456: 218-221.

[50] GREILICH A, ECONOMOU S E, SPATZEK S, et al. Ultrafast optical rotations of electron spins in quantum dots[J]. Nature Physics, 2009, 5: 262-266.

[51] 王取泉, 程木田, 刘绍鼎, 等. 基于半导体量子点的量子计算与量子信息 [M]. 合肥: 中国科技大学出版社, 2009.

[52] HEISS D, SCHAECK S, HUEBL H, et al. Observation of extremely slow hole spin relaxation in self-assembled quantum dots[J]. Physical Review B, 2007, 76(24): 241306.

[53] UNANYAN R G, FLEISCHHAUER M. Geometric phase gate without dynamical phases[J]. Physical Review A, 2004, 69(5): 050302(R).

第 4 章　电磁作用与应用

　　量子理论自建立起, 在原子光谱等领域取得了巨大成功。众所周知, 电磁相互作用也是迄今为止了解最为清楚的基本作用之一。非常自然的问题是量子理论是否能够推广至电磁相互作用系统, 推广之后是否同样成功。换句话说, 能否成功处理电磁相互作用下的可解问题可以进一步检验量子理论是否正确。基于上述考虑, 本章探讨的主要内容如下: ① 建立电磁场中的薛定谔方程; ② 探讨均匀磁场中原子能级的劈裂, 如原子的精细结构、塞曼效应等; ③ 朗道能级; ④ Aharonov-Bohm 效应; ⑤ 原子与电磁场相互作用半经典理论; ⑥ 广泛应用于光信息存储、诱导强非线性等方面的电磁感应透明。

4.1　电磁场中的薛定谔方程

　　在经典电动力学中[1], 一般用电场强度 $\vec{E}$ 和磁感应强度 $\vec{B}$ 来描述电磁场。为了数学处理的方便, 引入矢势 $\vec{A}$ 与标势 ϕ, 如下①:

$$\vec{E} = -\frac{\partial \vec{A}}{\partial t} - \nabla \phi \tag{4.1}$$

$$\vec{B} = \nabla \times \vec{A} \tag{4.2}$$

　　对存在电磁场时拉氏量密度做勒让德变换即可得哈密顿量密度。再由经典物理学中的最小电磁耦合原理可知, 对于电荷为 e 的电子, 高斯制下 $H - e\phi$ 与 $\vec{p} - e\vec{A}$ 之间的关系与不存在电磁场时磁场强度 H 与正则动量 $\vec{p}$ 之间的关系一样, 详细过程可参见文献 [2]。在建立薛定谔方程时, 已经引入了力学量算符化的正则量子化方案, 其数学表述为

$$E \to \mathrm{i}\hbar \frac{\partial}{\partial t}, \quad \vec{p} \to -\mathrm{i}\hbar \nabla$$

---

① 高斯制下为

$$\vec{E} = -\frac{1}{c}\frac{\partial \vec{A}}{\partial t} - \nabla \phi, \quad \vec{B} = \nabla \times \vec{A}$$

基于这个原理和正则量子化可知，存在电磁场时的量子化规则变为①

$$i\hbar\frac{\partial}{\partial t} \to i\hbar\frac{\partial}{\partial t} - e\phi \tag{4.3}$$

$$-i\hbar\nabla \to -i\hbar\nabla - e\vec{A} \tag{4.4}$$

通过上述量子化规则，将电磁势引入薛定谔方程。这样，便得到了存在电磁场时的薛定谔方程，如下：

$$i\hbar\frac{\partial\psi}{\partial t} = \left[\frac{1}{2m}\left(-i\hbar\nabla - e\vec{A}\right)^2 + V + e\phi\right]\psi \tag{4.5}$$

式中，V 表示其他保守力场，如库仑势。$\hat{\vec{P}} = \hat{p} - e\vec{A} = -i\hbar\nabla - e\vec{A}$ 是机械动量算符，$\hat{p}$ 为正则动量算符②。

4.1.1　洛伦兹力

质量为 m，电荷为 e 的粒子在电磁场中运动的哈密顿量为

$$H = \frac{1}{2m}\left(\vec{p} - e\vec{A}\right)^2 + e\phi \tag{4.6}$$

由哈密顿正则方程 $(\dot{x}_i = \partial_{p_i}H,\ \dot{p}_i = -\partial_{x_i}H)$ 有

$$\dot{x} = \frac{\partial H}{\partial p_x} = \frac{1}{m}\left(p_x - eA_x\right) \tag{4.7a}$$

$$\dot{y} = \frac{\partial H}{\partial p_y} = \frac{1}{m}\left(p_y - eA_y\right) \tag{4.7b}$$

$$\dot{z} = \frac{\partial H}{\partial p_z} = \frac{1}{m}\left(p_z - eA_z\right) \tag{4.7c}$$

式 (4.7a) 等号两边乘以 m，再对 t 微分，有

$$m\ddot{x} = \dot{p}_x - e\frac{\mathrm{d}A_x}{\mathrm{d}t} \tag{4.8}$$

考虑到 A_x 是空间 x、y、z 与时间 t 的函数，有

$$\frac{\mathrm{d}A_x}{\mathrm{d}t} = \frac{\partial A_x}{\partial t} + \frac{\partial A_x}{\partial x}\frac{\mathrm{d}x}{\mathrm{d}t} + \frac{\partial A_x}{\partial y}\frac{\mathrm{d}y}{\mathrm{d}t} + \frac{\partial A_x}{\partial z}\frac{\mathrm{d}z}{\mathrm{d}t} \tag{4.9}$$

---

① 此处的量子化规则只是一个假设，正确性按照其导出的结论与实验是否符合来决定。迄今为止的实验事实都证明这样的量子化规则是正确的。

② 没有电磁场时，机械动量与正则动量一样。但是存在电磁场时，由于电磁场的影响，粒子的正则动量和机械动量不一样。$\hat{p} = \hat{\vec{P}} + e\vec{A}/c$ 为正则动量，$\hat{\vec{P}} = m\vec{v}$ 为粒子的机械动量，粒子的速度算符 $\hat{v} = \hat{\vec{P}}/m = -(i\hbar\nabla + e\vec{A})/m$。正则量子化是将正则动量 $\vec{p}$，而不是机械动量 $\vec{P}$ 量子化为算符 $-i\hbar\nabla$，而且 $\hat{p} \to -i\hbar\nabla$ 的量子化方案只在直角坐标系中成立。

同时还有

$$\frac{\mathrm{d}p_x}{\mathrm{d}x} = \frac{e}{m}\left[(p_x - eA_x)\frac{\partial A_x}{\partial x} + (p_y - eA_y)\frac{\partial A_y}{\partial y} + (p_z - eA_z)\frac{\partial A_z}{\partial z}\right] - e\frac{\partial \phi}{\partial x}$$

$$= e\left(\frac{\mathrm{d}x}{\mathrm{d}t}\frac{\partial A_x}{\partial x} + \frac{\mathrm{d}y}{\mathrm{d}t}\frac{\partial A_y}{\partial y} + \frac{\mathrm{d}z}{\mathrm{d}t}\frac{\partial A_z}{\partial z}\right) - e\frac{\partial \phi}{\partial x} \tag{4.10}$$

这样式 (4.8) 可写为

$$m\ddot{x} = e\left(-\frac{\partial A_x}{\partial t} - \frac{\partial \phi}{\partial x}\right) + e\left[\frac{\mathrm{d}y}{\mathrm{d}t}\left(\frac{\partial A_y}{\partial x} - \frac{\partial A_x}{\partial y}\right) - \frac{\mathrm{d}z}{\mathrm{d}t}\left(\frac{\partial A_x}{\partial z} - \frac{\partial A_z}{\partial x}\right)\right]$$

$$= eE_x + e(v_y B_z - v_z B_y)$$

$$= e\left(\vec{E} + \vec{v} \times \vec{B}\right)_x \tag{4.11}$$

同样的计算可得

$$m\ddot{y} = e\left(\vec{E} + \vec{v} \times \vec{B}\right)_y \tag{4.12}$$

$$m\ddot{z} = e\left(\vec{E} + \vec{v} \times \vec{B}\right)_z \tag{4.13}$$

将上述分量式写成矢量形式，即可得洛伦兹力公式：

$$m\frac{\mathrm{d}^2\vec{r}}{\mathrm{d}t^2} = e\left(\vec{E} + \vec{v} \times \vec{B}\right) \tag{4.14}$$

4.1.2 概率守恒问题

一般情况下，矢势是空间与时间的函数，即 $\vec{A} = \vec{A}(\vec{r}, t)$，所以 $\hat{p}$ 与 $\vec{A}$ 不对易，$[\hat{p}, \vec{A}] = -\mathrm{i}\hbar\nabla \cdot \vec{A}$。在横场条件下，满足库仑规范 $\nabla \cdot \vec{A} = 0$，有 $[\hat{p}, \vec{A}] = 0$。这样，在电磁场中运动电子的哈密顿量可写为

$$\hat{H} = \frac{1}{2m}\left(\hat{\vec{p}} - e\vec{A}\right)^2 + e\phi + V$$

$$= \frac{1}{2m}\left(\hat{\vec{p}}^2 - 2e\vec{A}\cdot\hat{\vec{p}} + e^2\vec{A}^2\right) + e\phi + V \tag{4.15}$$

薛定谔方程可改写为

$$\mathrm{i}\hbar\frac{\partial\psi}{\partial t} = \left(\frac{\hat{\vec{p}}^2}{2m} - \frac{e}{m}\vec{A}\cdot\hat{\vec{p}} + \frac{e^2}{2m}\vec{A}^2 + V + e\phi\right)\psi \tag{4.16}$$

考虑到 $\hat{\vec{p}}^* = -\hat{\vec{p}}$，对式 (4.16) 取复数共轭，并利用库仑规范 $\nabla \cdot \vec{A} = 0$，整理可得

$$-\mathrm{i}\hbar\frac{\partial\psi^*}{\partial t} = \left(\frac{\hat{\vec{p}}^2}{2m} + \frac{e}{m}\vec{A}\cdot\hat{\vec{p}} + \frac{e^2}{2m}\vec{A}^2 + V + e\phi\right)\psi^* \tag{4.17}$$

由式 (4.16) 和式 (4.17) 有

$$\mathrm{i}\hbar\frac{\partial(\psi^*\psi)}{\partial t} = -\frac{\hbar^2}{2m}\left(\psi^*\nabla^2\psi - \psi\nabla^2\psi^*\right) + \frac{\mathrm{i}\hbar e}{m}\left(\psi^*A\nabla\psi + \psi A\nabla\psi^*\right)$$

整理后可得

$$\frac{\partial(\psi^*\psi)}{\partial t} + \frac{1}{2m}\nabla\cdot\left[(\psi^*\hat{p}\psi - \psi\hat{p}\psi^*) - 2eA\psi^*\psi\right] = 0 \tag{4.18}$$

概率密度可写为 $\rho = \psi^*\psi$，同时引入概率流 $\hat{\vec{j}}$：

$$\hat{\vec{j}} = \frac{1}{2m}\left[(\psi^*\hat{p}\psi - \psi\hat{p}\psi^*) - 2eA\psi^*\psi\right] \tag{4.19}$$

即可得概率流守恒方程：

$$\frac{\partial\rho}{\partial t} + \nabla\cdot\hat{\vec{j}} = 0 \tag{4.20}$$

由 $\hat{\vec{j}}$ 的表达式可知：

$$\begin{aligned}
\hat{\vec{j}} &= \frac{1}{2m}\left[(\psi^*\hat{p}\psi - \psi\hat{p}\psi^*) - 2eA\psi^*\psi\right] \\
&= \frac{1}{2m}\left[\psi^*\left(\hat{p} - e\vec{A}\right)\psi + \psi\left(\hat{p} - e\vec{A}\right)^*\psi^*\right]
\end{aligned} \tag{4.21}$$

与没有电磁场时概率流 $\hat{\vec{j}}$ 的形式比较，由于机械动量做了相应的替换 $\hat{p} \to \hat{p} - e\vec{A}$，从而概率流密度有相应的变化。

4.1.3 规范不变性问题

由麦克斯韦方程组可知，如果对电磁势 $(\vec{A}, \mathrm{i}\phi)$ 作如下变换：

$$\vec{A} \to \vec{A}' = \vec{A} + \nabla\chi \tag{4.22}$$

$$\phi \to \phi' = \phi - \frac{\partial\chi}{\partial t} \tag{4.23}$$

电磁场的电场强度 $\vec{E}$ 与磁感应强度 $\vec{B}$ 不变，因此该变换也称为规范变换。对于经典场而言，同样的电磁场 ($\vec{E}$、$\vec{B}$ 相同) 对应多个电磁势。这样相差一个规范变换的电磁势会不会带来不同的结果呢？换句话说，对于两组电磁势 $(\vec{A}, \phi)$ 和 $(\vec{A}', \phi')$，其对应的哈密顿量分别为

$$\hat{H} = \frac{1}{2m}\left(\hat{p} - e\vec{A}\right)^2 + e\phi + V \tag{4.24}$$

$$\hat{H}' = \frac{1}{2m}\left(\hat{\vec{p}} - e\vec{A}'\right)^2 + e\phi' + V \tag{4.25}$$

这两个不同的哈密顿量对应同样的电磁场，描述粒子状态的薛定谔方程应该满足相同的形式，否则物理规律就变了。如果能找到形式一致的波函数 ψ'，ψ 的形式如何呢？

对于任意可微函数 $\chi(\vec{r}, t)$ (有磁通量纲)，可以证明，如果对波函数作如下相位变换 (相因子依赖于空间参数 $\vec{r}$，是定域的)：

$$\psi \to \psi' = \mathrm{e}^{\mathrm{i}e\chi/\hbar}\psi \tag{4.26}$$

则方程 (4.5) 的形式在电磁势规范变换下保持不变。

证明：要证明有上述规范变换和规范不变性，只需证明规范变换后的矢势 $\vec{A}'$、标势 ϕ' 和波函数 ψ' 满足方程：

$$\mathrm{i}\hbar\frac{\partial \psi'}{\partial t} = \left[\frac{1}{2m}\left(\hat{\vec{p}} - e\vec{A}'\right)^2 + V + e\phi'\right]\psi' \tag{4.27}$$

将 ψ' 代入式 (4.27) 等号左边有

$$\mathrm{l.h.s.} = \mathrm{i}\hbar\frac{\partial}{\partial t}\mathrm{e}^{\mathrm{i}e\chi/\hbar}\psi$$
$$= \mathrm{e}^{\mathrm{i}e\chi/\hbar}\left(\mathrm{i}\hbar\frac{\partial}{\partial t} - e\frac{\partial}{\partial t}\chi\right)\psi$$

再将 $\vec{A}'$、ϕ'、ψ' 代入式 (4.27) 等号右边，由于：

$$\left(\hat{\vec{p}} - e\vec{A}'\right)\psi' = \left(\hat{\vec{p}} - e\vec{A}'\right)\mathrm{e}^{\mathrm{i}e\chi/\hbar}\psi$$
$$= \mathrm{e}^{\mathrm{i}e\chi/\hbar}(\nabla\chi)\psi + \mathrm{e}^{\mathrm{i}e\chi/\hbar}\hat{\vec{p}}\psi - e\left(\vec{A} + \nabla\chi\right)\mathrm{e}^{\mathrm{i}e\chi/\hbar}\psi$$
$$= \mathrm{e}^{\mathrm{i}e\chi/\hbar}\left(\hat{\vec{p}} - e\vec{A}\right)\psi$$

因此式 (4.27) 等号右边为

$$\mathrm{r.h.s.} = \mathrm{e}^{\mathrm{i}e\chi/\hbar}\left[\frac{1}{2m}\left(\hat{\vec{p}} - e\vec{A}\right)^2 + V + e\left(\phi - \frac{\partial}{\partial t}\chi\right)\right]\psi$$

由此即可得规范变换前电磁场中的薛定谔方程，即方程 (4.5)。

下面对上述规范变换进行简单的讨论。

(1) 计算结果表明，式 (4.24) 与式 (4.25) 两个哈密顿量描写的系统，只是波函数有个对应的变换，称为波函数的规范变换。因此，存在电磁场作用的量子力学系统在如下规范变换下不变：

$$\vec{A} \to \vec{A}' = \vec{A} + \nabla\chi \tag{4.28a}$$

$$\phi \to \phi' = \phi - \partial_t \chi \tag{4.28b}$$

$$\psi \to \psi' = \mathrm{e}^{\mathrm{i}e\chi/\hbar}\psi \tag{4.28c}$$

这种不变性为规范不变性。如果 χ 是空间的函数，则称为定域的规范不变性；如果 χ 是常数，则称为整体的规范不变性。

(2) 虽然电磁场是确定的，但是由于电磁势是不确定的，它们彼此之间可以相差任一定域规范变换，因此这时粒子的波函数就可以有一个定域 (与空间位置相关) 的任意相位因子。

(3) 薛定谔方程在定域规范变换下的不变性是一种对称性，这种变换并不影响可观测量，如 $|\psi'|^2 = |\psi|^2$。

4.2　均匀磁场中原子能级的劈裂

1896 年荷兰物理学家塞曼使用凹形罗兰光栅观察置于磁场中的钠光源光谱线时，在磁场外垂直于磁力线方向观察到纳的 D 线，出现展宽现象，这种展宽现象实际上是谱线发生了分裂。后来人们把这种在磁场下谱线发生分裂的现象称为塞曼效应。谱线的分裂源自磁场中原子的能级劈裂，本节分不同情况详细探讨均匀磁场中原子能级的劈裂。

4.2.1　哈密顿量

将原子置于均匀磁场中 $(\phi = 0)$，体系的哈密顿量为 $(e > 0)$

$$\begin{aligned}
\hat{H} &= \frac{1}{2m}\left(\hat{\vec{p}} + e\vec{A}\right)^2 + V(r) + \xi(r)\hat{\vec{l}} \cdot \hat{\vec{s}} - \vec{\mu}_s \cdot \vec{B} \\
&= \hat{H}_0 + \frac{e}{m}\vec{A} \cdot \hat{\vec{p}} + \frac{e^2}{2m}\vec{A}^2 + \xi(r)\hat{\vec{l}} \cdot \hat{\vec{s}} - \vec{\mu}_s \cdot \vec{B}
\end{aligned} \tag{4.29}$$

式中，

$$\hat{H}_0 = \frac{\hat{\vec{p}}^2}{2m} + V(r) \tag{4.30}$$

表示不考虑自旋–轨道耦合，且没有电磁场加入时体系的哈密顿量。式 (4.29) 等号右边的 $\xi(r)\hat{\vec{l}} \cdot \hat{\vec{s}}$ 与 $-\vec{\mu}_s \cdot \vec{B}$ 分别表示由于自旋–轨道耦合和自旋磁矩与磁场耦合带来的附加能量，其中：

$$\xi(r) = \frac{1}{2m^2 r}\frac{\mathrm{d}V}{\mathrm{d}r}$$

$$-\vec{\mu}_s \cdot \vec{B} = \frac{e}{m}\vec{s} \cdot \vec{B}$$

对于均匀磁场，考虑如下计算[①]：

$$\nabla \times \left(\frac{1}{2}\vec{B} \times \vec{r}\right) = \frac{1}{2}\left[(\nabla \cdot \vec{r})\vec{B} - (\vec{B} \cdot \nabla)\vec{r}\right]$$

$$= \frac{1}{2}(3\vec{B} - \vec{B}) = \vec{B} \tag{4.31}$$

与 $\vec{B} = \nabla \times \vec{A}$ 比较可得

$$\vec{A} = \frac{1}{2}\vec{B} \times \vec{r} \tag{4.32}$$

利用上述结果，可将哈密顿量式 (4.29) 第二行中第二项化简如下：

$$\frac{e}{m}\vec{A} \cdot \hat{p} = \frac{e}{2m}\left(\vec{B} \times \vec{r}\right) \cdot \hat{p}$$

$$= \frac{e}{2m}\left(\vec{r} \times \hat{p}\right) \cdot \vec{B}$$

$$= \frac{e}{2m}\hat{\vec{l}} \cdot \vec{B} = -\vec{\mu}_l \cdot \vec{B}$$

式中，$\vec{\mu}_l = -(e/2m)\hat{\vec{l}}$ 是原子的轨道磁矩。化简式 (4.29) 第二行第三项有

$$\frac{e^2}{2m}\vec{A}^2 = \frac{e^2}{8m}\left(\vec{B} \times \vec{r}\right)^2 = \frac{e^2}{8m}\vec{B} \cdot \left[\vec{r} \times \left(\vec{B} \times \vec{r}\right)\right]$$

$$= \frac{e^2}{8m}\vec{B} \cdot \left[(\vec{r} \cdot \vec{r})\vec{B} - \left(\vec{r} \cdot \vec{B}\right)\vec{r}\right]$$

$$= \frac{e^2}{8m}\left[\vec{r}^2\vec{B}^2 - \left(\vec{r} \cdot \vec{B}\right)^2\right]$$

$$= \frac{e^2}{8m}B^2 r^2 \sin^2\left(\hat{B} \cdot \vec{r}\right)$$

计算结果表明，哈密顿量式 (4.29) 第二行中的 $\vec{A} \cdot \hat{p}$ 表征原子轨道磁矩与磁场的耦合。假定外加磁场 $\vec{B}$ 在 z 方向，即 $\vec{B} = B\hat{e}_z$，则系统哈密顿量为

$$\hat{H} = \hat{H}_0 + \xi(r)\hat{\vec{l}} \cdot \hat{\vec{s}} + \frac{eB}{2m}\left(\hat{l}_z + 2\hat{s}_z\right) + \frac{e^2 B^2}{8m}(x^2 + y^2) \tag{4.33}$$

下面对系统哈密顿量式 (4.33) 中 B 的一次幂和二次幂予以估算。对于原子 $(x^2 + y^2) \sim \rho_B^2 \sim (10^{-8}\ \text{cm})^2$，有

$$\frac{B^2\ \text{项}}{B\ \text{项}} \sim \frac{eB(x^2 + y^2)}{4\hbar} \tag{4.34}$$

① 运算过程中用到公式：

$$\nabla \times (\vec{A} \times \vec{B}) = (\vec{B} \cdot \nabla)\vec{A} + \vec{A}(\nabla \cdot \vec{B}) - (\vec{A} \cdot \nabla)\vec{B} - \vec{B}(\nabla \cdot \vec{A}) \tag{4.35}$$

如果磁场不太强, 如 $B = 10^5 \text{G}$, 估算值小于 10^{-4}。与 B 的一次幂项相比, B^2 项可以略去。因此, 考虑自旋磁矩和轨道磁矩与外磁场的耦合, 以及自旋角动量与轨道角动量的耦合这三项附加能, 再略去 $\vec{A}^2$ 项, 即得均匀磁场下系统的哈密顿量为

$$\hat{H} = \hat{H}_0 + \xi(r)\hat{\vec{l}} \cdot \hat{\vec{s}} + \frac{eB}{2m}(\hat{l}_z + 2\hat{s}_z)$$
$$= \hat{H}_0 + \alpha\hat{\vec{l}} \cdot \hat{\vec{s}} + \beta(\hat{l}_z + 2\hat{s}_z) \tag{4.36}$$

为了将角动量 $\hat{\vec{l}}$、$\hat{\vec{s}}$ 无量纲化, 式 (4.36) 中引入具有能量量纲的参数 α 与 β:

$$\alpha = \xi\hbar^2, \quad \beta = \frac{eB}{2m} \tag{4.37}$$

则哈密顿量可写为

$$\hat{H} = \hat{H}_0 + \alpha\hat{\vec{l}} \cdot \hat{\vec{s}} + \beta(\hat{l}_z + 2\hat{s}_z) \tag{4.38}$$

4.2.2　定态薛定谔方程

对上述系统, 可验证 $[\hat{H}, \hat{\vec{l}}^2] = [\hat{H}, \hat{\vec{s}}^2] = [\hat{H}, \hat{j}_z] = 0$, $[\hat{\vec{j}}^2, \hat{s}_z] \neq 0$, 因此 $\hat{\vec{j}}^2$ 不再是守恒量, j 也不再是好量子数。此时选择 $\{\hat{H}, \hat{\vec{l}}^2, \hat{\vec{s}}^2, \hat{j}_z\}$ 为力学量完备集, 好量子数是 n、l、s、m_j。在这几个好量子数均有确定值的耦合子空间中, j 的取值有两个, $j = l \pm 1/2$。借用角动量升降算符与泡利算符, $\hat{H}$ 可改写为[①]

$$\hat{H} = \hat{H}_0 + \beta\hat{l}_z + \left(\frac{\alpha}{2}\hat{l}_z + \beta\right)\hat{\sigma}_z + \frac{\alpha}{2}(\hat{l}_-\hat{\sigma}_+ + \hat{l}_+\hat{\sigma}_-)$$
$$= \begin{pmatrix} \hat{H}_0 + \beta\hat{l}_z + (\beta + \alpha\hat{l}_z/2) & \alpha\hat{l}_-/2 \\ \alpha\hat{l}_+/2 & \hat{H}_0 + \beta\hat{l}_z - (\beta - \alpha\hat{l}_z/2) \end{pmatrix} \tag{4.39}$$

对应的定态薛定谔方程为

$$\begin{pmatrix} \hat{H}_0 + \beta\hat{l}_z + (\beta + \alpha\hat{l}_z/2) & \alpha\hat{l}_-/2 \\ \alpha\hat{l}_+/2 & \hat{H}_0 + \beta\hat{l}_z - (\beta - \alpha\hat{l}_z/2) \end{pmatrix}|nlm_j\rangle = E|nlm_j\rangle \tag{4.40}$$

因为 m_j 是好量子数, 当 m_j 固定时, 态 $|nlm_j\rangle$ 中的量子数 j 并不固定, 因此态 $|nlm_j\rangle$ 并不是前面讨论过的耦合表象基矢。但由关系式 $m_j = m + m_s$ 可知, m_j 确定时, m 可以有两个取值, 记二者中较小者为 m, 可将态 $|nlm_j\rangle$ 按无耦合表象基矢展开, 形式如下:

$$|nlm_j\rangle = r_1|nlm\rangle + r_2|nl, m+1\rangle, \quad m = m_j - 1/2 \tag{4.41}$$

---

① 径向半径 r 函数的自旋-轨道耦合强度 $\xi = \xi(r)$ 只与好量子数 n, l 有关, 因此在耦合子空间中, 自旋-轨道耦合强度可用其平均值代替, 即 $\xi_{nl} = \langle nl|\xi(r)|nl\rangle$。

将其代入薛定谔方程, 根据角动量升降算符运算规则式 (2.114) 与式 (2.115), 并注意态 $|nlm_j\rangle$ 是哈密顿量 $\hat{H}$ 的本征态, 即 $\hat{H}_0|nlm_j\rangle = E_{nl}|nlm_j\rangle$, 可得

$$\left[\left(\beta + \frac{\alpha}{2}\right)m + \beta + E_{nl} - E\right]r_1 + \left[\frac{\alpha}{2}\sqrt{l(l+1) - m(m+1)}\right]r_2 = 0$$

$$\left[\frac{\alpha}{2}\sqrt{l(l+1) - m(m+1)}\right]r_1 + \left[\left(\beta - \frac{\alpha}{2}\right)(m+1) - \beta + E_{nl} - E\right]r_2 = 0$$

联立上述两方程, 由 r_1、r_2 有非平庸解的条件是系数行列式等于零, 即可得能量本征值为

$$E_\pm = E_{nl} + m\beta + \frac{\beta}{2} - \frac{\alpha}{4} \pm \frac{1}{2}\sqrt{\alpha^2\left(l + \frac{1}{2}\right)^2 + \alpha\beta(2m+1) + \beta^2} \tag{4.42}$$

将本征值代入定态薛定谔方程 (4.40), 可得展开系数:

$$r_{1+} = \sqrt{\frac{1}{2} + \frac{\alpha(m+1/2) + \beta}{2\sqrt{\alpha^2(l+1/2)^2 + \beta^2 + 2\alpha\beta(m+1/2)}}} \tag{4.43}$$

$$r_{2+} = \sqrt{\frac{1}{2} - \frac{\alpha(m+1/2) + \beta}{2\sqrt{\alpha^2(l+1/2)^2 + \beta^2 + 2\alpha\beta(m+1/2)}}} \tag{4.44}$$

$$r_{1-} = -\sqrt{\frac{1}{2} - \frac{\alpha(m+1/2) + \beta}{2\sqrt{\alpha^2(l+1/2)^2 + \beta^2 + 2\alpha\beta(m+1/2)}}} \tag{4.45}$$

$$r_{2-} = \sqrt{\frac{1}{2} + \frac{\alpha(m+1/2) + \beta}{2\sqrt{\alpha^2(l+1/2)^2 + \beta^2 + 2\alpha\beta(m+1/2)}}} \tag{4.46}$$

这样定态波函数可表示为

$$|\pm nlm_j\rangle = (r_{1\pm}|nlm\rangle + r_{2\pm}|nl, m+1\rangle)\,\mathrm{e}^{iE_\pm t/\hbar} \tag{4.47}$$

计算中用到等式:

$$\alpha\sqrt{(l+m+1)(l-m)}$$

$$= \left\{\left[\sqrt{\alpha^2\left(l + \frac{1}{2}\right)^2 + \alpha\beta(2m+1) + \beta^2} - \alpha\left(m + \frac{1}{2}\right) - \beta\right]\right.$$

$$\left.\times \left[\sqrt{\alpha^2\left(l + \frac{1}{2}\right)^2 + \alpha\beta(2m+1) + \beta^2} + \alpha\left(m + \frac{1}{2}\right) + \beta\right]\right\}^{1/2}$$

4.2.3 精细结构和塞曼效应及帕邢–巴克效应

1. 精细结构

如果只考虑电子自旋–轨道耦合，不考虑磁矩与外加磁场的耦合，即 $\beta = 0$，由式 (4.42) 有

$$E_+ = E_{nl} + \frac{\alpha}{2}l \tag{4.48}$$

$$E_- = E_{nl} - \frac{\alpha}{2}(l+1) \tag{4.49}$$

相应展开系数为

$$r_{1+} = \sqrt{\frac{l+m+1}{2l+1}}, \quad r_{2+} = \sqrt{\frac{l-m}{2l+1}} \tag{4.50}$$

$$r_{1-} = -\sqrt{\frac{l-m}{2l+1}}, \quad r_{2-} = \sqrt{\frac{l+m+1}{2l+1}} \tag{4.51}$$

由于没有轨道磁矩和自旋磁矩与磁场的耦合，该系统总角动量 $\hat{j} = \hat{l} + \hat{s}$ 是守恒量，相应量子数 j 也是好量子数。这时所要求解的定态薛定谔方程波函数退化为耦合表象的基矢，分别对应轨道角动量与自旋角动量平行耦合 $(j = l + s)$ 与反平行耦合 $(j = l - s)$ 的情形。因此，展开系数是将耦合表象按无耦合表象展开时的 C-G 系数，得到的展开系数也证明了这一点。如图 4.1 所示，碱金属原子的精细结构正是此种情形。

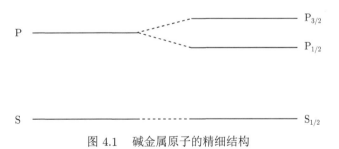

图 4.1　碱金属原子的精细结构

2. 塞曼效应

当 $\beta \ll \alpha$ 时，外磁场比较弱，轨道磁矩和自旋磁矩与磁场发生耦合的强度与自旋–轨道耦合的强度相比较，可视为微扰。这时可将式 (4.42) 按 β 展开，并保留至一阶，有

$$E_+ = E_{nl} + \frac{l}{2}\alpha + \frac{2l+2}{2l+1}m_j\beta, \quad j = l + \frac{1}{2} \tag{4.52}$$

$$E_- = E_{nl} - \frac{l+1}{2}\alpha + \frac{2l}{2l+1}m_j\beta, \quad j = l - \frac{1}{2} \tag{4.53}$$

此时，由于自旋–轨道耦合，量子数 j 为半整数，m_j 有偶数个取值，这正是反常塞曼效应。例如，钠原子与弱磁场耦合后，$3P_{1/2}$ 态与 $3P_{3/2}$ 态分别分裂成 2 个与 4 个能级，往 $3S_{1/2}$ 态跃迁的谱线 (D_1 线与 D_2 线) 也自然进一步分裂为多条，如图 4.2 所示。

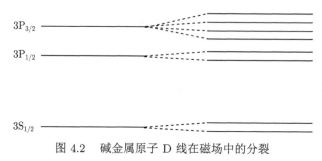

图 4.2   碱金属原子 D 线在磁场中的分裂

如果没有自旋–轨道耦合，即 $\alpha = 0$，由于总自旋角动量为零，没有自旋磁矩，只存在轨道磁矩与磁场的耦合，哈密顿量退化为 $\hat{H}_0 + \beta \hat{l}_z$。此时，$\hat{\vec{l}}^2$ 和 $\hat{l}_z$ 都是守恒量，相应的 l 和 m 是好量子数，定态薛定谔方程为

$$(\hat{H}_0 + \beta \hat{l}_z)|nlm\rangle = E_{nlm}|nlm\rangle \tag{4.54}$$

系统的能谱与定态波函数分别为

$$E_{nlm} = E_{nl} + m\beta \tag{4.55}$$

$$|nlm\rangle = |nlm\rangle \mathrm{e}^{-\mathrm{i}E_{nlm}t/\hbar} \tag{4.56}$$

磁量子数 m 有 $2l+1$ 个取值，因此相应的跃迁谱线也由原来的 1 条分裂成间距为 β 的 $2l+1$ 条，这正是正常塞曼效应。

3. 帕邢–巴克效应

如果外磁场很强 $(\alpha \ll \beta)$，且轨道磁矩和自旋磁矩与外磁的耦合远大于自旋–轨道耦合，自旋–轨道耦合作用可以忽略。假定 $\alpha = 0$，此时定态薛定谔方程退化为

$$\left[H_0 + \beta(\hat{l}_z + \hat{\sigma}_z) \right] |nlm\rangle = E|nlm\rangle \tag{4.57}$$

系统的能谱为

$$E_+ = E_{nl} + (m+1)\beta \tag{4.58}$$

$$E_- = E_{nl} + m\beta \tag{4.59}$$

对应的定态波函数为

$$|+\rangle = |nl, m+1\rangle \tag{4.60}$$

$$|-\rangle = |nlm\rangle \tag{4.61}$$

由于外磁场的加入，磁量子数 m 的作用显现出来，能级简并被消除。这便是帕邢–巴克效应。

4.3　朗　道　能　级

由经典电磁场理论可知，入射到恒磁场中的经典带电粒子将在一定的柱面上做螺旋运动，并且回旋半径与回旋频率是定值。如果是量子带电粒子，结果有何不同？这一节研究量子带电粒子在恒定磁场中的运动。出发点仍然是带电粒子的定态薛定谔方程，重点探讨在恒磁场中运动的带电粒子能谱和波函数的主要特性，即朗道能级。对于恒磁场，虽然磁感应强度 $\vec{B}$ 是常矢量，但相应电磁势有多种选取方式，不同选取方式之间相差一个规范变换。这里讨论两种情况，不对称规范与对称规范。

4.3.1　不对称规范

假定恒磁场沿 $\vec{B}$ 方向，磁感应强度可表示为 $\vec{B} = (0,\ 0,\ B)$。选取不对称规范，矢势与标势分别为

$$\vec{A} = (-By,\ 0,\ 0), \quad \phi = 0 \tag{4.62}$$

质量为 M，电量为 q 的粒子的哈密顿量为

$$
\begin{aligned}
\hat{H} &= \frac{1}{2M}\left(\hat{\vec{p}} - q\vec{A}\right)^2 \\
&= \frac{1}{2M}\left[(\hat{p}_x + qBy)^2 + \hat{p}_y^2 + \hat{p}_z^2\right]
\end{aligned} \tag{4.63}
$$

定态薛定谔方程可写为

$$\left(-\frac{\hbar^2}{2M}\nabla^2 - \mathrm{i}\frac{\hbar qB}{M}y\frac{\partial}{\partial x} + \frac{q^2 B^2}{2M}y^2\right)\psi(\vec{r}) = E\psi(\vec{r}) \tag{4.64}$$

容易验算，有

$$[\hat{p}_x,\ \hat{H}] = [\hat{p}_z,\ \hat{H}] = [\hat{p}_x,\ \hat{p}_z] = 0 \tag{4.65}$$

式中，$\hat{p}_x$、$\hat{p}_z$ 是守恒量，力学量完备集为 $\{\hat{H},\hat{p}_x,\hat{p}_z\}$。因此，带电粒子在 x 和 z 方向表现为自由运动，相应的动能分别为 $p_x^2/2M$ 和 $p_z^2/2M$。将波函数 $\psi(\vec{r})$ 写为 $\psi(\vec{r})=\mathrm{e}^{\mathrm{i}(p_x x+p_z z)/\hbar}\psi(y)$，并代入式 (4.64)，有

$$
\begin{aligned}
\text{l.h.s.} &= \left[-\frac{\hbar^2}{2M}\nabla^2 - \mathrm{i}\frac{\hbar qB}{M}y\frac{\partial}{\partial x} + \frac{q^2B^2}{2M}y^2\right]\mathrm{e}^{\mathrm{i}(p_x x+p_z z)/\hbar}\psi(y)\\
&= \left[-\frac{\hbar^2}{2M}\frac{\mathrm{d}^2}{\mathrm{d}y^2} + \frac{p_x^2}{2M} - \frac{qBp_x}{M}y + \frac{q^2B^2}{2M}y^2 + \frac{p_z^2}{2M}\right]\mathrm{e}^{\mathrm{i}(p_x x+p_z z)/\hbar}\psi(y)\\
&= \left[-\frac{\hbar^2}{2M}\frac{\mathrm{d}^2}{\mathrm{d}y^2} + \frac{1}{2}M\left(\frac{qB}{M}\right)^2\left(y-\frac{p_x}{qB}\right)^2 + \frac{p_z^2}{2M}\right]\mathrm{e}^{\mathrm{i}(p_x x+p_z z)/\hbar}\psi(y)
\end{aligned}
$$

取

$$
\omega = \frac{|qB|}{M}, \quad y_0 = \frac{p_x}{qB}, \quad \mathcal{E} = E - \frac{p_z^2}{2M} \tag{4.66}
$$

定态薛定谔方程可简化为

$$
-\frac{\hbar^2}{2M}\frac{\mathrm{d}^2\psi(y)}{\mathrm{d}y^2} + \frac{1}{2}M\omega^2(y-y_0)^2\psi(y) = \mathcal{E}\psi(y) \tag{4.67}
$$

式 (4.67) 正是 y 方向的谐振子方程，振荡频率为 ω，平衡位置为 y_0。根据谐振子已有结论，可以得到该粒子能谱为

$$
E_n = \hbar\omega\left(n+\frac{1}{2}\right) + \frac{p_z^2}{2M}, \quad n=0,1,2,\cdots \tag{4.68}
$$

相应波函数为

$$
\begin{aligned}
\psi_{p_x,p_z,n} = {}& N\mathrm{e}^{\mathrm{i}(p_x x+p_z z)/\hbar}\exp\left[-\frac{|qB|}{2\hbar}\left(y-\frac{p_x}{qB}\right)^2\right]\\
&\times H_n\left[\sqrt{\frac{|qB|}{\hbar}}\left(y-\frac{p_x}{qB}\right)\right]
\end{aligned} \tag{4.69}
$$

式中，H_n 为厄米多项式。

从能谱上看，能量本征谱是连续背景下的等间距分立谱，称为朗道能级。量子带电粒子入射到恒磁场中，$x-z$ 平面内表现为以平面波形式移动，y 方向表现为绕平衡平面 $y=y_0$ 的振动。由于动量 $\hat{p}_x$ 的本征态不出现在能级中，所以带电粒子在磁场中运动的能级一般是无穷简并的，因此每个能级上可以容纳大量带电粒子。

4.3.2　对称规范

选择矢势 $\vec{A}$ 为 $\vec{A} = (-By/2,\ Bx/2,\ 0)$，粒子哈密顿量为

$$\hat{H} = \frac{1}{2M}\left[\left(\hat{p}_x + \frac{1}{2}qBy\right)^2 + \left(\hat{p}_y - \frac{1}{2}qBx\right)^2 + \hat{p}_x^2\right]$$

$$= \frac{1}{2M}\left[\hat{p}_x^2 + \hat{p}_y^2 + \hat{p}_z^2 + \frac{1}{4}(qB)^2(x^2 + y^2) - \frac{1}{2}(y\hat{p}_x - x\hat{p}_y)\right] \tag{4.70}$$

转入柱坐标[①]，粒子哈密顿量为

$$\hat{H} = -\frac{\hbar^2}{2Mr}\frac{\partial}{\partial r}\left(r\frac{\partial}{\partial r}\right) + \frac{1}{8M}(qB)^2 r^2 + \frac{1}{2Mr^2}\hat{l}_z^2 - \frac{qB}{2M}\hat{l}_z + \frac{1}{2M}\hat{p}_z^2 \tag{4.71}$$

哈密顿量式 (4.71) 等号右边第一项与第二项描述电子在外磁场垂直方向，也就是径向 $\hat{e}_r$ 的行为；第三项与第四项描述绕磁场的转动；最后一项描述波函数沿磁场方向 z 的自由运动。由该哈密顿量有

$$[\hat{H}, \hat{p}_z] = [\hat{H}, \hat{l}_z] = [\hat{l}_z, \hat{p}_z] = 0 \tag{4.72}$$

力学量 $\hat{p}_z$ 和 $\hat{l}_z$ 是守恒量，选择力学量完备集为 $\{\hat{H}, \hat{p}_z, \hat{l}_z\}$。可以将波函数写成

$$\psi(r, \varphi, z) = \mathrm{e}^{\mathrm{i}p_z z/\hbar}\mathrm{e}^{\mathrm{i}m\varphi}R(r) \tag{4.73}$$

将式 (4.73) 代入定态薛定谔方程有

$$R''(r) + \frac{1}{r}R'(r) + \left[\frac{2M}{\hbar^2}\left(E - \frac{p_z^2}{2M} + \frac{qBm\hbar}{2M}\right) - \left(\frac{qB}{2\hbar}\right)^2 r^2 - \frac{m^2}{r^2}\right] = 0 \tag{4.74}$$

将方程无量纲化，取 $\alpha = \sqrt{|qB|/2\hbar}$，$\xi = \alpha r$，并令

$$\beta = \frac{4M}{\hbar|qB|}\left(E - \frac{p_z^2}{2M} + \frac{qBm\hbar}{2M}\right) \tag{4.75}$$

代入方程 (4.74)，可将 $R(r)$ 的方程改写成关于 $u(\xi)$ 的方程：

$$u''(\xi) + \frac{1}{\xi}u'(\xi) + \left(\beta - \xi^2 - \frac{m^2}{\xi^2}\right)u(\xi) = 0 \tag{4.76}$$

对原点与无穷远处渐进行为的分析，可令

$$u(\xi) = \xi^{|m|}\mathrm{e}^{-\xi^2/2}v(\xi) \tag{4.77}$$

---

① 柱坐标下有

$$x = r\cos\varphi, \quad y = r\sin\varphi$$

薛定谔方程变为

$$v''(\xi) + 2\left(\frac{|m|+1}{\xi} - \xi\right)v'(\xi) + 4n_r v(\xi) = 0 \tag{4.78}$$

式中，$4n_r = \beta - 2|m| - 2$。取 $\eta = \xi^2$，$v(\xi) \to w(\xi)$，则可将方程 (4.78) 化为合流超比方程：

$$\eta w''(\xi) + \left(|m| + \frac{3}{2} - \eta\right)w'(\xi) + n_r w(\xi) = 0 \tag{4.79}$$

方程 (4.79) 的解为合流超比级数 $F(-n_r, |m| + 3/2, \eta)$。当且仅当

$$n_r = 0, 1, 2, \cdots \tag{4.80}$$

时才有正则解。这样可得

$$E = \hbar\omega\left(n + \frac{1}{2}\right) + \frac{p_z^2}{\hbar^2}, \quad n = 0, 1, 2, \cdots \tag{4.81}$$

式中，

$$\omega = \frac{|qB|}{M} \tag{4.82}$$

$$n = n_r + \frac{1}{2}\left(|m| + \frac{qB}{|qB|}m\right), \quad m = 0, \pm 1, \pm 2, \cdots \tag{4.83}$$

$$n_r = 0, 1, 2, \cdots \tag{4.84}$$

这时，带电粒子沿磁场方向 z 平动，同时绕磁场方向转动，而且在垂直于磁场的 r 方向有聚散。

4.4 Aharonov-Bohm 效应

经典电磁场理论中，描述电磁场的基本物理量是电场强度 $\vec{E}$ 和磁感应强度 $\vec{B}$。出于数学上的考虑，引入了两个辅助量，电磁矢势 $\vec{A}$ 和标势 ϕ。当初这两个物理量只是为了计算方便而引入的数学工具，并不具有物理意义，只有在规范变换下不变的电场强度 $\vec{E}$ 与磁感应强度 $\vec{B}$ 才具有物理意义。在量子力学中，薛定谔方程具有定域规范变换不变性，即电磁势经规范变换时只需给波函数增加一个相位因子，即可保持薛定谔方程形式不变。那么，是否真的和经典电动力学一样，只有电磁场的场强才具备可观测性，电磁势不具有直接可观测的物理效应呢？1959 年 Aharonov 和 Bohm 在研究经典电动力学和量子力学关于带电粒子的基本动力学方程时，首先发现了两者之间的差异。进一步地深入研究发现，电磁矢势 $\vec{A}$ 和标势 ϕ 具有可以观测的物理效应，也就是 Aharonov-Bohm 效应，简称 AB 效应[3]。

4.4.1　磁 AB 效应

电磁场中的带电粒子满足如下定态薛定谔方程:

$$\left[\frac{1}{2m}\left(\hat{\vec{p}}-q\vec{A}\right)^2+V\right]\psi(\vec{r})=E\psi(\vec{r}) \tag{4.85}$$

如果 $\vec{A}$ 和 V 都与时间 t 无关, 可以证明上述定态薛定谔方程的解可写成

$$\psi(\vec{r})=\tilde{\psi}(\vec{r})\exp\left[\frac{\mathrm{i}q}{\hbar}\int_{s(\vec{r})}\vec{A}(\vec{r}')\cdot\mathrm{d}\vec{r}'\right] \tag{4.86}$$

式中，$s(\vec{r})$ 表示任意可连续变形的积分路径；$\tilde{\psi}(\vec{r})$ 满足如下方程:

$$\left(\frac{\hat{\vec{p}}^2}{2m}+V\right)\tilde{\psi}(\vec{r})=E\tilde{\psi}(\vec{r}) \tag{4.87}$$

证明: 由波函数 $\psi(\vec{r})$ 的形式解, 有

$$\begin{aligned}
\left(\hat{\vec{p}}-q\vec{A}\right)\psi(\vec{r})&=\left(\hat{\vec{p}}-q\vec{A}\right)\tilde{\psi}(\vec{r})\exp\left[\frac{\mathrm{i}q}{\hbar}\int_{s(\vec{r})}\vec{A}(\vec{r}')\cdot\mathrm{d}\vec{r}'\right]\\
&=\exp\left[\frac{\mathrm{i}q}{\hbar}\int_{s(\vec{r})}\vec{A}(\vec{r}')\cdot\mathrm{d}\vec{r}'\right]\left(\hat{\vec{p}}+q\vec{A}-q\vec{A}\right)\tilde{\psi}(\vec{r})\\
&=\exp\left[\frac{\mathrm{i}q}{\hbar}\int_{s(\vec{r})}\vec{A}(\vec{r}')\cdot\mathrm{d}\vec{r}'\right]\hat{\vec{p}}\tilde{\psi}(\vec{r})\\
\left(\hat{\vec{p}}-q\vec{A}\right)^2\psi(\vec{r})&=\exp\left[\frac{\mathrm{i}q}{\hbar}\int_{s(\vec{r})}\vec{A}(\vec{r}')\cdot\mathrm{d}\vec{r}'\right]\hat{\vec{p}}^{\,2}\tilde{\psi}(\vec{r})
\end{aligned}$$

将上述计算结果代入定态薛定谔方程 (4.85)，即可得到式 (4.87)。因此，定态薛定谔方程 (4.85) 的形式解可写成

$$\psi(\vec{r})=\tilde{\psi}(\vec{r})\exp\left[\frac{\mathrm{i}q}{\hbar}\int_{s(\vec{r})}\vec{A}(\vec{r}')\cdot\mathrm{d}\vec{r}'\right] \tag{4.88}$$

从上述计算过程可看出，电磁场的矢势 $\vec{A}(\vec{r})$ 的作用是给波函数贡献一个相因子，或者对波函数的相位进行调制。如果矢势 $\vec{A}(\vec{r})$ 无法在实验上直接观测，那由它贡献的相因子是否会带来可观测的物理效果呢? 为了回答这一问题，1959 年 Aharonov 和 Bohm 设计了这样一个杨氏双缝实验。如图 4.3 所示，电子从电子枪出来，经单缝和双缝后到达屏幕，形成干涉条纹。这种干涉现象是由两束电子的相位差引起的。现在双缝后面放置一个载有电流的细长螺线管，螺线管内是均匀分布的磁场 $\vec{B}=B\hat{e}_z$。在柱坐标下，可得空间矢势 $\vec{A}$ 只有 $\hat{e}_\varphi$ 方向的分量，为

$$\vec{A}=\begin{cases}\dfrac{1}{2}Br\hat{e}_\varphi, & r<R\\[2mm]\dfrac{1}{2}B\dfrac{R^2}{r}\hat{e}_\varphi=\dfrac{\Phi}{2\pi r}\hat{e}_\varphi, & r>R\end{cases} \tag{4.89}$$

式中，R 是螺线管的半径；$\Phi = \pi R^2 B$ 是螺线管内的磁通量。由 $\vec{B} = \nabla \times \vec{A}$ 可验算：

$$\vec{B} = \hat{e}_z \frac{1}{r} \frac{\partial}{\partial r}\left(r A_\varphi\right) = \begin{cases} B \hat{e}_z, & r < R \\ 0, & r > R \end{cases} \tag{4.90}$$

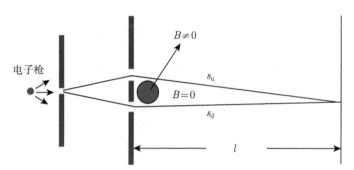

图 4.3   Aharonov-Bohm 效应实验装置图

计算表明，虽然螺线管外磁感应强度为零 ($\vec{B} = 0$)，但是矢势并不为零 ($\vec{A} \neq 0$)，所以无论是上面缝还是下面缝，电子都是经过 $\vec{A} \neq 0$ 的区域到达接收屏。

没有磁场加入时，完全自由电子的波函数可写为

$$\psi(\vec{r}, t) = \psi_0(\vec{r}) \mathrm{e}^{-\mathrm{i}Et/\hbar} \tag{4.91}$$

在螺线管内引入磁场后，电子定态波函数满足的方程为

$$-\frac{\hbar^2}{2m}\left(\nabla + \frac{\mathrm{i}e}{\hbar}\vec{A}\right)^2 \psi(\vec{r}, t) = E \psi(\vec{r}, t) \tag{4.92}$$

取从上面缝和下面缝经过的电子波函数分别为 ψ_u 和 ψ_d，则到达接收屏的电子波函数可写为 (将 q 改写为电子电量 $-e$)

$$
\begin{aligned}
\psi(\vec{r}, t) &= \psi_\mathrm{u}(\vec{r}, t) + \psi_\mathrm{d}(\vec{r}, t) \\
&= \psi_0 \mathrm{e}^{-\mathrm{i}Et/\hbar} \left\{ \exp\left[\frac{-\mathrm{i}e}{\hbar}\int_{s_\mathrm{u}} \vec{A}(\vec{r'}) \cdot \mathrm{d}\vec{r'}\right] + \exp\left[\frac{-\mathrm{i}e}{\hbar}\int_{s_\mathrm{d}} \vec{A}(\vec{r'}) \cdot \mathrm{d}\vec{r'}\right] \right\} \\
&= \tilde{\psi}_0 \mathrm{e}^{-\mathrm{i}Et/\hbar} \left(1 + \mathrm{e}^{\mathrm{i}\delta}\right)
\end{aligned} \tag{4.93}
$$

式中，δ 表示两部分波函数叠加时的相位差：

$$
\begin{aligned}
\delta &= -\frac{e}{\hbar}\left[\int_{s_\mathrm{u}} \vec{A}(\vec{r'}) \cdot \mathrm{d}\vec{r'} - \int_{s_\mathrm{d}} \vec{A}(\vec{r'}) \cdot \mathrm{d}\vec{r'}\right] \\
&= -\frac{e}{\hbar}\oint \vec{A} \cdot \mathrm{d}\vec{r'} = -\frac{e}{\hbar}\iint \nabla \times \vec{A} \cdot \mathrm{d}\vec{s}
\end{aligned}
$$

$$= -\frac{e}{\hbar} \iint \vec{B} \cdot \mathrm{d}\vec{s} = -\frac{e}{\hbar}\Phi \tag{4.94}$$

式中，Φ 表示路径 s_{u} 和 s_{d} 所围的磁通量。屏上电子的概率分布为

$$p = |\psi(\vec{r}, t)|^2 = 4\left|\tilde{\psi}_0\right|^2 \cos^2\frac{\delta}{2} \tag{4.95}$$

干涉条纹的主极大在干涉相位差等于零的地方，如果没有磁场，磁通为零，干涉条纹主极大在双缝装置的中心处。螺线管通电后，磁通量 $\Phi \neq 0$，主极大位置将发生移动，位置为

$$\frac{2\pi}{\lambda}d\frac{z}{l} = \frac{e}{\hbar}\Phi \tag{4.96}$$

于是有

$$z = \frac{l\lambda}{2\pi d}\frac{e}{\hbar}\Phi \tag{4.97}$$

AB 效应充分体现了经典物理与量子力学的不同。螺线管外磁感应强度为零，虽然矢势 $\vec{A} \neq 0$，但经过该区域时电子不受力的作用。量子力学的计算显示，电子经过的区域矢势对相位的调控会引起干涉条纹的上下移动，从而带来可观测的物理效应。经过几十年的怀疑和争论，AB 效应已被广泛实验证实[4-6]。

AB 效应也引发了另外的思考，就是对电磁场的描述是用电场强度 $\vec{E}$ 与磁感应强度 $\vec{B}$ 来描述更本质，还是用四位势 $A_\mu = (\vec{A}, \mathrm{i}\phi)$ 对电磁场描述更加本质呢？由经典物理可知，用电场强度与磁感应强度描述电磁场似乎更容易让人接受。但是，AB 效应明确表示在用电场强度与磁感应强度予以描述时，忽略了一些重要的物理信息。那到底用什么来描述电磁场才是最合适的呢？吴大俊与杨振宁的研究表明[7]，相位因子：

$$\exp\left(-\frac{\mathrm{i}e}{\hbar}\oint A_\mu \mathrm{d}x_\mu\right) \tag{4.98}$$

才是描写电磁场最恰当的量，其中 $x_\mu = (\vec{r}, \mathrm{i}ct)$。它既不会像 $\vec{E}$、$\vec{B}$ 那样丢失信息，也不会像 $\vec{A}$、ϕ 那样增加附加的非物理的信息 (不确定的信息)，这个因子被称为规范场的不可积[①]相位因子。

4.4.2　超导环磁通量子化

1911 年，荷兰莱顿大学的昂内斯意外发现，将汞冷却到 4.2K 时，汞的电阻突然消失。由于它的特殊导电性能，昂内斯称之为超导态。1933 年，荷兰的迈斯

---

① 不可积是指它的数值与闭合路径的选取有关。

纳和奥森菲尔德共同发现了超导体的另一个极为重要的性质,那就是当导体被冷却,由正常态过渡到超导态时,原来进入该导体中的磁力线突然消失,超导体内的磁感应强度为零,超导体成为完全抗磁体,人们将这种现象称为"迈斯纳效应"。1959 年,美国伊利诺伊大学的巴丁、库珀和施里弗提出了超导电量子理论。他们认为:在超导态金属中的载流子不再是单个电子,而是由两个动量相反、自旋相反的电子通过交换晶格波 (也就是晶格振动,声子) 而相互关联 (动量空间的配对关联,位形空间的关联长度可达微米量级) 形成的电子库珀 (Cooper) 对。

考虑如图 4.4 所示的置于磁场中的超导环,该金属环处于超导态时,环中超导电流分布在金属环表面。金属环包围的区域有 $\vec{B} \neq 0$、$\vec{A} \neq 0$;金属环内由于迈斯纳效应,有 $\vec{B} = 0$、$\vec{A} \neq 0$。由 4.3 节的讨论可知,电磁场中带电粒子的定态薛定谔方程有式 (4.86) 的形式解,即

$$\psi(\vec{r}) = \tilde{\psi}(\vec{r}) \mathrm{e}^{\mathrm{i}\phi}$$

现考虑超导体中 Cooper 对波函数,绕如图 4.4 所示虚线积分一圈之后,波函数积累的相位为

$$\phi = \frac{\mathrm{i}q}{\hbar} \oint_C \vec{A}(\vec{r'}) \cdot \mathrm{d}\vec{r'} = \frac{\mathrm{i}q}{\hbar} \iint_S \nabla \times \vec{A}(\vec{r'}) \cdot \mathrm{d}\vec{s} = \frac{\mathrm{i}q}{\hbar} \Phi \tag{4.99}$$

对于 Cooper 对定态波函数式 (4.99),物理上要求它必须满足周期性边界条件,也就是

$$\frac{q}{\hbar} \Phi = 2n\pi, \quad n = 0, \pm 1, \pm 2, \cdots \tag{4.100}$$

或者[1]

$$\Phi = \frac{2n\pi\hbar}{q} = \frac{nh}{q}, \quad n = 0, \pm 1, \pm 2, \cdots \tag{4.101}$$

因此,超导环内的磁通量 Φ 是量子化的,它的最小单元为 h/q,只能是 nh/q 的整数倍。上述理论计算于 1961 通过实验被证实[8-9],实验结果显示最小磁通量单元 h/q 中的电量 q 不是 e,而是 $2e$,这很好地证实了低温超导 BCS 理论中 Cooper 对的真实性。

---

[1] 高斯制下的结果分别为

$$\phi = \frac{\mathrm{i}q}{\hbar c} \Phi \tag{4.102}$$

$$\Phi = \frac{2n\pi\hbar c}{q} = \frac{nhc}{q}, \quad n = 0, \pm 1, \pm 2, \cdots \tag{4.103}$$

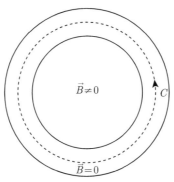

图 4.4　置于磁场中的超导环

4.5　原子与电磁场相互作用半经典理论

电磁场与原子的相互作用是最为常见的相互作用之一。在处理其相互作用过程中，原子用量子力学描述，电磁场仍采用经典描述的方法称为半经典理论。原子与电磁场相互作用的大部分现象 (与场的统计性质无关) 可用半经典理论予以解释，如拉比振荡、电磁感应透明、受激拉曼绝热过程等。本节详细探讨电磁场与原子相互作用的半经典理论。

4.5.1　原子与电磁场的相互作用哈密顿量

无论是电磁场与粒子的哈密顿量，还是粒子波函数，都与电磁场的矢势有关。考虑受核中心力场 $V(r)$ 束缚的电子，核的位置记为 $\vec{r}_0$，如果电磁场的波长远远大于原子的尺寸，则原子感受到矢势的变化很小，即满足条件 $\vec{k} \cdot \vec{r} \ll 1$，这样可以将电子所在位置 $\vec{r}_0 + \vec{r}$ 的矢势在原子所处的位置 $\vec{r}_0$ 展开，如下：

$$
\begin{aligned}
\vec{A}(\vec{r}_0 + \vec{r}, t) &= \vec{A}(t)\mathrm{e}^{\mathrm{i}\vec{k} \cdot (\vec{r}_0 + \vec{r})} \\
&= \vec{A}(t)\mathrm{e}^{\mathrm{i}\vec{k} \cdot \vec{r}_0} \left(1 + \mathrm{i}\vec{k} \cdot \vec{r} + \cdots \right) \\
&\simeq \vec{A}(t)\mathrm{e}^{\mathrm{i}\vec{k} \cdot \vec{r}_0}
\end{aligned}
\tag{4.104}
$$

上述近似称为电偶极近似。电偶极近似下，薛定谔方程可写为

$$
\mathrm{i}\hbar \frac{\partial \psi(\vec{r}, t)}{\partial t} = \left\{ -\frac{\hbar^2}{2m} \left[\nabla - \frac{\mathrm{i}e}{\hbar}\vec{A}(\vec{r}_0, t) \right]^2 + V(r) \right\} \psi(\vec{r}, t)
\tag{4.105}
$$

与前面讨论的 AB 效应处理方式相同，令

$$
\psi(\vec{r}, t) = \phi(\vec{r}, t) \exp\left[\frac{\mathrm{i}e}{\hbar}\vec{A}(\vec{r}_0, t) \cdot \vec{r} \right]
\tag{4.106}
$$

考虑辐射规范 $\nabla \cdot \vec{A}(\vec{r}, t) = 0$，并注意 $\vec{E}(\vec{r}_0, t) = -\partial_t \vec{A}(\vec{r}_0, t)$，可得波函数 $\phi(\vec{r}, t)$ 满足的方程为

$$i\hbar \frac{\partial \phi(\vec{r}, t)}{\partial t} = \left[\hat{H}_0 - e\vec{r} \cdot \vec{E}(\vec{r}_0, t) \right] \phi(\vec{r}, t)$$
$$= \left(\hat{H}_0 + \hat{H}_{\mathrm{I}} \right) \phi(\vec{r}, t) \tag{4.107}$$

式中，

$$\hat{H}_0 = \frac{1}{2m} \hat{\vec{p}}^{\,2} + V(r) \tag{4.108}$$

$$\hat{H}_{\mathrm{I}} = -e\vec{r} \cdot \vec{E}(\vec{r}_0, t) \tag{4.109}$$

$\hat{H}_0$ 和 $\hat{H}_{\mathrm{I}}$ 分别称为自由哈密顿量与相互作用哈密顿量。相互作用哈密顿量 $\hat{H}_{\mathrm{I}}$ 是在辐射规范下对波函数做规范变换得到的，同时由于场矢量 $\vec{E}$ 与规范的选取无关，该哈密顿量也是一个与规范无关的量。

4.5.2　二能级系统

在研究光与物质相互作用时，光场与二能级原子的相互作用模型不仅常见，也很实用，对该模型的探讨与研究有助于理解光与物质相互作用的过程。当原子的能级间隔与电磁场频率达到共振或接近共振时，可以用二能级原子与电磁场相互作用模型加以研究。处理上，二能级原子与自旋 1/2 粒子的系统具有极高的相似性。考虑电偶极近似，即光场的波长远大于原子尺度，原子与电磁场作用的问题和自旋 1/2 粒子与含时磁场相互作用的处理在数学上完全等价。

如图 4.5 所示的二能级原子，基态记为态 $|1\rangle$，激发态记为态 $|3\rangle$，基态与激发态间由激光场耦合。哈密顿量可写为两部分之和，即

$$H = H_0 + H_{\mathrm{I}}(t) \tag{4.110}$$

式中，H_0 是自由哈密顿量；$H_{\mathrm{I}}(t)$ 是相互作用哈密顿量。自由哈密顿量 H_0 的本征值方程为

$$H_0 |1, 3\rangle = E_{1,3} |1, 3\rangle \tag{4.111}$$

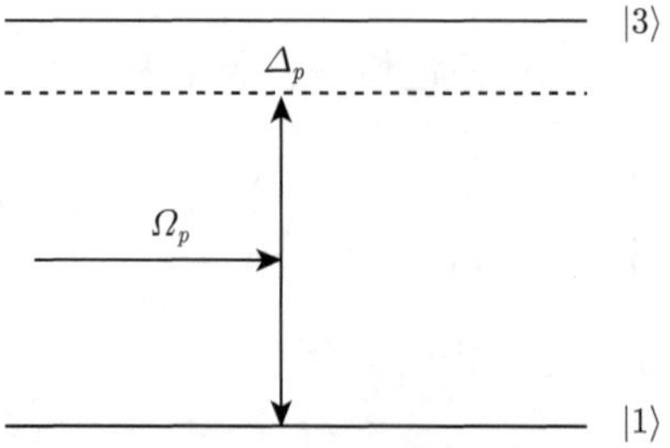

图 4.5　二能级原子与激光场相互作用示意图

因为光场的耦合,原子会从基态往激发态跃迁,因此体系波函数可写为

$$|\Psi(\vec{r},t)\rangle = c_1(t)\mathrm{e}^{-\mathrm{i}E_1 t/\hbar}|1\rangle + c_3(t)\mathrm{e}^{-\mathrm{i}E_3 t/\hbar}|3\rangle \tag{4.112}$$

波函数的演化满足含时薛定谔方程,利用基矢的正交性可得

$$\mathrm{i}\hbar\dot{c}_1(t) = H_{\mathrm{I},11}c_1(t) + H_{\mathrm{I},13}(t)c_3(t)\mathrm{e}^{-\mathrm{i}\omega t} \tag{4.113a}$$

$$\mathrm{i}\hbar\dot{c}_3(t) = H_{\mathrm{I},33}c_3(t) + H_{\mathrm{I},31}(t)c_1(t)\mathrm{e}^{\mathrm{i}\omega t} \tag{4.113b}$$

式中,$\omega = \omega_3 - \omega_1$。式 (4.113a) 与式 (4.113b) 为含时薛定谔方程的矩阵形式,常称为概率幅方程。由于原子本身的对称性,一般而言有 $H_{\mathrm{I},11} = H_{\mathrm{I},33} = 0$,因此上述方程简化为

$$\mathrm{i}\hbar\dot{c}_1(t) = H_{\mathrm{I},13}(t)c_3(t)\mathrm{e}^{-\mathrm{i}\omega t} \tag{4.114}$$

$$\mathrm{i}\hbar\dot{c}_3(t) = H_{\mathrm{I},31}(t)c_1(t)\mathrm{e}^{\mathrm{i}\omega t} \tag{4.115}$$

偶极近似下将激光场写为 $E(t) = E_0\cos(\nu t)$。考虑电偶极相互作用,相互作用哈密顿量写为

$$\begin{aligned}H_{\mathrm{I}}(t) &= -exE(t) = -(\mu_{13}|1\rangle\langle e| + \mu_{e1}|e\rangle\langle 1|)E(t)\\ &\simeq -2\hbar\Omega_p\cos(\nu t)(|1\rangle\langle 3| + |3\rangle\langle 1|)\end{aligned} \tag{4.116}$$

式 (4.116) 中拉比频率定义为 $\Omega_p = |\mu_{13}|E_0/2\hbar$。将 H_{I} 代入概率幅方程,并略去反旋转项 (旋转波近似),有

$$\dot{c}_1(t) = \mathrm{i}\Omega_p\mathrm{e}^{\mathrm{i}\Delta t}c_3(t) \tag{4.117}$$

$$\dot{c}_3(t) = \mathrm{i}\Omega_p\mathrm{e}^{-\mathrm{i}\Delta t}c_1(t) \tag{4.118}$$

1. 强场:拉比振荡

联立求解式 (4.117) 与式 (4.118) 可得 $c_1(t)$ 和 $c_3(t)$ 的通解如下:

$$c_1(t) = a_1\mathrm{e}^{\mathrm{i}(-\Delta+\Omega)t/2} + a_2\mathrm{e}^{-\mathrm{i}(\Delta+\Omega)t/2} \tag{4.119}$$

$$c_3(t) = b_1\mathrm{e}^{\mathrm{i}(\Delta+\Omega)t/2} + b_2\mathrm{e}^{\mathrm{i}(\Delta-\Omega)t/2} \tag{4.120}$$

式中,$\Omega = \sqrt{\Delta^2 + 4\Omega_p^2}$。由初始条件可解得

$$a_1 = \frac{\Omega + \Delta}{2\Omega}c_1(0) + \frac{\Omega_p}{\Omega}c_3(0)$$

$$a_2 = \frac{\Omega - \Delta}{2\Omega}c_1(0) - \frac{\Omega_p}{\Omega}c_3(0)$$

$$b_1 = \frac{\Omega - \Delta}{2\Omega} c_3(0) + \frac{\Omega_p}{\Omega} c_1(0)$$

$$b_2 = \frac{\Omega + \Delta}{2\Omega} c_3(0) - \frac{\Omega_p}{\Omega} c_1(0)$$

将上述系数代入通解表达式有

$$c_1(t) = \mathrm{e}^{-\mathrm{i}\Delta t/2} \left[\left(\cos\frac{\Omega t}{2} + \frac{\mathrm{i}\Delta}{\Omega} \sin\frac{\Omega t}{2} \right) c_1(0) + \mathrm{i}\frac{2\Omega_p}{\Omega} \sin\frac{\Omega t}{2} c_3(0) \right] \tag{4.121}$$

$$c_3(t) = \mathrm{e}^{\mathrm{i}\Delta t/2} \left[\left(\cos\frac{\Omega t}{2} - \frac{\mathrm{i}\Delta}{\Omega} \sin\frac{\Omega t}{2} \right) c_3(0) + \mathrm{i}\frac{2\Omega_p}{\Omega} \sin\frac{\Omega t}{2} c_1(0) \right] \tag{4.122}$$

结合 $|c_1(0)|^2 + |c_3(0)|^2 = 1$，可验证 $|c_1(t)|^2 + |c_3(t)|^2 = 1$。若考虑初始时刻原子处于基态 $|1\rangle$，即 $c_1(0) = 1$，$c_3(0) = 0$，可算得粒子数反转为

$$\begin{aligned} W(t) &= |c_3(t)|^2 - |c_1(t)|^2 \\ &= \frac{4\Omega_p^2 - \Delta^2}{\Omega^2} \sin^2\frac{\Omega t}{2} - \cos^2\frac{\Omega t}{2} \end{aligned} \tag{4.123}$$

如果激光场与原子跃迁精确共振，即 $\Delta = 0$，有

$$W(t) = -\cos(2\Omega_p t) \tag{4.124}$$

此时，粒子在激发态与基态间以频率为 $2\Omega_p$ 振荡，称为拉比振荡。

2. 弱场

如果耦合两能级的激光场比较弱 (表示激光场的加入不会对原子状态造成较大的影响)，这时可以用微扰的方法对概率幅方程进行求解。假定初始时刻原子处于基态 $|1\rangle$，则 $c_1(0) = 1$、$c_3(0) = 0$ 可视为 $c_1(t)$、$c_3(t)$ 的零级解，将其代入概率幅方程即可得到一级微扰解，如下：

$$\dot{c}_3(t) = \mathrm{i}\Omega_p \left(\mathrm{e}^{\mathrm{i}(\nu+\omega)t} + \mathrm{e}^{-\mathrm{i}\Delta t} \right) c_1(t) \tag{4.125}$$

将零级解代入直接积分可得

$$\begin{aligned} c_3^{(1)} &= \int_0^t \mathrm{i}\Omega_p \left[\mathrm{e}^{\mathrm{i}(\nu+\omega)t'} + \mathrm{e}^{-\mathrm{i}\Delta t'} \right] \mathrm{d}t' \\ &= \frac{\Omega_p \mathrm{e}^{\mathrm{i}(\nu+\omega)t}}{\nu+\omega} \bigg|_0^t - \frac{\Omega_p}{\Delta} \mathrm{e}^{-\mathrm{i}\Delta t} \bigg|_0^t \\ &\simeq \frac{\Omega_p}{\Delta} (1 - \mathrm{e}^{-\mathrm{i}\Delta t}) \end{aligned} \tag{4.126}$$

最后一步忽略了反旋转项，即前面的旋转波近似。考虑到激光场的载波频率与两能级间的跃迁频率差别不大，忽略第一项的贡献是完全可行的。将求解出来的 $c_3^{(1)}$ 代入概率幅方程再求二级近似，如此一级一级往下求。

由概率幅方程可直接求得二能级原子的极化率，如下：

$$\chi^{(1)} = -\frac{N|\mu_{13}|^2}{2\hbar\varepsilon_0}\frac{1}{\Delta + \mathrm{i}\gamma} \tag{4.127}$$

极化率 $\chi^{(1)}$ 的实部与虚部分别对应介质对激光场的色散与吸收特性，如图 4.6 所示，此时介质对激光场的吸收特性表现为宽度为 γ 的洛伦兹型曲线。

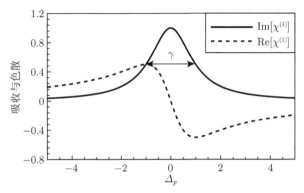

图 4.6　二能级原子的吸收 (实线) 与色散 (虚线) 曲线

4.5.3　拉莫尔旋进与磁共振

由于自旋有两个分立取向，自旋 1/2 粒子是常见的二能级系统。本小节以自旋 1/2 粒子为例，讨论其在磁场中的演化。取 z 为极轴建立球坐标系 (r, θ, φ)，则任一自旋态可写为

$$|s(\theta,\varphi)\rangle = \begin{pmatrix} c_\uparrow(\theta,\varphi) \\ c_\downarrow(\theta,\varphi) \end{pmatrix} \tag{4.128}$$

首先考虑如果初始粒子处于态 $|\uparrow\rangle = (1,0)^{\mathrm{T}}$，实施怎样的旋转操作可得到该自旋态。一般来讲，两次旋转即可完成该自旋态的制备：① 绕 y 轴旋转 θ 角；② 绕 z 轴旋转 φ 角，即

$$|s(\theta,\varphi)\rangle = R_z(\varphi)R_y(\theta)|\uparrow\rangle$$

先考虑绕 z 轴的旋转。绕 z 轴的旋转能感受到吗？经典物理中答案肯定是否定的，但是量子理论中概率幅 $c_\uparrow$、$c_\downarrow$ 不是物理量，只有它们的模方才是。虽然绕 z 轴的

旋转不改变它们的模方，但可以各自乘一个与 φ 有关的相位因子 $\mathrm{e}^{\mathrm{i}\phi_\uparrow(\varphi)}$ 和 $\mathrm{e}^{\mathrm{i}\phi_\downarrow(\varphi)}$，即旋转矩阵为对角矩阵，形式如下：

$$R_z(\varphi) = \begin{pmatrix} \mathrm{e}^{\mathrm{i}\phi_\uparrow(\varphi)} & 0 \\ 0 & \mathrm{e}^{\mathrm{i}\phi_\downarrow(\varphi)} \end{pmatrix} \tag{4.129}$$

考虑连续两次旋转，角度分别为 φ_1 和 φ_2，每次乘一个旋转矩阵，两次为两个矩阵相乘，因此有

$$R_z(\varphi_1+\varphi_2) = R_z(\varphi_1)R_z(\varphi_2) = \begin{pmatrix} \mathrm{e}^{\mathrm{i}\phi_\uparrow(\varphi_1+\varphi_2)} & 0 \\ 0 & \mathrm{e}^{\mathrm{i}\phi_\downarrow(\varphi_1+\varphi_2)} \end{pmatrix}$$

$$= \begin{pmatrix} \mathrm{e}^{\mathrm{i}\phi_\uparrow(\varphi_1)} & 0 \\ 0 & \mathrm{e}^{\mathrm{i}\phi_\downarrow(\varphi_1)} \end{pmatrix} \begin{pmatrix} \mathrm{e}^{\mathrm{i}\phi_\uparrow(\varphi_2)} & 0 \\ 0 & \mathrm{e}^{\mathrm{i}\phi_\downarrow(\varphi_2)} \end{pmatrix}$$

$$= \begin{pmatrix} \mathrm{e}^{\mathrm{i}[\phi_\uparrow(\varphi_1)+\phi_\uparrow(\varphi_2)]} & 0 \\ 0 & \mathrm{e}^{\mathrm{i}[\phi_\downarrow(\varphi_1)+\phi_\downarrow(\varphi_2)]} \end{pmatrix}$$

因此有

$$\phi_\uparrow(\varphi_1+\varphi_2) = \phi_\uparrow(\varphi_1) + \phi_\uparrow(\varphi_2) \tag{4.130}$$

$$\phi_\downarrow(\varphi_1+\varphi_2) = \phi_\downarrow(\varphi_1) + \phi_\downarrow(\varphi_2) \tag{4.131}$$

由于 $-z$ 轴与 z 轴关于 xy 平面镜像对称，对 xy 平面镜像操作，$z \to -z$，绕 z 轴顺时针方向旋转 ϕ 角相当于绕 $-z$ 轴逆时针方向旋转 $-\phi$ 角，故应有 $\phi_\downarrow(-\phi) = \phi_\uparrow(\phi)$。假设 $\phi_\uparrow(\phi) = -m\phi$，则 $\phi_\downarrow(\phi) = m\phi$，有

$$R_z(\varphi) = \begin{pmatrix} \mathrm{e}^{-\mathrm{i}m\phi} & 0 \\ 0 & \mathrm{e}^{\mathrm{i}m\phi} \end{pmatrix}$$

对于自旋为 $1/2$ 的粒子，m 应该取多少？考虑体系旋转一周，即 $\phi = 2\pi$，体系的状态应该不变，是否可从此得出结论，m 应该为 1 或者是更大的整数呢？这只是经典物理的观点，这里考察的是概率幅的变换，只要他们的相对相位不变，则体系的状态仍然不变，即存在一个整体的相位因子是不会带来任何可观测物理后果的。因此可以取 $m = 1/2$，这时 $\mathrm{e}^{\mp 2m\pi\mathrm{i}} = -1$，两个相位因子一样，所以 m 取 $1/2$，不能取 1。原因是如果绕 z 轴旋转半周，即 $\phi = \pi$，最后得到的态应该与原来的态不一样，如果取 $m = 1$，则旋转半周只能增加一个整体相位，给不出真实的物理结果。余类推，m 不能取更大的整数，即其他的半整数。对于自旋 $1/2$ 粒

子, 只有两个自旋态, 因此只能取 $m = 1/2$, 这样即可得到[①]:

$$R_z(-\varphi) = \begin{pmatrix} \mathrm{e}^{-\mathrm{i}\phi/2} & 0 \\ 0 & \mathrm{e}^{\mathrm{i}\phi/2} \end{pmatrix}$$

考虑一个自旋方向为 (θ, φ) 的电子, 现沿 z 轴加一个恒磁场 $\vec{B} = B\hat{e}_z$, 此时概率幅动力学演化, 哈密顿量可写为

$$H = -\vec{\mu}_M \cdot \vec{B}\sigma_z = \mu_M B\sigma_z = \begin{pmatrix} \mu_M B & 0 \\ 0 & -\mu_M B \end{pmatrix} \tag{4.132}$$

相应薛定谔方程为

$$\mathrm{i}\hbar\dot{c}_\uparrow(t) = \mu_M B c_\uparrow(t) \tag{4.133}$$

$$\mathrm{i}\hbar\dot{c}_\downarrow(t) = -\mu_M B c_\downarrow(t) \tag{4.134}$$

初始电子自旋态为

$$\begin{pmatrix} c_\uparrow(0) \\ c_\downarrow(0) \end{pmatrix} = \begin{pmatrix} \cos\dfrac{\theta}{2}\mathrm{e}^{-\mathrm{i}\phi/2} \\ -\sin\dfrac{\theta}{2}\mathrm{e}^{\mathrm{i}\phi/2} \end{pmatrix} \tag{4.135}$$

则薛定谔方程的解可写为

$$\begin{pmatrix} c_\uparrow(t) \\ c_\downarrow(t) \end{pmatrix} = \begin{pmatrix} \cos\dfrac{\theta}{2}\mathrm{e}^{-\mathrm{i}(\phi+\omega_L t)/2} \\ -\sin\dfrac{\theta}{2}\mathrm{e}^{\mathrm{i}(\phi+\omega_L t)/2} \end{pmatrix} \tag{4.136}$$

式中, $\omega_L = 2\mu_M B/\hbar$。由式 (4.136) 可以看出, 电子自旋态矢量与极轴 z 保持固定的角度 θ, 但以角速度 ω_L 绕极轴转动, 与经典电磁学中磁偶极子在外磁场中的拉莫尔旋进类似, ω_L 为进动角速度。这时自旋态概率幅不会发生变化, 磁场带来的效果是相位随时间变化。

比较有实际应用价值的是在上述基础上再在 x 方向加一个交变磁场 $B_x = B_0\cos(\omega t) = B_0(\mathrm{e}^{\mathrm{i}\omega t} + \mathrm{e}^{-\mathrm{i}\omega t})/2$。这时哈密顿量为

$$\begin{aligned} H &= \mu_M(B_z\sigma_z + B_x\sigma_x) \\ &= \mu_M\begin{pmatrix} B_z & -\dfrac{B_0}{2}(\mathrm{e}^{\mathrm{i}\omega t} + \mathrm{e}^{-\mathrm{i}\omega t}) \\ -\dfrac{B_0}{2}(\mathrm{e}^{\mathrm{i}\omega t} + \mathrm{e}^{-\mathrm{i}\omega t}) & -B_z \end{pmatrix} \end{aligned} \tag{4.137}$$

---

① R_y 的矩阵形式可由类似的方案推导。

给定初始条件为

$$\tilde{c}_\uparrow(0) = 1, \qquad \tilde{c}_\downarrow(0) = 0,$$

$$\dot{\tilde{c}}_\uparrow(t)|_{t=0} = 0, \qquad \dot{\tilde{c}}_\downarrow(t)|_{t=0} = \mathrm{i}\Omega_L$$

不难求得薛定谔方程的解为

$$\tilde{c}_\uparrow(t) = \left(\cos\frac{\Omega t}{2} + \mathrm{i}\frac{\Delta}{\Omega}\sin\frac{\Omega t}{2}\right)\mathrm{e}^{-\mathrm{i}\Delta t/2}$$

$$\overset{\Delta=0}{=} \cos\Omega_L t \tag{4.138}$$

$$\tilde{c}_\downarrow(t) = \frac{2\Omega_L}{\Omega}\mathrm{e}^{\mathrm{i}\Delta t/2}\sin\frac{\Omega t}{2}$$

$$\overset{\Delta=0}{=} \sin\Omega_L t \tag{4.139}$$

从上述结果可看出,电子自旋态在态 $|\uparrow\rangle$ 和态 $|\downarrow\rangle$ 之间周期振荡,振荡幅度随失谐量 Δ 的增大而减小,完全共振时幅度最大,为 1。这时自旋矢量一边旋进,一边章动,矢量端点在布洛赫球上的轨迹是一条复杂的螺旋线。极角 θ 在 0 与 π 之间振荡,章动频率为 Ω,共振时章动角最大。

磁共振将磁场的载波频率与磁场强度导致的能级分裂联系起来,该思想可用于精密测量。如果精度需要进一步提高,可将电子换成质子,即核磁共振。因为质子质量比电子高三个数量级,相应的磁矩比电子小三个数量级,利用质子的核磁共振方案在精度上至少可提高三个数量级。实际上核磁共振技术在弱磁探测和沉析术成像上都有着极为广泛的应用。

4.6 电磁感应透明

本节主要介绍三能级原子与光场相互作用两种处理方法:概率幅方法和密度矩阵方法。

4.6.1 概率幅方法

以如图 4.7 所示的传统三能级 Λ 型为例,作为控制场的强激光 $\Omega_c = -\vec{\mu}_{23}\cdot\vec{E}_c/\hbar$ 耦合跃迁 $|2\rangle \leftrightarrow |3\rangle$,弱探测光 $\Omega_p = -\vec{\mu}_{13}\cdot\vec{E}_p/\hbar$ 耦合从基态 $|1\rangle$ 到激发态 $|3\rangle$ 的跃迁。因此原子波函数可写为

$$|\psi(t)\rangle = a_1(t)|1\rangle + a_2(t)|2\rangle + a_3(t)|3\rangle \tag{4.140}$$

在电偶极近似和旋转波近似下,含时薛定谔方程为

$$i\hbar \frac{d}{dt}\begin{pmatrix} a_1(t) \\ a_2(t) \\ a_3(t) \end{pmatrix} = \hbar \begin{pmatrix} \omega_1 & 0 & -\Omega_p^* e^{i\omega_p t} \\ 0 & \omega_2 & -\Omega_c^* e^{i\omega_c t} \\ -\Omega_p e^{-i\omega_p t} & -\Omega_c e^{-i\omega_c t} & \omega_3 \end{pmatrix} \begin{pmatrix} a_1(t) \\ a_2(t) \\ a_3(t) \end{pmatrix}$$

(4.141)

令 $a_1(t) = c_1(t)e^{-i\omega_1 t}$, $a_2(t) = c_2(t)e^{i[\omega_c - (\omega_p + \omega_1)]t}$, $a_3(t) = c_3(t)e^{-i(\omega_p + \omega_1)t}$, 并考虑激发态 $|3\rangle$ 的自发辐射 γ 和基态之间的横向弛豫 γ', 含时薛定谔方程可写为

$$\frac{d}{dt}\begin{pmatrix} c_1(t) \\ c_2(t) \\ c_3(t) \end{pmatrix} = i \begin{pmatrix} 0 & 0 & -\Omega_p^* \\ 0 & d_2 & -\Omega_c \\ -\Omega_p & -\Omega_c & d_3 \end{pmatrix} \begin{pmatrix} c_1(t) \\ c_2(t) \\ c_3(t) \end{pmatrix}$$

(4.142)

式中, $d_2 = \Delta_p - \Delta_c + i\gamma'$; $d_3 = \Delta_p + i\gamma$。探测场和控制场与相应跃迁间的失谐量分别为 $\Delta_p = \omega_p - (\omega_3 - \omega_1)$, $\Delta_c = \omega_c - (\omega_3 - \omega_2)$。

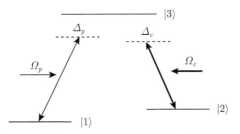

图 4.7　三能级 Λ 型原子与激光场相互作用示意图

如果初始时刻原子处于基态 $|1\rangle$, 即有 $c_1(0) = 1$, $c_{2,3}(0) = 0$。在控制激光和探测激光的作用下, 描述原子动力学行为的概率幅先随时间振荡, 最后均趋于稳定。此外, 一般探测场比较弱, 对原子状态的影响不会太大, 可以对概率幅方程应用绝热近似 (详细请见 3.2 节)。因此有

$$\begin{pmatrix} c_2 \\ c_3 \end{pmatrix} = -\frac{\Omega_p c_1}{d_2 d_3 - |\Omega_c|^2} \begin{pmatrix} d_3 & -\Omega_c^* \\ -\Omega_c & d_2 \end{pmatrix} \begin{pmatrix} 0 \\ 1 \end{pmatrix}$$

$$= -\frac{\Omega_p c_1}{d_2 d_3 - |\Omega_c|^2} \begin{pmatrix} -\Omega_c^* \\ d_2 \end{pmatrix}$$

(4.143)

根据归一化条件 $\sum_{i=1}^{3} |c_i|^2 = 1$, 即可得考虑光场加入修正之后基态 $|1\rangle$ 上的布居:

$$|c_1|^2 = \left[1 + \frac{|\Omega_p|^2(|\Omega_c|^2 + |d_2|^2)}{|d_2 d_3 - |\Omega_c|^2|^2} \right]^{-1}$$

(4.144)

原子的宏观极化率可写为

$$P = \varepsilon_0 \chi E_p = N\mu_{13} c_3 c_1^* \tag{4.145}$$

因此有

$$\chi = -\frac{N|\mu_{13}|^2}{2\hbar\varepsilon_0} \frac{d_2}{d_2 d_3 - |\Omega_c|^2} \left[1 + \frac{|\Omega_p|^2(|\Omega_c|^2 + |d_2|^2)}{|d_2 d_3 - |\Omega_c|^2|^2} \right]^{-1} \tag{4.146}$$

式中，N 表示原子数密度。式 (4.146) 可视为原子极化率的精确表达式，其中不仅有线性项，还有高阶非线性项。为了方便分析各阶的效应，将 χ 写为 $\chi = \chi^{(1)} + \chi^{(3)}|E_p|^2 + \cdots$，再将式 (4.146) 等号右边按 Ω_p 作泰勒展开，即可得到线性极化率 $\chi^{(1)}$，三阶克尔非线性 (自相位调制系数)$\chi^{(3)}$ 等的具体表达式[①]为

$$\chi^{(1)} = \chi^{'(1)} + \mathrm{i}\chi^{''(1)} = -\frac{N|\mu_{13}|^2}{2\hbar\varepsilon_0} \frac{d_2}{d_2 d_3 - |\Omega_c|^2}$$
$$= -\frac{N|\mu_{13}|^2}{2\hbar\varepsilon_0} \left\{ \frac{\Delta_p[(\Delta_p - \Delta_c)^2 + \gamma'^2] - \Delta_c\Omega_c^2}{|d_2 d_3 - |\Omega_c|^2|^2} - \mathrm{i}\frac{\gamma[(\Delta_p - \Delta_c)^2 + \gamma'^2] + \gamma'\Omega_c^2}{|d_2 d_3 - |\Omega_c|^2|^2} \right\} \tag{4.147}$$

$$\chi^{(3)} = \frac{N|\mu_{13}|^4}{2\hbar^3\varepsilon_0} \frac{d_2}{d_2 d_3 - |\Omega_c|^2} \frac{|\Omega_c|^2 + |d_2|^2}{|d_2 d_3 - |\Omega_c|^2|^2} \tag{4.148}$$

如果探测场与控制场满足双光子失谐条件 $\Delta_p = \Delta_c$，同时忽略原子两个基态间的横向弛豫，则极化率的实部与虚部同时为零 ($\chi^{'(1)} = \chi^{''(1)} = 0$)。线性极化率 $\chi^{(1)}$ 的虚部和实部分别对应原子对光的吸收和色散，极化率实部为零表示原子介质的折射率等于 1；虚部为零表示原子介质不存在任何吸收，对探测光完全透明，即电磁感应透明。吸收 (实线) 与色散 (虚线) 随失谐量 Δ_p 的演化如图 4.8 所示。

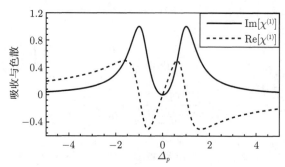

图 4.8　三能级原子的吸收 (实线) 与色散 (虚线)

[①] 交叉相位调制系数也可得到。

为了更好理解电磁感应透明，可将线性极化率 $\chi^{(1)}$ 改写为 $\chi^{(1)} = \chi_1^{(1)} + \chi_2^{(1)}$，式中，

$$\chi_1^{(1)} \sim -\frac{1}{d_3} \tag{4.149}$$

$$\chi_2^{(1)} \sim -\frac{1}{d_3} \frac{|\Omega_c|^2}{d_2 d_3 - |\Omega_c|^2} \tag{4.150}$$

$\chi_1^{(1)}$ 正是二能级系统的线性极化率，对应的光学过程为直接吸收一个频率为 ω_p 的探测场光子，如图 4.9(a) 所示，对极化率的贡献如图 4.9(c) 所示。$\chi_2^{(1)}$ 描述的是控制光的加入诱发的双光子过程，即吸收一个频率为 ω_p 的探测场光子，随后放出一个频率为 ω_c 的光子，又吸收一个频率为 ω_c 的光子，如图 4.9(b) 所示，对极化率的贡献如图 4.9(d) 所示。图 4.9(a) 与 (b) 所示的两个过程在共振区域附近发生消相干，从而导致对探测光透明，因此称为电磁感应透明。

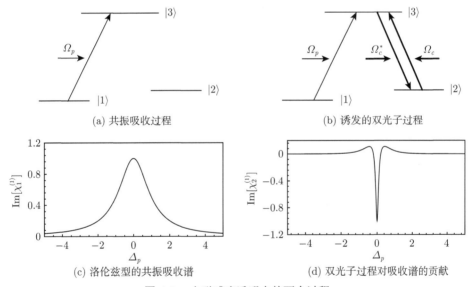

(a) 共振吸收过程　　　　　　　　　　　　(b) 诱发的双光子过程

(c) 洛伦兹型的共振吸收谱　　　　　　　　(d) 双光子过程对吸收谱的贡献

图 4.9　电磁感应透明中的两个过程

在缀饰态表象下，电磁感应透明中的消相干过程更加清晰。由相互作用系统中的相互作用哈密顿量出发予以分析。相互作用哈密顿量为

$$H_{\mathrm{I}} = -\hbar(\Omega_p |3\rangle\langle 1| + \Omega_c |3\rangle\langle 2| + \mathrm{h.c.}) \tag{4.151}$$

此哈密顿量有一个本征值为 0 的态：

$$|D\rangle = \frac{1}{\sqrt{\Omega_p^2 + \Omega_c^2}} \left(\Omega_c |1\rangle - \Omega_p |2\rangle\right) \overset{\Omega_c \gg \Omega_p}{\simeq} |1\rangle \tag{4.152}$$

一般而言，原子事先被制备在基态 $|1\rangle$ 上，也就是 $\Omega_c \gg \Omega_p$ 时，相互作用哈密顿量 H_I 本征值为 0 的本征态上。该态没有激发态 $|3\rangle$ 的成分，因此没有原子会被激发至激发态，固然探测不到从激发态出来的荧光，所以 $|D\rangle$ 被称为暗态[①]。原子处在暗态，不会被激发到激发态，自然也不会吸收探测光，从而对探测光表现为透明。与暗态 $|D\rangle$ 正交的亮态为

$$|B\rangle = \frac{1}{\sqrt{\Omega_p^2 + \Omega_c^2}} \left(\Omega_c |1\rangle + \Omega_p |2\rangle \right) \stackrel{\Omega_c \gg \Omega_p}{\simeq} |1\rangle \tag{4.153}$$

将基矢由 $\{|1\rangle, |2\rangle, |3\rangle\}$ 换为 $\{|D\rangle, |B\rangle, |3\rangle\}$，则相互作用哈密顿量为

$$H_I = -\hbar \sqrt{\Omega_p^2 + \Omega_c^2} (|3\rangle\langle B| + |B\rangle\langle 3|) \tag{4.154}$$

因此，三能级系统等效为态 $|B\rangle$ 和态 $|3\rangle$ 构成的二能级系统，态 $|B\rangle$ 完全从系统中脱离出来，不参与相互作用，自然也就透明了。

极化率式 (4.147) 表明，理想情况下 $(\gamma' = 0)$：

(1) $|\Omega_c| > \gamma$ 时，吸收特性表现出 A-T 分裂，如图 4.8 中实线所示。

(2) $|\Omega_c| \leqslant \gamma$ 时，由于跃迁通道之间的消相干，洛伦兹型吸收峰中间会劈开一个透明窗。

(3) 双光子共振时 $(\Delta_p = \Delta_c)$，介质既没有吸收，也没有色散，这一特性不依赖于单光子失谐量 Δ_p 和 Δ_c 的值，即对电磁感应透明，双光子共振是主要条件。

(4) 如果 $|\Omega_c| \ll \gamma$，透明窗口宽度会变得很窄，窗口内色散曲线的斜率会变得很大，因此谱宽小于透明窗口宽度的光脉冲传输的群速度会变得很小。利用这一特性，可实现光信息的存储。

(5) 电磁感应透明条件为一般情况下，尤其是在室温条件下，原子由于碰撞展宽等机制，γ' 不可能等于零。考虑探测光与控制光均与相应跃迁精确共振，由式 (4.149) 有

$$\chi^{(1)} \sim -\frac{1}{d_3} \left(1 - \frac{|\Omega_c|^2}{\gamma\gamma' + |\Omega_c|^2} \right) \tag{4.155}$$

要实现透明，式 (4.155) 右边括号中第二项的作用要能与第一项的作用相比拟，因此实现电磁感应透明的条件为

$$|\Omega_c|^2 \gg \gamma\gamma' \tag{4.156}$$

[①] 暗态式 (4.152) 表明，通过控制探测光与光强度可以将原子制备在态 $|1\rangle$ 和态 $|2\rangle$ 的任意相干叠加态上，即原子被囚禁在态 $|1\rangle$ 和态 $|2\rangle$ 上，称为相干布居捕获，或相干布居囚禁。以暗态为基础发展起来的受激拉曼绝热过程及应用见 3.2 节。

(6) 透明窗口宽度 $\Delta_c = 0$ 时，将极化率按 Δ_p 做泰勒展开为

$$\chi^{(1)} \sim \frac{\Delta_p}{|\Omega_c|^2} + \mathrm{i}\frac{\gamma\Delta_p^2}{|\Omega_c|^4} + \mathcal{O}(\Delta_p^3) \tag{4.157}$$

所以透射率为

$$\begin{aligned}
T(\Delta_p, z) &= \exp(-kz\chi'') \\
&= \exp\left(-\frac{\omega_p z}{c}\frac{N|\mu_{13}|^2}{\hbar\varepsilon_0}\frac{\gamma\Delta_p^2}{|\Omega_c|^4}\right) \\
&= \exp\left(-\sigma_s N z\frac{\gamma\Gamma}{|\Omega_c|^4}\Delta_p^2\right) \\
&= \exp\left(-\frac{\Delta_p^2}{\Delta\omega_{tr}^2}\right)
\end{aligned} \tag{4.158}$$

因此，透明窗口宽度为

$$\Delta\omega_{tr} = \frac{|\Omega_c|^2}{\sqrt{\gamma\Gamma}}\frac{1}{\sqrt{\sigma_s N z}} \tag{4.159}$$

式中，σ_s 是原子的吸收截面；Γ 是激发态 $|3\rangle$ 的自发辐射率，其具体形式分别为[①]

$$\sigma_s = \frac{\omega_p|\mu_{13}|^2}{\hbar\varepsilon_0 c\Gamma} \tag{4.160}$$

$$\Gamma = \frac{\omega_p^3|\mu_{13}|^2}{3\pi\varepsilon_0\hbar c^3} \tag{4.161}$$

透明窗口表现为高斯型，并且随着在介质中传播会发生变化。一般而言，光脉冲在电磁感应透明介质中传输时，为了确保脉冲形状不变，要求光脉冲宽度小于等于透明窗口宽度。此外，利用电磁感应透明介质中的克尔非线性平衡原子介质的群速度色散效应也能确保光脉冲不发生形变，实现超慢群速度光孤子。

4.6.2　密度矩阵方法

如果考虑的原子系综处在混态，体系的状态无法用波函数描述，而是用密度矩阵来描述。因此，原子性质的演化也要用相应的密度矩阵方程描述。对于如图4.7所示的三能级 Λ 型原子系统，描述原子特性的密度矩阵方程可写为

$$\dot{\rho}_{11} = -\mathrm{i}\Omega_p\rho_{13} + \mathrm{i}\Omega_p^*\rho_{31} + 2\gamma_1\rho_{33} \tag{4.162a}$$

---

① 这里又引入了激发态 $|3\rangle$ 的自发辐射率 Γ，它与前面引入的 γ 有所不同。这两个量在概率幅方法中无法区分，但在密度矩阵方法中两者的区别较为清楚。Γ 表示激发态 $|3\rangle$ 总的自发辐射率，γ 表示态 $|1\rangle$ 与态 $|3\rangle$ 之间的退相干率。一般而言，γ 对应两个物理过程，其一是由激发态 $|3\rangle$ 到基态 $|1\rangle$ 的自发辐射过程，贡献 $\Gamma/2$；其二是由碰撞等过程导致的横向退相干率 γ^{deph}。因此，一般有 $\gamma = \Gamma/2 + \gamma^{\mathrm{deph}}$。

$$\dot{\rho}_{22} = -\mathrm{i}\Omega_c\rho_{23} + \mathrm{i}\Omega_c^*\rho_{32} + 2\gamma_2\rho_{33} \tag{4.162b}$$

$$\dot{\rho}_{33} = \mathrm{i}\Omega_p\rho_{13} - \mathrm{i}\Omega_p^*\rho_{31} + \mathrm{i}\Omega_c\rho_{23} - \mathrm{i}\Omega_c^*\rho_{32} - 2(\gamma_1 + \gamma_2)\rho_{33} \tag{4.162c}$$

$$\dot{\rho}_{21} = \mathrm{i}d_{21}\rho_{21} - \mathrm{i}\Omega_p\rho_{23} + \mathrm{i}\Omega_c^*\rho_{31} \tag{4.162d}$$

$$\dot{\rho}_{31} = \mathrm{i}d_{31}\rho_{31} - \mathrm{i}\Omega_p(\rho_{33} - \rho_{11}) + \mathrm{i}\Omega_c\rho_{21} \tag{4.162e}$$

$$\dot{\rho}_{32} = \mathrm{i}d_{32}\rho_{32} - \mathrm{i}\Omega_c(\rho_{33} - \rho_{22}) + \mathrm{i}\Omega_p\rho_{12} \tag{4.162f}$$

式中，$d_{21} = \Delta_p - \Delta_c + \mathrm{i}\gamma_{21}$；$d_{31} = \Delta_p + \mathrm{i}\gamma_{31}$；$d_{32} = \Delta_c + \mathrm{i}\gamma_{32}$，各弛豫过程定义如下：$\gamma_{21} = \gamma^{\mathrm{deph}}$，$\gamma_{31} = \gamma_1 + \gamma_2 + \gamma_{31}^{\mathrm{deph}}$，$\gamma_{32} = \gamma_1 + \gamma_2 + \gamma_{32}^{\mathrm{deph}}$，$\gamma_{ij}^{\mathrm{deph}}$ 表示由于碰撞等因素导致的横向弛豫；$2\gamma_1$ 和 $2\gamma_2$ 表示激发态 $|3\rangle$ 分别往基态 $|1\rangle$ 和 $|2\rangle$ 的自发辐射衰减率。

一般来讲，控制场强度远大于探测场强度 $(\Omega_c \gg \Omega_p)$，因此最终稳定后原子的状态与初始时刻原子的状态差别不会太大，可以将 Ω_p 视为小量，按 Ω_p 的级次分级求解。一级近似下，密度矩阵方程 (4.162d) 和方程 (4.162e) 为

$$\dot{\rho}_{21}^{(1)} = \mathrm{i}d_{21}\rho_{21}^{(1)} - \mathrm{i}\Omega_p\rho_{23}^{(0)} + \mathrm{i}\Omega_c^*\rho_{31}^{(1)} \tag{4.163}$$

$$\dot{\rho}_{31}^{(1)} = \mathrm{i}d_{31}\rho_{31}^{(1)} - \mathrm{i}\Omega_p(\rho_{33}^{(0)} - \rho_{11}^{(0)}) + \mathrm{i}\Omega_c\rho_{21}^{(1)} \tag{4.164}$$

将零级解代入式 (4.163) 与式 (4.164)，有

$$\frac{\mathrm{d}}{\mathrm{d}t}\begin{pmatrix} \rho_{21}^{(1)} \\ \rho_{31}^{(1)} \end{pmatrix} = \mathrm{i}\begin{pmatrix} d_{21} & \Omega_c^* \\ \Omega_c & d_{31} \end{pmatrix}\begin{pmatrix} \rho_{21}^{(1)} \\ \rho_{31}^{(1)} \end{pmatrix} - \mathrm{i}\Omega_p\begin{pmatrix} 0 \\ 1 \end{pmatrix} \tag{4.165}$$

稳态下求解式 (4.165) 并结合极化率表达式同样可以得到式 (4.146) 的线性极化率，唯一不同的是弛豫过程的处理比概率幅方法更容易让人接受，因为它对应清晰的物理过程。将求得的线性结果再代入密度矩阵方程，可求得二阶解，从而一阶一阶往下求。

概率幅方法和密度矩阵方法各有特点。概率幅方法处理起来更加简洁，得到结果的形式上也比较简单，但是对弛豫过程的考虑完全是一种唯象的方式来处理，对应的物理过程也不那么清晰，而且它只能处理纯态系综，对混态系综无能为力。密度矩阵方法计算得到结果的形式上比较复杂，但是它的优点是弛豫过程均与相应的物理过程对应，而且密度矩阵可以描述混态系综。对纯态系综来说，两种方法得到的结果差别不大[10]。

4.6.3　大失谐

如果探测光和控制光与相应跃迁之间的单光子失谐量很大，满足 $\Delta_p \sim \Delta_c = \Delta \gg \Omega_{p,c}, \gamma, \Delta_p - \Delta_c$，则此时基态 $|1\rangle$ 上的原子被激发至激发态 $|3\rangle$ 的可能性很

小，绝大部分仍然处于基态 $|1\rangle$ 和态 $|2\rangle$。方程 (4.142) 中关于 $c_3(t)$ 的方程可做绝热近似处理，即 $\dot{c}_3(t) \simeq 0$，这样有

$$c_3 \simeq \frac{\Omega_p c_1 + \Omega_c c_2}{\Delta} \tag{4.166}$$

将式 (4.166) 代入式 (4.142) 中关于 $c_1(t)$ 和 $c_2(t)$ 的方程，并化简可得

$$\dot{c}_1(t) = \mathrm{i}\frac{|\Omega_p|^2}{\Delta}c_1(t) + \mathrm{i}\frac{\Omega_p^* \Omega_c}{\Delta}c_2(t) \tag{4.167}$$

$$\dot{c}_2(t) = \mathrm{i}\left(d_2 - \frac{|\Omega_c|^2}{\Delta}\right)c_2(t) - \mathrm{i}\frac{\Omega_p \Omega_c^*}{\Delta}c_1(t) \tag{4.168}$$

这样，三能级 Λ 型系统就等效为二能级系统，两能级间耦合的有效拉比频率为

$$\Omega_{\mathrm{eff}} = \frac{\Omega_p \Omega_c^*}{\Delta} \tag{4.169}$$

从有效拉比频率表示式可看出，其对应的物理过程是吸收一个频率为 ω_p 的光子，放出一个频率为 ω_c 的光子，原子从基态 $|1\rangle$ 跃迁至态 $|2\rangle$，从而建立起态 $|1\rangle$ 和态 $|2\rangle$ 之间的相干。此外，激发态 $|3\rangle$ 被绝热近似掉，因此激发态的自发辐射对此时建立起来的量子相干没有破坏作用。如果 Ω_p 和 Ω_c 都比较强，则原子将在态 $|1\rangle$ 和态 $|2\rangle$ 之间以 Ω_{eff} 为频率来回拉比振荡，即双光子拉比振荡。与单光子拉比振荡比较，由于激发态 $|3\rangle$ 不参与该过程，同时基态 $|1\rangle$ 和态 $|2\rangle$ 之间的退相干率 γ' 一般要远小于激发态的自发辐射率 γ，因此可以观测到更多周期、更加稳定的拉比振荡。

因此，在特定的条件下，将三能级系统简化为二能级系统是一个不错的方法，对分析问题很有帮助，同时大失谐方案也常用于量子计算[11-12]。

4.6.4　慢光

光脉冲在色散介质中传播的群速度为

$$v_g = \frac{\mathrm{d}\omega}{\mathrm{d}k} = \frac{c}{n(\omega) + \omega\dfrac{\mathrm{d}n(\omega)}{\mathrm{d}\omega}} \tag{4.170}$$

在电磁感应透明窗口内，由于其色散曲线非常陡峭，因此会影响光脉冲传播的群速度。本小节重点分析电磁感应透明介质中正常色散效应导致的慢光①。

---

① 如果是反常色散，则导致超光速或负群速[13]。由于超光速并不能来传递信息，因此在经过一段时间的研究热潮后，这方面的研究已逐渐减少。

1. 光场在介质中的传输方程

考虑到平面波不传递任何信息，一般信息是由脉冲加载在平面波上来传递。要实现光信息的传递和存储，首先探讨的是光脉冲的传播。考虑如图 4.7 所示的三能级 Λ 型原子结构，设线偏振探测光沿 z 轴方向传播，电场强度为

$$\vec{E}_p(z,t) = \hat{\epsilon}\mathcal{E}_p \mathrm{e}^{\mathrm{i}(k_p z - \omega_p t)} + \text{c.c.} \tag{4.171}$$

由麦克斯韦方程组可得其传播方程为

$$\left(\frac{\partial^2}{\partial z^2} - \frac{1}{c^2}\frac{\partial^2}{\partial t^2}\right)\vec{E}_p(z,t) = \frac{1}{\varepsilon_0 c^2}\frac{\partial^2}{\partial t^2}\vec{P}(z,t) \tag{4.172}$$

式中，$\vec{P}(z,t)$ 表示介质的宏观极化率，具体形式如下：

$$\vec{P}(z,t) = N\langle \vec{p}(z,t,\Delta)\rangle_{\Delta\mathrm{av}} \tag{4.173}$$

式中，N 表示原子数密度；$\vec{p}(z,t,\Delta)$ 表示单个原子的极化；$\langle\cdots\rangle_{\Delta\mathrm{av}}$ 表示对不同频率原子分布求平均，即

$$\langle\cdots\rangle_{\Delta\mathrm{av}} = \int\cdots g(\Delta)\mathrm{d}\Delta \tag{4.174}$$

式中，$g(\Delta)$ 为分布函数。单原子极化率为

$$\begin{aligned}\vec{p}(z,t,\Delta) &= e\vec{r}_{13}\tilde{\rho}_{31} + \text{c.c.}\\ &= \mu_{13}\rho_{31}\mathrm{e}^{\mathrm{i}(k_p z - \omega_p t)} + \text{c.c.}\end{aligned} \tag{4.175}$$

引入缓变包络近似，即

$$\left|\frac{\partial\mathcal{E}_p}{\partial z}\right| \ll k_p|\mathcal{E}_p|, \qquad \left|\frac{\partial\mathcal{E}_p}{\partial t}\right| \ll \omega_p|\mathcal{E}_p| \tag{4.176}$$

$$\left|\frac{\partial\rho_{13}}{\partial t}\right| \ll \omega_p|\rho_{13}|, \qquad \left|\frac{\partial^2\mathcal{E}_p}{\partial z^2}\right| \ll k_p\left|\frac{\partial\mathcal{E}_p}{\partial z}\right| \tag{4.177}$$

$$\left|\frac{\partial^2\mathcal{E}_p}{\partial t^2}\right| \ll \omega_p\left|\frac{\partial\mathcal{E}_p}{\partial t}\right|, \qquad \left|\frac{\partial^2\rho_{13}}{\partial t^2}\right| \ll \omega_p\left|\frac{\partial\rho_{13}}{\partial t}\right| \tag{4.178}$$

将其应用于传播方程有

$$\text{l.h.s.} = \hat{\epsilon}\left[\frac{\partial^2}{\partial z^2} + 2\mathrm{i}k_p\frac{\partial}{\partial z} - k_p^2\right.$$

$$-\frac{1}{c^2}\left(\frac{\partial^2}{\partial t^2} - 2\mathrm{i}\omega_p\frac{\partial}{\partial t} - \omega_p^2\right)\Bigg]\mathcal{E}_p\mathrm{e}^{\mathrm{i}(k_p z - \omega_p t)} + \mathrm{c.c.}$$

$$\simeq 2\mathrm{i}\hat{\epsilon}k_p\left(\frac{\partial}{\partial z} + \frac{1}{c}\frac{\partial}{\partial t}\right)\mathcal{E}_p\mathrm{e}^{\mathrm{i}(k_p z - \omega_p t)} + \mathrm{c.c.}$$

$$\mathrm{r.h.s.} = \frac{N\mu_{13}}{\varepsilon_0 c^2}\left(\frac{\partial^2}{\partial t^2} - 2\mathrm{i}\omega_p\frac{\partial}{\partial t} - \omega_p^2\right)\rho_{31}\mathrm{e}^{\mathrm{i}(k_p z - \omega_p t)} + \mathrm{c.c.}$$

$$\simeq -\frac{N\mu_{13}\omega_p^2}{\varepsilon_0 c^2}\rho_{31}\mathrm{e}^{\mathrm{i}(k_p z - \omega_p t)} + \mathrm{c.c.}$$

因此，在缓变包络近似下，探测光场的传播方程为

$$\left(c\partial_z + \partial_t\right)\mathcal{E}_p(z,t) = \frac{\mathrm{i}\mu_{31}N\omega_p}{2\varepsilon_0}\rho_{13} \tag{4.179}$$

选取移动坐标系 $\zeta = z$，$\tau = t - z/c$，有

$$c\frac{\partial}{\partial z} = c\frac{\partial}{\partial \zeta} - \frac{\partial}{\partial \tau} \tag{4.180}$$

$$\frac{\partial}{\partial t} = \frac{\partial}{\partial \tau} \tag{4.181}$$

可得移动坐标系下的传播方程：

$$c\frac{\partial}{\partial \zeta}\mathcal{E}_p(\zeta,\tau) = \frac{\mathrm{i}N\mu_{31}\omega_p}{2\varepsilon_0}\rho_{13} \tag{4.182}$$

给定探测光的初始边界条件，传播方程可直接积分求解。如果将电磁场量子化：

$$\hat{\tilde{E}}_p(z,t) = \hat{\epsilon}\sqrt{\frac{\hbar\omega_p}{\varepsilon_0 V}}\hat{a}(z,t)\mathrm{e}^{\mathrm{i}(kz - \omega_p t)} + \mathrm{h.c.} \tag{4.183}$$

则相应的传播方程为

$$\left(c\frac{\partial}{\partial z} + \frac{\partial}{\partial t}\right)\hat{a}_p(z,t) = \mathrm{i}gN\hat{\rho}_{13} \tag{4.184}$$

式中，$g = \mu_{13}\sqrt{\omega_p/2\hbar\varepsilon_0 V}$ 表示原子与场的耦合强度，V 表示量子化体积，一般等于相互作用体积。

2. 原子集体算符

如图 4.7 所示，考虑探测光和控制光均与相应跃迁精确共振，即 $\Delta_p = \Delta_c = 0$，并将探测场量子化，则电磁感应透明系统的相互作用哈密顿量为

$$H_{\mathrm{I}} = -\hbar\sum_j\left[g\hat{a}(z_j)\tilde{\hat{\sigma}}_{31}^j + g\hat{a}^\dagger(z_j)\tilde{\hat{\sigma}}_{13}^j + \Omega_c(z_j,t)\tilde{\hat{\sigma}}_{32}^j + \Omega_c^*(z_j,t)\tilde{\hat{\sigma}}_{23}^j\right] \tag{4.185}$$

式中，z_j 表示第 j 个原子的位置；$\tilde{\sigma}_{\mu\nu}^j = |\alpha_j\rangle\langle\beta_j|$ 表示第 j 个原子从态 $|\nu\rangle$ 往态 $|\mu\rangle$ 的跃迁算符。

为计算方便，定义集体跃迁算符：

$$\hat{\sigma}_{\mu\nu}(z,t) = \frac{1}{N_z} \sum_{z_j \in N_z} \tilde{\sigma}_{\mu\nu}(t) \tag{4.186}$$

将求和改写成积分的形式，即

$$\sum_{j=1}^{N} \to \frac{N}{l} \int \mathrm{d}z \tag{4.187}$$

式中，N 是总原子数；l 是沿探测光脉冲传播方向与原子的相互作用长度。因此相互作用哈密顿量可改写为

$$H_{\mathrm{I}} = -\hbar \frac{N}{l} \int \left[g\hat{a}(z,t)\hat{\sigma}_{31} + g\hat{a}^\dagger(z,t)\hat{\sigma}_{13} + \Omega_c(z,t)\hat{\sigma}_{32} + \Omega_c^*(z,t)\hat{\sigma}_{23} \right] \mathrm{d}z \tag{4.188}$$

利用原子跃迁算符与探测场的产生湮灭算符相互之间的对易关系，原子系统的演化由海森伯–朗之万方程[①]给出，如下：

$$\dot{\hat{\sigma}}_{11} = \gamma_1 \hat{\sigma}_{33} + \mathrm{i}g\left(\hat{a}^\dagger\hat{\sigma}_{13} - \hat{a}\hat{\sigma}_{31}\right) + \hat{\mathcal{F}}_1 \tag{4.189}$$

$$\dot{\hat{\sigma}}_{22} = \gamma_2 \hat{\sigma}_{33} + \mathrm{i}\left(\Omega_c^*\hat{\sigma}_{23} - \Omega_c\hat{\sigma}_{32}\right) + \hat{\mathcal{F}}_2 \tag{4.190}$$

$$\dot{\hat{\sigma}}_{33} = -(\gamma_1 + \gamma_2)\hat{\sigma}_{33} - \mathrm{i}g\left(\hat{a}^\dagger\hat{\sigma}_{13} - \hat{a}\hat{\sigma}_{31}\right)$$
$$-\mathrm{i}\left(\Omega_c^*\hat{\sigma}_{23} - \Omega_c\hat{\sigma}_{32}\right) + \hat{\mathcal{F}}_3 \tag{4.191}$$

$$\dot{\hat{\sigma}}_{13} = -\gamma_{13}\hat{\sigma}_{13} + \mathrm{i}g\hat{a}(\hat{\sigma}_{11} - \hat{\sigma}_{33}) + \mathrm{i}\Omega_c\hat{\sigma}_{12} + \hat{\mathcal{F}}_{13} \tag{4.192}$$

$$\dot{\hat{\sigma}}_{23} = -\gamma_{23}\hat{\sigma}_{23} + \mathrm{i}\Omega_c(\hat{\sigma}_{22} - \hat{\sigma}_{33}) + \mathrm{i}g\hat{a}\hat{\sigma}_{13} + \hat{\mathcal{F}}_{23} \tag{4.193}$$

$$\dot{\hat{\sigma}}_{12} = \mathrm{i}\Omega_c^*\hat{\sigma}_{13} - \mathrm{i}g\hat{a}\hat{\sigma}_{32} \tag{4.194}$$

式中，$\hat{\mathcal{F}}_\mu$ 和 $\hat{\mathcal{F}}_{\mu\nu}$ 是 δ 型朗之万噪声算符。探测光脉冲湮灭算符满足的方程为

$$\left(c\frac{\partial}{\partial z} + \frac{\partial}{\partial t}\right)\hat{a}(z,t) = \mathrm{i}gN\hat{\sigma}_{13}(z,t) \tag{4.195}$$

假定量子化探测场单光子拉比频率远小于控制场拉比频率，并且入射探测光脉冲中的光子数远小于原子数，此时可将 $g\hat{a}$ 视为微扰，对海森伯–朗之万方程

---

① 海森伯–朗之万方程为

$$\frac{\partial}{\partial t}\hat{\sigma}_{\mu\nu} = -\gamma_{\mu\nu}\hat{\sigma}_{\mu\nu} + \frac{1}{\mathrm{i}\hbar}[\hat{\sigma}_{\mu\nu}, H_{\mathrm{I}}] + \hat{F}_{\mu\nu}$$

(4.189) ～ 方程 (4.194) 一级一级求解。假定初始时刻原子处于基态 $|1\rangle$，即 $\langle \hat{\sigma}_{11} \rangle \simeq 1$，由方程 (4.194) 可得

$$\hat{\sigma}_{13} \simeq \frac{1}{\mathrm{i}\Omega_c^*} \frac{\partial}{\partial t} \hat{\sigma}_{12} \tag{4.196}$$

由式 (4.192) 有

$$\begin{aligned}
\hat{\sigma}_{12} &= \frac{1}{\mathrm{i}\Omega_c} \left[\left(\frac{\partial}{\partial t} + \gamma_{13} \right) \hat{\sigma}_{13} - \mathrm{i}g\hat{a} - \hat{\mathcal{F}}_{13} \right] \\
&= -\frac{g\hat{a}}{\Omega_c} - \frac{1}{\Omega_c} \left[\left(\frac{\partial}{\partial t} + \gamma_{13} \right) \left(\frac{1}{\Omega_c^*} \frac{\partial}{\partial t} \hat{\sigma}_{12} \right) + \hat{\mathcal{F}}_{13} \right]
\end{aligned} \tag{4.197}$$

如果探测场单光子拉比频率随时间变化非常缓慢，即 $\dot{\Omega}_c \simeq 0$，则式 (4.197) 等号右边第二项可近似为零，所以有 $\hat{\sigma}_{12} \simeq -g\hat{a}/\Omega_c$，将其代入式 (4.196) 可得

$$\hat{\sigma}_{13} \simeq \frac{\mathrm{i}g}{|\Omega_c|^2} \frac{\partial}{\partial t} \hat{a} \tag{4.198}$$

再将式 (4.198) 代入传播方程 (4.195)，并整理有

$$\left(\frac{c}{1 + g^2 N/|\Omega_c|^2} \frac{\partial}{\partial z} + \frac{\partial}{\partial t} \right) \hat{a}(z,t) = 0 \tag{4.199}$$

由式 (4.199) 可以很清楚表示探测光脉冲在电磁感应透明介质中传播的群速度为

$$\begin{aligned}
v_g &= \frac{c}{1 + n_g} \\
&= \frac{c}{1 + g^2 N/|\Omega_c|^2}
\end{aligned} \tag{4.200}$$

3. 光信息存储：暗态极化子

前面对慢光的讨论中，假定控制场拉比频率随时间演化满足绝热条件，这样光脉冲群速度可以被极大降低，但是光脉冲所携带的信息无法存储在原子介质中。为了将光信息存储在原子介质中，并将其释放出来，必须对控制场的强度予以调控，即 $\Omega_c = \Omega_c(t)$。当光脉冲进入原子介质与其发生相互作用之后，光子和原子介质发生了关联。因此，引入新的量子场算符：

$$\hat{\Psi} = \hat{a} \cos\theta - \sqrt{N}\hat{\sigma}_{12} \sin\theta \tag{4.201}$$

$$\hat{\Phi} = \hat{a} \sin\theta + \sqrt{N}\hat{\sigma}_{12} \cos\theta \tag{4.202}$$

式中，混合角 θ 定义如下：

$$\tan^2\theta = n_g = \frac{g^2 N}{\Omega_c^2(t)} \tag{4.203}$$

混合角 θ 的调控可以通过绝热的控制场强度 Ω_c 来实现，从而达到对 $\hat{\Psi}$ 和 $\hat{\Phi}$ 中探测光场 $\hat{a}$ 和原子算符 $\hat{\sigma}_{12}$ 所占权重的调控，其中 $\hat{\sigma}_{12}$ 称为原子的自旋相干。对 $\hat{\Psi}$ 和 $\hat{\Phi}$ 作平面波展开：

$$\hat{\Psi} = \sum_k \hat{\Psi}_k(t)\mathrm{e}^{\mathrm{i}kz} \tag{4.204}$$

$$\hat{\Phi} = \sum_k \hat{\Phi}_k(t)\mathrm{e}^{\mathrm{i}kz} \tag{4.205}$$

并利用原子跃迁算符以及光场产生与湮灭算符之间的对易关系，有

$$\left[\hat{\Psi}_k, \hat{\Psi}_{k'}^{\dagger}\right] = \delta_{kk'}\left[\cos^2\theta + \sin^2\theta\frac{1}{N}\sum_j\left(\hat{\sigma}_{11}^j - \hat{\sigma}_{22}^j\right)\right] \tag{4.206}$$

$$\left[\hat{\Phi}_k, \hat{\Phi}_{k'}^{\dagger}\right] = \delta_{kk'}\left[\sin^2\theta + \cos^2\theta\frac{1}{N}\sum_j\left(\hat{\sigma}_{11}^j - \hat{\sigma}_{22}^j\right)\right] \tag{4.207}$$

$$\left[\hat{\Psi}_k, \hat{\Phi}_{k'}^{\dagger}\right] = \delta_{kk'}\sin\theta\cos\theta\left[1 - \frac{1}{N}\sum_j\left(\hat{\sigma}_{11}^j - \hat{\sigma}_{22}^j\right)\right] \tag{4.208}$$

考虑到探测光很弱，光子数远远小于原子数，因此有 $\hat{\sigma}_{11}^j \simeq 1$、$\hat{\sigma}_{22}^j \simeq 0$，则上述对易关系为

$$\left[\hat{\Psi}_k, \hat{\Psi}_{k'}^{\dagger}\right] = \delta_{kk'} \tag{4.209}$$

$$\left[\hat{\Phi}_k, \hat{\Phi}_{k'}^{\dagger}\right] = \delta_{kk'} \tag{4.210}$$

$$\left[\hat{\Psi}_k, \hat{\Phi}_{k'}^{\dagger}\right] = 0 \tag{4.211}$$

式 (4.209) ~ 式 (4.211) 正是玻色子所满足的对易关系式，因此新引入的量子场算符 $\hat{\Psi}$ 和 $\hat{\Phi}$ 为准玻色子。进一步的计算表明，由 $\hat{\Psi}^{\dagger}$ 算符产生的态正是所探讨系统相互作用哈密顿量对应于本征值为 0 的本征态。因此，$\hat{\Psi}$ 称为暗态极化子，$\hat{\Phi}$ 称为亮态极化子。

从海森伯–朗之万方程 (4.189) ~ 方程 (4.194) 和传播方程 (4.195) 出发，并结合绝热近似可得出 $\hat{\Psi}$ 的传播方程：

$$\left(\frac{\partial}{\partial t} + c\cos^2\theta\frac{\partial}{\partial z}\right)\hat{\Psi}(z,t) = -\dot{\theta}\hat{\Phi} - \sin\theta\cos\theta c\frac{\partial}{\partial z}\hat{\Phi} \tag{4.212}$$

将方程的线性解代入 $\hat{\Phi}$ 表达式，有 $\hat{\Phi} \simeq 0$。这样便得到新量子场的传播方程：

$$\left(\frac{\partial}{\partial t} + c\cos^2\theta\frac{\partial}{\partial z}\right)\hat{\Psi}(z,t) = 0 \tag{4.213}$$

转换到移动坐标，积分即可得其形式解为

$$\hat{\Psi}(z,t) = \hat{\Psi}\left(z - c\int_0^t \cos^2\theta(t')\mathrm{d}t', t=0\right) \tag{4.214}$$

暗态极化子在介质中传播的群速度为

$$v_g = c\cos^2\theta = c\frac{\Omega_c^2}{g^2N + \Omega_c^2} \tag{4.215}$$

由暗态极化子 $\hat{\Psi}$ 定义式可知，当 $\theta \to 0$ $(\Omega_c^2 \gg g^2N)$ 时，暗态极化子为纯光子态 $(\hat{\Psi} = \hat{a})$，传播群速度为光速。绝热调节控制场强度，极化子中自旋相干成分逐渐增加，直至 $\theta \to \pi/2$ $(\Omega_c^2 \ll g^2N)$，这时极化子为类似于自旋波的纯自旋相干态 $\hat{\Psi} = \hat{\sigma}_{12}$，这样光脉冲所携带的信息就以自旋相干的形式存储在原子介质中。因此，通过调节控制场强度，让混合角 θ 逐渐由 0 变为 $\pi/2$，即可实现光信息的存储。将上述过程反过来，让混合角 θ 逐渐由 $\pi/2$ 变为 0，极化子由纯自旋相干态逐渐转变为纯光子态，成功将存储在原子介质中的光信号提取出来。对暗态极化子更加详细的理论探讨请参考文献 [14] 和 [15]，相关实验请参考文献 [16] 和 [17]。

参 考 文 献

[1] JACKSON J D. 经典电动力学 (影印版)[M]. 北京: 高等教育出版社, 2004.

[2] 曹昌祺. 辐射和光场的量子统计理论 [M]. 北京: 科学出版社, 2009.

[3] AHARONOV Y, BOHM Q. Significance of electromagnetic potentials in the quantum theory[J]. Physical Review, 1959, 115(3): 485-491.

[4] CHAMBERS R G. Shift of an electron interference pattern by enclosed magnetic flux[J]. Physical Review Letters, 1960, 5(1): 3-5.

[5] TONOMURA A, MATSUDA T, SUZUKI R, et al. Observation of Aharonov-Bohm effect by electron holography[J]. Physical Review Letters, 1982, 48(21): 1443-1446.

[6] TONOMURA A, OSAKABE N, MATSUDA T, et al. Evidence for Aharonov-Bohm effect with magnetic field completely shielded from electron wave[J]. Physical Review Letters, 1998, 56(8): 792-795.

[7] WU T T, YANG C N. Concept of nonintegrable phase factors and global formulation of gauge fields[J]. Physical Review D, 1975, 12(12): 3845-3857.

[8] DEAVER B S, FAIRBANK W M. Experimental evidence for quantized flux in superconducting cylinders[J]. Physical Review Letters, 1961, 7(2): 43-46.

[9] DOLL R, NÄBAUER M. Experimental proof of magnetic flux quantization in a superconducting ring[J]. Physical Review Letters, 1961, 7(2): 51-52.

[10] OTTAVIANI C, REBIC S, VITALI D, et al. Cross phase modulation in a five-level atomic medium: Semiclassical theory[J]. The European Physical Journal D - Atomic, Molecular, Optical and Plasma Physics, 2006, 40: 281-296.

[11] FENG X L, WU C F, SUN H, et al. Geometric entangling gates in decoherence-free subspaces with minimal requirements[J]. Physical Review Letters, 2009, 103(20): 200501.

[12] FENG X L, WU C F, LAI C H, et al. Universal quantum computation with trapped ions in thermal motion by adiabatic passage[J]. Physical Review A, 2008, 77(6): 062336.

[13] WANG L J, KUZMICH A, DOGARLU A. Gain-assisted superluminal light propagation[J]. Nature, 2000, 406: 277-279.

[14] FLEISCHHAUER M, LUKIN M D. Dark-state polariton in electromagnetically induced transparency[J]. Physical Review Letters, 2000, 84(22): 5094-5097.

[15] FLEISCHHAUER M, LUKIN M D. Quantum memory for photons: Dark-state polariton[J]. Physical Review A, 2002, 65(2): 022314.

[16] LIU C, DUTTON Z, BEHROOZI C H, et al. Observation of coherent optical information storage in an atomic medium using halted light pulses[J]. Nature, 2001, 409: 490-493.

[17] TURUKHIN A V, SUDARSHANAM V S, SHAHRIAR M S, et al. Observation of ultraslow and stored light pulses in a solid[J]. Physical Review Letters, 2002, 88(2): 023602.

第 5 章 原子的激光冷却

物理学的基本任务是研究和描述自然界基本规律与物质基本结构，这就要求对研究对象进行细致的观察和测量。室温条件下原子或分子都在高速运动，如空气中的氢分子在室温下的平均速度约为 2km/s，即使将温度降为 3K，其速度仍在百米每秒量级。为了更好地研究原子内部结构，并进一步开展相关应用研究，需要对原子进行冷却。

玻色–爱因斯坦凝聚是 100 多年前由玻色提出，爱因斯坦敏锐预见的一个科学现象。二十世纪末实验物理学的重大成就之一就是在稀薄气体中实现玻色–爱因斯坦凝聚。本章从光与原子相互作用的基本原理出发，探讨光场对原子的机械作用力，激光操控原子束的各种方法，包括减速、聚束、偏振等。在此基础上讨论激光对气体原子的冷却与光学黏团现象，以及冷却极限与超越，即亚多普勒冷却。由此，进一步探讨激光捕陷原子现象 (光阱)。在激光冷却与囚禁原子方面做出重大贡献的科学家有 Chu[1]、Cohen-Tannoudji[2] 和 Phillips[3]，他们荣获了 1997 年诺贝尔物理学奖。在实现玻色–爱因斯坦凝聚方面做出重大贡献的科学家有 Cornell 等[4]，他们于 2001 年被授予了诺贝尔物理学奖。

激光冷却与囚禁原子技术自 20 世纪 70 年代提出，经历了蓬勃发展，目前技术已日趋成熟。这种技术不仅为实现玻色–爱因斯坦凝聚提供了条件，更为重要的是利用冷却技术制备的超冷原子在许多高新技术领域表现出突出的应用前景。例如，通过冷原子的 clock 态来定义时间 "秒" [5]，2019 年科学家定义铯 133 基态超精细能级跃迁 9192631770 次的时间为 1s；利用冷原子波动性实现高灵敏度的原子干涉仪和陀螺仪[6]；通过自旋交换机制[7]，设计无自旋交换弛豫冷原子磁力仪等。由激光冷却技术实现的超冷原子系统发展出的重要技术还有原子激光、原子透镜、原子光栅、原子光刻等。

5.1 光场对原子的作用力

实现激光冷却与原子囚禁需依靠辐射场对原子的力学作用，其本质是电场对电荷和磁场对运动电荷的作用力，这种作用力依赖于原子的内部状态。在光和原子的相互作用过程中，光子与原子之间会通过吸收–自发辐射循环或者吸收–受激辐射循环的方式进行动量交换，动量交换的过程中原子会受到力的作用。这里讨论两种力的作用：一种是耗散力 (dissipative force)，又称辐射压力或辐射力 (radiation force)；另一种是偶极力 (dipole force)，也称反作用力 (reactive force)。

5.1.1 概述

为了更好理解激光场对原子的作用，首先给出几个基本概念。考虑激光场与二能级原子精确共振的情形，在吸收–自发辐射循环中，每吸收一个光子，原子的动量变化 $\hbar k$，同时原子从基态 $|g\rangle$ 被激发到激发态 $|e\rangle$。处于激发态的原子会以自发辐射的方式回落到基态能级，同时放出一个光子，但是放出光子的各个方向概率相等。从长时间的平均效果来看，自发辐射的过程不改变原子的动量。因此，一个吸收–自发辐射过程，原子获得的反冲速度为

$$v_{\text{rec}}^1 = \frac{\hbar k}{m} \tag{5.1}$$

式中，k 是激光场的波矢；m 是原子质量。

原子激发态 $|e\rangle$ 的自发辐射率 γ 是其寿命 τ 的倒数 $(\gamma = 1/\tau)$，1s 内原子会经历 γ 次循环，因此吸收–自发辐射循环平均速度的变化量为

$$v_{\text{rec}} = \frac{\hbar k}{m}\gamma \tag{5.2}$$

平均辐射压力为

$$F = m\Delta v = \hbar k \gamma \tag{5.3}$$

原子在激光作用下冷却下来的过程涉及两个方面内涵：① 原子外部变量速度或动量逐渐降低；② 达到冷却是通过激光场与原子内部自由度的相互作用实现的。因此原子激发态的寿命是一个特征时间，称为内部特征时间 T_{int}，如下：

$$T_{\text{int}} \simeq \tau = \frac{1}{\gamma} \tag{5.4}$$

原子速度的变化直接影响相应的多普勒频移，定义原子速度变化导致的多普勒频移达到激发态自然线宽 (自发辐射率 γ) 量级所需的时间为外部特征时间，记为 T_{ext}。根据定义有

$$k\Delta v = k\frac{F}{m}T_{\text{ext}} \sim \gamma$$

这样有

$$T_{\text{ext}} \sim \frac{m\gamma}{kF} \sim \frac{m}{\hbar k^2} \sim \frac{\hbar}{E_{\text{rec}}} \tag{5.5}$$

式中，E_{rec} 表示一个吸收–自发辐射过程中原子获得的反冲能量，具体形式如下：

$$E_{\text{rec}} = \frac{\hbar^2 k^2}{2m} \tag{5.6}$$

一般 T_{ext} 远大于 T_{int}，可以认为原子内部自由度的变化总能及时跟上外部变量的变化。

5.1.2　耗散力与偶极力

考虑激光场与二能级原子相互作用，偶极近似和旋转波近似下系统的哈密顿量为

$$\hat{H} = \hat{H}_{\text{A}} + \hat{H}_{\text{AL}} \tag{5.7}$$

式中，

$$\hat{H}_{\text{A}} = \frac{\hat{\vec{p}}^{\,2}}{2M} + \hbar\omega_e\hat{\sigma}_{ee} \tag{5.8}$$

表示原子的自由哈密顿量，$\hat{\sigma}_{ee} = |e\rangle\langle e|$。相互作用哈密顿量 $\hat{H}_{\text{AL}}$ 为

$$\hat{H}_{\text{AL}} = \hbar\Omega(\vec{r})\left(\mathrm{e}^{-\mathrm{i}\Phi(\vec{r})}\mathrm{e}^{-\mathrm{i}\omega t}\hat{\sigma}_{eg} + \mathrm{e}^{\mathrm{i}\Phi(\vec{r})}\mathrm{e}^{\mathrm{i}\omega t}\hat{\sigma}_{ge}\right) \tag{5.9}$$

式中，$\hat{\sigma}_{eg} = |e\rangle\langle g|$、$\hat{\sigma}_{ge} = |g\rangle\langle e|$ 分别表示原子的升、降算符。

原子运动由海森伯方程描述：

$$
\begin{aligned}
\frac{\mathrm{d}\hat{\vec{p}}}{\mathrm{d}t} &= \frac{1}{\mathrm{i}\hbar}[\hat{\vec{p}}, \hat{H}_{\text{AL}}]\\
&= \frac{1}{\mathrm{i}\hbar}\left[\hat{\vec{p}}, \hbar\Omega(\vec{r})\left(\mathrm{e}^{-\mathrm{i}\Phi(\vec{r})}\mathrm{e}^{-\mathrm{i}\omega t}\hat{\sigma}_{eg} + \mathrm{e}^{\mathrm{i}\Phi(\vec{r})}\mathrm{e}^{\mathrm{i}\omega t}\hat{\sigma}_{ge}\right)\right]\\
&= -\hbar\hat{\sigma}_{eg}\mathrm{e}^{-\mathrm{i}\omega t}\nabla\left[\Omega(\vec{r})\mathrm{e}^{-\mathrm{i}\Phi(\vec{r})}\right] - \hbar\hat{\sigma}_{ge}\mathrm{e}^{\mathrm{i}\omega t}\nabla\left[\Omega(\vec{r})\mathrm{e}^{\mathrm{i}\Phi(\vec{r})}\right]
\end{aligned}
\tag{5.10}
$$

上述计算过程的最后一步用到对易子运算关系式：

$$[\hat{\vec{p}}, f(\vec{r})] = -\mathrm{i}\hbar\nabla f(\vec{r}) \tag{5.11}$$

要完整描述原子的运动，除了动量算符 $\hat{\vec{p}}$ 满足的海森伯方程外，还需要考虑动量算符 $\hat{\vec{p}}$ 的共轭算符 $\vec{r}$，原子质心位置算符满足的方程，即

$$\frac{\mathrm{d}\hat{\vec{r}}}{\mathrm{d}t} = \frac{1}{\mathrm{i}\hbar}[\vec{r}, \hat{H}] = \frac{\hat{\vec{p}}}{m} \tag{5.12}$$

可以计算原子感受到激光场的力：

$$
\begin{aligned}
\vec{F} &= \left\langle \frac{\mathrm{d}\vec{p}}{\mathrm{d}t} \right\rangle\\
&= -\hbar\left\langle \hat{\sigma}_{eg}\nabla\left[\Omega(\vec{r})\mathrm{e}^{-\mathrm{i}\Phi(\vec{r})}\mathrm{e}^{-\mathrm{i}\omega t}\right] + \hat{\sigma}_{ge}\nabla\left[\Omega(\vec{r})\mathrm{e}^{\mathrm{i}\Phi(\vec{r})}\mathrm{e}^{\mathrm{i}\omega t}\right] \right\rangle
\end{aligned}
$$

$$= -\hbar \Bigg\{ \underbrace{\langle \hat{\sigma}_{eg} \rangle}_{\text{内部自由度}} \underbrace{\langle \nabla \left[\Omega(\vec{r}) \mathrm{e}^{-\mathrm{i}\Phi(\vec{r})} \mathrm{e}^{-\mathrm{i}\omega t} \right] \rangle}_{\text{外部自由度}} + \underbrace{\langle \hat{\sigma}_{ge} \rangle}_{\text{内部自由度}} \underbrace{\langle \nabla \left[\Omega(\vec{r}) \mathrm{e}^{\mathrm{i}\Phi(\vec{r})} \mathrm{e}^{\mathrm{i}\omega t} \right] \rangle}_{\text{外部自由度}} \Bigg\}$$

$$\tag{5.13}$$

式中，$\langle \hat{\sigma}_{eg} \rangle$ 和 $\langle \hat{\sigma}_{ge} \rangle$ 是对原子内部自由度求平均，光场部分是对外部自由度求平均。因此对原子受到的力来讲，内部自由度对 $\vec{F}$ 的贡献是通过密度矩阵元，或者电偶极矩表现出来的，外部自由度对 $\vec{F}$ 的贡献来源于激光场的梯度。激光场的梯度有两部分：一部分是激光场的强度梯度；另一部分是激光场的相位梯度。

对原子来讲，原子内部自由度演变的时间尺度比外部自由度演变的时间尺度小得多。在外部自由度变化很小的尺度中，内部自由度已达到平衡，或者快变的内部变量达到平衡所需的时间内可以忽略外部自由度的变化，因此 $\langle \hat{\sigma}_{eg} \rangle$ 和 $\langle \hat{\sigma}_{ge} \rangle$ 近似等于其稳态值，即

$$\langle \hat{\sigma}_{eg} \rangle = \rho_{ge} \simeq \rho_{ge,st} \tag{5.14}$$

$$\langle \hat{\sigma}_{ge} \rangle = \rho_{eg} \simeq \rho_{eg,st} \tag{5.15}$$

假定原子位置为 $\vec{r}_0$，原子波函数可以近似用 $\vec{r}_0$ 处波函数表示，因此有

$$\vec{F} = \vec{F}_{\mathrm{dissip}} + \vec{F}_{\mathrm{react}} \tag{5.16}$$

式中，$\vec{F}_{\mathrm{dissip}}$ 表示耗散力；$\vec{F}_{\mathrm{react}}$ 表示偶极力，具体形式为

$$\vec{F}_{\mathrm{dissip}} = 2\hbar\Omega(\vec{r}) \mathrm{Im} \left(\rho_{ge,st} \mathrm{e}^{-\mathrm{i}\Phi(\vec{r})} \right) \nabla\Phi(\vec{r}) \Big|_{\vec{r}_0} \tag{5.17}$$

$$\vec{F}_{\mathrm{react}} = -2\hbar\Omega(\vec{r}) \mathrm{Re} \left(\rho_{ge,st} \mathrm{e}^{-\mathrm{i}\Phi(\vec{r})} \right) \frac{\nabla\Omega(\vec{r})}{\Omega(\vec{r})} \Big|_{\vec{r}_0} \tag{5.18}$$

因此辐射力来源于以下两部分。

(1) $\vec{F}_{\mathrm{dissip}}$：这部分正比于密度矩阵元 ρ_{ge} 的虚部与激光场的相位梯度，$\mathrm{Im}(\rho_{ge})$ 代表原子对激光场的吸收，它引起激光场的耗散，因此这部分贡献称为耗散力；

(2) $\vec{F}_{\mathrm{react}}$：这部分正比于密度矩阵元 ρ_{ge} 的实部与激光场的强度梯度，$\mathrm{Re}(\rho_{ge})$ 代表原子与激光场因为电偶极相互作用引起的色散效应，所以这部分贡献称为偶极力。

无论是耗散力还是偶极力，都依赖于原子内部自由度，以及描述原子内态能级相干的密度矩阵元 ρ_{ge}，为了理解得更加清楚，下面推导它的表达式。考虑激光场与二能级原子的相互作用系统，从偶极近似和旋转波近似下的相互作用哈密顿量出发，可导出描述原子量子相干演化的密度矩阵方程。在不考虑原子往其他能级衰减情况下，密度矩阵方程具体形式如下：

$$\dot{\rho}_{ee} = -\gamma\rho_{ee} - \mathrm{i}\Omega(\vec{r}) \left(\mathrm{e}^{\mathrm{i}\Phi(\vec{r})} \rho_{eg} - \mathrm{e}^{-\mathrm{i}\Phi(\vec{r})} \rho_{ge} \right) \tag{5.19}$$

$$\dot{\rho}_{gg} = \gamma\rho_{ee} + \mathrm{i}\Omega(\vec{r})\left(\mathrm{e}^{\mathrm{i}\Phi(\vec{r})}\rho_{eg} - \mathrm{e}^{-\mathrm{i}\Phi(\vec{r})}\rho_{ge}\right) \tag{5.20}$$

$$\dot{\rho}_{eg} = -(\mathrm{i}\Delta + \gamma/2)\rho_{eg} - \mathrm{i}\Omega(\vec{r})\mathrm{e}^{-\mathrm{i}\Phi(\vec{r})}(\rho_{ee} - \rho_{gg}) \tag{5.21}$$

$$\dot{\rho}_{ge} = (\mathrm{i}\Delta - \gamma/2)\rho_{eg} + \mathrm{i}\Omega(\vec{r})\mathrm{e}^{\mathrm{i}\Phi(\vec{r})}(\rho_{ee} - \rho_{gg}) \tag{5.22}$$

引入布洛赫矢量:

$$R_1(t) \equiv \rho_{eg}\mathrm{e}^{\mathrm{i}\Phi(\vec{r})} + \rho_{ge}\mathrm{e}^{-\mathrm{i}\Phi(\vec{r})} \tag{5.23}$$

$$R_2(t) \equiv \mathrm{i}\rho_{eg}\mathrm{e}^{\mathrm{i}\Phi(\vec{r})} - \mathrm{i}\rho_{ge}\mathrm{e}^{-\mathrm{i}\Phi(\vec{r})} \tag{5.24}$$

$$R_3(t) \equiv \rho_{ee} - \rho_{gg} \tag{5.25}$$

这样密度矩阵方程可改写成布洛赫矢量形式, 如下:

$$\frac{\mathrm{d}}{\mathrm{d}t}\begin{pmatrix} R_1 \\ R_2 \\ R_3 \end{pmatrix} = \begin{pmatrix} -\gamma/2 & -\Delta + \dot{\Phi} & 0 \\ \Delta - \dot{\Phi} & -\gamma/2 & 2\Omega \\ 0 & -2\Omega & -\gamma \end{pmatrix}\begin{pmatrix} R_1 \\ R_2 \\ R_3 \end{pmatrix} - \gamma\begin{pmatrix} 0 \\ 0 \\ 1 \end{pmatrix} \tag{5.26}$$

求解上述光学布洛赫方程的稳态解:

$$R_1^{ss} = \frac{\Delta}{\Omega(\vec{r})}\frac{s}{1+s} \tag{5.27}$$

$$R_2^{ss} = \frac{\gamma/2}{\Omega(\vec{r})}\frac{s}{1+s} \tag{5.28}$$

$$R_3^{ss} = -\frac{1}{1+s} \tag{5.29}$$

式中, s 表示饱和参数[①], 具体表达式如下:

$$s = \frac{2\Omega^2(\vec{r})}{\Delta^2 + (\gamma/2)^2} \tag{5.30}$$

这样, 耗散力与偶极力可写为

$$\vec{F}_{\mathrm{dissip}} = -\hbar\Omega(\vec{r})R_2^{ss}\nabla\Phi(\vec{r})\big|_{\vec{r}_0}$$

$$= -\frac{\hbar\gamma}{2}\left(\frac{s}{1+s}\right)\nabla\Phi(\vec{r}_0) \tag{5.31}$$

$$\vec{F}_{\mathrm{react}} = -\hbar\Omega(\vec{r})R_1^{ss}\frac{\nabla\Omega(\vec{r})}{\Omega(\vec{r})}\bigg|_{\vec{r}_0}$$

[①] 强场极限下有 $s \to \infty$, 这时有 $R_3^{ss} \to 0$, 稳态原子在激发态和基态上的布居数相等, 即 $\rho_{gg}^{ss} = \rho_{ee}^{ss} = 1/2$. 如果 $s = 1$, 则有 $\rho_{gg} = 3/4$, $\rho_{ee} = 1/4$. 通常把共振 ($\Delta = 0$), 且 $s = 1$ 时的激光强度作为饱和强度 I_{sat}, 此时大约有 $1/4$ 的原子布居在激发态 $|e\rangle$, 数目非常可观. 对于铷原子, 饱和强度 $I_{\mathrm{sat}} = 1.6 \text{ mW/cm}^2$, 这样的强度用标准的激光二极管就能实现.

$$= -\hbar\Delta \left(\frac{s}{1+s} \right) \frac{\nabla \Omega(\vec{r}_0)}{\Omega(\vec{r}_0)} \tag{5.32}$$

因此，只要激光场有相位梯度，原子就能感受到耗散力，这是多普勒冷却技术的核心。

考虑最简单的情况，激光场是波矢为 $\vec{k}$ 的平面波：

$$\vec{E}(\vec{r}, t) = \hat{\epsilon} \mathcal{E} e^{-i(\vec{k}\cdot\vec{r} - \omega t)} \tag{5.33}$$

假设振幅 $\mathcal{E}$ 为常数，与空间位置 $\vec{r}$ 无关，故不存在偶极力。平面波的相位与空间位置有关 $(\vec{k} \cdot \vec{r})$。由式 (5.31) 可得耗散力为

$$\vec{F}_{\text{dissip}} = \hbar\vec{k}\frac{\gamma}{2} \frac{2\Omega^2}{\Delta^2 + (\gamma/2)^2 + 2\Omega^2} \tag{5.34}$$

耗散力表现为洛伦兹型，以 $\Delta = 0$ 为中心，半高全宽为

$$\Delta\omega = (\gamma^2/4 + 2\Omega^2)^{1/2} \tag{5.35}$$

单色行波作用下耗散力 $\vec{F}_{\text{dissip}}$ 随失谐量 Δ 的演化如图 5.1 所示，当激光场的强度较弱时，耗散力与激光场的强度 $(\propto \Omega^2)$ 成正比。增加激光场的强度，耗散力也随之增强，直至饱和，此时耗散力达最大值 $\vec{F}_{\text{dissip}}^{\max} \to \hbar\gamma\vec{k}/2$，与前面的分析一致。耗散力最大值与光强无关，当光子数目足够多，原子吸收光子的过程达到饱和，此时激发态与基态上的布居相等，各占一半。耗散力来源于原子与光子的吸收–自发辐射循环过程[①]，每循环一次，原子的动量改变 $\hbar\vec{k}$，循环的次数与自发辐射率成正比。基于上述物理图像，耗散力的最大值必然是 $1/2 \times \hbar\vec{k} \times \gamma$，与计算结果完全一致。

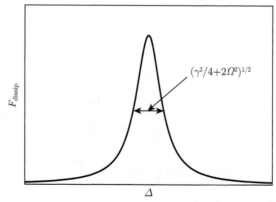

图 5.1　单色行波作用下耗散力 $\vec{F}_{\text{dissip}}$ 随失谐量 Δ 的演化

[①] 原子在激光场的作用下也会有受激吸收–受激辐射的循环，但是受激辐射过程会把受激吸收过程吸收光子的动量返还给激光场，因此该过程不改变原子的动量，耗散力仅来自吸收–自发辐射过程。

耗散力其实就是散射过程中每秒光子转移给原子的平均动量，故耗散力也称散射力，那么散射力可以有多大呢？为回答这个问题，这里给出加速度的数据。当吸收–自发辐射循环达到饱和时，原子可以获得的加速度为最大，如下：

$$a = \frac{F_{\text{dissip}}^{\text{max}}}{m} = \frac{\gamma}{2}\left(\frac{\hbar k}{m}\right) = \frac{\gamma}{2}v_{\text{rec}} \tag{5.36}$$

虽然循环一次原子获得的反冲速度很小，约 10^{-2}m/s，但是 1s 之内可以有 $\gamma/2 \simeq 10^8$ 次循环，所以获得的加速度大约为 $a_{\text{max}} = v_{\text{rec}} \times (\gamma/2) \simeq 10^6m/s^2 \simeq 10^5 g$，$g$ 是重力加速度。因此共振激光对原子的作用有巨大潜力。

偶极力正比于激光场强度梯度，将饱和参数 s 代入式 (5.32) 并整理可得

$$\vec{F}_{\text{react}} = -\hbar\Delta\frac{\nabla^2\Omega(\vec{r})}{\Delta^2 + \gamma^2/4 + 2\Omega^2(\vec{r})} \tag{5.37}$$

不难看出，偶极力要求激光场强度有梯度。值得注意的是，偶极力与耗散力的半高全宽一样，随失谐量按色散曲线变化。当调节激光场频率从原子的共振频率扫过时，偶极力的方向会发生变化。当 $\Delta > 0$ 时 (蓝失谐)，偶极力将原子从高强度区域推向低强度区域，当 $\Delta < 0$ 时 (红失谐)，偶极力将原子从低强度区域推向高强度区域。

实验上，激光场对原子的辐射压力研究在 20 世纪 30 年代就开始了，如 Frisch 在实验上利用钠灯发出的光使钠原子束发生很小的偏转；60~70 年代 Ashkin[8-9] 开展的原子加速与光阱囚禁原子实验；共振激光实现原子束偏转[10-11] 等实验。实验细节请查阅原文。

5.2　多普勒冷却

5.1 节详细分析了激光场对原子的辐射压，分析过程中为简单考虑，假设原子静止不动。真实情况下原子不可避免地存在热运动，利用激光场对原子的辐射压力是否能将原子的速度降下来？或者将原子的温度逐渐降下来？20 世纪 70 年代，科学家给出的答案是多普勒冷却[12-14]，本节重点探讨多普勒冷却。

5.2.1　红失谐多普勒冷却

平面波激光场的电场可写为

$$\vec{E}(\vec{r}, t) = \hat{\epsilon}\mathcal{E}\exp[\mathrm{i}(\omega t - \vec{k}\cdot\vec{r})] \tag{5.38}$$

考虑原子的运动，假定原子速度为 $\vec{v}_0$，则有

$$
\begin{aligned}
\vec{E}(\vec{r}, t) &= \hat{\epsilon}\mathcal{E}\exp[\mathrm{i}(\omega t - \vec{k}\cdot\vec{v}_0 t)] \\
&= \hat{\epsilon}\mathcal{E}\exp\{\mathrm{i}[(\omega - \vec{k}\cdot\vec{v}_0)t]\} \\
&= \hat{\epsilon}\mathcal{E}\exp\{\mathrm{i}[(\omega - \omega_{\mathrm{d}})t]\}
\end{aligned}
\tag{5.39}
$$

原子的运动会导致多普勒频移 $\omega_{\mathrm{d}} = \vec{k}\cdot\vec{v}_0$，但并不改变激光场的强度。考虑原子运动之后的耗散力变为

$$
F_{\mathrm{dissip}} = \hbar k\frac{\gamma}{2}\frac{2\Omega^2}{\Delta_{\mathrm{d}}^2 + (\gamma/2)^2 + 2\Omega^2}
\tag{5.40}
$$

式中，$\Delta_{\mathrm{d}} = \Delta + \omega_{\mathrm{d}}$ 表示考虑多普勒频移后的失谐量。从式 (5.40) 可看出，当多普勒频移刚好能抵消失谐量 Δ 时 (即 $\omega_{\mathrm{d}} = \Delta$)，耗散力达最大值。如果原子速度不大，则可以将式 (5.40) 作泰勒展开：

$$
F_{\mathrm{dissip}} = F_0 - \alpha v + \cdots
\tag{5.41}
$$

式中，F_0 表示原子静止时的耗散力，即式 (5.34)。式 (5.41) 等号右边第二项可理解为激光场中的原子受到的摩擦力，α 可理解为摩擦系数，表达式为

$$
\alpha = -\hbar k^2\gamma\frac{2\Delta\Omega^2}{[\Delta^2 + (\gamma/2)^2 + 2\Omega^2]^2}
\tag{5.42}
$$

如果原子运动方向与激光场波矢方向相反，由于多普勒效应，原子感受到的激光场频率比运动方向与激光场波矢同向时要高。对于红失谐情况 ($\Delta < 0$)，反向运动的原子更接近共振。在耗散力的作用下，反向运动的原子被减速，同向运动的原子被加速，由于多普勒效应，减速的效果要比加速更好。为了利用该作用将原子的温度冷却下来，Hänsch 等[13] 提出再加一束等光强、同频率，但传播方向相反的平面波激光场的想法，如图 5.2 所示。

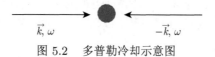

图 5.2　多普勒冷却示意图

两束传播方向相反的激光场形成驻波，驻波中的原子由于多普勒效应存在多普勒频移，因此对 $+\vec{k}$ 和 $-\vec{k}$ 的激光场响应不同。$+\vec{k}$ 激光场施加原子正方向的力，当 $kv = -\Delta$ 时取最大值。$-\vec{k}$ 激光场施加原子负方向的力，当 $kv = \Delta$ 时取最大

值。如果原子没有热运动，速度为零，则不存在多普勒效应，正方向的辐射压力与负方向的辐射压力大小相等，相互抵消。如果原子以速度 v 运动，与它反向的激光场施加的力大于与它同向的激光场施加的力，这样由于多普勒效应打破了方向相反两个辐射力的不平衡。如图 5.3 所示，原子最终所受辐射力合力是左行波与右行波辐射力之和。值得注意的是，弱光强驻波场中原子受到的力并不等于两个方向辐射力的简单相加，还有干涉项，但如果关注空间平均力，则干涉项的贡献可以忽略。

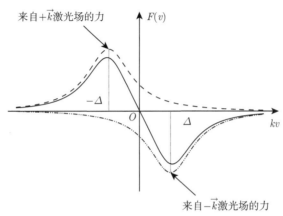

图 5.3　弱光极限下原子受力示意图

5.2.2　多普勒冷却的极限

20 世纪 70 年代末，科学家已经开始探讨多普勒冷却的极限。例如，Gordon 等[15] 对二能级原子多普勒冷却极限的研究，随后 Castin 等[16] 利用量子理论对原子一维激光冷却进行了详细的研究。本节从物理过程与图像出发，比较直观地给出多普勒冷却的极限。

对于驻波场中的原子，如果光场强度比较弱，不考虑相干项，受力来源于左行与右行的激光场，所受合力为 (冷却机制)

$$F_{\text{Doppler}} \simeq -2\alpha v \tag{5.43}$$

原子的自发辐射会放出动量为 $\hbar \vec{k}$ 的光子，同时原子会反冲，对原子来说相当于一种加热机制。稳态情况下，Δt 时间间隔内发生自发辐射的次数约为

$$\Delta n = \gamma \rho_{ee} \Delta t \tag{5.44}$$

因此有

$$\langle \Delta p^2 \rangle = \hbar^2 k^2 \gamma \rho_{ee} \Delta t = \hbar^2 k^2 \frac{\gamma}{2} \frac{s}{1+s} \Delta t \tag{5.45}$$

原子自发辐射荧光的过程中，光子也会带走动量，对原子来说相当于另一种加热机制，该机制与吸收光子机制效果相同。如果多普勒冷却与上述两种加热机制的效果相平衡，则不能再利用多普勒效应对原子进行进一步冷却。因此多普勒冷却极限为

$$\left(\frac{\Delta p^2}{\Delta t}\right)_{\text{cooling}} = \left(\frac{\Delta p^2}{\Delta t}\right)_{\text{heating}} \tag{5.46}$$

即

$$
\begin{aligned}
\hbar^2 k^2 \gamma \left(\frac{s}{1+s}\right) &= 2p\frac{\Delta p}{\Delta t} \\
&= 2pF_{\text{Doppler}} \\
&= -2p^2\frac{\alpha}{m}
\end{aligned} \tag{5.47}
$$

由式 (5.42) 可知，α 的最大值由 $\Delta = -\gamma/2$ 给出，因此弱场极限下有

$$\frac{p^2}{m} \simeq \frac{\hbar\gamma}{2} \tag{5.48}$$

多普勒极限为

$$k_{\text{B}}T_{\text{Doppler}} = \frac{p^2}{m} = \frac{\hbar\gamma}{2} \tag{5.49}$$

式中，k_{B} 是玻尔兹曼常数。可以估算，钠原子的多普勒冷却极限约为 240μK，铷原子约为 143.41μK。

5.3 偏振梯度冷却

多普勒冷却可以很容易推广至三维，使用三对相互正交，相交于一点且两两反向传播的激光束即可，即光学黏团。在多普勒冷却极限下，原子德布罗意波长为

$$\lambda_{\text{dB}} = \frac{2\pi\hbar}{\sqrt{2mk_{\text{B}}T}} \tag{5.50}$$

可以简单估算，数量级大约在 10nm。与光波比较，λ_{dB} 要小 1~2 个数量级。因此需要发展其他的技术将原子温度进一步降低。

早期的几个实验[1,3]证实冷却温度符合多普勒冷却极限，但是随后的一些实验却实现了远低于多普勒极限的冷却温度。例如，美国 NIST 的 Phillips 小组利用与朱棣文一样的实验装置，以钠原子作为样品，最后得到的冷却温度却远低于240μK[17]。因此，一定还存在其他的冷却机制。此外，在处理多普勒冷却时，原

子近似为二能级原子，真实原子无论是基态还是激发态都存在很多能级，如超精细结构能级和磁场下分裂的塞曼子能级，因此用二能级来描述原子过于简单。这种简单体现在三方面：① 对于基态能级，原子在各能级上均有一定的分布；② 激光场在耦合不同的基态与激发态时的耦合强度并不相等；③ 前面的处理假定合成后激光场的偏振态是均匀的，与位置无关，真实情况下合成激光场的偏振态依赖于空间位置。

5.3.1　偏振梯度激光场

激光场既有强度信息又有相位信息，要将中心原子冷却至多普勒极限温度以下，既可以利用相位梯度，也可以利用强度梯度。因此亚多普勒冷却机制可分为偏振梯度冷却、强度梯度冷却及其他方法。为了解释实验中理论估计与实验值之间的差异，Dalibard 等[18] 与 Ungar 等[19] 几乎同时独立提出偏振梯度冷却。这里简单介绍 Dalibard 和 Cohen-Tannoudji 对上述实验予以理论解释的线偏振 π_x-π_y 西西弗斯偏振梯度冷却。

考虑一维 π_x-π_y 构型，两束频率都是 ω，强度相同的反向传播线偏振激光光束，一束偏振方向为 x 方向，另一束偏振方向为 y 方向，因此这两束激光的偏振矢量彼此正交。合成光场可写为

$$
\begin{aligned}
\vec{E} &= \frac{\mathcal{E}_0}{2}\left[\hat{\epsilon}_x \mathrm{e}^{\mathrm{i}(kz-\omega t)} + \hat{\epsilon}_x \mathrm{e}^{-\mathrm{i}(kz-\omega t)} + \mathrm{i}\hat{\epsilon}_y \mathrm{e}^{-\mathrm{i}(kz+\omega t)} - \mathrm{i}\hat{\epsilon}_y \mathrm{e}^{\mathrm{i}(kz+\omega t)}\right] \\
&= \frac{\mathcal{E}}{2}\left\{[\hat{\epsilon}_- \cos(kz) + \mathrm{i}\hat{\epsilon}_+ \sin(kz)]\mathrm{e}^{-\mathrm{i}\omega t} + [\hat{\epsilon}_+ \cos(kz) - \mathrm{i}\hat{\epsilon}_- \sin(kz)]\mathrm{e}^{\mathrm{i}\omega t}\right\} \quad (5.51)
\end{aligned}
$$

式中，$\mathcal{E} = \sqrt{2}\mathcal{E}_0$；$\hat{\epsilon}_x$、$\hat{\epsilon}_y$ 分别表示 x、y 方向的单位偏振矢量。左右旋单位圆偏振矢量 $\hat{\epsilon}_\pm$ 定义如下：

$$
\hat{\epsilon}_\pm = \frac{1}{\sqrt{2}}\left(\hat{\epsilon}_x \mp \mathrm{i}\hat{\epsilon}_y\right) \tag{5.52}
$$

在 $z = 0$ 处，合成光场为

$$
\vec{E} = \mathcal{E}_0[\hat{\epsilon}_x \cos(\omega t) + \hat{\epsilon}_y \sin(\omega t)] \tag{5.53}
$$

这表明合成光场是 σ_- 圆偏振的。同理可得，在 $z = \lambda/8$ 处，即 $kz = \pi/4$，合成的光场是线偏振的，偏振方向与 x 轴成 $\pi/4$。当 $z = \pi/4$ 时，合成的光场为 σ_+ 圆偏振。这样便得到了沿 z 方向，偏振特性如图 5.4 所示的总光场，在半个波长内合成光场完成了一个偏振周期的变化。通过这种方式合成的光场，既有强度梯度，又有偏振梯度。这种有偏振梯度的激光场如何影响原子的行为呢？

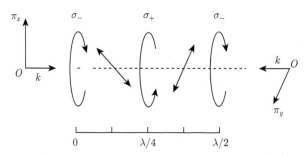

图 5.4 相对传播的两束相互垂直线偏振激光场形成的总光场偏振特性

5.3.2 光抽运

一般来讲，原子的基态和激发态都有多个子能级。例如，$J_g \to J_e = J_g + 1$ 跃迁中最简单的跃迁 $J_g = 1/2 \to J_e = 3/2$，基态总角动量量子数为 $J_g = 1/2$，有两个磁量子数为 $m_J = \pm 1/2$ 的塞曼子能级。激发态角动量量子数为 $J_e = 3/2$，四个子能级对应的磁量子数分别为 $m_F = \pm 3/2$ 和 $m_F = \pm 1/2$，如图 5.5 所示。

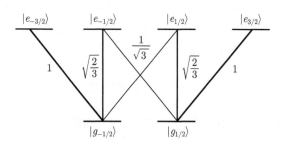

图 5.5 $J_g = 1/2 \to J_e = 3/2$ 原子能级图与 C-G 系数

如果原子静止在光场偏振态为 σ_+ 的位置上，由角动量守恒可知 σ_+ 的光场驱动两个跃迁：$|g_{-1/2}\rangle \to |e_{1/2}\rangle$ 和 $|g_{1/2}\rangle \to |e_{3/2}\rangle$。激发态的原子会以自发辐射的形式往基态跃迁，由于选择定则的约束，态 $|e_{3/2}\rangle$ 的原子只能回到态 $|g_{1/2}\rangle$。被激发到态 $|e_{1/2}\rangle$ 的原子可以衰减到态 $|g_{-1/2}\rangle$ 和态 $|g_{1/2}\rangle$，但是回到态 $|g_{-1/2}\rangle$ 的原子又被光场激发到态 $|e_{1/2}\rangle$，进行下一个循环。这样，经激光场作用一段时间后，所有的原子都被抽运到态 $|g_{1/2}\rangle$，如图 5.6 所示。通过光抽运的方式将原子制备在某一个塞曼子能级上的过程又称为原子极化，是量子调控、量子精密测量等领域中非常常用的调控手段之一。

近共振光与原子的相互作用不仅激发原子在不同能级之间的跃迁，还使原子的能级发生移位。考虑红失谐情况，激光场与跃迁没有精确共振，激光场的耦合会导致基态能级的斯塔克移动，红失谐时能级向下移动。能级移动大小正比于相应跃迁 C-G 系数的平方，因此态 $|g_{1/2}\rangle$ 的斯塔克移动是态 $|g_{-1/2}\rangle$ 的三倍。

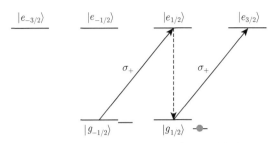

图 5.6　σ_+ 偏振光驱动的原子稳态布居分布与能级移动

记为 $\delta_{g_{1/2}} = \delta_{\text{Stark}}$，$\delta_{g_{-1/2}} = \delta_{\text{Stark}}/3$。这里 δ_{Stark} 表示 σ_+ 激光场驱动下基态能级 $|g_{1/2}\rangle$ 的斯塔克能级移动。如果失谐比较大，则可以将激发态绝热消除掉，这样处理后可知完成光抽运的时间约为 $1/\gamma'$，γ' 表示基态原子的吸收速率，远小于激发态原子的自发辐射率。

　　如果原子静止在光场偏振态为 σ_- 的位置上，则 σ_- 光场驱动 $|g_{-1/2}\rangle \to |e_{-3/2}\rangle$ 和 $|g_{1/2}\rangle \to |e_{-1/2}\rangle$ 跃迁，经一段时间作用后，激发-自发辐射循环最终将所有原子抽运到态 $|g_{-1/2}\rangle$，如图 5.7(a) 所示。能级 $|g_{-1/2}\rangle$ 的斯塔克移动是能级 $|g_{1/2}\rangle$ 的三倍，记为 $\delta_{g_{1/2}} = \delta_{\text{Stark}}/3$，$\delta_{g_{-1/2}} = \delta_{\text{Stark}}$。如果原子所处的位置光场的偏振态为线偏振，线偏振激光场驱动 $|g_{-1/2}\rangle \to |e_{-1/2}\rangle$ 和 $|g_{1/2}\rangle \to |e_{1/2}\rangle$ 跃迁。由于此时的抽运完全是对称的，最后基态 $|g_{-1/2}\rangle$ 和基态 $|g_{1/2}\rangle$ 上布居各占一半，且两个基态能级的斯塔克移动相等，均为 δ_{Stark} 的 $2/3$，如图 5.7(b) 所示。

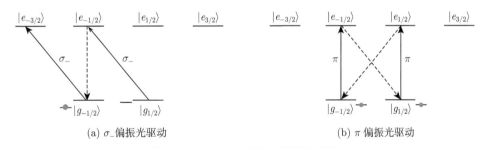

(a) σ_-偏振光驱动　　　　　　　　　(b) π 偏振光驱动

图 5.7　σ_- 与 π 偏振光抽运示意图

　　将上述几方面总结起来，π_x-π_y 驱动 $J_g = 1/2 \to J_e = 3/2$ 跃迁时，静止原子在各能态上的布居及相应斯塔克能级移动随 z 轴的变化如图 5.8 所示。在存在偏振梯度的激光场中，静止原子在基态能级上的布居及相应的能级移动均呈现出空间调制的特点。图中可看出，上升阶段原子布居数逐渐减小，下降阶段原子布居数逐渐增加。空间调制的布居数分布与能级移动正是实现偏振梯度冷却的物理基础。

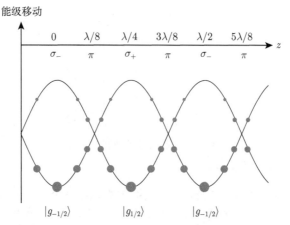

图 5.8　π_x-π_y 驱动 $J_g = 1/2 \to J_e = 3/2$ 跃迁时的布居及相应斯塔克能级移动

5.3.3　西西弗斯偏振梯度冷却

假设原子沿 z 方向运动，并且在抽运时间 $1/\gamma'$ 内运动的距离与激光波长同量级。由于光抽运，原子处于态 $|g_{1/2}\rangle$，即到图 5.9 所示起始谷底。由于原子有 z 方向的速度，它将继续向上爬坡，并有一定的概率达到顶峰。当它快到顶峰时，由于 σ_- 圆偏振光的抽运，极大概率的原子被抽运到态 $|g_{-1/2}\rangle$。继续沿 z 方向运动，再一次快要到达顶峰时由于 σ_+ 圆偏振光的抽运，原子再一次回到态 $|g_{1/2}\rangle$。在这样周期性空间调制激光场中，原子在爬坡的阶段，势能逐渐增加，相应的动能逐渐减小，速度逐渐降低，如此不断循环往复，损失动能，实现冷却。因为该过程与希腊神话中不断从山底往山顶推石头的西西弗斯相似，所以该冷却又称为西西弗斯偏振梯度冷却。

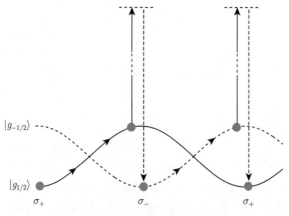

图 5.9　偏振梯度冷却原理示意图

由图 5.9 可得，该方案实现冷却时，原子的冷却极限温度与能级的斯塔克移动相关。每个光抽运循环会放出一个光子，该光子的能量要高于吸收光子的能量，两者的能量差在 $\hbar\delta_{\text{Stark}}$ 量级。对于每一个循环，激光场中的能量大约增加 $\hbar\delta_{\text{Stark}}$，原子动能减少相应的值。直至最后原子的动能不足以让原子冲上顶峰时，该冷却机制将不再起作用。因此，偏振梯度冷却的极限温度为

$$k_{\text{B}}T_{\text{sub-Doppler}} \sim \hbar\delta_{\text{Stark}} \tag{5.54}$$

如果光强较低，失谐量很大，近似有

$$k_{\text{B}}T_{\text{sub-Doppler}} \sim \frac{\hbar\Omega^2}{4|\Delta|} \tag{5.55}$$

上述理论估计与实验结果符合得很好。低光强条件下，基态能级的位移远小于激发态的自然线宽，自然线宽决定了多普勒冷却的极限，基态能级的位移决定偏振梯度冷却的极限，因此，偏振梯度冷却的极限温度比多普勒冷却极限温度低两个数量级左右。式 (5.55) 表明偏振梯度冷却极限与激光场强度成正比，与失谐量成反比，因此可以通过对激光场的调控将原子冷却到更低的温度。

除了上面讨论的 π_x-π_y 偏振梯度冷却，还有 σ_+-σ_- 圆偏振梯度冷却，可参见相关文献 [20] ～ [22]。需要明确的是，π_x-π_y 偏振梯度冷却能力比 σ_+-σ_- 圆偏振梯度冷却更强，而且可以直接从气室中获得光学黏团，实现亚多普勒冷却。

5.4　亚反冲冷却

在多普勒冷却和偏振梯度冷却中，原子的最终状态依赖于原子无规则自发辐射过程引起的加热机制与冷却机制之间的竞争，因此无法打破由于光子反冲设定的冷却极限。要想打破该极限，必须避免原子的自发辐射过程，也就是必须避免原子被激发到激发态。相干布居囚禁技术与拉曼过程正好满足这一需求，这里介绍基于速度选择相干布居囚禁的冷却理论。

5.4.1　相干布居囚禁：暗态

相干布居囚禁 (coherent population trapping，CPT) 是利用相干激光场将原子抽运到两个超精细能级叠加态上的量子相干现象，超精细能级的相干叠加态称为暗态。图 5.10 为 He 原子 $2^3\text{S}_1 \rightarrow 2^3\text{P}_1$ 跃迁与激光场的相互作用。基态 2^3S_1 的寿命约为 8000s，可视为亚稳态，跃迁波长为 1083nm。基态与激发态总角动量量子数 $J=1$，因此均为三重态。加入反向传播的 σ_+、σ_- 圆偏振激光场，激光场的电场强度为

$$\vec{E}(z,t) = \mathcal{E}\left(\hat{e}_+ \text{e}^{\text{i}kz} + \hat{e}_- \text{e}^{-\text{i}kz}\right) \tag{5.56}$$

自旋为 $+\hbar k$ 的左旋圆偏振光 σ_+ 驱动 $|g_{-1}\rangle \to |e_0\rangle$ 和 $|g_0\rangle \to |e_1\rangle$ 跃迁，自旋为 $-\hbar k$ 的右旋圆偏振光 σ_- 驱动 $|g_1\rangle \to |e_0\rangle$ 和 $|g_0\rangle \to |e_{-1}\rangle$ 跃迁。这样两束激光场与 He 原子的相互作用可视为两个三能级系统，一个 Λ 型，一个 V 型。由于能级 $|g_0\rangle$ 和 $|e_0\rangle$ 之间的电偶极矩等于零，因此被激发到态 $|e_0\rangle$ 的原子自发辐射只能回落到态 $|g_1\rangle$ 与态 $|g_{-1}\rangle$。这样光抽运就将原子全部制备在态 $|g_1\rangle$ 与态 $|g_{-1}\rangle$，与态 $|e_0\rangle$ 一起形成三能级 Λ 型，如图 5.10(b) 所示。考虑电偶极近似和旋转波近似，激光场与原子的相互作用哈密顿量为

$$\hat{H}_{\mathrm{I}} = \frac{\hbar\Omega}{\sqrt{2}} \left[\left(|e_0\rangle\langle g_1|\mathrm{e}^{-\mathrm{i}kz} - |e_0\rangle\langle g_{-1}|\mathrm{e}^{\mathrm{i}kz} \right) \mathrm{e}^{-\mathrm{i}\omega t} \right.$$
$$\left. + \left(|g_1\rangle\langle e_0|\mathrm{e}^{\mathrm{i}kz} - |g_{-1}\rangle\langle e_0|\mathrm{e}^{-\mathrm{i}kz} \right) \mathrm{e}^{-\mathrm{i}\omega t} \right] \tag{5.57}$$

为了让符号比较统一，并考虑到 C-G 系数的正负号，拉比频率定义为

$$\Omega = -\frac{\mu\mathcal{E}}{\hbar} \tag{5.58}$$

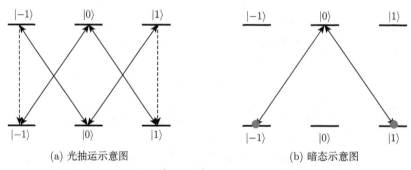

(a) 光抽运示意图   (b) 暗态示意图

图 5.10   He 原子 $2^3\mathrm{S}_1 \to 2^3\mathrm{P}_1$ 跃迁与激光场的相互作用

转入动量表象，并利用跃迁算符的积分形式：

$$\mathrm{e}^{\pm\mathrm{i}kz} = \int \mathrm{d}p |p\rangle\langle p \mp \hbar k| \tag{5.59}$$

相互作用哈密顿量 $\hat{H}_{\mathrm{I}}$ 可改写为

$$\hat{H}_{\mathrm{I}} = \frac{\hbar\Omega}{\sqrt{2}} \int \mathrm{d}p \left[\left(|e_0, p\rangle\langle g_1, p+\hbar k| - |e_0, p\rangle\langle g_{-1}, p-\hbar k| \right) \mathrm{e}^{-\mathrm{i}\omega t} \right.$$
$$\left. + \left(|g_1, p+\hbar k\rangle\langle e_0, p| - |g_{-1}, p-\hbar k\rangle\langle e_0, p| \right) \mathrm{e}^{\mathrm{i}\omega t} \right] \tag{5.60}$$

态 $|e_0, p\rangle$ 与态 $|g_1, p+\hbar k\rangle$ 和态 $|g_{-1}, p-\hbar k\rangle$ 非常接近, 可近似视为三重态。由相互作用哈密顿量有

$$\hat{H}_{\mathrm{I}}|e_0, p\rangle = \frac{\hbar\Omega}{\sqrt{2}}\left(|g_1, p+\hbar k\rangle - |g_{-1}, p-\hbar k\rangle\right)\mathrm{e}^{\mathrm{i}\omega t} \tag{5.61}$$

态 $|e_0, p\rangle$ 通过与激光场的相互作用, 与两个能级的相干叠加态耦合在一起, 这两个能级的动量相差 $2\hbar k$。因此, 有必要引入一组新的基矢:

$$|\psi_{\mathrm{dark}}(p)\rangle = \frac{1}{\sqrt{2}}\left(|g_1, p+\hbar k\rangle - |g_{-1}, p-\hbar k\rangle\right) \tag{5.62}$$

$$|\psi_{\mathrm{bright}}(p)\rangle = \frac{1}{\sqrt{2}}\left(|g_1, p+\hbar k\rangle + |g_{-1}, p-\hbar k\rangle\right) \tag{5.63}$$

$$|\psi_{\mathrm{e}}(p)\rangle = |e_0, p\rangle \tag{5.64}$$

不难验证有

$$\hat{H}_{\mathrm{I}}|\psi_{\mathrm{dark}}(p)\rangle = 0 \tag{5.65}$$

$$\hat{H}_{\mathrm{I}}|\psi_{\mathrm{bright}}(p)\rangle = \hbar\Omega\mathrm{e}^{-\mathrm{i}\omega t}|\psi_{\mathrm{e}}(p)\rangle \tag{5.66}$$

$$\hat{H}_{\mathrm{I}}|\psi_{\mathrm{e}}(p)\rangle = \hbar\Omega\mathrm{e}^{\mathrm{i}\omega t}|\psi_{\mathrm{bright}}\rangle \tag{5.67}$$

因此 $|\psi_{\mathrm{dark}}\rangle$ 从系统中解耦出来了, 自然也不会发生光吸收, $|\psi_{\mathrm{dark}}\rangle$ 称为暗态, 或无耦合态。这就是相干布居囚禁现象。相干布居囚禁技术经过几十年的发展, 已广泛应用于弱磁场的精密探测、原子频标等方面, 将在后面相关章节展开。相干布居囚禁称为暗态的原因是该态不包含激发态成分, 自然也就无法探测到荧光。态 $|\psi_{\mathrm{bright}}\rangle$ 会与态 $|\psi_{\mathrm{e}}(p)\rangle$ 耦合, 称为亮态。

5.4.2　速度选择相干布居囚禁

　　上述相干布居囚禁是非常理想的情况, 要达到这种理想的状态, 需要满足拉曼共振 (双光子共振) 条件。对于 $v=0$ 的原子, 基态 $|g_1\rangle$ 和基态 $|g_{-1}\rangle$ 之间的频率差刚好等于与之耦合的两个激光场之间的频率差, 满足拉曼共振条件。对于质心速度为 v 的原子, 假设 $v=0$ 时满足拉曼共振条件, 则当 $v\neq 0$ 时, 两束激光都因为多普勒效应产生频移, 频移量分别为 $k_1 v$ 和 $k_2 v$。在拉曼过程中, 失谐量 Δ 变为 $\Delta+(\vec{k}_1-\vec{k}_2)\cdot\vec{v}$, 两束光的多普勒频移可以抵消一部分①。如果 $\vec{k}_1\cdot\vec{v}\neq\vec{k}_2\cdot\vec{v}$, 显然由于多普勒效应, 原来满足拉曼共振条件的原子不再满足, 原子无法继续囚禁在暗态上。这部分原子仍然能够吸收光而产生跃迁, 再从激发态自发辐射回基态产生荧光以减速。如果可以把速度降为零的原子集合起来, 便可实现冷却的目

---

① 室温条件下消除一阶多普勒展宽是用同向传输的方案, 最早将其应用于观察电磁感应透明介质色散特性的是肖敏教授[23]。

的。处于暗态的原子不吸收光子，也不会辐射光子产生反冲，这样很好地消除了反冲动量对原子速度的限制，得到亚多普勒冷却。速度选择共振机制要求这种速度选择效应对原子速度非常灵敏，这样才能得到很窄的亚反冲冷却速度分布。

率先利用速度选择相干布居囚禁实现冷却的是 Cohen-Tannoudji 小组[24]。他们采用的是如图 5.10(a) 所示的 He 原子系统，原子与频率相同的正反两方向 σ_+ 与 σ_- 圆偏振激光束作用，只有速度等于零的原子才满足拉曼共振条件，与激光的耦合形成暗态。如果 $v \neq 0$，但数值不大，处在态 $|g_+\rangle$ 与态 $|g_-\rangle$ 的原子将优先吸收 σ_- 和 σ_+ 光子，并得到光子动量 $\hbar k$。拉曼散射过程中又向另一束激光发射光子而获得一个光子的反冲动量 $\hbar k$。这样，每次双光子拉曼跃迁原子的动量变化 $2\hbar k$。一般原子的初速度不会太大，因此原子总有机会与迎面来的激光束发生作用而实现多普勒冷却，并使动量无规扩散。一旦 $v \to 0$，相干布居囚禁机制便开始起作用，原子被束缚在暗态，在 $v=0$ 附近聚集起来。这样就实现了将 $v \to 0$ 的原子选择出来，并积累起来的效果。整个过程中真正实现冷却的还是吸收–散射过程中的多普勒冷却机制。

理论上，一旦原子进入暗态，就不再与光发生相互作用，因此可以得到极低的温度。但是暗态对外界环境异常敏感，重力场、机械振动、激光场的频率抖动都会破坏暗态，因此冷却温度不可能达到理想的零度。重力场下能得到的最低温度为[25]

$$k_B T_{g,\min} = mg\lambda/(2\pi) \tag{5.68}$$

对于大部分原子，该最低温度一般要比反冲温度低两个数量级。

5.5 拉曼冷却

Cohen-Tannoudji 小组利用速度选择相干布居囚禁实现原子冷却的实验中，两束激光频率相同。没有加入磁场时，He 原子基态能级简并在一起，因此 $v=0$ 的原子才能发生受激拉曼跃迁。受激拉曼跃迁的思想可以推广至如图 5.11 所示的基态不简并的情况。用两束频率为 ω_1、ω_2 的激光束分别耦合 $|g_1\rangle \to |e\rangle$、$|g_2\rangle \to |e\rangle$ 跃迁。如果激光频率满足拉曼共振条件：

$$\omega_1 + \omega_{g_1} = \omega_2 + \omega_{g_2} \tag{5.69}$$

则只有 $v=0$ 的原子能够进入共振。这样便把 $v=0$ 的一群原子选择出来，将它们聚集起来达到冷却的目的。需要指出的是，这种方法是利用拉曼过程中对速度选择的特性，并没有增加冷原子的数量。为了增加冷原子的密度，可以采用拉曼脉冲跃迁的方法，该方法称为拉曼冷却。

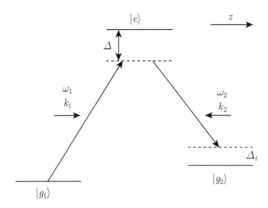

图 5.11　三能级原子在拉曼脉冲对作用下的跃迁能级图

　　考虑如图 5.11 所示的相互对射的两束激光脉冲。每束激光与相应跃迁之间的单光子失谐远大于激光场拉比频率 $(\Delta \gg \Omega_1,\ \Omega_2)$，双光子失谐 $\delta = (\omega_1 - \omega_2) + (\omega_{g_1} - \omega_{g_2})$ 较小，近似满足拉曼共振。大失谐条件下，激发态 $|e\rangle$ 可以绝热近似消除掉。这样三能级可等效为二能级，能级 $|g_1\rangle$ 与能级 $|g_2\rangle$ 之间的等效耦合拉比频率为 $\Omega_{\mathrm{eff}} = \Omega_1\Omega_2/\Delta$。同时由于大失谐，基本上没有原子被激发到激发态，因此激发态自发辐射过程的影响可以不予考虑。当激光束满足负失谐条件时 $(\delta < 0)$，即 $\omega_1 - \omega_2 < \omega_{g_2} - \omega_{g_1}$，考虑多普勒效应，沿 z 轴负方向运动的原子将与激光共振得到 $2\hbar k$ 的反向动量而使速度降低，同时原子从态 $|g_1\rangle$ 跃迁至态 $|g_2\rangle$。同理，如果两束激光反向，则沿 z 轴正方向运动的原子将与激光共振得到 $2\hbar k$ 的反向动量而使速度降低。在负失谐条件下，只有与 $\vec{k}_1$ 激光场反向运动的原子才有发生拉曼跃迁的优势，因此这种冷却的物理基础仍是多普勒效应。但是因为是双光子过程，所以减速效率要比单光子过程大一倍。对于 $v = 0$ 的原子，因为此时激光频率对双光子拉曼跃迁频率为负失谐，所以不发生这种跃迁。

　　上述分析可得，这种受激拉曼冷却方法对拉曼激光脉冲的形状与宽度非常敏感。为了达到良好的冷却效果，要对拉曼激光脉冲进行裁剪与整形。朱棣文小组利用 16 个 Blackman 脉冲组成的光脉冲序列，把温度为 $35\mu\mathrm{K}$ 的钠原子光学黏团一维冷却至 100nK[26]。

　　激光冷却技术使获得超冷原子成为可能，这些开创性的进展使得冷原子物理、量子光学、精密测量、量子评标和量子信息科学等发生了历史性的变革。从早期的玻色–爱因斯坦凝聚、费米量子简并，到近年来的集成原子光学、原子芯片等，逐渐形成了一个全新的研究领域——原子光学。如果读者对激光冷却技术有兴趣，可参阅北京大学王义道教授撰写的《原子的激光冷却与陷俘》一书[27]，如果对原子光学领域有兴趣，可以参阅华东师范大学印建平教授撰写的《原子光学——基本概念、原理、技术及其应用》一书[28]。

参 考 文 献

[1] CHU S. Nobel lecture: The manipulation of neutral particles[J]. Review of Modern Physics, 1998, 70(3): 685-706.

[2] COHEN-TANNOUDJI C N. Nobel lecture: Manipulating atoms with photons[J]. Review of Modern Physics, 1998, 70(3): 707-719.

[3] PHILLIPS W D. Nobel lecture: Lase cooling and trapping of neutral atoms[J]. Review of Modern Physics, 1998, 70(3): 721-741.

[4] CORNELL E A, WIEMAN C E. Nobel lecture: Bose-Einstein condensation in a dilute gas, the first 70 years and some recent experiments[J]. Review of Modern Physics, 2002, 74(3): 875-893.

[5] LODEWYCK J. On a definition of the SI second with a set of optical clock transitions[J]. Metrologia, 2019, 55(5): 055009.

[6] DEGEN C L, REINHARD F, CAPPELLARO P. Quantum sensing[J]. Review of Modern Physics, 2017, 89(3): 035002.

[7] HAPPER W, TAM A C. Effect of rapid spin exchange on the magnetic-resonance spectrum of alkali vapors[J]. Physical Review A, 1977, 16(5): 1877-1891.

[8] ASHKIN A. Acceleration and trapping of particles by radiation pressure[J]. Physical Review Letters, 1970, 24(4): 156-159.

[9] ASHKIN A. Atomic-beam deflection by resonance-radiation pressure[J]. Physical Review Letters, 1970, 25(19): 1321-1324.

[10] SCHIEDER R, WALTHER H, WÖSTE L. Atomic-beam deflection by the light of a tunable dye laser[J]. Optics Communication, 1972, 5(5): 337-340.

[11] PICQUÉ J L, VIALLE J L. Atomic-beam deflection and broadening by recoils due to photon absorption or emission[J]. Optics Communication, 1972, 5(5): 402-406.

[12] WINELAND D, DEHMELT H. Proposed $10^{14}\delta\nu < \nu$ laser fluorescence spectroscopy of Tl$^+$ mono-ion oscillator III[J]. Bulletin of the American Physical Society, 1975, 20: 637.

[13] HÄNSCH T W, SCHAWLOW A. Cooling of gases by laser radiation[J]. Optics Communication, 1975, 13(1): 68-69.

[14] WINELAND D J, ITANO W M. Laser cooling of atoms[J]. Physical Review A, 1979, 20(4): 1521-1540.

[15] GORDON J P, ASHKIN A. Motion of atoms in a radiation trap[J]. Physical Review A, 1980, 21(5): 1606-1617.

[16] CASTIN Y, WALLS H, DALIBARD J. Limit of Doppler cooling[J]. Journal of the Optical Society of America B, 1989, 6(11): 2046-2057.

[17] LETT P D, WATTS R N, WESTBROOK C I, et al. Observation of atoms laser cooled below the Doppler limit[J]. Physical Review Letters, 1988, 61(2): 169-172.

[18] DALIBARD J, COHEN-TANNOUDJI C. Laser cooling below the Doppler limit by polarization gradients: Simple theoretical models[J]. Journal of the Optical Society of America B, 1989, 6(11): 2023-2045.

[19] UNGAR P J, WEISS D S, RIIS E, et al. Optical molasses and multilevel atoms: Theory[J]. Journal of the Optical Society of America B, 1989, 6(11): 2058-2071.

[20] GUPTA R, XIE C, PADUA S, et al. Bichromatic laser cooling in a three-level system[J]. Physical Review Letters, 1993, 71(19): 3087-3090.

[21] MORIGI G, ESCHNER J, KEITEL C H. Ground state laser cooling using electromagnetically induced transparency[J]. Physical Review Letters, 2000, 85(21): 4458-4461.

[22]　ROOS C F, FEIBFRIED D, MUNDT A, et al. Experimental demonstration of ground state laser cooling with electromagnetically induced transparency[J]. Physical Review Letters, 2000, 85(26): 5547-5550.

[23]　XIAO M, LI Y Q, JIN S Z, et al. Measurement of dispersive properties of electromagnetically induced transparency in rubidium atoms[J]. Physical Review Letters, 1995, 74(5): 666-669.

[24]　ASPECT A, ARIMONDO E, KAISER R, et al. Laser cooling below the one-photon recoil by velocity-selective coherent population trapping[J]. Physical Review Letters, 1988, 61(7): 826-829.

[25]　DUM R, OL'SHANII M. Dark-state cooling in the presence of gravity: Gravitational limit of laser cooling[J]. Physical Review A, 1997, 55(2): 1217-1223.

[26]　KASEVICH M, CHU S. Laser cooling below a photon recoil with three-level atoms[J]. Physical Review Letters, 1992, 69(12): 1741-1744.

[27]　王义道. 原子的激光冷却与陷俘 [M]. 北京: 北京大学出版社, 2007.

[28]　印建平. 原子光学——基本概念、原理、技术及其应用 [M]. 上海: 上海交通大学出版社, 2012.

第 6 章 非厄米量子力学

早期物理学的各学科中，非厄米量子系统通常用来描述耗散现象，如场论、核物理、腔量子电动力学，以及其他开放系统。宇称–时间 (parity-time，PT) 对称的概念提出以来，在量子力学领域引起广泛关注。在该对称条件下，非厄米量子系统可以存在实的本征值或本征能量，这一开创性工作是由 Bender 等于 1998 年完成的[1]。众所周知，为保证物理量的可观测性，在量子力学中通常需要假定哈密顿量具有厄米性，其保障了系统本征值或本征能量为实数。PT 对称量子力学的意义在于其在不违背量子理论基本假设的条件下将哈密顿量从实数域 (具有厄米性) 推广到了复数域 (具有非厄米性)。需要指出的是，PT 对称系统并不是传统意义上的对称，如宇称对称、电荷正负对称、时间反演对称 (CPT 对称)。虽然目前为止人们还没有在自然界中找到具有 PT 对称的非厄密量子系统，但这并没有影响 PT 对称量子力学的迅速发展，其依然是量子物理问题研究的最重要的问题之一[2]。事实上，PT 对称量子系统可通过量子模拟实现。例如，在旁轴近似条件下的光束传输方程称为类薛定谔方程，两者在数学形式上是十分相似的，这使得量子力学中 PT 对称的研究可以在光学系统中开展[3]。

6.1 PT 对称系统的性质

PT 对称系统中的 P 算符代表空间反演，是幺正算符；T 算符表示时间反演，是反幺正算符。在算符 P 的作用下，位置算符、动量算符和波函数分别满足下列关系式：

$$P\hat{x} = -\hat{x}$$
$$P\hat{p} = -\hat{p}$$
$$P\psi(x) = \psi(-x)$$

对于算符 T 的作用而言，粒子会向着相反的方向运动，等效于时间在反向流失。经过算符 T 作用之后，位置算符、动量算符、虚数 i 和波函数满足下列关系式：

$$T\hat{x} = \hat{x}$$
$$T\hat{p} = -\hat{p}$$

$$Ti = -i$$
$$T\psi(x) = \psi^*(-x)$$

算符 P 的平方和算符 T 的平方都是单位算符，并且两个算符是对易的，即 $[P,T] = 0$，因此 $(PT)^2 = 1$。当某算符满足 PT 对称时，如哈密顿量 H，则可以表示为 $H = (PT)H(PT)$。因此当哈密顿量 H 满足 PT 对称时，H 与 PT 是对易的，即 $[H,PT] = 0$。对于 PT 对称系统，可以将其分为两类：非破缺的 PT 对称和破缺的 PT 对称。如果 H 和 $(PT)H$ 有相同的本征态，则满足第一类的条件；如果 H 和 $(PT)H$ 有不同的本征态时，则满足第二类的条件。

假设单粒子哈密顿量为

$$H = -\frac{\hbar^2}{2m}\nabla^2 + U(x) \tag{6.1}$$

当具有 PT 对称的单粒子哈密顿量作用在波函数 ψ 上，其意味着：

$$[H,PT]\psi(x) = [U(x) - U^*(-x)]\psi^*(x) \tag{6.2}$$

因为哈密顿量 H 与 PT 是对易的，根据 $[H,PT] = 0$，式 (6.2) 中的势函数需要满足等式：

$$U(x) = U^*(-x) \tag{6.3}$$

此即为哈密顿量具有 PT 对称性的必要条件[3]。

由 PT 对称量子力学可知，即使哈密顿量 H 是非厄米的，但只要满足 PT 对称条件，该系统也可能有实的本征值，这是 PT 对称量子理论最显著的特点之一。如前所述，哈密顿量 H 与 PT 算符是否具有相同的本征态，是区分 PT 对称类型的重要依据。在实际应用中，本征值判据是最普遍的一个方法：当本征值为实数，表示该系统是非破缺的 PT 对称；当本征值为复数，表示该系统是破缺的 PT 对称；本征值等于零是 PT 对称的临界条件[2]。

例如，量子系统的哈密顿量具有如下形式[2]：

$$H = p^2 + (x)^2(ix)^\epsilon$$

当 $\epsilon \geqslant 0$ 时，该系统只有实的正能量本征值；当 $-1 < \epsilon < 0$ 时，系统就开始出现复的能量本征值。在 ϵ 从 0 减小到 -1 的过程中，实的能量本征值的数目也在减少。当 $\epsilon = -0.57793$ 时，系统仅有一个实的能量本征值，这个值对应于基态能量。当 $\epsilon < -1$ 时，系统将不存在实的能量本征值。总体而言，当 $\epsilon \geqslant 0$ 时，系统具有实的能量本征值，这个系统是非破缺的 PT 对称系统；当 $\epsilon < 0$ 时，系统

的哈密顿量的本征值是复的，这时的系统是破缺的 PT 对称系统，如图 6.1 所示。常见的谐振子哈密顿量 $H = p^2 + (x)^2$ (对应 $\epsilon = 0$ 时的情形)。

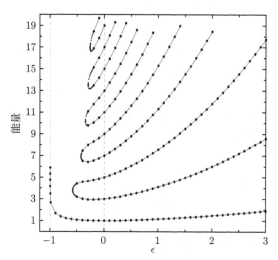

图 6.1　哈密顿量 $H = p^2 + (x)^2 (\mathrm{i}x)^\epsilon$ 的实数能量本征值随着参数 ϵ 变化的关系图[2]

当算符 PT 与哈密顿量 H 有相同的本征态时，对于薛定谔方程 $H\psi = E\psi$，有

$$(PT)\psi = \lambda\psi \tag{6.4}$$

而此时的哈密顿量满足 PT 对称条件，即

$$(PT)H\psi = (PT)E(PT)^2\psi \tag{6.5}$$

在满足 $[H, PT] = 0$ 的条件下，将式 (6.4) 代入式 (6.5) 中，得

$$H\lambda\psi = (PT)E(PT)\lambda\psi \tag{6.6}$$

利用算符 T 的反线性性质，可得

$$E\lambda\psi = E^*\lambda\psi \tag{6.7}$$

当 $\lambda \neq 0$ 时，由式 (6.7) 得 $E = E^*$，意味着本征值是实数。此时可以认为，当算符 PT 与哈密顿量 H 有相同的本征态 ψ 时，本征值是实数，表示该系统具有非破缺的 PT 对称；当本征值是复数时，其对应破缺的 PT 对称系统[2]。

6.2　PT 对称系统的实验实现

从理论分析中可以看出，要构建一个 PT 对称的量子系统，其条件是十分苛刻的，如式 (6.3)。到目前为止还没有在自然界中找到这样的量子系统，但是可以通过人工制备实现该类对称系统。有一类早已为人熟知的光传输方程与薛定谔方程十分类似，也称类薛定谔方程[4]。其基本形式为

$$\frac{\partial E}{\partial z} + k_1 \frac{\partial E}{\partial t} + \mathrm{i}\frac{k_2}{2}\frac{\partial^2 E}{\partial t^2} + \mathrm{i}V(z,E)E = 0 \tag{6.8}$$

式中，E 表示振幅；k_1 表示群速度的倒数；k_2 表示群速度色散；V 表示势场函数。若 V 显含 E，则方程为非线性薛定谔方程。此类方程在研究光脉冲在光学波导中的传输时被广泛使用。一般而言，势场函数 V 的虚部表示系统的增益或者损耗，在光学波导中通过适当的掺杂即可实现增益与损耗。

2010 年，Christodoulides 带领的小组在实验上成功地实现了 PT 对称量子系统的光学模拟，并对已有的理论结果进行了实验验证[3]。他们将描述光学势场的折射率分解为实数部分和虚数部分：

$$n(x) = n_{\mathrm{R}}(x) + n_{\mathrm{I}}(x) \tag{6.9}$$

在傍轴近似条件下[4]，沿 z 方向入射的光束在光波导中传输所满足的衍射方程可以表示为

$$\mathrm{i}\frac{\partial E}{\partial z} + \frac{1}{2k}\frac{\partial^2 E}{\partial x^2} + k_0[n_{\mathrm{R}}(x) + n_{\mathrm{I}}(x)]E = 0 \tag{6.10}$$

式中，E 为光场的电场分量的振幅；k 为波失；k_0 为真空中的波矢。为了满足时空反演对称的要求，如式 (6.9) 折射率分布必须满足：

$$\begin{cases} n_{\mathrm{R}}(x) = n_{\mathrm{R}}(-x) \\ n_{\mathrm{I}}(x) = -n_{\mathrm{I}}(-x) \end{cases} \tag{6.11}$$

图 6.2 为普通光波导和模拟 PT 对称量子力学系统的光波导的折射率分布对比图，图中虚线表征折射率的虚部，实线表征折射率的实部。图 6.2(a) 为普通光波导的折射率分布，该波导不考虑光在传输过程中的损耗，复折射率为零。在普通的波导模型中，已经忽略介质在光的传输过程中对光的吸收，所以折射率的虚数部分为零。图 6.2(b) 为模拟 PT 对称量子力学系统的光波导的折射率分布，波导中引入了等强度的增益和吸收，且左右不对称，实现了势场虚部的奇对称分布，

从而实现了非厄米性且 PT 对称的哈密顿量。从图中可以看到，在 PT 对称系统设计中，关键之处在于损耗与增益的同时调制且需要满足特定的要求，如关于波导的传输中轴对称。这一要求导致实验实现具有一定的难度。

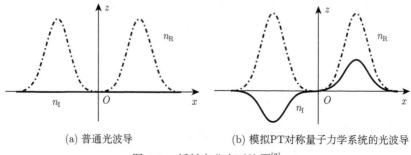

(a) 普通光波导   (b) 模拟PT对称量子力学系统的光波导

图 6.2   折射率分布对比图[3]

铌酸锂晶体实现 PT 对称光学系统的实验装置简图如图 6.3 所示，实验装置包括：CCD 相机、分束器、铌酸锂晶体、遮光板和泵浦光等。左上图为 CCD 相机所记录的光斑强度和相位分布。实验采用掺入铁杂质的铌酸锂晶体，所掺入的铁杂质分为二价铁离子和三价铁离子，调节二价铁离子浓度对光的吸收作用实现控制，调节三价铁离子浓度则可通过二波混频的非线性效应来实现增益。在波导的上方设计有遮光板，不仅部分地限制了泵浦光实现损耗，而且可以通过改变遮光板的位置更加便捷地实现所希望的增益，这也为更复杂的时空反演对称结构的实验设计提供了方便。

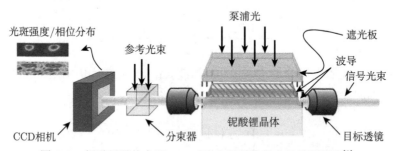

图 6.3   铌酸锂晶体实现 PT 对称光学系统的实验装置简图[3]

除了以上在特制波导中的光束传输实验方案之外，还有其他很多实验方案纷纷被提出，如基于离散光纤网络方案[5]、基于电磁感应透明方案[6]、四势阱中的玻色–爱因斯坦凝聚 (Bose-Einstein condensation，BEC) 方案[7]、基于等离子体系统方案[8]、基于电路谐振系统方案[9-10] 等。这些实验方案都为时空反演对称量子系统的研究打开了广阔的空间。不过在所有这些系统中，光学系统以其相对易操控的特性成为主要的研究平台。

6.3 驱动条件下 PT 对称谐振子系统的性质

本节将研究驱动条件下 PT 对称谐振子的动力学性质[11]。谐振子波函数 Φ 所满足的运动方程如下：

$$\begin{cases} \mathrm{i}\dfrac{\partial}{\partial t}\Phi = [\mathcal{H} - \hat{x}f(t)]\,\Phi \\[2mm] \mathcal{H} = \dfrac{\hat{p}^2}{2} + \dfrac{\omega^2}{2}\hat{x}^2 + \mathrm{i}g\hat{x} - \dfrac{g^2}{2\omega^2} \end{cases} \tag{6.12}$$

式中，$\mathcal{H}$ 为谐振子所处的势，其对应非扰动条件下的振子系统；ω 为对应谐振子的振动频率；g 为刻画非厄米势的强度系数；$-\hat{x}f(t)$ 为振子受到偶极形式的驱动相互作用，其中 $f(t)$ 是刻画驱动外场随时间变化的函数。很容易发现，势 $\mathcal{H}$ 具有 PT 对称性。该类量子系统可以通过特殊光学结构材料进行实验模拟[11]。

当没有驱动外场时，可以得到系统的定态波函数。因为

$$\mathcal{H} = \frac{\hat{p}^2}{2} + \frac{\omega^2}{2}\left(\hat{x} + \frac{\mathrm{i}g}{\omega^2}\right)^2 \tag{6.13}$$

这样很容易得到 PT 对称谐振子的本征值和对应的波函数：

$$E_n = (n+1/2)\omega \tag{6.14}$$

$$\begin{aligned} \tilde{\Phi} &= H_n\left[\sqrt{\omega}\left(x + \frac{\mathrm{i}g}{\omega^2}\right)\right]\exp\left[-\omega\left(x + \frac{\mathrm{i}g}{\omega^2}\right)^2/2\right] \\ &= \exp\left(-\frac{g}{\omega^2}\hat{p}\right)|n\rangle \end{aligned} \tag{6.15}$$

式中，H_n 是 n 阶厄米多项式；$|n\rangle = H_n\left(\sqrt{\omega}x\right)\exp\left(-\omega x^2/2\right)$ 是厄米谐振子粒子数态波函数。算符 $S(\pm\mathrm{i}g/\omega^2) = \exp[\mp(g/\omega^2)\hat{p}]$ 是非厄米的，其等效于将谐振子沿着 x 方向移动 $\mathrm{i}g/\omega^2$ 距离。当 $n=0$ 时，谐振子处于相干态。

接下来求解驱动条件下 PT 对称谐振子精确的含时波函数[12]。驱动条件下的谐振子所满足的薛定谔方程如下：

$$\mathrm{i}\frac{\partial}{\partial t}\Phi = \left\{\frac{\hat{p}^2}{2} + \frac{\omega^2}{2}\hat{x}^2 - [f(t) - \mathrm{i}g]\hat{x} - \frac{g^2}{2\omega^2}\right\}\Phi \tag{6.16}$$

利用坐标变换 $y = x - \xi(t)$，代入方程 (6.16)，可得

$$\mathrm{i}\frac{\partial}{\partial t}\Phi(y,t) = \left(\mathrm{i}\frac{\partial\xi}{\partial t}\frac{\partial}{\partial y} - \frac{1}{2}\frac{\partial^2}{\partial y^2}\right)\Phi(y,t)$$

$$+ \left\{ \frac{\omega^2}{2}(y+\xi)^2 - (y+\xi)[f(t)-\mathrm{i}g] \right\} \Phi(y,t) \tag{6.17}$$

基于如下变换：

$$\Phi(y,t) = \exp\left(\mathrm{i}\frac{\partial\xi}{\partial t}y \right) \Theta(y,t) \tag{6.18}$$

式中，ξ 遵从运动方程：

$$\frac{\partial^2}{\partial t^2}\xi + \omega^2\xi = f(t) - \mathrm{i}g$$

可以得到：

$$\mathrm{i}\frac{\partial}{\partial t}\Theta(y,t) = \left(-\frac{1}{2}\frac{\partial^2}{\partial y^2} + \frac{\omega^2}{2}y^2 - \mathcal{L}' \right) \Theta(y,t)$$

式中，

$$\mathcal{L}' = \frac{1}{2}\left(\frac{\partial\xi}{\partial t} \right)^2 - \frac{\omega^2}{2}\xi^2 + [f(t)-\mathrm{i}g]\xi \tag{6.19}$$

为了简化上述薛定谔方程，使用变换：

$$\Theta(y,t) = \exp\left[\mathrm{i}\int_0^t \mathrm{d}t'\mathcal{L}'(t') \right] \Psi(y,t) \tag{6.20}$$

于是，可以得到如下谐振子运动方程：

$$\mathrm{i}\frac{\partial}{\partial t}\Psi(y,t) = \left(-\frac{1}{2}\frac{\partial^2}{\partial y^2} + \frac{\omega^2}{2}y^2 \right) \Psi(y,t)$$

对应的本征波函数可记为

$$\Psi_n(y) = \sqrt{\frac{1}{2^n n!}}\sqrt{\frac{\omega}{\pi}} \cdot \exp\left(-\frac{\omega y^2}{2} \right) \cdot H_n\left(\sqrt{\omega}y \right)$$

相应的本征值为 $E_n = \omega\left(n+\frac{1}{2} \right)$。

假定谐振子初始处于某个本征态，如 $\Psi_n(y)$，方程 (6.16)的解具有以下形式：

$$\Phi(x,t) = \sqrt{\frac{1}{2^n n!}} \cdot \left(\frac{\omega}{\pi} \right)^{1/4} \cdot H_n\left[\sqrt{\omega}(x-\xi) \right]$$
$$\cdot \exp\left[-\frac{\omega}{2}(x-\xi)^2 - \frac{\partial\zeta}{\partial t}(x-\xi) \right]$$

$$\cdot \exp\left[-\mathrm{i}\omega(n+1/2)t - \mathrm{i}\int_0^t \mathrm{d}t' \mathcal{L}'(t')\right] \tag{6.21}$$

利用如下位移变换 $\xi = \beta - \mathrm{i}g/\omega^2$，可以得到方程 (6.12) 的最终解：

$$\Phi^n(x,t) = C_n \exp\left[-\frac{\omega\left(x+\dfrac{\mathrm{i}g}{\omega^2}-\beta\right)^2}{2}\right]$$

$$\cdot \exp\left\{\mathrm{i}\left[\frac{\partial\beta}{\partial t}\left(x+\frac{\mathrm{i}g}{\omega^2}-\beta\right)+\int_0^t \mathrm{d}t' \mathcal{L}'(t')\right]\right\} \tag{6.22}$$

$$\frac{\partial^2}{\partial t^2}\beta + \omega^2\beta = f(t) \tag{6.23}$$

$$C_n = C_0 H_n\left[\sqrt{\omega}\left(x+\frac{\mathrm{i}g}{\omega^2}-\beta\right)\right] \tag{6.24}$$

$$\mathcal{L}' = \frac{1}{2}\left(\frac{\partial\beta}{\partial t}\right)^2 - \frac{\omega^2}{2}\beta^2 + f(t)\left(\beta+\frac{\mathrm{i}g}{\omega^2}\right) \tag{6.25}$$

式中，C_0 为初始时刻（$t = 0$）波函数的归一化系数。需要强调的是，C_0 的值依赖于指标 n。与此同时，求解上述方程还需要使用初始条件：

$$\left.\frac{\partial\beta}{\partial t}\right|_{t=0} = \beta(0) = f(0) = 0 \tag{6.26}$$

假定谐振子初始处于基态 $(n = 0)$，对应的初始波函数为

$$\Psi_0(x) = \left(\frac{\omega}{\pi}\right)^{1/4}\exp\left(-\frac{\omega y^2}{2}-\frac{\mathrm{i}gx}{\omega}\right) \tag{6.27}$$

本征值 $E_0 = \omega/2$。在此初始条件下，含时演化波函数精确解可以表示为

$$\Phi^0(x,t) = C\exp\left[-\frac{\omega\left(x+\dfrac{\mathrm{i}g}{\omega^2}-\beta\right)^2}{2}\right]$$

$$\cdot \exp\left\{\mathrm{i}\left[\frac{\partial\beta}{\partial t}\left(x+\frac{\mathrm{i}g}{\omega^2}-\beta\right)+\int_0^t \mathrm{d}t' \mathcal{L}'(t')\right]\right\} \tag{6.28}$$

式中，$C = \left(\dfrac{\omega}{\pi}\right)^{1/4}\exp\left(-\dfrac{g^2}{2\omega^3}\right)$。

利用方程 (6.28)，可以得到谐振子布局数 P_a 随时间演化的表达式：

$$P_a = \int_{-\infty}^{+\infty} \Phi_a^0(x,t)\Phi_a^{0*}(x,t)\mathrm{d}x$$

$$= \exp\left[\frac{2g}{\omega^2}\left(\int_0^t f(t')\mathrm{d}t - \frac{\partial\beta}{\partial t}\right)\right]$$

$$= \exp\left[2g\int_0^t \beta(t')\mathrm{d}t'\right] \tag{6.29}$$

在上述推导中，已使用了 β 所满足的运动方程及其初始条件。从式 (6.29) 可以看出，在驱动条件下，PT 对称谐振子粒子数不守恒，其是由非厄米项导致的。与此同时还可以发现，尽管 PT 对称量子系统具有实数本征值，但是非厄米特性 (耗散特性) 在动力学过程中仍将显现出来。

6.4 二元 PT 对称系统的性质

假定光学介质分布如图 6.2 (b) 所示，其形式上等效于两个光波导结构，其中左侧为具有增益特性的波导，而右侧为具有耗散特性的波导。当两束光在波导中传输时，可以得到如下耦合方程：

$$\mathrm{i}\frac{\mathrm{d}E_1}{\mathrm{d}z} - \mathrm{i}\frac{\gamma_\mathrm{G}}{2}E_1 + \kappa E_2 = 0 \tag{6.30}$$

$$\mathrm{i}\frac{\mathrm{d}E_2}{\mathrm{d}z} + \mathrm{i}\frac{\gamma_\mathrm{L}}{2}E_2 + \kappa E_1 = 0 \tag{6.31}$$

式中，E_1 和 E_2 分别表示左右两个波导中的激光场电场分量幅值，在推导上述方程过程中，已利用平均场近似[4] 消除了方程 (6.10) 中的衍射效应项 $\partial^2 x$；γ_G 和 γ_L 分别表示介质的增益系数与损耗系数；κ 表示两波导间的耦合系数。式中已假设所有的系数为正的实数。

上述方程组可写为矩阵形式：

$$\mathrm{i}\frac{\mathrm{d}}{\mathrm{d}z}\Phi = H_t\Phi, \quad H_t = \begin{pmatrix} \mathrm{i}\dfrac{\gamma_\mathrm{G}}{2} & -\kappa \\ -\kappa & -\mathrm{i}\dfrac{\gamma_\mathrm{L}}{2} \end{pmatrix}, \quad \Phi = \begin{pmatrix} E_1 \\ E_2 \end{pmatrix} \tag{6.32}$$

在此形式下，H_t 为二元波导结构的哈密顿量。当 $\gamma_\mathrm{G} = \gamma_\mathrm{L}$ 时，H_t 具有 PT 对称性。需要指出的是，P 算符和 T 算符对哈密顿量 H 的运算规则为 (假定 H 具有 2×2 维矩阵形式)：

$$P: \quad H = \begin{pmatrix} a & b \\ c & d \end{pmatrix} \rightarrow \begin{pmatrix} d & c \\ b & a \end{pmatrix} \tag{6.33}$$

$$T: \quad H = \begin{pmatrix} a & b \\ c & d \end{pmatrix} \rightarrow \begin{pmatrix} a^* & b^* \\ c^* & d^* \end{pmatrix} \tag{6.34}$$

当 H 具有 $n \times n$ 维矩阵形式时，P 算符对矩阵 H 实现主对角线翻转和次对角线翻转操作；T 算符对矩阵 H 中的各元素进行复共轭运算操作。当 $\gamma_\mathrm{G} = \gamma_\mathrm{L}$ 时，易证明 $(PT)H_t\Phi = H_t(PT)\Phi$，即系统具有 PT 对称性。

为研究二元 PT 对称系统的特性，假定 $\gamma_\mathrm{G} = \gamma_\mathrm{L} = \gamma$。此条件下，代入式 (6.32) 可求解系统的本征值 λ：

$$\begin{vmatrix} \mathrm{i}\dfrac{\gamma}{2} - \lambda & -\kappa \\[2mm] -\kappa & -\mathrm{i}\dfrac{\gamma}{2} - \lambda \end{vmatrix} = 0 \quad \Rightarrow \quad \lambda = \pm\sqrt{\kappa^2 - \gamma^2/4} \tag{6.35}$$

观察本征值 λ 的表达式，可发现：

$$\lambda = \begin{cases} \pm\sqrt{\kappa^2 - \gamma^2/4}, & \kappa > \gamma/2 \\ 0, & \kappa = \gamma/2 \\ \pm\mathrm{i}\sqrt{\gamma^2/4 - \kappa^2}, & \kappa < \gamma/2 \end{cases} \tag{6.36}$$

当 $\kappa > \gamma/2$ 时，本征值 λ 为实数，该系统对应于非破缺的 PT 对称；当 $\kappa = \gamma/2$ 时，本征值 λ 等于零，该系统对应于 PT 对称的临界情形；当 $\kappa < \gamma/2$ 时，本征值 λ 为复数，该系统对应于破缺的 PT 对称。

求解方程 (6.32) 可得到 E_1 和 E_2 随时间演化的形式：

$$\begin{cases} E_1 = \dfrac{1}{2\lambda_0}\left(\dfrac{\gamma}{2}E_{10} + \mathrm{i}\kappa E_{20}\right)\left(\mathrm{e}^{\lambda_0 z} - \mathrm{e}^{-\lambda_0 z}\right) + \lambda_0 E_{10}\left(\mathrm{e}^{\lambda_0 z} + \mathrm{e}^{-\lambda_0 z}\right) \\[3mm] E_2 = \dfrac{1}{2\lambda_0}\left(\dfrac{\gamma}{2}E_{20} - \mathrm{i}\kappa E_{20}\right)\left(\mathrm{e}^{-\lambda_0 z} - \mathrm{e}^{\lambda_0 z}\right) + \lambda_0 E_{20}\left(\mathrm{e}^{\lambda_0 z} + \mathrm{e}^{-\lambda_0 z}\right) \end{cases} \tag{6.37}$$

式中，$\lambda_0 = \sqrt{\gamma^2/4 - \kappa^2}$；$E_{10}$ 和 E_{20} 分别为初始 ($z = 0$) 时 E_1 和 E_2 所对应的值。

在系统处于破缺的 PT 对称状态时，由式 (6.37) 可得，E_1 和 E_2 随着 z 将出现指数增加或者指数衰减现象。在系统处于对应于 PT 对称的临界状态时 ($\lambda_0 = 0$)，由式 (6.37) 可得，无论 z 为任何值，$E_1 \equiv E_{10}$ 和 $E_2 \equiv E_{20}$。在系统处于非破缺的 PT 对称状态时，由式 (6.37) 可得，E_1 和 E_2 随时间演化的形式为

$$\begin{cases} E_1 = \dfrac{1}{\lambda_1}\left[\left(\dfrac{\gamma}{2}E_{10} + \mathrm{i}\kappa E_{20}\right)\sin(\lambda_1 z) + \lambda_0 E_{10}\cos(\lambda_1 z)\right] \\[3mm] E_2 = \dfrac{1}{\lambda_1}\left[-\left(\dfrac{\gamma}{2}E_{20} - \mathrm{i}\kappa E_{20}\right)\sin(\lambda_1 z) + \lambda_0 E_{20}\cos(\lambda_1 z)\right] \end{cases} \tag{6.38}$$

式中，$\lambda_1 = \sqrt{\kappa^2 - \gamma^2/4} > 0$。由式(6.38)可得，在系统处于非破缺的 PT 对称状态时，E_1 和 E_2 随着 z 将出现周期振荡现象。需要指出的是，$|E_1|^2 + |E_2|^2$ 并不是守恒量，此性质与非耗散的耦合波导系统完全不同。与 6.3 节的系统动力学性质相同，无论是波动方程形式，还是矩阵形式描述的 PT 对称量子系统，在其动力学演化过程中非厄米特性，即耗散特性将显现。

参 考 文 献

[1] BENDER C M, BOETTCHER S. Real spectra in non-Hermitian Hamiltonians having PT symmetry[J]. Physical Review Letters, 1998, 80(24): 5243-5246.

[2] BENDER C M. Making sense of non-Hermitian Hamiltonians[J]. Reports on Progress in Physics, 2007, 70(6): 947-1018.

[3] RUTER C E, MAKRIS K G, EL-GANAINY R, et al. Observation of parity-time symmetry in optics[J]. Nature Physics, 2010, 6: 192-195.

[4] GOVIND P A. 非线性光纤光学原理及应用 [M]. 贾东方, 余震虹, 译. 北京: 电子工业出版社, 2010.

[5] REGENSBURGER A, BERSCH C, MIRI M A, et al. Parity-time synthetic photonic lattices[J]. Nature, 2012, 488: 167-171.

[6] SHENG J, MIRI M A, CHRISTODOULIDES D N, et al. PT-symmetric optical potential in a coherent atomic medium[J]. Physical Review A, 2013, 88(4): 041803.

[7] KREIBICH M, MAIN J, CARTARIUS H, et al. Hermitian four-well potential as a realization of a PT-symmetric system[J]. Physical Review A, 2013, 87(5): 051601.

[8] BENISTY H, DEGIRON A, LUPU A, et al. Implementation of PT symmetric devices using plasmonics: Principle and applications[J]. Optics Express, 2011, 19(19): 18004-18019.

[9] SCHINDLER J, LI A, ZHENG M C, et al. Experimental study of active LRC circuits with PT symmetries[J]. Physical Review A, 2011, 84(4): 040101.

[10] CUEVAS J, KEVREKIDIS P G, SAXENA A, et al. PT-symmetric dimer of coupled nonlinear oscillators[J]. Physical Review A, 2013, 88(3): 032108.

[11] WU J, XIE X T. Jahn-Teller effect and driven binary oscillators in PT-symmetric potentials[J]. Physical Review A, 2012, 86(3): 032112.

[12] DITTRICH T, HANGGI P, INGOLD G L, et al. Quantum Transport and Dissipation[M]. Weinheim: Wiley-VCH, 1998.

第 7 章 量子多体问题

单粒子体系是非常理想化的体系,自然界实际存在的体系一般是多粒子体系。量子力学中对于多粒子体系的研究远比单粒子体系复杂,这不仅是因为粒子之间存在相互作用,也因为多粒子体系的薛定谔方程很难求解。也正是因为如此,有必要发展一些新的处理方法,如二次量子化方法等。本章主要介绍二次量子化方法在量子多体问题中的应用。

在第 1 章对全同性原理的讨论中,处理方法是先给粒子编号,再考虑粒子之间的互换。这等于先考虑一个维数大得多的态矢量空间,然后从中选择波函数完全对称或完全反对称的子空间。如果全同粒子体系自由度较少,这样的做法具有一定的可行性,如果描述粒子涉及的自由度较多 (如夸克,描述它的状态除了空间波函数,还要考虑自旋、颜色、味道),波函数的对称化与反对称化只存在理论上的可行性。更为本质的是全同粒子组成的系统具有交换不变性,全同粒子根本无法分辨谁是谁,无法分辨是哪个粒子的动量,哪个粒子的自旋,哪个粒子的能量,自然无法对其进行编号。也就是说个别粒子的自由度并不是独立的物理观测量,全同粒子体系的物理观测量反应的是整个体系的集体性质和全同粒子之间的关联。这就迫使人们去寻找新的方法来处理全同粒子,如二次量子化方法。

对于全同粒子体系,虽然无法对粒子进行编号,但可以经表象变换,转入到粒子数表象中讨论。一个单粒子态上的全同粒子数是全同粒子体系的可观测物理量,空间某一区域内,或动量某一范围,或自旋投影为某一确定值的全同粒子数在实验上是可以观测的。关注点为第一个量子态中有 n_1 个粒子,第二个量子态中有 n_2 个粒子。只关注某个量子态中有几个粒子,不考虑是哪几个粒子,这种在粒子数表象来讨论多体问题的方法就是二次量子化方法。引入粒子数表象之后,全同粒子体系处于某一量子态的粒子数是可观测力学量的本征值,不是给定参量,允许发生变化,但总粒子数有确定值。因此,可以在粒子数表象下描述不同模式粒子的产生和湮灭。这与非相对论量子力学中总粒子数守恒是一致的。此外,相对论量子力学及量子场论中均涉及粒子数种类的转化。在这个意义上,二次量子化也极为重要。

本章将研究由大量全同粒子所组成的非相对论量子系统。单粒子体系是理想模型,实际的自然界中,多粒子体系才是更为普遍的情形。由于粒子间的相互作用,多粒子体系远比单粒子体系复杂,对应的薛定谔方程也更难求解。基于此,有必要发展处理多粒子体系的新方法。二次量子化方法是一种有效处理多粒子系统的方法[1-2]。一次量子化通常是指初等量子力学中的力学量算符化，而二次量子化指波函数的量子化。

7.1　全同粒子波函数与泡利不相容原理

先讨论由两个全同粒子组成的系统，忽略粒子间的相互作用，则体系哈密顿量为

$$\hat{H} = \hat{H}_0(\vec{r}_1) + \hat{H}_0(\vec{r}_2) \tag{7.1}$$

式中，$\hat{H}_0$ 表示每个粒子的哈密顿量。因为是全同粒子，所以两个粒子的哈密顿算符有相同的本征方程：

$$\hat{H}_0(\vec{r}_1)\psi_i(\vec{r}_1) = E_i\psi_i(\vec{r}_1) \tag{7.2}$$
$$\hat{H}_0(\vec{r}_2)\psi_j(\vec{r}_2) = E_j\psi_j(\vec{r}_2) \tag{7.3}$$

假设第一个粒子处于 i 态，第二个粒子处于 j 态，则两个粒子组成的体系波函数、总能量和体系薛定谔方程分别为

$$\psi(\vec{r}_1, \vec{r}_2) = \psi_i(\vec{r}_1)\psi_j(\vec{r}_2), \qquad E = E_i + E_j \tag{7.4}$$
$$\hat{H}\psi(\vec{r}_1, \vec{r}_2) = E\psi(\vec{r}_1, \vec{r}_2) \tag{7.5}$$

将第一个粒子与第二个粒子交换，让第一个粒子处于 j 态，第二个粒子处于 i 态，此时体系的总能量仍然是 E，体系波函数则为

$$\psi(\vec{r}_2, \vec{r}_1) = \psi_j(\vec{r}_1)\psi_i(\vec{r}_2) \tag{7.6}$$

上述分析表明，对于同一个能量本征值 E，体系存在交换简并 ($\psi(\vec{r}_1, \vec{r}_2) = \psi_i(\vec{r}_1)\psi_j(\vec{r}_2)$, $\psi(\vec{r}_2, \vec{r}_1) = \psi_j(\vec{r}_1)\psi_i(\vec{r}_2)$)。考虑到全同粒子组成的体系波函数必须为对称或反对称，上述给出的两种波函数均不能描述全同粒子体系，因此要描述全同粒子体系，必须把波函数对称化或反对称化，如：

$$\psi_S = \frac{1}{\sqrt{2}}[\psi(\vec{r}_1, \vec{r}_2) + \psi(\vec{r}_2, \vec{r}_1)]$$
$$= \frac{1}{\sqrt{2}}[\psi_i(\vec{r}_1)\psi_j(\vec{r}_2) + \psi_j(\vec{r}_1)\psi_i(\vec{r}_2)] \tag{7.7}$$
$$\psi_A = \frac{1}{\sqrt{2}}[\psi(\vec{r}_1, \vec{r}_2) - \psi(\vec{r}_2, \vec{r}_1)]$$

$$= \frac{1}{\sqrt{2}} [\psi_i(\vec{r}_1)\psi_j(\vec{r}_2) - \psi_j(\vec{r}_1)\psi_i(\vec{r}_2)] \tag{7.8}$$

将上述结果推广至 N 个全同粒子组成的体系，有

$$体系的哈密顿量 \quad \hat{H} = \sum_{i=1}^{N} \hat{H}_0(\vec{r}_i)$$

$$单粒子的薛定谔方程 \quad \hat{H}_0(\vec{r}_i)\psi_i(\vec{r}_i) = E_i\psi_i(\vec{r}_i)$$

$$体系的薛定谔方程 \quad \hat{H}\psi(\vec{r}_1,\cdots,\vec{r}_N) = E\psi(\vec{r}_1,\cdots,\vec{r}_N)$$

$$体系的能级 \quad E = \sum_{i=1}^{N} E_i$$

$$体系的波函数 \quad \psi(\vec{r}_1,\cdots,\vec{r}_N) = \psi_1(\vec{r}_1)\psi_2(\vec{r}_2)\cdots\psi_N(\vec{r}_N)$$

考虑全同费米子系统，可将两粒子波函数的反对称化推广：

$$\psi_A = \frac{1}{\sqrt{N!}} \begin{vmatrix} \psi_1(\vec{r}_1) & \psi_1(\vec{r}_2) & \cdots & \psi_1(\vec{r}_N) \\ \psi_2(\vec{r}_1) & \psi_2(\vec{r}_2) & \cdots & \psi_2(\vec{r}_N) \\ \vdots & \vdots & & \vdots \\ \psi_N(\vec{r}_1) & \psi_N(\vec{r}_2) & \cdots & \psi_N(\vec{r}_N) \end{vmatrix} \tag{7.9}$$

式 (7.9) 表明一个重要特点：只有当行列式任意两行脚标不相同，$|\psi_A\rangle$ 才不为零，即费米子系统中不可能有两个或多个全同粒子同时处于同一个状态，这正是泡利不相容原理的内容。泡利不相容原理其实是全同性原理应用到费米子系统的必然推论。

对于由 N 个玻色子组成的系统，波函数是对称的，对称化后的波函数为

$$\psi_S = \sqrt{\frac{\prod_i n_i!}{N!}} \sum_P P\psi_i(\vec{r}_1)\psi_j(\vec{r}_2)\cdots\psi_k(\vec{r}_N) \tag{7.10}$$

式中，P 表示 N 个粒子在波函数中的某一种排列。

上面的分析过程中没有考虑自旋的影响，如果把自旋这个自由度考虑进来，且在暂不考虑自旋–轨道耦合的情况下，体系的波函数为空间波函数与自旋波函数乘积的形式：

$$\psi(\vec{r}_1,\cdots,\vec{r}_N,s_N) = \varphi(\vec{r}_1,\cdots,\vec{r}_N,s_N)\chi(s_1,\cdots,s_N) \tag{7.11}$$

其中，空间波函数与自旋波函数的对称性与反对称性要根据总波函数是对称的还是反对称的分情况而定。例如，对于费米子系统，总波函数必须是反对称的，于

是有两种可能: 一种是 φ 对称, χ 反对称; 另一种是 φ 反对称, χ 对称。对于玻色子系统也有两种可能: 一种是 φ 与 χ 均对称; 另一种是 φ 与 χ 均反对称。

以两个电子组成的体系为例, 其反对称的波函数为

$$\psi = \frac{1}{\sqrt{2}}[\psi_\alpha(1)\psi_\beta(2) - \psi_\beta(1)\psi_\alpha(2)] \tag{7.12}$$

$$\begin{aligned} |\psi|^2 = \frac{1}{2}\big[&|\psi_\alpha(1)|^2|\psi_\beta(2)|^2 + |\psi_\beta(1)|^2|\psi_\alpha(2)|^2 \\ &- 2\mathrm{Re}(\psi_\alpha(1)\psi_\beta^*(1)\psi_\beta(2)\psi_\alpha^*(2))\big] \end{aligned} \tag{7.13}$$

如果两个波函数的空间分布不重叠, 即函数 ψ_α 的定义区域和函数 ψ_β 的定义区域之间没有交集, 式 (7.13) 等号右边第三项对全空间积分等于零。如果交集很小, 这项数值也很小。这时两个全同电子在原理上便可以用空间分布区域来分辨, 交换效应消失。如果两个波函数空间分布有重叠, 假定两个电子各自自旋 s_z 取值不同, 并且在演化中守恒, 则由于波函数自旋部分的正交性, 式 (7.13) 等号右边取实部的第三项在概率计算中仍不发挥作用, 表明此时在原理上可以根据 $s_{zi}(i=1,2)$ 的取向来分辨它们。推广开来, 如果测量的物理量与 σ_z^i 是对易的, 两个电子仍然可以根据 s_{zi} 的取向来分辨。这时是否反对称化, 实际效果均相同。但是若测量的量与 σ_z^i 不对易, 相应分解时有关交换项就不会消失, 即存在交换效应。换句话说, 这时两个电子在这种测量中还是不可分辨的。因此普遍来说, 即便测量过程中两个粒子有取向不同, 并且守恒的量子数作为标记, 这两个粒子究竟是否可分辨, 最终还要看如何进行测量, 即选择何种末态而定。总之, 全同性原理是微观世界的普遍规律, 贯穿并适用于全部量子理论。

7.2 二次量子化

7.2.1 波函数 (场) 算符化

如考虑粒子数为 N 的量子系统, 其对应的哈密顿量可表示为

$$H = \sum_j \left[-\frac{\hbar^2}{2m}\nabla_j^2 + U(\vec{r}_j)\right] + \frac{1}{2}\sum_{i<j} V(\vec{r}_i - \vec{r}_j) \tag{7.14}$$

通过定义多粒子波函数, 如式 (7.11), 一次量子化量子力学 (初等量子力学) 可提供多体物理研究方法, 这样处理的波函数包含了 $3N$ 个变量和 N 个自旋。但是该方法通常仅用于量子化学, 其主要用于揭示多体波函数性质。二次量子化方法提供了处理波函数并不起主要作用的多体系统性质研究的一般性方法。二次量子化方法的核心思想是将波函数 (场) 算符化。一次量子化 (通常指力学量的算符化)

使得量子粒子的物理性质，如密度、动能和势能，可以由单粒子波函数表示。二次量子化使得这些物理量可由场算符表示：

$$\psi(\vec{r}, t) \to \hat{\psi}(\vec{r}, t) \tag{7.15}$$

$$O(\psi^*, \psi) \to O(\hat{\psi}^\dagger, \hat{\psi}) \tag{7.16}$$

例如，单粒子概率密度的算符形式为

$$\rho(\vec{r}) = |\psi(\vec{r})|^2 \to \hat{\rho}(\vec{r}) = \hat{\psi}^\dagger(\vec{r})\hat{\psi}(\vec{r}) \tag{7.17}$$

势能的算符形式为

$$V = \int \mathrm{d}\vec{r}\, U(\vec{r})|\psi(\vec{r})|^2 \to \hat{V} = \int \mathrm{d}\vec{r}\, U(\vec{r})\hat{\rho}(\vec{r}) \tag{7.18}$$

动能的算符形式可写为

$$T = \int \mathrm{d}\vec{r}\,\psi^*(\vec{r}) \left(-\frac{\hbar^2}{2m}\nabla^2\right)\psi(\vec{r}) \to \hat{T} = \int \mathrm{d}\vec{r}\,\hat{\psi}^\dagger(\vec{r}) \left(-\frac{\hbar^2}{2m}\nabla^2\right)\hat{\psi}(\vec{r}) \tag{7.19}$$

最终，可以得到二次量子化的多体哈密顿量：

$$\hat{H} = \int \mathrm{d}\vec{r}\,\hat{\psi}^\dagger(\vec{r}) \left[-\frac{\hbar^2}{2m}\nabla^2 + U(\vec{r})\right]\hat{\psi}(\vec{r}) + \frac{1}{2}\int \mathrm{d}\vec{r}\mathrm{d}\vec{r}'\,V(\vec{r}-\vec{r}') : \hat{\rho}(\vec{r})\hat{\rho}(\vec{r}') : \tag{7.20}$$

式中，$V(\vec{r}-\vec{r}')$ 表示粒子间的相互作用势；$: \cdots :$ 表示正规序，即所有产生算符均在湮灭算符的左边，其具体形式为

$$: \hat{\rho}(\vec{r})\hat{\rho}(\vec{r}') :=: \hat{\psi}^\dagger(\vec{r})\hat{\psi}(\vec{r})\hat{\psi}^\dagger(\vec{r}')\hat{\psi}(\vec{r}') := \hat{\psi}^\dagger(\vec{r})\hat{\psi}^\dagger(\vec{r}')\hat{\psi}(\vec{r}')\hat{\psi}(\vec{r})$$

1928 年 Jordan 和 Wigner 提出利用微观场算符描述相同粒子的两种关系式：对于玻色子，场算符满足对易关系；对于费米子，场算符满足反对易关系[1]。为方便学习，对易与反对易关系的标记使用如下方式：

$$[a, b] = ab - ba \tag{7.21}$$

$$\{a, b\} = ab + ba \tag{7.22}$$

玻色子场算符满足如下关系式：

$$[\hat{\psi}(\vec{r}_1),\ \hat{\psi}(\vec{r}_2)] = [\hat{\psi}^\dagger(\vec{r}_1),\ \hat{\psi}^\dagger(\vec{r}_2)] = 0 \tag{7.23}$$

$$[\hat{\psi}(\vec{r}_1),\ \hat{\psi}^\dagger(\vec{r}_2)] = \delta(\vec{r}_1 - \vec{r}_2) \tag{7.24}$$

费米子场算符满足如下关系式：

$$\{\hat{\psi}(\vec{r}_1),\ \hat{\psi}(\vec{r}_2)\} = \{\hat{\psi}^\dagger(\vec{r}_1),\ \hat{\psi}^\dagger(\vec{r}_2)\} = 0 \tag{7.25}$$

$$\{\hat{\psi}(\vec{r}_1),\ \hat{\psi}^\dagger(\vec{r}_2)\} = \delta(\vec{r}_1 - \vec{r}_2) \tag{7.26}$$

7.2.2　场算符运动方程

众所周知，对于单粒子系统而言，如系统处在某个态 $|\psi\rangle$，其通常可按照完备基 $\{|n\rangle\}$ 展开：

$$|\psi(t)\rangle = \sum_n |n\rangle\langle n|\psi(t)\rangle = \sum_n |n\rangle\psi_n(t)$$

对 $\psi_n(t)$ 取模平方，$|\psi_n(t)|^2 = p_n(t)$ 表示处在态 $|n\rangle$ 的概率，$\sum_n |n\rangle\langle n| \equiv 1$ 为恒等算符。利用薛定谔方程 $H|\psi\rangle = \mathrm{i}\hbar\,\partial_t|\psi\rangle$，可得

$$\mathrm{i}\hbar\dot{\psi}_n(t) = \sum_m \langle n|H|m\rangle\psi_m(t)$$

系统哈密顿量可写成按 $\psi_m(t)$ 展开的形式：

$$\begin{aligned}
H(\psi,\psi^*) &= \langle H\rangle = \langle\psi|H|\psi\rangle \\
&= \langle\psi|\sum_m |m\rangle\langle m|H\sum_n |n\rangle\langle n|\psi\rangle \\
&= \sum_{m,n} \psi_m^*(t)\psi_n(t)\langle m|H|n\rangle
\end{aligned}$$

运动方程可由哈密顿量形式表示：

$$\hbar\dot{\psi}_n = \frac{\partial H}{\mathrm{i}\hbar\,\partial\psi_m^*}$$

二次量子化哈密顿量形式可写为

$$\hat{H} = \sum_{m,n} \hat{\psi}_m^\dagger(t)\hat{\psi}_n(t)\langle m|H|n\rangle \tag{7.27}$$

量子化场随时间演化方程可由海森伯运动方程获得

$$-\mathrm{i}\hbar\frac{\partial}{\partial t}\hat{\psi}_j = [\hat{H},\,\hat{\psi}_j] = \sum_{m,n}\langle m|H|n\rangle[\hat{\psi}_m^\dagger\hat{\psi}_n,\,\hat{\psi}_j] \tag{7.28}$$

假定系统由玻色子组成，利用场算符对易关系式(7.23)，可得

$$[\hat{\psi}_m^\dagger\hat{\psi}_n,\,\hat{\psi}_j] = \hat{\psi}_m^\dagger[\hat{\psi}_n,\,\hat{\psi}_j] + [\hat{\psi}_m^\dagger,\,\hat{\psi}_j]\hat{\psi}_n = -\delta_{mj}\hat{\psi}_n \tag{7.29}$$

因此有

$$-\mathrm{i}\hbar\frac{\partial}{\partial t}\hat{\psi}_j = -\sum_n \langle j|H|n\rangle\hat{\psi}_j \tag{7.30}$$

需要指出的是，尽管上述算符的运动方程与单粒子波函数时间演化方程相同，但是其具有全新的物理意义。

为了研究费米子系统的场算符运动规律，需要利用场算符对易关系式(7.25)计算方程(7.28)：

$$[\hat{\psi}_m^\dagger \hat{\psi}_n, \hat{\psi}_j] = \hat{\psi}_m^\dagger \{\hat{\psi}_n, \hat{\psi}_j\} - \{\hat{\psi}_m^\dagger, \hat{\psi}_j\}\hat{\psi}_n = -\delta_{mj}\hat{\psi}_n \qquad (7.31)$$

可得

$$-\mathrm{i}\hbar\frac{\partial}{\partial t}\hat{\psi}_j = -\sum_n \langle j|H|n\rangle \hat{\psi}_j \qquad (7.32)$$

比较方程(7.30)和方程(7.32)，可以发现场算符所满足的运动方程并不依赖于对易代数关系式。

7.2.3　场算符性质

下面给出粒子数算符表达式：$\hat{n}_j = \hat{\psi}_j^\dagger \hat{\psi}_j$，其表示处在单粒子态 $|j\rangle$ 的粒子数目。系统总的粒子数可以表示为

$$\hat{N} = \sum_j \hat{\psi}_j^\dagger \hat{\psi}_j$$

需要指出的是，对于玻色子，处在粒子态 $|j\rangle$ 的粒子数目 $\hat{n}_j$ 不受限制；对于费米子，处在粒子态 $|j\rangle$ 的粒子数目最多为 1 。因此，对于费米子，有以下关系式：

$$\hat{\psi}_j^{\dagger 2} = \frac{1}{2}\{\hat{\psi}_j^\dagger,\ \hat{\psi}_j^\dagger\} = 0\ ,\ \hat{\psi}_j^2 = \frac{1}{2}\{\hat{\psi}_j,\ \hat{\psi}_j\} = 0$$

上述公式表示给定的态最多容纳一个粒子，即不相容原理。

利用对易关系式(7.23)和式(7.25)，可得到以下关系式：

$$[\hat{N},\ \hat{\psi}_j] = [\hat{n}_j,\ \hat{\psi}_j] = -\hat{\psi}_j \qquad (7.33)$$

$$[\hat{N},\ \hat{\psi}_j^\dagger] = [\hat{n}_j,\ \hat{\psi}_j^\dagger] = \hat{\psi}_j^\dagger \qquad (7.34)$$

无论是玻色子还是费米子，上述关系均成立。占居数态可用下列公式表示为

玻色子： $|n_1, n_2, \cdots, n_l\rangle = \prod_r \dfrac{(\hat{\psi}_r^\dagger)^{n_r}}{\sqrt{n_r!}}|0\rangle,\quad n_r = 0, 1, 2, \cdots$

费米子： $|n_1, n_2, \cdots, n_l\rangle = (\hat{\psi}_r^\dagger)^{n_l} \cdots (\hat{\psi}_2^\dagger)^{n_2}(\hat{\psi}_1^\dagger)^{n_1}|0\rangle,\quad n_r = 0, 1$

例 7.1： 玻色子态：

$$|65003\rangle = \frac{1}{\sqrt{3!5!6!}}(\hat{\psi}_5^\dagger)^3(\hat{\psi}_2^\dagger)^5(\hat{\psi}_1^\dagger)^6|0\rangle$$

例 7.2： 费米子态：

$$|01101\rangle = \hat{\psi}_5^\dagger \hat{\psi}_2^\dagger \hat{\psi}_1^\dagger |0\rangle = -\hat{\psi}_5^\dagger \hat{\psi}_1^\dagger \hat{\psi}_2^\dagger |0\rangle$$

式中，负号由费米子交换具备反对称性所导致。

例 7.3： 假设 $b_{\vec{q}}$ 表示湮灭长度为 L 的立方体中的一个玻色子，其中动量 $\vec{q} = (2\pi/L)(i,j,k)$。下面分析系统的哈密顿量。

动量空间场算符满足关系式 $[\hat{b}_{\vec{q}}, \hat{b}_{\vec{q}'}^\dagger] = \delta_{\vec{q}\vec{q}'}$。可以将场算符在实空间展开 $\hat{\psi}(\vec{r}) = \sum_{\vec{q}} \langle \vec{r}|\vec{q}\rangle b_{\vec{q}}$，其中动量 $\vec{q} = \dfrac{2\pi}{L}(i,j,k)$，玻色子的单粒子波函数为 $\langle \vec{r}|\vec{q}\rangle = L^{-3/2}\mathrm{e}^{\mathrm{i}\vec{q}\cdot\vec{r}}$。实空间场算符对易关系为

$$[\hat{\psi}(\vec{r}), \hat{\psi}^\dagger(\vec{r'})] = \sum_{q,q'} \langle \vec{r}|\vec{q}\rangle \langle \vec{q}'|\vec{r'}\rangle [b_{\vec{q}}, b_{\vec{q}'}^\dagger]$$

$$= \sum_{q,q'} \langle \vec{r}|\vec{q}\rangle \langle \vec{q}'|\vec{r'}\rangle \delta_{\vec{q}\vec{q}'}$$

$$= \sum_q \langle \vec{r}|\vec{q}\rangle \langle \vec{q}|\vec{r'}\rangle$$

$$= \frac{1}{L^{3/2}} \sum_q \mathrm{e}^{\mathrm{i}\vec{q}\cdot(\vec{r}-\vec{r'})} = \delta(\vec{r}-\vec{r'}) \tag{7.35}$$

式 (7.35) 最后两步可以使用恒等算符 $\sum_q |\vec{q}\rangle \langle \vec{q}| = 1$ 进行计算，于是 $[\hat{\psi}(x), \hat{\psi}^\dagger(y)] = \langle \vec{r}|\vec{r'}\rangle = \delta(\vec{r}-\vec{r'})$。立方体中的玻色子哈密顿量可以写为

$$\hat{H} = -\frac{\hbar^2}{2m} \int \mathrm{d}\vec{r}\, \hat{\psi}^\dagger \nabla^2 \hat{\psi}$$

利用傅里叶变换性质，可得

$$\begin{cases} \hat{\psi}^\dagger(x) = \dfrac{1}{L^{3/2}} \sum_q \mathrm{e}^{-\mathrm{i}\vec{q}\cdot\vec{r}} b_{\vec{q}}^\dagger \\[3mm] \nabla^2 \hat{\psi}^\dagger(x) = -\dfrac{1}{L^{3/2}} \sum_q q^2 \mathrm{e}^{\mathrm{i}\vec{q}\cdot\vec{r}} b_{\vec{q}} \end{cases} \tag{7.36}$$

将式 (7.36) 代入哈密顿量中，进一步得到：

$$\hat{H} = \frac{1}{L^3} \sum_{q,q'} \epsilon_{\vec{q}} b_{\vec{q}'}^\dagger b_{\vec{q}} \int \mathrm{d}\vec{r}\, \mathrm{e}^{\mathrm{i}(\vec{q}-\vec{q}')\cdot\vec{r}}$$

$$= \sum_q \epsilon_{\vec{q}} b_{\vec{q}}^{\dagger} b_{\vec{q}} \tag{7.37}$$

式中，$\epsilon_{\vec{q}} = \hbar^2 q^2 / 2m$ 为单粒子能量。

下面给出多体波函数在坐标空间的表示。假定在位置 x 处放置一个粒子构成单粒子态：

$$|\vec{r}\rangle = \hat{\psi}^{\dagger}(\vec{r})|0\rangle$$

两个单粒子态的交叠可由内积表示：

$$\langle \vec{r} | \vec{r'} \rangle = \langle 0 | \hat{\psi}(\vec{r}) \hat{\psi}^{\dagger}(\vec{r'}) | 0 \rangle$$

利用对易关系式(7.23)和式(7.25)，分别可以得到：

玻色子为

$$
\begin{aligned}
\langle 0 | \hat{\psi}(\vec{r}) \hat{\psi}^{\dagger}(\vec{r'}) | 0 \rangle &= \langle 0 | [\hat{\psi}(\vec{r}),\ \hat{\psi}^{\dagger}(\vec{r'})] | 0 \rangle \\
&= \delta^{(3)}(\vec{r} - \vec{r'})
\end{aligned} \tag{7.38}
$$

费米子为

$$
\begin{aligned}
\langle 0 | \hat{\psi}(\vec{r}) \hat{\psi}^{\dagger}(\vec{r'}) | 0 \rangle &= \langle 0 | \{\hat{\psi}(\vec{r}),\ \hat{\psi}^{\dagger}(\vec{r'})\} | 0 \rangle \\
&= \delta^{(3)}(\vec{r} - \vec{r'})
\end{aligned} \tag{7.39}
$$

N 粒子态可表示为

$$|\vec{r}_1, \vec{r}_2, \cdots, \vec{r}_N\rangle = \hat{\psi}^{\dagger}(\vec{r}_N) \cdots \hat{\psi}^{\dagger}(\vec{r}_2) \hat{\psi}^{\dagger}(\vec{r}_1) | 0 \rangle \tag{7.40}$$

7.3　自旋 1/2 自旋链

无相互作用费米子气体依旧是高度关联的，其原因在于不相容原理使得在相同量子态的费米子之间具有"硬"相互作用。这一特性可通过 Jordan-Wigner 变换显现出来。下面将利用 Jordan-Wigner 变换研究自旋 $S = \dfrac{1}{2}$ 自旋链的性质。自旋链可以看作是相互作用的一维费米子气体。

7.3.1　Jordan-Wigner 变换

Jordan 和 Wigner 发现自旋向上和自旋向下的态可以表示成如下形式：

$$|\uparrow\rangle = f^{\dagger}|0\rangle , \quad |\downarrow\rangle = |0\rangle$$

自旋向上和自旋向下算符可以表示成矩阵形式：

$$S^+ = \hat{f}^\dagger = \begin{bmatrix} 0 & 1 \\ 0 & 0 \end{bmatrix}$$

$$S^- = \hat{f} = \begin{bmatrix} 0 & 0 \\ 1 & 0 \end{bmatrix}$$

自旋算符 z 分量可写为

$$
\begin{aligned}
S^z &= \frac{1}{2}\left[|\uparrow\rangle\langle\uparrow| - |\downarrow\rangle\langle\downarrow|\right] \\
&= \hat{f}^\dagger\hat{f} - \frac{1}{2} = \frac{1}{2}\begin{bmatrix} 1 & 0 \\ 0 & -1 \end{bmatrix}
\end{aligned}
\tag{7.41}
$$

可构建如下自旋算符：

$$
\begin{cases}
S^x = \dfrac{1}{2}(S^+ + S^-) = \dfrac{1}{2}(\hat{f}^\dagger + \hat{f})\dfrac{1}{2}\begin{bmatrix} 0 & 1 \\ 1 & 0 \end{bmatrix} \\[3mm]
S^y = \dfrac{1}{2\mathrm{i}}(S^+ - S^-) = \dfrac{1}{2\mathrm{i}}(\hat{f}^\dagger - \hat{f}) = \dfrac{1}{2\mathrm{i}}\begin{bmatrix} 0 & 1 \\ -1 & 0 \end{bmatrix}
\end{cases}
\tag{7.42}
$$

上述自旋算符满足如下代数关系式：

$$[S_a,\ S_b] = \mathrm{i}\varepsilon_{abc}S_c\ ,\quad \{S_a,\ S_b\} = \frac{1}{2}\delta_{ab}$$

式中，$a, b, c = x, y, z$。

  一维自旋链上第 j 位置的自旋算符在 Jordan-Wigner 表象中的表示可以定义为

$$S_j^+ = \hat{f}_j^\dagger \mathrm{e}^{\mathrm{i}\phi_j}$$

式中，相位算符 $\phi_j = \pi \sum\limits_{l<j} n_l$；算符 $\mathrm{e}^{\mathrm{i}\phi_j}$ 为弦算符。Jordan-Wigner 变换所满足的关系式为

$$S_j^z = \hat{f}_j^\dagger\hat{f}_j - \frac{1}{2} \tag{7.43}$$

$$S_j^+ = \hat{f}_j^\dagger \mathrm{e}^{\mathrm{i}\pi \sum\limits_{l<j} n_l} \tag{7.44}$$

$$S_j^- = \hat{f}_j \mathrm{e}^{-\mathrm{i}\pi \sum\limits_{l<j} n_l} \tag{7.45}$$

需要注意的是，算符 $\hat{f}_j$ 使得粒子数算符 n_j 从单位数减小到 0。当 $n_j = 1$，$\mathrm{e}^{\mathrm{i}\pi n_j} = -1$，$\hat{f}_j \mathrm{e}^{\mathrm{i}\pi n_j} = -\hat{f}_j$；如果 $\hat{f}_j$ 位于右侧，$n_j = 0$，$\mathrm{e}^{\mathrm{i}\pi n_j} = 1$，$\mathrm{e}^{\mathrm{i}\pi n_j}\hat{f}_j = \hat{f}_j$。因此有

$$\{\mathrm{e}^{\mathrm{i}\pi n_j},\ \hat{f}_j\} = 0$$

利用共轭性质，可得 $\{\mathrm{e}^{\mathrm{i}\pi n_j},\ \hat{f}_j^\dagger\} = 0$。当 $l \neq j$，算符 $\mathrm{e}^{\mathrm{i}\pi n_l}$ 与算符 $\hat{f}_j^\dagger$ 和 $\hat{f}_j$ 对易。进一步可得，弦算符 $\mathrm{e}^{\mathrm{i}\phi_j}$ 满足如下关系式：

$$\{\mathrm{e}^{\mathrm{i}\phi_j},\ \hat{f}_l^\dagger\} = 0, \quad l < j \tag{7.46}$$

$$[\mathrm{e}^{\mathrm{i}\phi_j},\ \hat{f}_l^\dagger] = 0, \quad l \geqslant j \tag{7.47}$$

假定 $j < k$，弦算符 $\mathrm{e}^{\mathrm{i}\phi_j}$ 与在位置 j 和 k 的费米子对易，于是得

$$\begin{aligned}
[S_j^+,\ S_k^+] &= [\hat{f}_j^\dagger \mathrm{e}^{\mathrm{i}\phi_j},\ \hat{f}_k^\dagger \mathrm{e}^{\mathrm{i}\phi_j}] \\
&= \mathrm{e}^{\mathrm{i}\phi_j}[\hat{f}_j^\dagger,\ \hat{f}_k^\dagger \mathrm{e}^{\mathrm{i}\phi_j}] + [\mathrm{e}^{\mathrm{i}\phi_j},\ \hat{f}_k^\dagger \mathrm{e}^{\mathrm{i}\phi_j}]\hat{f}_j^\dagger \\
&= \mathrm{e}^{\mathrm{i}\phi_j}[\hat{f}_j^\dagger,\ \hat{f}_k^\dagger \mathrm{e}^{\mathrm{i}\phi_j}]
\end{aligned} \tag{7.48}$$

因为

$$\begin{aligned}
[\hat{f}_j^\dagger,\ \hat{f}_k^\dagger \mathrm{e}^{\mathrm{i}\phi_j}] &= [\hat{f}_j^\dagger,\ \hat{f}_k^\dagger]\mathrm{e}^{\mathrm{i}\phi_j} + \hat{f}_k^\dagger[\hat{f}_j^\dagger,\ \mathrm{e}^{\mathrm{i}\phi_j}] \\
&= \hat{f}_k^\dagger[\hat{f}_j^\dagger,\ \mathrm{e}^{\mathrm{i}\phi_j}] = 0
\end{aligned} \tag{7.49}$$

利用厄米共轭性质可得

$$[S_j^\pm, S_k^\pm] = 0 \tag{7.50}$$

此处可以看出，当费米子乘以弦算符后，整体变成玻色子系统。

7.3.2　自旋海森伯模型

下面利用 Jordan-Wigner 变换，讨论一维自旋海森伯模型：

$$\hat{H} = -\frac{J}{2}\sum(S_j^x S_{j+1}^x + S_j^y S_{j+1}^y) - J_z \sum S_j^z S_{j+1}^z \tag{7.51}$$

式 (7.51) 还可以写为

$$\hat{H} = -\frac{J}{2}\sum(S_{j+1}^+ S_j^- + S_j^- S_{j+1}^+) - J_z \sum S_j^z S_{j+1}^z \tag{7.52}$$

由于

$$S_{j+1}^+ S_j^- = \hat{f}_{j+1}^\dagger \mathrm{e}^{\mathrm{i}\pi n_j}\hat{f}_j = \hat{f}_{j+1}^\dagger \hat{f}_j$$

$$S_j^z S_{j+1}^z = \left(n_{j+1} - \frac{1}{2}\right)\left(n_j - \frac{1}{2}\right)$$

上述哈密顿量可写为

$$\hat{H} = -\frac{J}{2}\sum(\hat{f}_{j+1}^\dagger \hat{f}_j + \hat{f}_j^\dagger \hat{f}_{j+1}) + J_z\sum n_j - J_z\sum n_j n_{j+1} \tag{7.53}$$

上述计算过程中已忽略常数项。接下来考虑动量空间的自旋海森伯模型。假定:

$$\hat{f}_j = \frac{1}{\sqrt{N}}\sum_k s_k \mathrm{e}^{\mathrm{i}kR_j}$$

式中,s_k 表示动量空间湮灭动量为 k 的激子。将 $\hat{f}_j$ 代入式 (7.53) 进行计算,得到:

$$\sum_j(\hat{f}_{j+1}^\dagger \hat{f}_j + \hat{f}_j^\dagger \hat{f}_{j+1}) = \frac{1}{N}\sum_j\sum_{k,k'}(\mathrm{e}^{-\mathrm{i}ka} + \mathrm{e}^{\mathrm{i}ka})s_{k'}^\dagger s_k \mathrm{e}^{\mathrm{i}(k-k')R_j}$$
$$= 2\sum_k \cos(ka)s_k^\dagger s_k$$

$$\sum_j n_j = \sum_j \hat{f}_j^\dagger \hat{f}_j = \frac{1}{N}\sum_j\sum_{k,k'} s_{k'}^\dagger s_k \mathrm{e}^{\mathrm{i}(k-k')R_j} = \sum_k s_k^\dagger s_k$$

式中,a 为一维自旋链的周期晶格常数。在上面的推导过程中,使用了等式:

$$\frac{1}{N}\sum_{k,k'}\mathrm{e}^{\mathrm{i}(k-k')R_j} = \delta_{kk'}$$

于是对于动量空间,模型哈密顿量为

$$\hat{H} = \sum_k \omega_k s_k^\dagger s_k - J_z\sum_j n_j n_{j+1} \tag{7.54}$$

式中,$\omega_k = J_z - J\cos(ka)$。式 (7.54) 等号右边第二项角标相差 1,因此可只考虑短程相互作用 $V(q) = -J_z\cos(qa)$,有以下结果:

$$\hat{H} = \sum_k \omega_k s_k^\dagger s_k - \frac{J_z}{N}\sum_{k,k',q} s_{k-q}^\dagger s_{k'+q}^\dagger s_{k'} s_k \tag{7.55}$$

下面对上述哈密顿量进行简要分析。忽略相互作用项,考虑以下两种情况: 当 $J_z = J$ 时,对应于海森伯铁磁体;当 $J_z = 0$ 时,对应于 x-y 模型。

当 $J_z = J$ 时,$\omega_k = 2J\sin^2(ka/2)$ 恒为正值。这意味系统的基态为

$$|0\rangle = |\downarrow\downarrow\downarrow\cdots\rangle$$

此时，自发磁化为 $M = -N/2$。如果系统被激发，那么必定有自旋被翻转并形成态 $|\uparrow\rangle$。

当 $J_z = 0$ 时，$\omega_k = -J\cos(ka)$，其值分布在区间 $[-J, J]$。当 $|k| < \pi/(2a)$ 时，$\omega_k < 0$。此时，基态对应于：

$$|\Psi_g\rangle = \Pi_{|k|<\pi/(2a)} s_k^\dagger |0\rangle$$

7.4　Hubbard 模型

假定原子周期性排列形成晶格，电子几乎局域在原子轨道上 (处在低能量状态)。在位置 j 处，电子产生可由 $c_{j\sigma}^\dagger = \int d^3 x \Psi_\sigma^\dagger(\vec{r}) \Phi(\vec{r} - \boldsymbol{R}_j)$ 描述，其中 $\Phi(\vec{r} - \boldsymbol{R}_j)$ 是电子处在原子轨道的波函数。包含相互作用的哈密顿量为

$$H = \sum_{ij} \langle i|H_0|j\rangle c_{i\sigma}^\dagger c_{j\sigma} + \frac{1}{2} \sum_{lmnp} \langle lm|H_0|pn\rangle c_{l\sigma}^\dagger c_{m\sigma'}^\dagger c_{n\sigma'} c_{p\sigma} \tag{7.56}$$

式中，$\langle i|H_0|j\rangle$ 表示态 $|i\rangle$ 和态 $|j\rangle$ 之间的相互作用矩阵元；$\langle lm|H_0|pn\rangle$ 表示态 $|lm\rangle$ 和态 $|pn\rangle$ 之间的相互作用矩阵元。

态跃迁通常取决于相邻态之间的交叠程度，为了简化问题，可以假定电子处在态 $|i\rangle$ 的能量为 $\langle i|H_0|i\rangle = \varepsilon$，仅考虑最近邻相互作用 $\langle i|H_0|j\rangle = -t$，其中 $|i-j| = 1$。此时，不同位置电子之间的相互作用矩阵元可表示为

$$\langle lm|H_0|pn\rangle = \iint dx dx' V(x-x') \Phi_l^*(\vec{r}) \Phi_m^*(\vec{r'}) \Phi_n(\vec{r'}) \Phi_p(\vec{r})$$

如果态基本上处在某一局域态，此项将主要依赖于在单一态的两电子之间的 on-site 相互作用，其近似为 $\langle lm|H_0|pn\rangle = U\delta_{lmpn}$。此条件下相互作用可以简化为 $\dfrac{U}{2} \sum_{j\sigma\sigma'} c_{j\sigma}^\dagger c_{j\sigma'}^\dagger c_{j\sigma'} c_{j\sigma} = U \sum_j n_{j\downarrow} n_{j\uparrow}$。注意必须满足不相容原理，即 $c_{j\sigma}^2 = 0$。此时可得到 Hubbard 模型：

$$H = -t \sum_{j\sigma} (c_{j+1,\sigma}^\dagger c_{j\sigma} + c_{j\sigma}^\dagger c_{j+1,\sigma}) + \epsilon \sum_{j\sigma} c_{j\sigma}^\dagger c_{j\sigma} + U \sum_j n_{j\uparrow} n_{j\uparrow} \tag{7.57}$$

式中，$c_{j\sigma}^\dagger c_{j\sigma} = n_{j\sigma}$ 表示位于位置 j 且自旋为 σ 的电子数目。

同样，可以给出其在动量空间中的表示。假定 $\hat{c}_{j\sigma} = \dfrac{1}{\sqrt{N}} \sum_{\vec{k}} c_{\vec{k}\sigma} e^{i\vec{k}\cdot\vec{R}_j}$，利用与 7.3 节相同的分析方法，可以得到：

$$H = \sum_{k\sigma} \epsilon_k c_{\vec{k}\sigma}^\dagger c_{\vec{k}\sigma} - \frac{U}{N} \sum_{\vec{k},\vec{k}',\vec{q}} c_{\vec{k}-\vec{q}}^\dagger c_{\vec{k}'+\vec{q}}^\dagger c_{\vec{k}'} c_{\vec{k}} \tag{7.58}$$

7.5 弱相互作用玻色气体

Bogoliubov 在 1947 年提出了新的微扰技术，能处理稀薄玻色气体相互作用问题[3]。稀薄气体具有以下特性: $r_0 \ll d$，其中 r_0 为相互作用力有效程和 d 粒子间的平均距离 (与气体粒子数密度有关 $n = N/V$)。弱相互作用是指粒子散射长度 a 远小于粒子间的平均距离: $a \ll d$。通过 Feshbach 共振技术，可以调节稀薄气体之间的相互作用，使得气体间相互作用 (散射长度 a) 远大于粒子间的平均距离。玻色气体的哈密顿量可以写为

$$\hat{H} = \int \frac{\hbar^2}{2m} \nabla \hat{\Psi}^\dagger(\vec{r}) \nabla \hat{\Psi}(\vec{r}) \mathrm{d}\vec{r} + \frac{1}{2} \iint \hat{\Psi}^\dagger(\vec{r}) \hat{\Psi}^\dagger(\vec{r'}) \hat{\Psi}^\dagger(\vec{r}) V(\vec{r'} - \vec{r}) \hat{\Psi}(\vec{r}) \hat{\Psi}(\vec{r'}) \mathrm{d}\vec{r} \mathrm{d}\vec{r'}$$

$$(7.59)$$

式中，$V(\vec{r'} - \vec{r})$ 是两体势函数。假定气体占据体积为 V，场算符在动量空间可展开为

$$\hat{\Psi}^\dagger(\vec{r}) = \sum_{\vec{p}} \hat{a}_{\vec{p}} \frac{1}{\sqrt{V}} \mathrm{e}^{\mathrm{i}\vec{p} \cdot \vec{r}/\hbar}$$

式中，$\hat{a}_{\vec{p}}$ 为具有动量 $\vec{p}$ 的粒子湮灭算符。将其代入哈密顿量，可以得到:

$$\hat{H} = \sum \frac{p^2}{2m} \hat{a}_{\vec{p}}^\dagger \hat{a}_{\vec{p}} + \frac{1}{2V} \sum V_{\vec{q}} \hat{a}_{\vec{p}_1,+\vec{q}}^\dagger \hat{a}_{\vec{p}_2,-\vec{q}}^\dagger \hat{a}_{\vec{p}_1} \hat{a}_{\vec{p}_2} \qquad (7.60)$$

式中，$V_{\vec{q}} = \int V_{\vec{r}} \mathrm{e}^{\mathrm{i}\vec{p} \cdot \vec{r}/\hbar} \mathrm{d}\vec{r}$。在实际系统中，原子间的势总包含短程相互作用，这使得微观性质的求解非常困难。另外，根据前述稀薄气体的判据，两体相互作用势在气体宏观物理特性描述中并不重要，仅用来获得正确的 s 波散射长度。为了简化多体问题复杂度，宏观势函数通常用有效的软核势 V_{eff} 替换，此时微扰理论可适用。

因为只在很小的动量区域内研究多体问题，可以考虑 $q = 0$ 时有效势的傅里叶变换: $V_0 = \int V_{\mathrm{eff}}(\vec{r}) \mathrm{d}\vec{r}$，哈密顿量具有以下形式:

$$\hat{H} = \sum \frac{p^2}{2m} \hat{a}_{\vec{p}}^\dagger \hat{a}_{\vec{p}} + \frac{V_0}{2V} \sum \hat{a}_{\vec{p}_1}^\dagger \hat{a}_{\vec{p}_2}^\dagger \hat{a}_{\vec{p}_1} \hat{a}_{\vec{p}_2} \qquad (7.61)$$

Bogoliubov 为研究临界点性质，将哈密顿量中的算符 $\hat{a}_0$ 用常数替换: $\hat{a}_0 = \sqrt{N_0}$。对于零温理想气体，所有原子均处在凝聚态，故 $N_0 = N$。对于超低温稀薄气体而言，动量不等于 0 的态粒子数很少，即 $N_0 \simeq N$。此时可以将基态能量近似为 $E_0 = \dfrac{N^2 V_0}{2V}$。由波恩近似可得 $V_0 = 4\pi\hbar^2 a/m$ (a 为 s 波散射长度)。基态能量可表示为

$$E_0 = \frac{1}{2} N g n$$

式中，$n = N/V$ 表示稀薄气体数密度；$g = 4\pi\hbar^2 a/m$ 表示相互作用耦合系数。

如需要考虑激发谱且 $\vec{p} \neq 0$ 粒子数较少，哈密顿量可只考虑 $\vec{p} \neq 0$ 粒子算符的二次项。于是可得

$$\hat{H} = \frac{V_0}{2V}\hat{a}_0^\dagger\hat{a}_0^\dagger\hat{a}_0\hat{a}_0 + \sum \frac{p^2}{2m}\hat{a}_{\vec{p}}^\dagger\hat{a}_{\vec{p}}$$
$$+ \sum_{\vec{p}\neq 0}(4\hat{a}_0^\dagger\hat{a}_{\vec{p}}^\dagger\hat{a}_{\vec{p}}\hat{a}_0 + \hat{a}_{\vec{p}}^\dagger\hat{a}_{-\vec{p}}^\dagger\hat{a}_0\hat{a}_0 + \hat{a}_0^\dagger\hat{a}_0^\dagger\hat{a}_{\vec{p}}\hat{a}_{-\vec{p}}) \tag{7.62}$$

式 (7.62) 已考虑动量守恒效应。当动量不守恒，一方面交换产生粒子效率低；另一方面将产生热化效应。此时，总的粒子数可表示为 $\hat{a}_0^\dagger\hat{a}_0 + \sum_{\vec{p}\neq 0}\hat{a}_{\vec{p}}^\dagger\hat{a}_{\vec{p}}$。忽略高阶项，得到如下关系式：

$$\hat{a}_0^\dagger\hat{a}_0^\dagger\hat{a}_0\hat{a}_0 = N^2 - 2N\sum_{\vec{p}\neq 0}\hat{a}_{\vec{p}}^\dagger\hat{a}_{\vec{p}} \tag{7.63}$$

利用高阶微扰[4]，人们可以得到散射长度 a 和 V_0 所满足的关系式：

$$a = \frac{m}{4\pi\hbar^2}\left(V_0 - \frac{V_0^2}{V}\sum_{\vec{p}\neq 0}\frac{m}{p^2}\right) \tag{7.64}$$

$$V_0 = g\left(1 + \frac{g}{V}\sum_{\vec{p}\neq 0}\frac{m}{p^2}\right) \tag{7.65}$$

式 (7.64) 与式 (7.65) 具有相同精度。将式 (7.63) 和式 (7.65) 代入式 (7.62) 可得

$$\hat{H} = \frac{gV_0}{2V} + \sum\frac{p^2}{2m}\hat{a}_{\vec{p}}^\dagger\hat{a}_{\vec{p}} + \frac{gn}{2}\sum_{\vec{p}\neq 0}\left(2\hat{a}_{\vec{p}}^\dagger\hat{a}_{\vec{p}} + \hat{a}_{\vec{p}}^\dagger\hat{a}_{-\vec{p}}^\dagger + \hat{a}_{\vec{p}}\hat{a}_{-\vec{p}}\frac{mgn}{p^2}\right) \tag{7.66}$$

由于此哈密顿量是关于算符 $\hat{a}_{\vec{p}}^\dagger$ 和 $\hat{a}_{\vec{p}}$ 的二项式，其可经过下列线性变换实现对角化：

$$\hat{a}_{\vec{p}} = u_{\vec{p}}\hat{b}_{\vec{p}} + v_{-\vec{p}}^*\hat{b}_{-\vec{p}}^\dagger, \quad \hat{a}_{\vec{p}}^\dagger = u_{\vec{p}}^*\hat{b}_{\vec{p}}^\dagger + v_{-\vec{p}}\hat{b}_{-\vec{p}}$$

此即为 Bogoliubov 变换。需要指出的是，$[\hat{b}_{\vec{p}},\hat{b}_{\vec{p}'}^\dagger] = \delta_{\vec{p}\vec{p}'}$，同样满足玻色子对易关系。可得到如下等式：

$$|u_{\vec{p}}|^2 - |v_{-\vec{p}}|^2 = 1$$

将上述线性变换代入哈密顿量式 (7.66)，并令非对角元系数为 0，可得如下等式：

$$\frac{gn}{2}(|u_{\vec{p}}|^2 + |v_{-\vec{p}}|^2) + \left(\frac{p^2}{2m} + gn\right)u_{\vec{p}}v_{-\vec{p}} = 0$$

求解上述等式，有

$$\begin{cases} u_{\vec{p}} = \sqrt{\dfrac{p^2/2m + gn}{2\epsilon(p)} + \dfrac{1}{2}} \\[4mm] v_{-\vec{p}} = -\sqrt{\dfrac{p^2/2m + gn}{2\epsilon(p)} - \dfrac{1}{2}} \end{cases} \tag{7.67}$$

式中，

$$\epsilon(p) = \sqrt{\frac{gnp^2}{m} + \left(\frac{p^2}{2m}\right)^2}$$

$\epsilon(p)$ 为元激发 Bogoliubov 色散关系[5]。Bogoliubov 变换后，哈密顿量变为

$$\hat{H} = E_0 + \sum \epsilon(p)\hat{b}_{\vec{p}}^{\dagger}\hat{b}_{\vec{p}} \tag{7.68}$$

式中，

$$E_0 = \frac{gN^2}{2V} + \frac{1}{2}\sum_{\vec{p}\neq 0}\left[\epsilon(p) - gn - \frac{p^2}{2m} + \frac{m(gn)^2}{p^2}\right]$$

上述哈密顿量对应准粒子图像，其中 E_0 为高阶近似条件下的基态能量，$\epsilon(p)$ 为准粒子能量，$\hat{b}_{\vec{p}}^{\dagger}$ 和 $\hat{b}_{\vec{p}}$ 分别为准粒子的产生算符和湮灭算符。

7.6 BCS 理论

最初发现超导体是在 1911 年，直到 1956 年约翰 · 巴丁 (John Bardeen)、莱昂 · 库珀 (Leon Cooper) 和约翰 · 施里弗 (John Schreiffer) 才提出了 (常规) 超导性质的微观解释，该理论后来被命名为 BCS 理论[6]。本节将简要介绍 BCS 理论及准粒子图像。

7.6.1 库珀对

BCS 理论认为超导体基态处于库珀对算符的相干态：

$$|\psi_{\mathrm{BCS}}\rangle = \exp[\Lambda^{\dagger}]|0\rangle$$

式中，$|0\rangle$ 为电子真空态；

$$\Lambda^{\dagger} = \sum_{\vec{k}} \phi_{\vec{k}} c_{\vec{k}\uparrow}^{\dagger} c_{-\vec{k}\downarrow}^{\dagger} \tag{7.69}$$

为库珀对产生算符。将指数展开为动量空间的乘积形式，可以得到 BCS 理论波函数：

$$|\psi_{\mathrm{BCS}}\rangle = \prod_{\vec{k}} \exp[\phi_{\vec{k}} c_{\vec{k}\uparrow}^{\dagger} c_{-\vec{k}\downarrow}^{\dagger}]|0\rangle$$

$$= \prod_k (1 + \phi_{\vec{k}} \hat{c}^\dagger_{\vec{k}\uparrow} c^\dagger_{-\vec{k}\downarrow}) |0\rangle \tag{7.70}$$

在上述推导中已经使用了费米子系统，因此必须遵从不相容原理：$(c^\dagger_{\vec{k}\uparrow} c^\dagger_{-\vec{k}\downarrow})^n = 0 (n > 1)$。

什么样的哈密顿量能导致粒子对的产生？粒子对的产生依赖于零动量粒子对的散射系数 $V_{\vec{k},\vec{k'}} = \langle \vec{k} | \hat{V} | \vec{k'} \rangle$。BCS 理论已将此特性包含在模型内：

$$\hat{H} = \sum_{\vec{k}\sigma} \epsilon_{\vec{k}\sigma} \hat{c}^\dagger_{\vec{k}\sigma} \hat{c}_{\vec{k}\sigma} + \sum_{\vec{k},\vec{k'}} V_{\vec{k},\vec{k'}} \hat{c}^\dagger_{\vec{k}\uparrow} \hat{c}^\dagger_{-\vec{k}\downarrow} \hat{c}_{-\vec{k}\downarrow} \hat{c}_{\vec{k}\uparrow} \tag{7.71}$$

式中，$\sigma = \uparrow, \downarrow$。对于相互作用 $V_{\vec{k},\vec{k'}}$，如果只考虑 s 波散射，则电子仅在费米面德拜 (Debye) 能 (ω_D) 内具有各向同性吸引相互作用：

$$V_{\vec{k},\vec{k'}} = \begin{cases} -g_0/V, & |\epsilon_{\vec{k}}| < \omega_D \\ 0, & |\epsilon_{\vec{k}}| \geqslant \omega_D \end{cases} \tag{7.72}$$

s 波 BCS 理论哈密顿量具有以下形式：

$$\hat{H} = \sum_{|\epsilon_{\vec{k}}| < \omega_D} \epsilon_{\vec{k}\sigma} \hat{c}^\dagger_{\vec{k}\sigma} \hat{c}_{\vec{k}\sigma} - \frac{g_0}{V} \hat{A}^\dagger \hat{A} \tag{7.73}$$

$$\hat{A}^\dagger = \sum_{|\epsilon_{\vec{k}}| < \omega_D} \hat{c}^\dagger_{\vec{k}\uparrow} \hat{c}^\dagger_{-\vec{k}\downarrow} \tag{7.74}$$

$$\hat{A} = \sum_{|\epsilon_{\vec{k}}| < \omega_D} \hat{c}_{-\vec{k}\downarrow} \hat{c}_{\vec{k}\uparrow} \tag{7.75}$$

接下来将 BCS 理论 (哈密顿量) 相互作用展开为 (根据平均场假定 $\delta\hat{A} = \hat{A} - \langle\hat{A}\rangle, \delta\hat{A}^\dagger = \hat{A}^\dagger - \langle\hat{A}^\dagger\rangle$)

$$-\frac{g_0}{V} \hat{A}^\dagger \hat{A} = \bar{\Delta}\hat{A} + \hat{A}^\dagger \Delta + V\frac{\bar{\Delta}\Delta}{g_0} - \frac{g_0}{V}\delta\hat{A}^\dagger \delta\hat{A}$$

式中，$\Delta = -g_0 \langle A \rangle / V$；$\bar{\Delta} = -g_0 \langle A^\dagger \rangle / V$。等号右边最后一项为高阶小量，可忽略。于是，BCS 理论平均场哈密顿量为

$$\hat{H}_{\text{MFT}} = \sum_{\vec{k}\sigma} \epsilon_{\vec{k}\sigma} \hat{c}^\dagger_{\vec{k}\sigma} \hat{c}_{\vec{k}\sigma} + \sum_{\vec{k}} (\bar{\Delta}\hat{c}_{-\vec{k}\downarrow} \hat{c}_{\vec{k}\uparrow} + \hat{c}^\dagger_{\vec{k}\uparrow} \hat{c}^\dagger_{-\vec{k}\downarrow} \Delta) + \frac{V}{g_0} \bar{\Delta}\Delta \tag{7.76}$$

根据式 (7.76) 的 BCS 理论平均场哈密顿量，可知 $\bar{\Delta}\hat{c}_{-\vec{k}\downarrow} \hat{c}_{\vec{k}\uparrow}$ 表示凝聚体中同时湮灭两个粒子，$\hat{c}^\dagger_{\vec{k}\uparrow} \hat{c}^\dagger_{-\vec{k}\downarrow} \Delta$ 表示凝聚体中同时产生两个粒子。另外需要指出的是，无论是同时湮灭两个粒子还是同时产生两个粒子，整个过程的自旋和动量都是守恒的。

7.6.2 粒子与准粒子

定义如下自旋子矢量：

$$\hat{\psi}_{\vec{k}} = \begin{pmatrix} \hat{c}_{\vec{k}\uparrow} \\ \hat{c}_{-\vec{k}\downarrow}^{\dagger} \end{pmatrix} \; , \; \hat{\psi}_{\vec{k}}^{\dagger} = \begin{pmatrix} \hat{c}_{\vec{k}\uparrow}^{\dagger} & \hat{c}_{-\vec{k}\downarrow} \end{pmatrix}$$

动能可以写为

$$\sum_{\vec{k}\sigma} \epsilon_{\vec{k}\sigma} \hat{c}_{\vec{k}\sigma}^{\dagger} \hat{c}_{\vec{k}\sigma} = \sum_{\vec{k}} \epsilon_{\vec{k}} (\hat{c}_{\vec{k}\uparrow}^{\dagger} \hat{c}_{\vec{k}\uparrow} - \hat{c}_{-\vec{k}\downarrow} \hat{c}_{-\vec{k}\downarrow}^{\dagger} + 1)$$

$$= \begin{pmatrix} \hat{c}_{\vec{k}\uparrow} \\ \hat{c}_{-\vec{k}\downarrow}^{\dagger} \end{pmatrix} \begin{bmatrix} \epsilon_{\vec{k}} & 0 \\ 0 & \epsilon_{\vec{k}} \end{bmatrix} \begin{pmatrix} \hat{c}_{\vec{k}\uparrow}^{\dagger} & \hat{c}_{-\vec{k}\downarrow} \end{pmatrix} + \sum_{\vec{k}} \epsilon_{\vec{k}} \qquad (7.77)$$

最后一项动能为常数，可以舍弃。同理，动能项与粒子对产生项可写为矩阵形式：

$$\sum_{\vec{k}\sigma} \epsilon_{\vec{k}\sigma} \hat{c}_{\vec{k}\sigma}^{\dagger} \hat{c}_{\vec{k}\sigma} + \sum_{\vec{k}} (\bar{\Delta} \hat{c}_{-\vec{k}\downarrow} \hat{c}_{\vec{k}\uparrow} + \hat{c}_{\vec{k}\uparrow}^{\dagger} \hat{c}_{-\vec{k}\downarrow}^{\dagger} \Delta)$$

$$= \begin{pmatrix} \hat{c}_{\vec{k}\uparrow} \\ \hat{c}_{-\vec{k}\downarrow}^{\dagger} \end{pmatrix} \begin{bmatrix} \epsilon_{\vec{k}} & \Delta \\ \bar{\Delta} & \epsilon_{\vec{k}} \end{bmatrix} \begin{pmatrix} \hat{c}_{\vec{k}\uparrow}^{\dagger} & \hat{c}_{-\vec{k}\downarrow} \end{pmatrix}$$

$$= \hat{\psi}_{\vec{k}}^{\dagger} \begin{bmatrix} \epsilon_{\vec{k}} & \Delta_1 - \mathrm{i}\Delta_2 \\ \Delta_1 + \mathrm{i}\Delta_2 & \epsilon_{\vec{k}} \end{bmatrix} \hat{\psi}_{\vec{k}}$$

$$= \hat{\psi}_{\vec{k}}^{\dagger} (\epsilon_{\vec{k}} \tau_3 + \Delta_1 \tau_1 + \Delta_2 \tau_2) \hat{\psi}_{\vec{k}} \qquad (7.78)$$

式中，$\Delta = \Delta_1 - \mathrm{i}\Delta_2$ ； $\bar{\Delta} = \Delta_1 + \mathrm{i}\Delta_2$。定义 $\vec{\tau}$ 为

$$\vec{\tau} = (\tau_1, \tau_2, \tau_3) = \left(\begin{bmatrix} 0 & 1 \\ 1 & 0 \end{bmatrix}, \begin{bmatrix} 0 & -\mathrm{i} \\ \mathrm{i} & 0 \end{bmatrix}, \begin{bmatrix} 1 & 0 \\ 0 & 1 \end{bmatrix} \right)$$

BCS 理论平均场哈密顿量的矩阵形式为

$$\hat{H}_{\mathrm{MFT}} = \sum_{\vec{k}} \hat{\psi}_{\vec{k}}^{\dagger} (\vec{h}_{\vec{k}} \cdot \vec{\tau}) \hat{\psi}_{\vec{k}} + \frac{V}{g_0} \bar{\Delta} \Delta \qquad (7.79)$$

式中，$\vec{h}_{\vec{k}} = (\Delta_1, \Delta_2, \epsilon_{\vec{k}})$ 相当于作用于自旋子的塞曼场。上述矩阵还可写成如下形式：

$$\vec{h}_{\vec{k}} \cdot \vec{\tau} = \epsilon_{\vec{k}} \tau_3 + \Delta_1 \tau_1 + \Delta_2 \tau_2 = E_{\vec{k}} \vec{n}_{\vec{k}} \cdot \vec{\tau}$$

式中，能量 $E_{\vec{k}} = \pm \sqrt{\epsilon_{\vec{k}}^2 + |\Delta|^2}$；矢量 $\vec{n}_{\vec{k}}$ 满足如下方程：

$$U_{\vec{k}}^{-1} (\vec{n}_{\vec{k}} \cdot \vec{\tau}) U_{\vec{k}} = \tau_3 \; , \; U_{\vec{k}} = \begin{pmatrix} u_{\vec{k}} & -v_{\vec{k}}^* \\ v_{\vec{k}} & u_{\vec{k}}^* \end{pmatrix}$$

式中, $U_{\vec{k}}$ 为幺正矩阵; $(u_{\vec{k}}, v_{\vec{k}})^{\mathrm{T}}$ 和 $(-v_{\vec{k}}^*, u_{\vec{k}}^*)^{\mathrm{T}}$ 为矢量 $\vec{n}_{\vec{k}}$ 的本征矢 (T 表示矩阵转置). 将算符 $\hat{\psi}_{\vec{k}}^{\dagger}$ 投影到本征矢上, 可以得到 BCS 理论平均场哈密顿量的准粒子算符:

$$a_{\vec{k}\uparrow}^{\dagger} = \hat{\psi}_{\vec{k}}^{\dagger} \cdot \begin{pmatrix} u_{\vec{k}} \\ v_{\vec{k}} \end{pmatrix} = u_{\vec{k}} \hat{c}_{\vec{k}\uparrow}^{\dagger} + v_{\vec{k}} \hat{c}_{-\vec{k}\downarrow} \tag{7.80}$$

$$a_{-\vec{k}\downarrow} = \hat{\psi}_{\vec{k}}^{\dagger} \cdot \begin{pmatrix} -v_{\vec{k}}^* \\ u_{\vec{k}}^* \end{pmatrix} = u_{\vec{k}}^* \hat{c}_{-\vec{k}\downarrow} - v_{\vec{k}}^* \hat{c}_{\vec{k}\uparrow}^{\dagger} \tag{7.81}$$

此变换通常称为 Bogoliubov 变换, 其将不同粒子混合在一起形成新的粒子, 即形成准粒子图像. 本节与 7.5 节的弱相互作用玻色气体研究中的 Bogoliubov 变换思想一致. 准粒子图像下的 BCS 理论平均场哈密顿量可写为

$$\begin{aligned} \hat{H}_{\mathrm{MFT}} &= \sum_{\vec{k}} E_{\vec{k}} \left(\hat{a}_{\vec{k}\uparrow}^{\dagger} \hat{a}_{\vec{k}\uparrow} - \hat{a}_{-\vec{k}\downarrow} \hat{a}_{-\vec{k}\downarrow}^{\dagger} \right) + \frac{V}{g_0} \bar{\Delta}\Delta \\ &= \sum_{\vec{k}\sigma} E_{\vec{k}} \left(\hat{a}_{\vec{k}\sigma}^{\dagger} \hat{a}_{\vec{k}\sigma} - \frac{1}{2} \right) + \frac{V}{g_0} \bar{\Delta}\Delta \end{aligned} \tag{7.82}$$

上述准粒子的激发能谱为

$$E_{\vec{k}} = \sqrt{\epsilon_{\vec{k}}^2 + |\Delta|^2} \tag{7.83}$$

基态能量为

$$E_g = -\sum_{\vec{k}} E_{\vec{k}} + \frac{V}{g_0} \bar{\Delta}\Delta \tag{7.84}$$

参 考 文 献

[1] JORDAN P, WIGNER E. Uber das paulische aquivalenzverbot (on the Pauli exclusion principle)[J]. Zeitschrift fur Physics, 1928, 47: 631-651.

[2] COLEMAN P. Introduction to Many-Body Physics[M]. London: Cambridge University Press, 2015.

[3] PITAEVSKI L P, STRINGARI S. Bose-Einstein Condensation and Superfluidity[M]. London: Oxford University Press, 2003.

[4] LANDAU L D, LIFSHITZ E M. Quantum Mechanics[M]. 3rd ed. London: Oxford University Press, 1979.

[5] BOGOLIUBOV N N. On the theory of superfluidity[J]. Journal of Physics, 1947, 11: 23-32.

[6] BARDEEN J, COOPER L N, SCHRIEFFER J R. Theory of superconductivity[J]. Physical Review, 1957, 108(5): 1175-1024.

第 8 章 电磁场的量子理论与应用

无论是从经典力学的角度，还是量子力学的观点来理解自然界，光都占据着非常特殊的地位。麦克斯韦用非常优美的方程组将辐射场的电与磁统一起来，并表明光就是某一频段的电磁波。激光诞生之后，为了理解激光产生的物理机制，原子能级间的跃迁需要用量子力学方法来处理，而电磁场仍然用经典方法描述。这就是场与物质相互作用的半经典理论。通过这一理论，大部分激光物理与非线性光学过程能得到很好的解释。但是，当问题中涉及电磁场的本质，尤其是光的相干统计性质与量子涨落，这些半经典理论遇到很大的困难表明将电磁波视为经典电磁波远远不够，需要将电磁场量子化。此外，在量子力学中用波函数描写微观粒子的做法让实物粒子具有了波动性，而诸多实验也表明光 (或电磁场) 具有粒子性。因此，必须将电磁场量子化赋予其"粒子性"。

电磁场量子化的概念最早是在爱因斯坦解释光电效应时提出的，并随后被康普顿散射实验所证实。电磁场的量子就是光子，其动量和能量分别与电磁场的波矢量 $\vec{k}$ 和角频率 ω 成正比：$\vec{p} = \hbar\vec{k}$，$E = \hbar\omega$，其中 $\hbar$ 为约化普朗克常数。随着人们对电磁场本质的了解越来越深入，电磁场量子化的需求远不止光电效应与康普顿散射。例如，原子的自发辐射，要想深刻理解自发辐射过程中的物理原理，就不得不面对原子与量子化真空库之间的相互作用。再者，即使是二能级原子与单模场的相互作用，也与经典的拉比振荡不同，会出现粒子数的崩塌与复原。对这一现象的理解就不得不将电磁场考虑成许多光子数态的叠加，并考虑不同光子数态之间的量子相干。此外，从量子力学的角度来看，光学腔内的电磁场是许许多多各种模式光子的集合，具有各种频率 ω 和光子数 n 的量子态就是量子化电磁场在该模式下的各种激发态。

越来越多的实验表明，场是物质存在的基本形式，而所有的粒子实际上都是场的量子。基于上述考虑，本章主要探讨如下内容：① 自由空间电磁场的量子化及量子化引起的相关效应：卡西米尔效应、兰姆移位；② 量子场的相位算符；③ 相干态；④ 压缩态；⑤ 量子化电磁场与原子相互作用；⑥ 自发辐射的 Weisskopf-Wigner 理论；⑦ 光学腔–原子耦合系统；⑧ 分束器的量子描述；⑨ 反事实量子通信。

8.1　自由电磁场的量子化

对电磁场的描述涉及四个物理量：电场强度 $\vec{E}$、磁感应强度 $\vec{B}$、电位移矢量 $\vec{D}$ 和磁场强度 $\vec{H}$。真空中，这四个物理量满足麦克斯韦方程组：

$$\nabla \times \vec{H} = \frac{\partial \vec{D}}{\partial t} \tag{8.1}$$

$$\nabla \times \vec{E} = -\frac{\partial \vec{B}}{\partial t} \tag{8.2}$$

$$\nabla \cdot \vec{B} = 0 \tag{8.3}$$

$$\nabla \cdot \vec{D} = 0 \tag{8.4}$$

式中，$\vec{B}$、$\vec{H}$、$\vec{D}$ 和 $\vec{E}$ 满足本构关系：

$$\vec{B} = \mu_0 \vec{H} \tag{8.5}$$

$$\vec{D} = \varepsilon_0 \vec{E} \tag{8.6}$$

式中，ε_0、μ_0 分别是真空介电常数与真空磁导率。真空中的光速 c 由 $c = (\mu_0 \varepsilon_0)^{-1/2}$ 给出。对式 (8.2) 两边取旋度，并利用库仑规范有[①]

$$\nabla^2 \vec{E} - \frac{1}{c^2} \frac{\partial^2 \vec{E}}{\partial t^2} = 0 \tag{8.7}$$

8.1.1　自由电磁场的平面波解与量子化

1. 单模电磁场的量子化

考虑 z 方向的平面光学腔[1]，该腔由相距 l 的两个平面镜组成，光会在中间来回反射。假设腔内电磁场为线偏振，偏振方向为 x。可以将电磁场按谐振腔本征模式展开：

$$E_x(z,t) = \sum_j q_j(t) c_j \sin(k_j z) \tag{8.8}$$

式中，

$$c_j = \sqrt{\frac{2\omega_j^2}{V \varepsilon_0}}, \quad k_j = \frac{j\pi}{l}, \quad j = 1, 2, 3, \cdots \tag{8.9}$$

---

① 利用关系式 $\nabla \times (\nabla \times \vec{E}) = \nabla(\nabla \cdot \vec{E}) - \nabla^2 \vec{E}$。

式中，$V = sl$ 表示谐振腔体积，通常称为量子化体积，s 表示谐振腔的横向面积；$\omega_j = j\pi c/l$ 表示谐振腔本征频率。将式 (8.8) 的电场强度形式代入麦克斯韦方程 (8.1)，可得磁场强度为

$$H_y(z,t) = \sum_j \left(\frac{\dot{q}_j \varepsilon_0}{k_j} \right) c_j \cos(k_j z) \tag{8.10}$$

电磁场的哈密顿量可表示为

$$H = \frac{1}{2} \int \mathrm{d}^3 \vec{r} \left(\varepsilon_0 |\vec{E}|^2 + \mu_0 |\vec{H}|^2 \right) \tag{8.11}$$

将式 (8.8) 与式 (8.10) 代入式 (8.11)，简单计算即可得电磁场哈密顿量为

$$H = \frac{1}{2} \sum_j \left(\dot{q}_j^2 + \omega_j^2 q_j^2 \right) = \frac{1}{2} \sum_j \left(p_j^2 + \omega_j^2 q_j^2 \right) \tag{8.12}$$

式中，$p_j = \dot{q}_j$ 可视为模式 j 的广义动量。式 (8.12) 表明，自由电磁场的哈密顿量与线性谐振子的哈密顿量相同，并有相应的正则坐标和正则动量对 (q_j, p_j)。借鉴线性谐振子的量子化程序，将 q_j、p_j 视为算符，且满足如下对易关系：

$$[q_j, p_{j'}] = \mathrm{i}\hbar \delta_{jj'} \tag{8.13}$$

$$[q_j, q_{j'}] = [p_j, p_{j'}] = 0 \tag{8.14}$$

引入算符：

$$\hat{a}_j \mathrm{e}^{-\mathrm{i}\omega_j t} = \frac{1}{\sqrt{2\hbar\omega_j}} (\omega_j q_j + \mathrm{i}p_j) \tag{8.15}$$

$$\hat{a}_j^\dagger \mathrm{e}^{-\mathrm{i}\omega_j t} = \frac{1}{\sqrt{2\hbar\omega_j}} (\omega_j q_j - \mathrm{i}p_j) \tag{8.16}$$

则电磁场的哈密顿量为

$$H = \hbar \sum_j \omega_j \left(\hat{a}_j^\dagger \hat{a}_j + \frac{1}{2} \right) \tag{8.17}$$

与线性谐振子类似，$\hat{a}_j$ 与 $\hat{a}_j^\dagger$ 分别称为湮灭算符与产生算符[①]，满足如下对易关系：

$$[\hat{a}_j, \hat{a}_{j'}^\dagger] = \delta_{jj'} \tag{8.18a}$$

---

① 电磁场的产生算符与湮灭算符虽然形式上与线性谐振子一致，但是仍存在着本质的不同。线性谐振子属于非相对论性量子力学的范畴，粒子数守恒，不存在真正意义上粒子的产生与湮灭，所谓的产生与湮灭仅仅是指谐振子振动模式的变化。电磁场的产生算符与湮灭算符对应真正光子的产生和湮灭。

$$[\hat{a}_j, \hat{a}_{j'}] = [\hat{a}_j^\dagger, \hat{a}_{j'}^\dagger] = 0 \tag{8.18b}$$

由式 (8.15) 与式 (8.16)，可将广义坐标 q_j 与广义动量 p_j 用算符 $\hat{a}_j$ 和 $\hat{a}_j^\dagger$ 表示为

$$q_j = \sqrt{\frac{\hbar}{2\omega_j}} \left(\hat{a}_j \mathrm{e}^{-\mathrm{i}\omega_j t} + \hat{a}_j^\dagger \mathrm{e}^{\mathrm{i}\omega_j t} \right) \tag{8.19a}$$

$$p_j = -\mathrm{i}\sqrt{\frac{\hbar\omega_j}{2}} \left(\hat{a}_j \mathrm{e}^{-\mathrm{i}\omega_j t} - \hat{a}_j^\dagger \mathrm{e}^{\mathrm{i}\omega_j t} \right) \tag{8.19b}$$

量子化之后，电磁场的 $E_x(z,t)$ 与 $H_y(z,t)$ 分别为

$$E_x(z,t) = \sum_j \mathcal{E}_j \left(\hat{a}_j \mathrm{e}^{-\mathrm{i}\omega_j t} + \hat{a}_j^\dagger \mathrm{e}^{\mathrm{i}\omega_j t} \right) \sin(k_j z) \tag{8.20}$$

$$H_y(z,t) = -\mathrm{i}\varepsilon_0 c \sum_j \mathcal{E}_j \left(\hat{a}_j \mathrm{e}^{-\mathrm{i}\omega_j t} - \hat{a}_j^\dagger \mathrm{e}^{\mathrm{i}\omega_j t} \right) \cos(k_j z) \tag{8.21}$$

式中，$\mathcal{E}_j = \sqrt{\hbar\omega_j/\varepsilon_0 V}$。

2. 多模电磁场的量子化

将上述一维谐振腔内电磁场量子化方案予以推广，完成自由空间电磁场量子化。考虑边长为 l 的立方体腔，将腔内经典电磁场按单色平面波展开：

$$\vec{E}(\vec{r},t) = \sum_{\vec{k}} \hat{\epsilon}_{\vec{k}} \mathcal{E}_{\vec{k}} \alpha_{\vec{k}} \mathrm{e}^{-\mathrm{i}\omega_{\vec{k}} t + \mathrm{i}\vec{k}\cdot\vec{r}} + \mathrm{c.c.} \tag{8.22}$$

$$\vec{H}(\vec{r},t) = \frac{1}{\mu_0} \sum_{\vec{k}} \frac{\vec{k} \times \hat{\epsilon}_{\vec{k}}}{\omega_{\vec{k}}} \mathcal{E}_{\vec{k}} \alpha_{\vec{k}} \mathrm{e}^{-\mathrm{i}\omega_{\vec{k}} t + \mathrm{i}\vec{k}\cdot\vec{r}} + \mathrm{c.c.} \tag{8.23}$$

式中，$\sum_{\vec{k}}$ 表示对无穷多模式 $\vec{k} = (k_x, k_y, k_z)$ 求和；$\hat{\epsilon}_{\vec{k}}$ 表示单位偏振矢量；$\alpha_{\vec{k}}$ 表示无量纲量；$\mathcal{E}_{\vec{k}} = \sqrt{\hbar\omega_j/2\varepsilon_0 V}$；c.c. 表示复数共轭。由周期性边界条件，有

$$\vec{k} = \frac{2\pi}{l}(n_x, n_y, n_z), \quad n_{x,y,z} = 0, \ \pm 1, \ \pm 2, \ \cdots \tag{8.24}$$

由麦克斯韦方程 (8.4) 可知 $\vec{k}\cdot\hat{e}_{\vec{k}} = 0$。因此，对于每一个模式 $\vec{k}$，电磁波与 $\vec{k}$ 垂直的独立分量有两个。这样，将求和 $\sum_{\vec{k}}$ 转化为积分有

$$\sum_{\vec{k}} \to 2\frac{l}{2\pi} \iiint \mathrm{d}^3\vec{k} \tag{8.25}$$

将积分转入到球坐标：

$$\iiint \mathrm{d}^3\vec{k} = \int_0^{2\pi} \mathrm{d}\varphi \int_0^{\pi} \sin\theta\mathrm{d}\theta \int_0^{\infty} k^2\mathrm{d}k = \frac{4\pi}{c^3} \int_0^{\infty} \omega^2\mathrm{d}\omega \tag{8.26}$$

因此，在体积为 l^3 的空间内，频率在 ω 到 $\omega + \mathrm{d}\omega$ 之间的模式数为

$$\mathrm{d}\mathcal{N} = 2\frac{l}{2\pi}\frac{4\pi}{3}\int_{\omega}^{\omega+\mathrm{d}\omega} \omega^2\mathrm{d}\omega$$

$$\approx \frac{l^3\omega^2}{\pi^2 c^3}\mathrm{d}\omega = D(\omega)\mathrm{d}\omega \tag{8.27}$$

式 (8.27) 略去了 $\mathrm{d}\omega$ 的高次项，$D(\omega)$ 称为模密度。

用 $\hat{a}_{\vec{k}}$ 与 $\hat{a}_{\vec{k}}^{\dagger}$ 分别替代式 (8.22) 与式 (8.23) 中的 $\alpha_{\vec{k}}$ 与 $\alpha_{\vec{k}}^*$，则量子化后自由空间的电磁场为

$$\hat{\vec{E}}(\vec{r},t) = \sum_{\vec{k}} \hat{\epsilon}_{\vec{k}}\mathcal{E}_{\vec{k}}\hat{a}_{\vec{k}}\mathrm{e}^{-\mathrm{i}\omega_{\vec{k}}t+\mathrm{i}\vec{k}\cdot\vec{r}} + \mathrm{H.c.} \tag{8.28}$$

$$\hat{\vec{H}}(\vec{r},t) = \frac{1}{\mu_0}\sum_{\vec{k}} \frac{\vec{k}\times\hat{\epsilon}_{\vec{k}}}{\omega_{\vec{k}}}\mathcal{E}_{\vec{k}}\hat{a}_{\vec{k}}\mathrm{e}^{-\mathrm{i}\omega_{\vec{k}}t+\mathrm{i}\vec{k}\cdot\vec{r}} + \mathrm{H.c.} \tag{8.29}$$

式中，H.c. 表示厄米共轭。湮灭算符 $\hat{a}_{\vec{k}}$ 与产生算符 $\hat{a}_{\vec{k}}^{\dagger}$ 满足对易关系：

$$\left[\hat{a}_{\vec{k}}, \hat{a}_{\vec{k}'}^{\dagger}\right] = \delta_{\vec{k}\vec{k}'} \tag{8.30}$$

$$\left[\hat{a}_{\vec{k}}, \hat{a}_{\vec{k}'}\right] = \left[\hat{a}_{\vec{k}}^{\dagger}, \hat{a}_{\vec{k}'}^{\dagger}\right] = 0 \tag{8.31}$$

量子化过程表明，电场和磁场算符均能写成正频与负频两部分之和的形式，其正频与负频部分分别与湮灭算符 $\hat{a}_{\vec{k}}$ 和产生算符 $\hat{a}_{\vec{k}}^{\dagger}$ 对应。具体形式如下：

$$\hat{\vec{E}}(\vec{r},t) = \hat{\vec{E}}^{(+)}(\vec{r},t) + \hat{\vec{E}}^{(-)}(\vec{r},t) \tag{8.32}$$

式中，

$$\hat{\vec{E}}^{(+)}(\vec{r},t) = \sum_{\vec{k}} \hat{\epsilon}_{\vec{k}}\mathcal{E}_{\vec{k}}\hat{a}_{\vec{k}}\mathrm{e}^{-\mathrm{i}\omega_{\vec{k}}t+\mathrm{i}\vec{k}\cdot\vec{r}} \tag{8.33}$$

$$\hat{\vec{E}}^{(-)}(\vec{r},t) = \sum_{\vec{k}} \hat{\epsilon}_{\vec{k}}\mathcal{E}_{\vec{k}}\hat{a}_{\vec{k}}^{\dagger}\mathrm{e}^{\mathrm{i}\omega_{\vec{k}}t-\mathrm{i}\vec{k}\cdot\vec{r}} \tag{8.34}$$

8.1.2 Fock 态

引入湮灭算符与产生算符后，单模自由电磁场的哈密顿量可写为

$$\hat{H} = \hbar\omega \left(\hat{a}^\dagger \hat{a} + \frac{1}{2} \right) \tag{8.35}$$

本征值方程写为

$$\hat{H}|n\rangle = \hbar\omega \left(\hat{a}^\dagger \hat{a} + \frac{1}{2} \right) |n\rangle = E_n|n\rangle \tag{8.36}$$

Fock 态就是量子化后哈密顿量 $\hat{H}$ 的本征态[①]。

由于湮灭算符与产生算符的引入，并考虑到量子化后自由电磁场的哈密顿量与线性谐振子的哈密顿量有完全相同的形式，因此与线性谐振子的哈密顿量类比，有如下结论。

(1) 湮灭算符 $\hat{a}$ 与产生算符 $\hat{a}^\dagger$ 满足如下对易关系：

$$\left[\hat{a}, \hat{a}^\dagger \right] = 1 \tag{8.37}$$

(2) 湮灭算符 $\hat{a}$ 与产生算符 $\hat{a}^\dagger$ 的作用规则如下：

$$\hat{a}|n\rangle = \sqrt{n}|n-1\rangle \tag{8.38}$$

$$\hat{a}^\dagger|n\rangle = \sqrt{n+1}|n+1\rangle \tag{8.39}$$

由上述运算规则，态 $|n\rangle$ 可表述为

$$|n\rangle = \frac{(a^\dagger)^n}{\sqrt{n!}} |0\rangle \tag{8.40}$$

(3) 电磁场的能量为

$$E_n = \hbar\omega \left(n + \frac{1}{2} \right), \quad n = 0, 1, 2, \cdots \tag{8.41}$$

$E_0 = \hbar\omega/2$ 称为零点能。

(4) Fock 态组成一个正交归一完备系，有

$$\sum_{n=0}^{\infty} |n\rangle\langle n| = 1, \quad \langle m|n\rangle = \delta_{mn} \tag{8.42}$$

---

① 如果引入光子数算符 $\hat{N} = \hat{a}^\dagger \hat{a}$，有 $\hat{N}|n\rangle = n|n\rangle$，因此，Fock 态就是光子数算符 $\hat{N}$ 的本征态，又称光子数态。

可将任一波函数 $|\psi\rangle$ 按 Fock 态展开:

$$|\psi\rangle = \sum_n c_n |n\rangle \tag{8.43}$$

(5) 对于单模线偏振电磁场而言，电矢量算符 $\hat{E}(\vec{r}, t)$ 总可以写为

$$\hat{E}(\vec{r}, t) = \mathcal{E}\hat{a}e^{-i\omega t + i\vec{k}\cdot\vec{r}} + \text{H.c.} \tag{8.44}$$

不难验算有

$$\langle n|\hat{E}|n\rangle = 0 \tag{8.45}$$

$$\langle n|\hat{E}^2|n\rangle = 2\,|\mathcal{E}|^2 \left(n + \frac{1}{2}\right) \tag{8.46}$$

结果表明，在 Fock 态下，电矢量算符 $\hat{E}(\vec{r}, t)$ 存在非零的量子涨落。有正、有负的涨落使得 $\langle n|\hat{E}|n\rangle = 0$，而 $\langle n|\hat{E}^2|n\rangle \neq 0$。即使是真空态 $|0\rangle$，也有

$$\langle 0|\hat{E}^2|0\rangle = |\mathcal{E}|^2 = \frac{\hbar\omega}{2\varepsilon_0 V} \tag{8.47}$$

这种涨落是电磁场本身的量子特性所决定的，它将导致一系列经典理论所无法解释的现象，如氢原子的兰姆移位等。

(6) 对于多模 Fock 态光场，其哈密顿量为

$$\hat{H} = \sum_{\vec{k}} \hat{H}_{\vec{k}} = \sum_{\vec{k}} \hbar\omega_{\vec{k}} \left(\hat{a}_{\vec{k}}^\dagger \hat{a}_{\vec{k}} + \frac{1}{2}\right) \tag{8.48}$$

式中，$\hat{H}_{\vec{k}}$ 的本征值方程为

$$\hat{H}_{\vec{k}}|n_{\vec{k}}\rangle = \hbar\omega_{\vec{k}} \left(n_{\vec{k}} + \frac{1}{2}\right) |n_{\vec{k}}\rangle \tag{8.49}$$

因此，$\hat{H}$ 的本征态可表述为

$$|n_{\vec{k}_1}\rangle|n_{\vec{k}_2}\rangle\cdots|n_{\vec{k}_l}\rangle\cdots = |n_{\vec{k}_1}, n_{\vec{k}_2}, \cdots, n_{\vec{k}_l}, \cdots\rangle = |\{n_{\vec{k}}\}\rangle \tag{8.50}$$

并且有

$$a_{\vec{k}_l}|n_{\vec{k}_1}, n_{\vec{k}_2}, \cdots, n_{\vec{k}_l}, \cdots\rangle = \sqrt{n_{\vec{k}_l}}|n_{\vec{k}_1}, n_{\vec{k}_2}, \cdots, n_{\vec{k}_l} - 1, \cdots\rangle \tag{8.51}$$

$$a_{\vec{k}_l}^\dagger|n_{\vec{k}_1}, n_{\vec{k}_2}, \cdots, n_{\vec{k}_l}, \cdots\rangle = \sqrt{n_{\vec{k}_l} + 1}|n_{\vec{k}_1}, n_{\vec{k}_2}, \cdots, n_{\vec{k}_l} + 1, \cdots\rangle \tag{8.52}$$

此时由各个模的本征矢所组成的新的态矢满足正交、完备的关系:

$$\sum_{\vec{k}_1,\vec{k}_2,\cdots,\vec{k}_l,\cdots} |n_{\vec{k}_1},n_{\vec{k}_2},\cdots,n_{\vec{k}_l},\cdots\rangle\langle\cdots n_{\vec{k}_l},\cdots,n_{\vec{k}_2},n_{\vec{k}_1}| = 1 \qquad (8.53)$$

且在组成的新的希尔伯特空间中,任一波函数 $|\Psi\rangle$ 均可由它展开为

$$|\Psi\rangle = \sum_{n_{\vec{k}_1},n_{\vec{k}_2},\cdots,n_{\vec{k}_l},\cdots} c_{n_{\vec{k}_1},n_{\vec{k}_2},\cdots,n_{\vec{k}_l},\cdots} |n_{\vec{k}_1},n_{\vec{k}_2},\cdots,n_{\vec{k}_l},\cdots\rangle$$

$$= \sum_{\{n_{\vec{k}}\}} c_{\{n_{\vec{k}}\}}|\{n_{\vec{k}}\}\rangle$$

8.1.3　普朗克黑体辐射公式

量子力学中导出黑体辐射公式时常用的思路是将空腔内的电磁场看成各种不同模式的电磁波,电磁波与视为谐振子的腔壁之间达到辐射平衡,并且墙内模式与谐振子模式一一对应。计算出谐振子数目与每个谐振子的平均能量,最后得到普朗克黑体辐射公式。详细推导过程,参见文献 [2]。这是一种波动的观点。在处理光电效应时,爱因斯坦提出电磁场本身有能量最小单元 $h\nu$,称其为光的能量子或光子,并且该观点被随后不久发现的康普顿散射效应所证实。

电磁场可以用矢量波函数来描述。由矢量波函数空间旋转特性可知,光子具有 $\pm\hbar$ 的内禀角动量,即自旋为 ± 1 (对应于左旋与右旋圆偏振的平面电磁波),因此光子为玻色子。黑体内辐射场可视为没有相互作用的光子气,遵从 $\mu = 0$ 的玻色–爱因斯坦统计[①]:

$$p_\lambda = \frac{g_\lambda}{e^{h\nu/k_B T} - 1} \qquad (8.54)$$

因此 $\nu \to \nu + d\nu$ 间隔内光子气的能量为

$$\sum_{d\nu} p_\lambda E_\lambda = \sum_{d\nu} \frac{g_\lambda h\nu}{e^{h\nu/k_B T} - 1}$$

$$= \left(\sum_{d\nu} g_\lambda\right) \frac{h\nu}{e^{h\nu/k_B T} - 1} \qquad (8.55)$$

式中, $\sum\limits_{d\nu} g_\lambda$ 表示频率间隔 $\nu \to \nu + d\nu$ 内的光子状态数。考虑单位体积,并且光子频率近似连续变化,将式 (8.55) 中求和改为积分,则有

$$\sum_{d\nu} g_\lambda = 2 \times \frac{4\pi}{h^3} p^2 dp = \frac{8\pi}{c^3} \nu^2 d\nu \qquad (8.56)$$

---

① 在导出光子气满足的统计规律时,光子数目可变,因此 N 为常数的约束条件不能继续使用,这相当于该约束的拉格朗日不定乘子 $\alpha = -\mu/k_B T = 0$,也就是化学势 μ 等于零。

与多模电磁场量子化中的处理一样，式中的 "2" 是考虑光子有两个偏振态。因此可得辐射场能量密度为

$$\rho(\nu)\mathrm{d}\nu = \frac{8\pi}{c^3}\frac{h\nu^3}{\mathrm{e}^{h\nu/k_\mathrm{B}T}-1}\mathrm{d}\nu \tag{8.57}$$

式 (8.57) 正是普朗克黑体辐射公式，与纯波动观点得到的结果完全相同。这也从另一方面反映了电磁场的波粒二象性。

8.1.4 卡西米尔效应

电磁场可以视为各种模式光子气的集合，并且由电磁场量子化可知自由电磁场的哈密顿量与一维线性谐振子的哈密顿量有相同的形式，可写为

$$E = \sum_{\vec{k}} \hbar\omega_{\vec{k}}\left(n_{\vec{k}}+\frac{1}{2}\right) \tag{8.58}$$

式中，$n_{\vec{k}}$ 表示模式为 $\vec{k}$ 的光子数。上述量子电磁场的基态，即 $n_{\vec{k}}$ 没有量子的态，称为真空态 $|\mathrm{vac}\rangle$，也常用态 $|0\rangle$ 表示。真空态时虽然没有量子，但是能量却不等于零，能量为各种模式电磁场零点能的集合：

$$E = \sum_{\vec{k}} \frac{1}{2}\hbar\omega_{\vec{k}} \tag{8.59}$$

一般来讲，空间电磁场的模式是无穷的，因此量子电磁场真空态的能量无穷大。但是考虑到零点能是量子涨落的结果，不参与电磁场状态变化，因此一般情况下不会带来可观测的物理效果，可以将其视为量子噪声本底不予考虑。虽然如此，但某些条件下真空电磁场可以带来可观测的物理效果。例如，在高品质光学腔–原子系统中，光学腔的真空模式可以耦合原子不同能级，实现透明，即真空诱导透明[3]。这里主要介绍荷兰物理学家卡西米尔提出的通过限制或者改变电磁场模式数目来观察真空零点能的方案。

考虑两块平行的导体板，其边长远大于两块导体板之间的距离 a。平行导体板方向的电磁场模式可视为连续的，且为无穷多。但是两块导体板之间的空间可视为一个法布里–珀罗腔 (F-P 腔)，腔内电磁场的模式受周期性边界条件的限制，只有 $k_z = n\pi/a$ 的模式才能稳定存在。相邻模式间隔为 $\Delta k_z = \pi/a$，导体板间距 a 越小，相邻模式间隔越大，腔内模式数目越少。这样腔内真空场的模式比腔外要少很多，即腔内的能量密度远小于腔外的能量密度，也就是说导体板外电磁场的辐射压力会比金属板内的辐射压力大得多。这样两块导体板会表现出相互吸引的作用力，即卡西米尔力。这里的辐射压力可理解为虚光子与导体板的碰撞，由

于腔内的虚光子比腔外少很多，因此两块导体板表现出吸引力。通过考察有无平行导体板能量的变化，可以计算卡西米尔力与导体板间距 a 的关系为[4]

$$F(a) = -\frac{\hbar c \pi^2}{240 a^4} \tag{8.60}$$

一般情况下卡西米尔力十分微弱，因此也极难探测。但是当 $a = 10\text{nm}$ 时，卡西米尔效应能产生大约 1 个大气压的压力。1956 年前后，物理学家 Lifshitz 从耗散涨落理论出发，将卡西米尔力和范德瓦耳斯力统一起来，二者的物理根源都是真空量子涨落，是真空量子涨落在不同尺度范围的表现。

卡西米尔效应的重要意义在于如何理解真空。真空并非一无所有，真空中有虚粒子，存在短时间内发生的虚激发过程引起的能量涨落。虽然可以从真空中取走能量，如美国 Los Alamos 实验室于 1998 年通过对卡西米尔力的测量得出 10~15J 的零点能，但是取走的能量很快又会在正能量区得以补偿。真空涨落正是靠这种持续不断的借还能量过程驱动的。正如李政道先生所说，真空并不是什么都没有，真空是一种实实在在的东西，是具有洛伦兹不变性的一种介质，它的物理性质可以通过基本粒子的相互作用表现出来。

8.1.5　兰姆移位

与经典电磁场相比，量子化电磁场表现出多方面的差异，如能量、动量、角动量等表现为分立值；某些物理量不能同时精确测量等。另外与经典电磁场不同的就是量子电磁场存在真空涨落。因此，氢原子中的电子不仅受到质子核的库仑势作用，还受周围量子真空电磁场的相互作用。真空电磁场的"真空涨落"让电子不可避免地时刻处于随机晃动的状态，这种随机晃动可等效为电子的库仑势在平均值附近的涨落与弥散。

真空态就是量子化电磁场能量最低的状态，一般记为态 $|\text{vac}\rangle$。处于真空态时，因为

$$\hat{a}_{\vec{k}}|\text{vac}\rangle = 0 = \langle\text{vac}|\hat{a}_{\vec{k}}^{\dagger} \tag{8.61}$$

式中，算符 $\hat{a}_{\vec{k}}$ 和 $\hat{a}_{\vec{k}}^{\dagger}$ 的期望值均为零。不难验证有如下关系：

$$\langle\text{vac}|\hat{a}_{\vec{k}'}^{\dagger}\hat{a}_{\vec{k}}|\text{vac}\rangle = 0$$
$$\langle\text{vac}|\hat{a}_{\vec{k}'}^{\dagger}\hat{a}_{\vec{k}}^{\dagger}|\text{vac}\rangle = 0$$
$$\langle\text{vac}|\hat{a}_{\vec{k}'}\hat{a}_{\vec{k}}|\text{vac}\rangle = 0$$
$$\langle\text{vac}|\hat{a}_{\vec{k}'}\hat{a}_{\vec{k}}^{\dagger}|\text{vac}\rangle = \delta_{\vec{k}\vec{k}'}$$

由于真空涨落的影响，氢原子核外电子的轨道会受到扰动，因而电子的运动半径由 $\vec{r}$ 变为 $\vec{r}+\delta\vec{r}$。运动半径的修正势必导致库仑势的变化，这正是兰姆移位[5]

的原因[①]。由量子涨落引起的库仑势的变化为

$$\delta V = V(\vec{r} + \delta\vec{r}) - V(\vec{r})$$
$$= \delta\vec{r} \cdot \nabla V + \frac{1}{2}(\delta\vec{r} \cdot \nabla)^2 V(\vec{r}) + \cdots \tag{8.62}$$

如果涨落是完全随机的，具有各向同性，则有 $\langle \delta\vec{r} \rangle_{\mathrm{vac}} = 0$，因此库仑势的变化主要由式 (8.62) 等号右边第二项决定。利用关系式：

$$\langle (\delta\vec{r} \cdot \nabla)^2 \rangle_{\mathrm{vac}} = \frac{1}{3}\langle (\delta\vec{r})^2 \rangle_{\mathrm{vac}} \nabla^2 \tag{8.63}$$

再将库仑势具体形式代入，可得

$$\langle \Delta V \rangle \simeq \frac{1}{6}\langle (\delta\vec{r})^2 \rangle_{\mathrm{vac}} \left\langle \nabla^2 \left(-\frac{e^2}{4\pi\varepsilon_0 r} \right) \right\rangle_{\mathrm{atom}} \tag{8.64}$$

式中，$\langle \cdots \rangle_{\mathrm{atom}}$ 表示对原子状态波函数求平均。对于 2s 态，有[②]

$$\left\langle \nabla^2 \left(-\frac{e^2}{4\pi\varepsilon_0 r} \right) \right\rangle_{\mathrm{atom}} = -\frac{e^2}{4\pi\varepsilon_0} \int \mathrm{d}^3\vec{r}\, \psi_{2s}^*(\vec{r}) \left(\nabla^2 \frac{1}{r} \right) \psi_{2s}(\vec{r})$$
$$= \frac{e^2}{\varepsilon_0}|\psi_{2s}(0)|^2 = \frac{e^2}{8\pi\varepsilon_0 a_0^3} \tag{8.65}$$

对于 2p 态，原点处非相对论性波函数为零，即 $\psi_{2\mathrm{p}}(0) = 0$，因此真空涨落对其没有影响。

下面计算真空涨落导致的 $\langle (\delta\vec{r})^2 \rangle_{\mathrm{vac}}$。如果场的频率 ω 比玻尔轨道的圆频率大 (也就是玻尔轨道周长比光波长大)，即 $\omega > \pi c/a_0$，由牛顿定律有

$$m\frac{\mathrm{d}^2}{\mathrm{d}t^2}(\delta r)_{\vec{k}} = -eE_{\vec{k}} \tag{8.66}$$

如果场的振荡频率为 ω，可以将 $\delta r(t)$ 写为

$$\delta r(t) \cong \delta r(0)\mathrm{e}^{-\mathrm{i}\omega t} + \mathrm{H.c.} \tag{8.67}$$

将式 (8.67) 代入牛顿方程有

$$(\delta r)_{\vec{k}} \cong \frac{e}{mc^2 k^2}\hat{E}_{\vec{k}} \tag{8.68}$$

---

① 按照狄拉克的理论，氢原子 $2\mathrm{s}_{1/2}$ 能级和 $2\mathrm{p}_{1/2}$ 能级应该具有相同的能量，但是精密的实验表明，$2\mathrm{s}_{1/2}$ 能级比 $2\mathrm{p}_{1/2}$ 能级的能量高出约 1.057GHz (约 6.6×10^{-25} J)。

② 计算中用到关系式：

$$\nabla^2 \left(\frac{1}{r} \right) = -4\pi\delta(\vec{r}), \quad \psi_{2s}(0) = \sqrt{\frac{1}{8\pi a_0^3}} \tag{8.69}$$

式中,

$$\hat{E}_{\vec{k}} = \mathcal{E}_{\vec{k}} \left(\hat{a}_{\vec{k}} \mathrm{e}^{-\mathrm{i}\omega t + \mathrm{i}\vec{k}\cdot\vec{r}} + \mathrm{H.c.} \right) \tag{8.70}$$

考虑到 $\mathcal{E}_{\vec{k}} = (\hbar ck/2\varepsilon_0 V)^{1/2}$,并对所有真空模式求和:

$$\langle(\delta\vec{r})^2\rangle_{\mathrm{vac}} = \sum_{\vec{k}} \left(\frac{e}{mc^2 k^2}\right)^2 \langle 0|E_k^2|0\rangle$$

$$= \sum_{\vec{k}} \left(\frac{e}{mc^2 k^2}\right)^2 \left(\frac{\hbar ck}{2\epsilon_0 V}\right)$$

将求和改写为积分形式,并考虑横波条件,可得

$$\langle(\delta\vec{k})^2\rangle_{\mathrm{vac}} = 2 \cdot \frac{V}{(2\pi)^3} \cdot 4\pi \int_0^\infty \mathrm{d}k \cdot k^2 \left(\frac{e}{mc^2 k^2}\right)^2 \left(\frac{\hbar ck}{2\varepsilon_0 V}\right)$$

$$= \frac{1}{2\varepsilon_0 \pi^2} \cdot \left(\frac{e^2}{\hbar c}\right) \left(\frac{\hbar}{mc}\right)^2 \int_0^\infty \frac{\mathrm{d}k}{k} \tag{8.71}$$

上述积分发散。考虑到式 (8.71) 成立的条件是 $\omega > \pi c/a_0$(等价形式为 $k > \pi/a_0$),同时假设电子为非相对论性,即 $k < mc/\hbar(v/c = p/mc = \hbar k/mc \leqslant 1$,也就是光的波长大于电子的康普顿波长),这样积分上下限分别取为 $mc/\hbar$ 和 π/a_0,有

$$\langle(\delta\vec{r})^2\rangle_{\mathrm{vac}} \cong \frac{1}{2\varepsilon_0 \pi^2} \frac{e^2}{\hbar c} \left(\frac{\hbar}{mc}\right)^2 \ln \frac{4\varepsilon_0 \hbar c}{e^2} \tag{8.72}$$

$\alpha = e^2/\hbar$ 表示精细结构常数,$\lambda_c = \hbar/mc = 3.86 \times 10^{-13}\mathrm{m}$ 为康普顿波长。这样便得到兰姆移位:

$$\langle\Delta V\rangle \approx \frac{4}{3} \frac{e^2}{4\pi\varepsilon_0} \frac{e^2}{4\pi\varepsilon_0 \hbar c} \left(\frac{\hbar}{mc}\right)^2 \frac{1}{8\pi a_0^3} \ln \frac{4\varepsilon_0 \hbar c}{e^2} \tag{8.73}$$

将氢原子相关数据代入式 (8.73) 即可得到 $\langle\Delta V\rangle \sim 1\mathrm{GHz}$。现代光学技术的发展使得兰姆移位现象已经比较容易观察到,Hänsch 小组通过双光子 1s→2s 跃迁,首次观察到了 1s 态的兰姆移位现象[6]。

8.2 量子场的相位算符

引入光子的产生算符与湮灭算符,可以完成电磁场的量子化,并得到与线性谐振子形式一样的哈密顿量,一个模式的电磁波与一个模式的谐振子对应。光子的动量与角动量可以通过将相应算符形式进行对称化而得到,很自然会问电磁场

的相位是可观测力学量，是否也有相应的厄米算符与之对应呢？本节讨论量子场的相位算符。

考虑单模电磁场，经典形式下可写为

$$\vec{E}(\vec{r}, t) = \hat{\epsilon}\frac{1}{2}E_0 \left(e^{i(\vec{k}\cdot\vec{r} - \omega t + \phi)} + e^{-i(\vec{k}\cdot\vec{r} - \omega t + \phi)} \right) \tag{8.74}$$

式中，E_0 为电场振幅；ϕ 为相位。量子化之后的形式为

$$\hat{\vec{E}}(\vec{r}, t) = \hat{\epsilon}\sqrt{\frac{\hbar\omega}{\varepsilon_0 V}} \left(\hat{a}e^{i(\vec{k}\cdot\vec{r} - \omega t)} + \hat{a}^{\dagger}e^{-i(\vec{k}\cdot\vec{r} - \omega t)} \right) \tag{8.75}$$

对比上述两种形式，很自然可用如下方式对算符 $\hat{a}$ 进行分解[7]：

$$\hat{a} = \hat{g}e^{i\hat{\phi}} \tag{8.76}$$

式中，$\hat{g}$ 和 $\hat{\phi}$ 是两个可观测力学量，因此是厄米算符。对式 (8.76) 取厄米共轭可得

$$\hat{a}^{\dagger} = e^{-i\hat{\phi}}\hat{g} \tag{8.77}$$

利用对易关系 $[\hat{a}, \hat{a}^{\dagger}] = 1$，可得

$$\hat{a}\hat{a}^{\dagger} = \hat{g}^2 = \hat{a}^{\dagger}\hat{a} + 1 = \hat{n} + 1 \tag{8.78}$$

或者是

$$\hat{g} = (\hat{n} + 1)^{1/2} \tag{8.79}$$

同时

$$\hat{n} = \hat{a}^{\dagger}\hat{a} = e^{-i\hat{\phi}}\hat{g}^2 e^{i\hat{\phi}} = e^{-i\hat{\phi}}\left(\hat{n} + 1\right)e^{i\hat{\phi}} \tag{8.80}$$

整理可得如下对易关系：

$$[\hat{n}, e^{i\hat{\phi}}] = -e^{i\hat{\phi}} \tag{8.81}$$

同时，利用 Baker-Hausdorff 公式，式 (8.80) 可直接展开为

$$\hat{n} - 1 = e^{-i\hat{\phi}}\hat{n}e^{i\hat{\phi}} = \hat{n} - i[\hat{\phi}, \hat{n}] + \frac{(-i)^2}{2!}[\hat{\phi}, [\hat{\phi}, \hat{n}]] + \cdots \tag{8.82}$$

要使式 (8.82) 等式成立，则要求：

$$[\hat{n}, \hat{\phi}] = i \tag{8.83}$$

式 (8.83) 的光子数算符 $\hat{n}$ 和相位算符 $\hat{\phi}$ 似乎是互补的可观测量, 两者的涨落满足不确定性关系:

$$\Delta n \cdot \Delta \phi = \sqrt{\langle(\Delta\hat{n})^2\rangle\langle(\Delta\hat{\phi})^2\rangle} \geqslant \frac{1}{2} \tag{8.84}$$

如果光子数的涨落非常小, 由于上述不确定性关系, 相位的涨落必然很大, 但事实是相位通常是以 2π 为周期, 其涨落不可以任意大。因此上述不确定性关系很显然是不合理的。一般情况下, 光子数算符 $\hat{n}$ 的本征谱是离散的, 而相位则是连续有界的, 因此 $\hat{n}$ 和 $\hat{\phi}$ 的对易关系也是不符合事实的。从对易关系出发, 还可以计算相位算符 $\hat{\phi}$ 的矩阵元:

$$\langle m|[\hat{n}, \hat{\phi}]|n\rangle = (m-n)\langle m|\hat{\phi}|n\rangle = \mathrm{i}\delta_{mn} \tag{8.85}$$

很显然, 式 (8.85) 是不成立的。

　　虽然上述推导每一步都是自洽的, 但是最后得到的结论却是矛盾的。矛盾的根源在于算符 $\mathrm{e}^{\mathrm{i}\hat{\phi}}$ 或者 $\mathrm{e}^{-\mathrm{i}\hat{\phi}}$ 并不是幺正的, 意味着这样定义的相位算符 $\hat{\phi}$ 并不是厄米的。

　　由算符 $\hat{a}$ 的分解形式, 有

$$\mathrm{e}^{\mathrm{i}\hat{\phi}} = (\hat{n}+1)^{-1/2}\hat{a} \tag{8.86}$$

等式两边取厄米共轭可得

$$(\mathrm{e}^{\mathrm{i}\hat{\phi}})^\dagger = \hat{a}^\dagger(\hat{n}+1)^{-1/2} \tag{8.87}$$

不难计算:

$$\begin{aligned}(\mathrm{e}^{\mathrm{i}\hat{\phi}})(\mathrm{e}^{\mathrm{i}\hat{\phi}})^\dagger &= (\hat{n}+1)^{-1/2}\hat{a}\hat{a}^\dagger(\hat{n}+1)^{-1/2}\\ &= (\hat{n}+1)^{-1/2}(\hat{a}^\dagger\hat{a}+1)(\hat{n}+1)^{-1/2} = 1\end{aligned} \tag{8.88}$$

但是

$$(\mathrm{e}^{\mathrm{i}\hat{\phi}})^\dagger(\mathrm{e}^{\mathrm{i}\hat{\phi}}) = \hat{a}^\dagger(\hat{n}+1)^{-1/2}(\hat{n}+1)^{-1/2}\hat{a} = 1 - \frac{1}{\hat{n}+1} = 1 - |0\rangle\langle0| \tag{8.89}$$

很显然算符 $\mathrm{e}^{\mathrm{i}\hat{\phi}}$ 并不是幺正算符, 算符 $\hat{\phi}$ 也自然不是厄米算符。原因在于光子数态有下限, 光子数为负显然是没有物理意义的。

　　为了避免算符 $\hat{\phi}$ 带来的困难, Susskind 与 Glogower 类比正弦函数与余弦函数的形式引入了算符 $\hat{C}$ 与 $\hat{S}$ [8]:

$$\hat{C} \equiv \frac{1}{2}\left[\mathrm{e}^{\mathrm{i}\hat{\phi}} + (\mathrm{e}^{\mathrm{i}\hat{\phi}})^\dagger\right] \tag{8.90}$$

$$\hat{S} \equiv \frac{1}{2\mathrm{i}} \left[\mathrm{e}^{\mathrm{i}\hat{\phi}} - (\mathrm{e}^{\mathrm{i}\hat{\phi}})^{\dagger} \right] \tag{8.91}$$

很显然这样定义的算符 $\hat{C}$ 与 $\hat{S}$ 都是厄米算符。由上述定义，有

$$\hat{a} = (\hat{n}+1)^{1/2}(\hat{C}+\mathrm{i}\hat{S}) \tag{8.92}$$

$$\hat{a}^{\dagger} = (\hat{C}-\mathrm{i}\hat{S})(\hat{n}+1)^{1/2} \tag{8.93}$$

将上述形式代入对易关系 $[\hat{a},\hat{n}] = \hat{a}$ 和 $[\hat{a}^{\dagger},\hat{n}] = -\hat{a}^{\dagger}$，不难计算有

$$[\hat{C}+\mathrm{i}\hat{S},\hat{n}] = \hat{C}+\mathrm{i}\hat{S} \tag{8.94}$$

$$[\hat{C}-\mathrm{i}\hat{S},\hat{n}] = -(\hat{C}+\mathrm{i}\hat{S}) \tag{8.95}$$

因此有

$$[\hat{C},\hat{n}] = \mathrm{i}\hat{S} \tag{8.96}$$

$$[\hat{S},\hat{n}] = -\mathrm{i}\hat{C} \tag{8.97}$$

按照上述对易关系得到的不确定性关系分别是

$$\langle (\Delta\hat{n})^2 \rangle^{1/2} \langle (\Delta\hat{C})^2 \rangle^{1/2} \geqslant \frac{1}{2}|\langle \hat{S} \rangle| \tag{8.98}$$

和

$$\langle (\Delta\hat{n})^2 \rangle^{1/2} \langle (\Delta\hat{S})^2 \rangle^{1/2} \geqslant \frac{1}{2}|\langle \hat{C} \rangle| \tag{8.99}$$

在 Fock 态 $|n\rangle$ 下，$\langle \Delta\hat{n}^2 \rangle = 0$。不难计算：

$$\langle n|\hat{C}|n \rangle = \langle n|\hat{S}|n \rangle = 0 \tag{8.100}$$

$$\langle n|\hat{C}^2|n \rangle = \langle n|\hat{S}^2|n \rangle = \begin{cases} 0.5, & n > 0 \\ 0.25, & n = 0 \end{cases} \tag{8.101}$$

可得算符 $\hat{C}$ 与 $\hat{S}$ 的涨落为

$$\langle (\Delta\hat{C})^2 \rangle^{1/2} = \langle (\Delta\hat{S})^2 \rangle^{1/2} = \frac{1}{\sqrt{2}}, \quad n > 0 \tag{8.102}$$

这似乎意味着相位在 0 到 2π 之间等概率分布 (真空态除外)。为了确保算符的可观测性，引入了算符 $\mathrm{e}^{\mathrm{i}\hat{\phi}}$、$\hat{C}$ 与 $\hat{S}$，但是确定量子场的绝对相位仍然是非常困难的。困难体现在光场绝对相位在实验上的测量与理论描述，更不用说将实验和理论联系起来。当然，这些困难在经典光场中就已经存在了，在电磁场量子化的过程中将这些困难遗留了下来，并且不同的测量过程会导致不同的相位算符。虽然光场绝对相位的理论描述和实验测量都存在困难，但是两束光之间的相对相位却可以准确地测量出来，当然此时的处理仍然与具体的测量过程息息相关，由于篇幅所限，不在这里详细展开。

8.3　相　干　态

8.3.1　相干态的定义

相干态最直接的定义是湮灭算符 $\hat{a}$ 的本征态 $|\alpha\rangle$[9]。假设本征方程为

$$\hat{a}|\alpha\rangle = \alpha|\alpha\rangle \tag{8.103}$$

因为算符 $\hat{a}$ 不是厄米算符，所以本征值 α 是一个任意复数。两边同取厄米共轭有

$$\langle\alpha|\hat{a}^\dagger = \langle\alpha|\alpha^* \tag{8.104}$$

将波函数 $|\alpha\rangle$ 按 Fock 态展开：

$$|\alpha\rangle = \sum_{n=0}^{\infty} c_n(t)|n\rangle \tag{8.105}$$

并代入本征方程有

$$\sum_{n=0}^{\infty} c_n(t)\sqrt{n}|n-1\rangle = \alpha\sum_{n=0}^{\infty} c_n(t)|n\rangle \tag{8.106}$$

比较等式左右两边即可得展开系数满足关系：

$$\frac{c_n(t)}{c_{n-1}(t)} = \frac{\alpha}{\sqrt{n}} \tag{8.107}$$

或

$$c_n(t) = \frac{\alpha^n}{\sqrt{n!}}c_0(t) \tag{8.108}$$

由归一化条件有

$$1 = \langle\alpha|\alpha\rangle = \sum_{n=0}^{\infty} |c_0(t)|^2 \frac{|\alpha|^{2n}}{n!} = |c_0(t)|^2 e^{|\alpha|^2} \tag{8.109}$$

可得系数 $c_0(t)$ 为

$$c_0(t) = e^{-|\alpha|^2/2} \tag{8.110}$$

因此归一化波函数 $|\alpha\rangle$ 为

$$|\alpha\rangle = e^{-|\alpha|^2/2} \sum_{n=0}^{\infty} \frac{\alpha^n}{\sqrt{n!}}|n\rangle \tag{8.111}$$

考虑一维线性谐振子，引入 x(或 $\hat{p}$) 一次方 (对应一个单光子过程) 相互作用，则哈密顿量为

$$H = \frac{\hat{p}^2}{2m} + \frac{1}{2}m\omega^2 x^2 - xF(t) \tag{8.112}$$

式中，$F(t)$ 是 t 的实函数。引入产生算符与湮灭算符：

$$\hat{x} = \left(\frac{\hbar}{2m\omega}\right)^{1/2}(\hat{a} + \hat{a}^\dagger)$$

$$\hat{p} = -\mathrm{i}\left(\frac{m\hbar\omega}{2}\right)^{1/2}(\hat{a} - \hat{a}^\dagger)$$

再转入 Fock 态表象，哈密顿量变为

$$H = \hbar\omega\left(\hat{a}^\dagger\hat{a} + \frac{1}{2}\right) + f(t)(\hat{a} + \hat{a}^\dagger) \tag{8.113}$$

式中，

$$f(t) = -\sqrt{\frac{\hbar}{2m\omega}}F(t) \tag{8.114}$$

算符 $\hat{a}(t)$ 的演化满足海森伯方程：

$$\frac{\mathrm{d}\hat{a}(t)}{\mathrm{d}t} = \frac{1}{\mathrm{i}\hbar}[\hat{a}(t), H]$$

整理可得

$$\frac{\mathrm{d}\hat{a}(t)}{\mathrm{d}t} + \mathrm{i}\omega\hat{a}(t) = -\frac{\mathrm{i}f(t)}{\hbar} \tag{8.115}$$

方程 (8.115) 是非齐次一阶微分方程，可用格林函数方法求解。定义格林函数 $G(t-t')$，使它满足方程：

$$\frac{\mathrm{d}G(t-t')}{\mathrm{d}t} + \mathrm{i}\omega G(t-t') = \delta(t-t') \tag{8.116}$$

方程 (8.115) 的一个特解为

$$\hat{a}(t) = -\frac{\mathrm{i}}{\hbar}\int_{-\infty}^{+\infty}\mathrm{d}t' G(t-t')f^*(t') \tag{8.117}$$

当 $t \neq t'$ 时，$G(t-t')$ 显然与 $\exp[-\mathrm{i}\omega(t-t')]$ 成正比；当 $t = t'$ 时，它是间断的。因此方程 (8.116) 的解可以写成推迟格林函数 $G_\mathrm{R}(t-t')$ 和超前格林函数 $G_\mathrm{A}(t-t')$ 等形式，其中

$$G_\mathrm{R}(t-t') = \theta(t-t')\exp[-\mathrm{i}\omega(t-t')] \tag{8.118}$$

$$G_{\mathrm{A}}(t-t') = -\theta(t'-t)\exp[-\mathrm{i}\omega(t-t')] \tag{8.119}$$

式中，$\theta(t-t')$ 为阶梯函数，具体形式如下：

$$\theta(t-t') = \left\{ \begin{array}{ll} 0, & t-t' < 0 \\ 1, & t-t' > 0 \end{array} \right.$$

记 $\hat{a}_{\mathrm{in}}(t)$ 和 $\hat{a}_{\mathrm{out}}(t)$ 分别为 $t < t_1$ 和 $t > t_2$ 时相应于方程的齐次方程的解，则非齐次方程 (8.115) 的解总可写成相应齐次方程的通解与其特解之和。当选择 $\hat{a}_{\mathrm{in}}(t)$ 作为初始条件时，有

$$\begin{aligned} \hat{a}(t) &= \hat{a}_{\mathrm{in}}(t) - \frac{\mathrm{i}}{\hbar}\int_{-\infty}^{+\infty} G_{\mathrm{R}}(t-t')f^*(t')\mathrm{d}t' \\ &= \hat{a}_{\mathrm{in}}(t) - \frac{\mathrm{i}}{\hbar}\int_{-\infty}^{t} \exp[-\mathrm{i}\omega(t-t')]f^*(t')\mathrm{d}t' \end{aligned}$$

当选择 $\hat{a}_{\mathrm{out}}(t)$ 作为初始条件时，解可以表示为

$$\begin{aligned} \hat{a}(t) &= \hat{a}_{\mathrm{out}}(t) - \frac{\mathrm{i}}{\hbar}\int_{-\infty}^{+\infty} G_{\mathrm{A}}(t-t')f^*(t')\mathrm{d}t' \\ &= \hat{a}_{\mathrm{out}}(t) + \frac{\mathrm{i}}{\hbar}\int_{t}^{+\infty} \exp[-\mathrm{i}\omega(t-t')]f^*(t')\mathrm{d}t' \end{aligned}$$

由上述两个结果，可以建立 $\hat{a}_{\mathrm{in}}(t)$ 和 $\hat{a}_{\mathrm{out}}(t)$ 之间的关系：

$$\hat{a}_{\mathrm{out}}(t) = \hat{a}_{\mathrm{in}}(t) - \frac{\mathrm{i}}{\hbar}\int_{-\infty}^{+\infty} \exp[-\mathrm{i}\omega(t-t')]f^*(t')\mathrm{d}t' \tag{8.120}$$

引入如下变换：

$$\hat{a}_{\mathrm{in}}(t) = \hat{a}_{\mathrm{in}}\exp(-\mathrm{i}\omega t) \tag{8.121}$$

$$\hat{a}_{\mathrm{out}}(t) = \hat{a}_{\mathrm{out}}\exp(-\mathrm{i}\omega t) \tag{8.122}$$

可得

$$\hat{a}_{\mathrm{out}} = \hat{a}_{\mathrm{in}} - \frac{\mathrm{i}}{\hbar}g^*(\omega) \tag{8.123}$$

式中，

$$g(\omega) = \int_{-\infty}^{+\infty} \exp(-\mathrm{i}\omega t')f(t')\mathrm{d}t' \tag{8.124}$$

现在考察能否可以把 $\hat{a}_{\mathrm{in}}$ 和 $\hat{a}_{\mathrm{out}}$ 通过幺正变换联系起来，使它满足 $\hat{a}_{\mathrm{out}} = \hat{S}^\dagger\hat{a}_{\mathrm{in}}\hat{S}$，也就是探讨用幺正变换 $\hat{S}$ 将 $xF(t)$ 与 $\hat{p}G(t)$ 的作用效果反映出来的可能性，矩阵 $\hat{S}$ 提供了体系在 $t < t_1$ 时的状态与 $t > t_2$ 时状态之间的联系。

利用 Baker-Hausdorff 公式有

$$\mathrm{e}^{(-\alpha\hat{a}^\dagger+\alpha^*\hat{a})}\hat{a}\,\mathrm{e}^{(\alpha\hat{a}^\dagger-\alpha^*\hat{a})}=\hat{a}+(-\alpha\hat{a}^\dagger+\alpha^*\hat{a},\hat{a})+\cdots$$
$$=\hat{a}+\alpha \tag{8.125}$$

取 $\alpha=-\mathrm{i}g^*(\omega)/\hbar$，对比式 (8.123) 与式 (8.125)，演化算符 $\hat{S}$ 可以写成

$$\hat{S}=\exp\left[-\frac{\mathrm{i}}{\hbar}g^*(\omega)\hat{a}_{\mathrm{in}}^\dagger-\frac{\mathrm{i}}{\hbar}g(\omega)\hat{a}_{\mathrm{in}}\right]$$
$$=\exp\left[-\frac{\mathrm{i}}{\hbar}\int_{-\infty}^{+\infty}\mathrm{e}^{-\mathrm{i}\omega t'}f(t')\mathrm{d}t'\hat{a}_{\mathrm{in}}^\dagger-\frac{\mathrm{i}}{\hbar}\int_{-\infty}^{+\infty}\mathrm{e}^{\mathrm{i}\omega t'}f(t')\mathrm{d}t'\hat{a}_{\mathrm{in}}\right]$$
$$=\exp\left\{-\frac{\mathrm{i}}{\hbar}\int_{-\infty}^{+\infty}\mathrm{d}t'\left[\mathrm{e}^{-\mathrm{i}\omega t'}\hat{a}_{\mathrm{in}}^\dagger f(t')+\mathrm{e}^{\mathrm{i}\omega t'}\hat{a}_{\mathrm{in}}f(t')\right]\right\}$$
$$=\exp\left\{-\frac{\mathrm{i}}{\hbar}\int_{-\infty}^{+\infty}\mathrm{d}t'\left[\hat{a}_{\mathrm{in}}^\dagger(t')+\hat{a}_{\mathrm{in}}(t')\right]f(t')\right\} \tag{8.126}$$

算符 $\hat{S}=\exp(\alpha\hat{a}^\dagger-\alpha^*\hat{a})$ 又称为位移算符，常用 $\hat{D}(\alpha)$ 表示[①]。

很显然，位移算符 $\hat{D}(\alpha)$ 是幺正算符，并且：

$$\hat{D}^\dagger(\alpha)=\hat{D}(-\alpha)=\exp(\alpha^*\hat{a}-\alpha\hat{a}^\dagger) \tag{8.127}$$

利用 Glauber 公式[②]，位移算符 $\hat{D}(\alpha)$ 可以表示为

---

① 如果考虑产生算符 $\hat{a}_{\mathrm{in}}^\dagger$ 的演化方程，同样的步骤也可求得 $\hat{S}$ 的表达式。

② 算符 A 与 B 满足：

$$[[A,B],A]=[[A,B],B]=0 \tag{8.128}$$

则有

$$\mathrm{e}^{\hat{A}+\hat{B}}=\mathrm{e}^{\hat{A}}\mathrm{e}^{\hat{B}}\mathrm{e}^{-[\hat{A},\hat{B}]/2}=\mathrm{e}^{\hat{B}}\mathrm{e}^{\hat{A}}\mathrm{e}^{[\hat{A},\hat{B}]/2} \tag{8.129}$$

证明：由 Baker-Hausdorff 公式有

$$\mathrm{e}^{-\alpha\hat{B}}\hat{A}\,\mathrm{e}^{\alpha\hat{B}}=\hat{A}+\alpha[\hat{A},\hat{B}]\ \Rightarrow\ \hat{A}\mathrm{e}^{\alpha\hat{B}}=\mathrm{e}^{\alpha\hat{B}}(\hat{A}+\alpha[\hat{A},\hat{B}]) \tag{8.130}$$

考虑函数 $f(\alpha)=\mathrm{e}^{\alpha\hat{A}}\mathrm{e}^{\alpha\hat{B}}$，很显然有

$$\frac{\mathrm{d}f(\alpha)}{\mathrm{d}\alpha}=\mathrm{e}^{\alpha\hat{A}}\hat{A}\mathrm{e}^{\alpha\hat{B}}+\mathrm{e}^{\alpha\hat{A}}\hat{B}\mathrm{e}^{\alpha\hat{B}}$$
$$=\mathrm{e}^{\alpha\hat{A}}(\hat{A}+\hat{B}+\alpha[\hat{A},\hat{B}])\mathrm{e}^{\alpha\hat{B}}$$
$$=f(\alpha)(\hat{A}+\hat{B}+\alpha[\hat{A},\hat{B}]) \tag{8.131}$$

可得

$$\ln f(\alpha)=\alpha(\hat{A}+\hat{B})+\frac{\alpha^2}{2}[\hat{A},\hat{B}]+C \tag{8.132}$$

$f(0)=1\Rightarrow C=0$，取 $\alpha=1$，并利用关系 $[\hat{A},[\hat{A},\hat{B}]]=[\hat{B},[\hat{A},\hat{B}]]=0$，即可证明 Glauber 公式。

$$\hat{D}(\alpha) = \exp(\alpha\hat{a}^\dagger - \alpha^*\hat{a}) = \mathrm{e}^{\alpha\hat{a}^\dagger}\mathrm{e}^{-\alpha^*\hat{a}}\mathrm{e}^{-|\alpha|^2/2} = \mathrm{e}^{|\alpha|^2/2}\mathrm{e}^{-\alpha^*\hat{a}}\mathrm{e}^{\alpha\hat{a}^\dagger} \tag{8.133}$$

如果初始时刻谐振子处于真空态 $|0\rangle$，经位移算符 $\hat{D}(\alpha)$ 作用后，变为

$$\hat{D}(\alpha)|0\rangle = \mathrm{e}^{\alpha\hat{a}^\dagger - \alpha^*\hat{a}}|0\rangle = \mathrm{e}^{\alpha\hat{a}^\dagger}\mathrm{e}^{-\alpha^*\hat{a}}\mathrm{e}^{-|\alpha|^2[\hat{a}^\dagger, -\hat{a}]/2}|0\rangle = \mathrm{e}^{-|\alpha|^2/2}\mathrm{e}^{\alpha\hat{a}^\dagger}|0\rangle$$

$$= \mathrm{e}^{-|\alpha|^2/2}\sum_{n=0}^{\infty}\frac{\alpha^n}{n!}(\hat{a}^\dagger)^n|0\rangle = \mathrm{e}^{-|\alpha|^2/2}\sum_{n=0}^{\infty}\frac{\alpha^n}{\sqrt{n!}}|n\rangle \tag{8.134}$$

式 (8.134) 正是相干态。这样，通过位移算符 $\hat{D}(\alpha)$，可以将 $t < t_1$ 时的初始状态和体系 $t > t_2$ 时的状态联系起来，而 $t < t_1$ 和 $t > t_2$ 时，体系仍然是谐振子，算符 $\hat{H}$ 具有本征值 $\hbar\omega(n + 1/2)$ $(n = 0, 1, 2, \cdots)$，相应本征态为 $|n\rangle$。

8.3.2　相干态的性质

由哈密顿量式 (8.112) 可以看出，相干态可视为突然平移了的谐振子基态。如图 8.1 所示，实线表示初始谐振子势，短虚线表示突然移动之后的谐振子势，长虚线表示谐振子势初始基态能级波函数。由于谐振子势突然发生平移，粒子的状态来不及发生变化，因此粒子的波包还是保持原来的抛物型。例如，直流场中的电子，其哈密顿量可表示为

$$H = \frac{p^2}{2m} + \frac{1}{2}kx^2 - \mathrm{e}E_0 x$$

$$= \frac{p^2}{2m} + \frac{1}{2}k\left(x - \frac{\mathrm{e}E_0}{k}\right)^2 - \frac{1}{2}k\left(\frac{\mathrm{e}E_0}{k}\right)^2$$

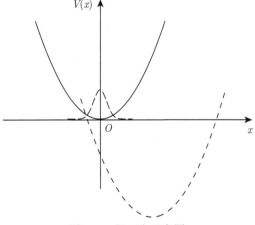

图 8.1　相干态示意图

突然加入直流场后，不仅势函数的中心位置发生平移，能量也相应下降。但电子波函数仍然保持原来的高斯型，很显然原来的高斯型波函数并不是平移之后的谐振子势的本征态，因此它的能量将发生弥散。

在讨论能量弥散之前，先明确复系数 α 的物理含义。对于单模电磁场：

$$\hat{E}(\vec{r},t) = \sqrt{\frac{\hbar\omega}{\varepsilon_0 V}} \left(\hat{a}\mathrm{e}^{\mathrm{i}(\vec{k}\cdot\vec{r}-\omega t)} + \hat{a}^{\dagger}\mathrm{e}^{-\mathrm{i}(\vec{k}\cdot\vec{r}-\omega t)} \right) \tag{8.135}$$

可以计算它在态 $|\alpha\rangle$ 下的期望值：

$$
\begin{aligned}
\langle \hat{E}(\vec{r},t) \rangle &= \sqrt{\frac{\hbar\omega}{\varepsilon_0 V}} \langle\alpha|\hat{a}\mathrm{e}^{\mathrm{i}(\vec{k}\cdot\vec{r}-\omega t)} + \hat{a}^{\dagger}\mathrm{e}^{-\mathrm{i}(\vec{k}\cdot\vec{r}-\omega t)}|\alpha\rangle \\
&= \sqrt{\frac{\hbar\omega}{\varepsilon_0 V}} \left(\alpha\mathrm{e}^{\mathrm{i}(\vec{k}\cdot\vec{r}-\omega t)} + \alpha^*\mathrm{e}^{-\mathrm{i}(\vec{k}\cdot\vec{r}-\omega t)} \right) \\
&= 2|\alpha|\sqrt{\frac{\hbar\omega}{\varepsilon_0 V}} \cos(\vec{k}\cdot\vec{r} - \omega t + \varphi)
\end{aligned}
\tag{8.136}
$$

式中，$\alpha = |\alpha|\mathrm{e}^{\mathrm{i}\varphi}$。

上述计算过程表明如下两方面信息：

(1) $|\alpha|$ 与场振幅相关。可以计算相干态下光子数算符 $\hat{n} = \hat{a}^{\dagger}\hat{a}$ 的期望值与涨落为

$$\langle \hat{n} \rangle = \langle\alpha|\hat{n}|\alpha\rangle = |\alpha|^2 \tag{8.137}$$

式中，$|\alpha|^2$ 描述的是场的平均光子数。

$$\langle \hat{n}^2 \rangle = \langle\alpha|\hat{a}^{\dagger}\hat{a}\hat{a}^{\dagger}\hat{a}|\alpha\rangle = \langle\alpha|\hat{a}^{\dagger}\hat{a}^{\dagger}\hat{a}\hat{a} + \hat{a}^{\dagger}\hat{a}|\alpha\rangle = |\alpha|^4 + |\alpha|^2 \tag{8.138}$$

因此，光子数涨落为

$$\Delta n = \sqrt{\langle\hat{n}^2\rangle - \langle\hat{n}\rangle^2} = |\alpha| = \sqrt{\langle\hat{n}\rangle} \tag{8.139}$$

这正是泊松过程的特征。体系处于相干态时，测得处于态 $|n\rangle$ 的概率 (或者处于基态的谐振子经过势函数突然平移之后，处于第 n 个激发态的概率) 为

$$p_n = |\langle n|\alpha\rangle|^2 = \left| \mathrm{e}^{-|\alpha|^2/2}\frac{\alpha^n}{\sqrt{n!}} \right|^2 = \mathrm{e}^{-|\alpha|^2}\frac{|\alpha|^{2n}}{n!} = \mathrm{e}^{-\langle\hat{n}\rangle}\frac{\langle\hat{n}\rangle^n}{n!} \tag{8.140}$$

式 (8.140) 为泊松分布表达式，对应的平均值为 $\langle\hat{n}\rangle = |\alpha|^2$。图 8.2 分别给出了平均光子数 $\langle\hat{n}\rangle = |\alpha|^2 = 2$ 和 $|\alpha|^2 = 8$ 时相干态光子数的概率分布。

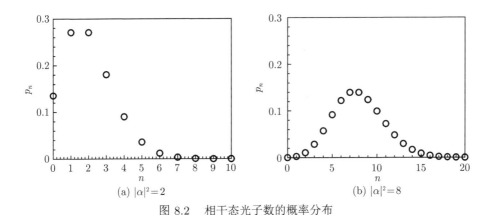

图 8.2　相干态光子数的概率分布

(2) 场算符的平均值 $\langle \hat{E}(\vec{r},t) \rangle$ 与像经典场接近，为了更好理解，可以进一步计算场算符的涨落：

$$\langle \hat{E}^2(\vec{r},t) \rangle = \frac{\hbar\omega}{\varepsilon_0 V} \langle \alpha | (\hat{a}\mathrm{e}^{\mathrm{i}(\vec{k}\cdot\vec{r}-\omega t)} + \hat{a}^\dagger \mathrm{e}^{-\mathrm{i}(\vec{k}\cdot\vec{r}-\omega t)})^2 | \alpha \rangle$$

$$= \frac{\hbar\omega}{\varepsilon_0 V} \left[4|\alpha|^2 \cos^2(\vec{k}\cdot\vec{r}-\omega t+\varphi) + 1 \right] \tag{8.141}$$

这样场算符的涨落为

$$\Delta E = \langle \hat{E}(\vec{r},t) \rangle = \left[\langle \hat{E}^2(\vec{r},t) \rangle - \langle \hat{E}(\vec{r},t) \rangle^2 \right]^{1/2} = \sqrt{\frac{\hbar\omega}{\varepsilon_0 V}} \tag{8.142}$$

这与真空态的结果一样。相干态不仅可以给出场算符的期望值，而且只含真空噪声，因此相干态基本上可视为经典态。

下面考察相干态的相位特性。选择相干态 $|\alpha\rangle$，$\alpha = |\alpha|\mathrm{e}^{\mathrm{i}\varphi}$，它的相位分布为

$$p_\varphi(\phi) = \frac{1}{2\pi} |\langle \phi | \alpha \rangle|^2 = \frac{\mathrm{e}^{-|\alpha|^2}}{2\pi} \left| \sum_{n=0}^{\infty} \mathrm{e}^{\mathrm{i}n(\phi-\varphi)} \frac{|\alpha|^n}{\sqrt{n!}} \right|^2 \tag{8.143}$$

计算过程中，态 $|\phi\rangle$ 定义为

$$|\phi\rangle = \sum_{n=0}^{\infty} \mathrm{e}^{\mathrm{i}n\phi} |n\rangle \tag{8.144}$$

图 8.3给出了平均光子数 $|\alpha|^2 = 1$ (实线)，$|\alpha|^2 = 2$ (短虚线)，$|\alpha|^2 = 5$ (长虚线) 和 $|\alpha|^2 = 10$(虚点线) 时相干态的相位分布。随着光子数增加，相干态相空间变得越来越局域。

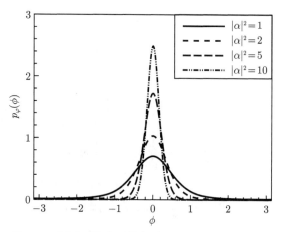

图 8.3　不同平均光子数条件下相干态的相位分布

鉴于相干态的重要性，现对它的性质进行讨论和总结。

(1) 相干态是湮灭算符的本征态 $(\hat{a}|\alpha\rangle = \alpha|\alpha\rangle)$，还经常写为

$$|\alpha\rangle = \mathrm{e}^{-|\alpha|^2/2} \sum_{n=0}^{\infty} \frac{\alpha^n}{\sqrt{n!}}|n\rangle = \mathrm{e}^{-|\alpha|^2/2} \mathrm{e}^{\alpha\hat{a}^\dagger}|0\rangle$$

(2) 相干态波函数满足完备性关系，所有相干态组成一个完备集。完备性可表述为

$$\frac{1}{\pi} \int |\alpha\rangle\langle\alpha|\mathrm{d}^2\alpha = 1 \tag{8.145}$$

证明：利用关系式 $\alpha = |\alpha|\mathrm{e}^{\mathrm{i}\varphi}$ 可得

$$\int |\alpha\rangle\langle\alpha|\mathrm{d}^2\alpha = \int \mathrm{d}^2\alpha \mathrm{e}^{-|\alpha|^2} \sum_{n,m=0}^{\infty} \frac{\alpha^n \alpha^{*m}}{\sqrt{n!m!}}|n\rangle\langle m|$$

$$= \int_0^\infty |\alpha|\mathrm{e}^{-|\alpha|^2}\mathrm{d}|\alpha| \sum_{n,m=0}^{\infty} \frac{|\alpha|^{n+m}}{\sqrt{n!m!}}|n\rangle\langle m| \int_0^{2\pi} \mathrm{d}\varphi \mathrm{e}^{\mathrm{i}(n-m)\varphi}$$

$$= \pi \sum_n \int_0^\infty \frac{|\alpha|^{2n}}{n!}\mathrm{e}^{-|\alpha|^2}\mathrm{d}|\alpha|^2|n\rangle\langle n|$$

$$= \pi \sum_n |n\rangle\langle n| = \pi \tag{8.146}$$

虽然湮灭算符 $\hat{a}$ 并非厄米算符，本征值 α 一般也可为复数，但遍及所有 α 值的相干态组成一组完备集，可以将它作为表象的基矢建立希尔伯特空间，称之为相干态表象。由于计算结果并不等于 1，因此称相干态集是超完备的。这里对相干态表象不做展开，一般量子光学书籍均有讨论，可参阅相关章节。

(3) 对应不同本征值的相干态彼此不正交。考虑本征值为 α 和 β 的两个相干态，有

$$\begin{aligned}
\langle\beta|\alpha\rangle &= \mathrm{e}^{-(|\alpha|^2+|\beta|^2)/2}\sum_{m=0}^{\infty}\sum_{n=0}^{\infty}\frac{\alpha^n\beta^{*m}}{\sqrt{m!n!}}\langle m|n\rangle \\
&= \mathrm{e}^{-(|\alpha|^2+|\beta|^2)/2}\sum_{n=0}^{\infty}\frac{\alpha^n\beta^{*n}}{n!} \\
&= \mathrm{e}^{-(|\alpha|^2+|\beta|^2)/2}\mathrm{e}^{\alpha\beta^*} \\
&= \mathrm{e}^{-(|\alpha|^2+|\beta|^2)/2+\alpha\beta^*}
\end{aligned} \tag{8.147}$$

因此有

$$|\langle\beta|\alpha\rangle|^2 = \mathrm{e}^{-|\alpha-\beta|^2} \tag{8.148}$$

如果 $\alpha-\beta$ 远大于 1，则态 $|\alpha\rangle$ 与态 $|\beta\rangle$ 彼此近似正交。相干态 $|\alpha\rangle$ 与态 $|\beta\rangle$ 波函数的交叠程度由它们之间内积 $\langle\beta|\alpha\rangle$ 的值决定，因此也可用复本征平面中的距离 $|\alpha-\beta|$ 来表征两相干态近似正交的程度。

(4) 相干态是满足最小不确定性原理的状态。为了验证该性质，先计算主要物理量，如哈密顿量 $\hat{H}$、位置 x、动量 $\hat{p}$ 等的平均值和涨落。

本征方程为

$$\hat{a}|\alpha\rangle = \alpha|\alpha\rangle \tag{8.149}$$

方程 (8.149) 等号两边取厄米共轭有

$$\langle\alpha|a^\dagger = \langle\alpha|\alpha^* \tag{8.150}$$

光子数的相对不确定度为

$$\frac{\Delta n}{\langle n\rangle} = \langle n\rangle^{-1/2} \tag{8.151}$$

随着光子数目的增多，相对不确定度逐渐降低。类似推导，可计算哈密顿量的涨落与不确定度：

$$\langle\hat{H}\rangle = \hbar\omega(\langle\hat{n}\rangle + 1/2) \tag{8.152}$$

$$\langle\hat{H}^2\rangle = \hbar^2\omega^2\left(\langle\hat{n}\rangle^2 + 2\langle\hat{n}\rangle + \frac{1}{4}\right) \tag{8.153}$$

$\hat{H}$ 的涨落与不确定度为

$$\Delta H = (\langle\hat{H}^2\rangle - \langle\hat{H}\rangle^2)^{1/2} = \hbar\omega\langle\hat{n}\rangle^{1/2} \tag{8.154}$$

$$\frac{\Delta H}{\langle \hat{H} \rangle} = \frac{\langle \hat{n} \rangle^{1/2}}{\langle \hat{n} \rangle + 1/2} \tag{8.155}$$

光子数越多，$\hat{H}$ 的涨落越大，不确定度越小。

下面考虑相干态下位置 x 与动量 $\hat{p}$ 的涨落。引入产生算符与湮灭算符，并运用其运算规则，不难计算：

$$\langle x \rangle = \sqrt{\frac{\hbar}{2m\omega}}(\alpha + \alpha^*) \tag{8.156}$$

$$\langle \hat{p} \rangle = -\mathrm{i}\sqrt{\frac{m\hbar\omega}{2}}(\alpha - \alpha^*) \tag{8.157}$$

$$\langle x^2 \rangle = \frac{\hbar}{2m\omega}[(\alpha + \alpha^*)^2 + 1] \tag{8.158}$$

$$\langle \hat{p}^2 \rangle = \frac{2m\hbar\omega}{2}[1 - (\alpha - \alpha^*)^2] \tag{8.159}$$

因此有

$$\begin{cases} \Delta x = \sqrt{\langle x^2 \rangle - \langle x \rangle^2} = \sqrt{\dfrac{\hbar}{2m\omega}} \\[3mm] \Delta p = \sqrt{\langle \hat{p}^2 \rangle - \langle \hat{p} \rangle^2} = \sqrt{\dfrac{m\hbar\omega}{2}} \end{cases} \tag{8.160}$$

可以验证相干态下坐标与动量的涨落满足：

$$\Delta x \Delta p = \frac{\hbar}{2} \tag{8.161}$$

相干态是满足最小不确定性原理的状态，而且与 α 无关，任何相干态都具有这种特点。因此，相干态也常被称为最经典的量子态。

8.3.3　相干态的随时演化

本小节考虑相干态在自由场 (谐振子势) 下随时间的演化，为此需要求解含时薛定谔方程：

$$\mathrm{i}\hbar\frac{\mathrm{d}}{\mathrm{d}x}|\psi(t)\rangle = \hat{H}|\psi(t)\rangle \tag{8.162}$$

初始时刻 $t = 0$，系统处于相干态 $|\psi(0)\rangle = |\alpha\rangle$。

含时薛定谔方程的解为

$$|\psi(t)\rangle = \exp\left(-\frac{\mathrm{i}\hat{H}t}{\hbar}\right)|\alpha\rangle = \exp\left[-\mathrm{i}\left(\hat{n} + \frac{1}{2}\right)t\right]\exp\left(-\frac{|\alpha|^2}{2}\right)\sum_{n=0}^{\infty}\frac{\alpha^n}{\sqrt{n!}}|n\rangle$$

$$= \mathrm{e}^{-\mathrm{i}\omega t/2} \exp\left(-\frac{|\alpha|^2}{2}\right) \sum_{n=0}^{\infty} \frac{(\alpha\mathrm{e}^{-\mathrm{i}\omega t})^n}{\sqrt{n!}}|n\rangle = \mathrm{e}^{-\mathrm{i}\omega t/2}|\alpha\mathrm{e}^{-\mathrm{i}\omega t}\rangle \tag{8.163}$$

所有相干态在自由场的演化过程中都保持相干态的形式。在位形空间仍然保持高斯函数形式，形状不变，但中心位置与经典谐振子势下质点运动形式相同。

值得指出的是，经过一个周期 $T = 2\pi/\omega$ 之后，体系会积累出 π 的相位。从上述推导过程中可以看出，该相位来源于谐振子的零点能。

8.3.4 相空间里的相干态

本小节在相空间对相干态作进一步考察。以量子化电磁场为背景，引入正交算符：

$$\hat{Q} = \frac{1}{2}(\hat{a} + \hat{a}^\dagger) \tag{8.164}$$

$$\hat{P} = \frac{1}{2\mathrm{i}}(\hat{a} - \hat{a}^\dagger) \tag{8.165}$$

类比谐振子湮灭算符与产生算符的引入，这里的 $\hat{Q}$ 和 $\hat{P}$ 可理解为无量纲的位置算符与动量算符：

$$x = \frac{1}{2}\sqrt{\frac{2\hbar}{m\omega}}(\hat{a} + \hat{a}^\dagger) \tag{8.166}$$

$$\hat{p} = \frac{1}{2\mathrm{i}}\sqrt{2m\hbar\omega}(\hat{a} - \hat{a}^\dagger) \tag{8.167}$$

首先考察相干态下 $\hat{Q}$ 和 $\hat{P}$ 的涨落。对于算符 $\hat{Q}$ 有

$$\langle\hat{Q}\rangle_\alpha = \frac{1}{2}\langle\alpha|\hat{a} + \hat{a}^\dagger|\alpha\rangle = \frac{1}{2}(\alpha + \alpha^*) = \mathrm{Re}(\alpha) \tag{8.168}$$

$$\begin{aligned}
\langle\hat{Q}^2\rangle_\alpha &= \frac{1}{4}\langle\alpha|(\hat{a} + \hat{a}^\dagger)^2|\alpha\rangle \\
&= \frac{1}{4}(\alpha^2 + \alpha^{*2} + 2|\alpha|^2 + 1)
\end{aligned} \tag{8.169}$$

对于算符 $\hat{P}$，同理可得

$$\langle\hat{P}\rangle_\alpha = \frac{1}{2\mathrm{i}}\langle\alpha|\hat{a} - \hat{a}^\dagger|\alpha\rangle = \frac{1}{2\mathrm{i}}(\alpha - \alpha^*) = \mathrm{Im}(\alpha) \tag{8.170}$$

$$\begin{aligned}
\langle\hat{P}^2\rangle_\alpha &= -\frac{1}{4}\langle\alpha|(\hat{a} - \hat{a}^\dagger)^2|\alpha\rangle \\
&= -\frac{1}{4}(\alpha^2 + \alpha^{*2} - 2|\alpha|^2 - 1)
\end{aligned} \tag{8.171}$$

因此有

$$(\Delta Q)_\alpha = \left(\langle \hat{Q}^2 \rangle_\alpha - \langle \hat{Q} \rangle_\alpha^2 \right)^{1/2} = \frac{1}{2} \tag{8.172}$$

$$(\Delta P)_\alpha = \left(\langle \hat{P}^2 \rangle_\alpha - \langle \hat{P} \rangle_\alpha^2 \right)^{1/2} = \frac{1}{2} \tag{8.173}$$

图 8.4 绘出了相干态在相空间中的图像。图中阴影圆表示相干态的不确定面积，通常称为误差圆。Q 和 P 方向上的涨落相同，均等于它们在真空态下的涨落，且都与 α 无关。圆心到坐标原点的距离为 $|\alpha| = \langle \hat{n} \rangle^{1/2}$，圆心与坐标原点连线和 Q 轴的夹角为 φ。误差圆对坐标原点张开的角度为相位的不确定度 $\Delta\varphi$。显然 $\Delta\varphi$ 随着 $|\alpha|$ 的增加逐渐减小，当 $|\alpha| = 0$ 时，相位不确定度达最大值 2π。

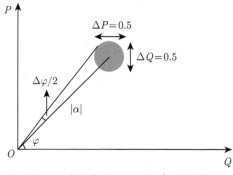

图 8.4   相空间中 $\alpha = |\alpha|e^{i\varphi}$ 的图像

8.4   压   缩   态

8.4.1   压缩态的定义

由海森伯不确定性关系可知，对于两个厄米算符 $\hat{A}$ 和 $\hat{B}$，如果它们满足对易关系 $[\hat{A}, \hat{B}] = i\hat{C}$，则它们的涨落满足 $\Delta A \Delta B \geqslant |\langle \hat{C} \rangle|/2$。对其中一个可观测量，如 $\hat{A}$ 进行测量，如果其涨落满足 $(\Delta A)^2 < |\langle \hat{C} \rangle|/2$，则此时体系所处的态称为压缩态，如果还满足条件 $\Delta A \Delta B = |\langle \hat{C} \rangle|/2$，则此时体系所处的态为理想压缩态。可观测量 $\hat{A}$ 的涨落变小的代价是可观测量 $\hat{B}$ 的涨落变大，两者涨落乘积仍然满足海森伯不确定性原理。如果仍以 8.3 节量子化单模光场为例，则 $\Delta Q < 1/2$，$\Delta P > 1/2$。在以 Q、P 为变量的坐标系中，对应中心位置移动了的误差椭圆。

仍然以直流场中的电子为例，如果体系的势场只存在于空间一定范围，再加入 x 的二次势，即

$$\hat{H} = \frac{\hat{p}^2}{2m} + \frac{1}{2}k\hat{x}^2 - eE_0(a\hat{x} - b\hat{x}^2)$$

$$= \frac{\hat{p}^2}{2m} + \frac{1}{2}(k + 2ebE_0)\hat{x}^2 - eaE_0\hat{x} \tag{8.174}$$

引入二次势使得谐振子的弹性系数发生了变化 $k' = k + 2ebE_0$，势场在空间尺度上被压缩，很自然谐振子基态波包在空间尺度上也被压缩，如图 8.5 所示。

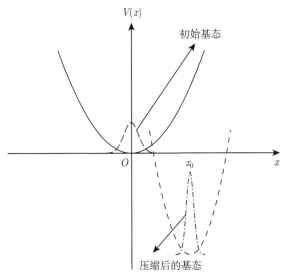

图 8.5 压缩态的势函数与波函数示意图

上述分析还能得到一个信息：产生算符与湮灭算符在相干态的产生过程中至关重要，而压缩态则是由于双光子过程 ($x^2 \propto a^2$，$a^{\dagger 2}$) 的贡献。

以常用的简并参量过程为例，相关双光子哈密顿量为

$$\hat{H} = \mathrm{i}\hbar \left(ga^{\dagger 2} - g^* a^2\right) \tag{8.175}$$

式中，g 是耦合常数。含时薛定谔方程给出该过程产生场状态为

$$|\psi(t)\rangle = \exp\left[(ga^{\dagger 2} - g^* a^2)t\right]|0\rangle \tag{8.176}$$

引入压缩算符：

$$S(\xi) = \exp\left(\frac{1}{2}\xi^* a^2 - \frac{1}{2}\xi a^{\dagger 2}\right) \tag{8.177}$$

式中，$\xi = re^{\mathrm{i}\theta}$ 为任意复数。容易验证有

$$S^{\dagger}(\xi) = S^{-1}(\xi) = S(-\xi) \tag{8.178}$$

利用 Baker-Hausdorff 公式有

$$S^\dagger(\xi)\hat{a}S(\xi) = \hat{a}(1 + |\xi|^2 + |\xi|^4 + \cdots) - \hat{a}^\dagger(\xi + \xi|\xi|^2 + \xi|\xi|^4 + \cdots)$$

$$= \hat{a}(1 + r^2 + r^4 + \cdots) - \hat{a}^\dagger e^{i\theta}(r + r^3 + r^5 + \cdots)$$

$$= \hat{a}\frac{e^r + e^{-r}}{2} - \hat{a}^\dagger e^{i\theta}\frac{e^r - e^{-r}}{2}$$

$$= \hat{a}\cosh r - \hat{a}^\dagger e^{i\theta}\sinh r \tag{8.179}$$

$$S^\dagger(\xi)\hat{a}^\dagger S(\xi) = \hat{a}^\dagger \cosh r - \hat{a}e^{-i\theta}\sinh r \tag{8.180}$$

先用位移算符 $D(\alpha)(\alpha = |\alpha|e^{i\varphi})$ 作用于真空态 $|0\rangle$，再用压缩算符 $S(\xi)$ 作用，即可得到压缩相干态 $|\alpha, \xi\rangle$，即

$$|\alpha, \xi\rangle = S(\xi)D(\alpha)|0\rangle \tag{8.181}$$

8.4.2 压缩态与不确定性关系

引入如下变换：

$$\hat{Q}' + i\hat{P}' = (\hat{Q} + i\hat{P})e^{-i\theta/2} \tag{8.182}$$

上述变换描述的是将相空间的 $\{Q, P\}$ 轴逆时针旋转 $\theta/2$ 的角度，记为 $\{Q', P'\}$。由 $\hat{Q}$、$\hat{P}$ 的定义有

$$\hat{Q}' = \frac{1}{2}\left(\hat{a}e^{-i\theta/2} + \hat{a}^\dagger e^{i\theta/2}\right) \tag{8.183}$$

$$\hat{P}' = \frac{1}{2i}\left(\hat{a}e^{-i\theta/2} - \hat{a}^\dagger e^{i\theta/2}\right) \tag{8.184}$$

与

$$\hat{Q}' + i\hat{P}' = \hat{a}e^{-i\theta/2} \tag{8.185}$$

$$\hat{Q}' - i\hat{P}' = \hat{a}^\dagger e^{i\theta/2} \tag{8.186}$$

不难计算有

$$S^\dagger(\xi)(\hat{Q}' + i\hat{P}')S(\xi) = \hat{Q}'e^{-r} + i\hat{P}'e^r \tag{8.187}$$

由式 (8.187) 可知：压缩算符 $S(\xi)$ 给两个共轭力学量提供了一个调制因子，且它们的乘积为 1。这样的调制因子提供了一条思路，通过压缩算符可以让其中

一个力学量的涨落变小。为验证这个想法，需计算旋转后的算符 $\hat{Q}'$ 与 $\hat{P}'$ 的涨落。计算过程中用到如下结果：

$$\langle \hat{a} \rangle = \langle \alpha, \xi | \hat{a} | \alpha, \xi \rangle = \langle \alpha | \hat{a} \cosh r - \hat{a}^\dagger e^{i\theta} \sinh r | \alpha \rangle$$
$$= \alpha \cosh r - \alpha^* e^{i\theta} \sinh r \tag{8.188}$$

$$\langle \hat{a}^\dagger \rangle = \alpha^* \cosh r - \alpha e^{-i\theta} \sinh r \tag{8.189}$$

$$\langle \hat{a}^2 \rangle = \langle \alpha | S^\dagger(\xi) \hat{a} S(\xi) S^\dagger(\xi) \hat{a} S(\xi) | \alpha \rangle$$
$$= \langle \alpha | (\hat{a} \cosh r - \hat{a}^\dagger e^{i\theta} \sinh r)(\hat{a} \cosh r - \hat{a}^\dagger e^{i\theta} \sinh r) | \alpha \rangle$$
$$= \alpha^2 \cosh^2 r + \alpha^{*2} e^{2i\theta} \sinh^2 r - (2|\alpha|^2 + 1) e^{i\theta} \sinh r \cosh r \tag{8.190}$$

$$\langle \hat{a}^{\dagger 2} \rangle = \langle \alpha | S^\dagger(\xi) \hat{a}^\dagger S(\xi) S^\dagger(\xi) \hat{a}^\dagger S(\xi) | \alpha \rangle$$
$$= \langle \alpha | (\hat{a}^\dagger \cosh r - \hat{a} e^{-i\theta} \sinh r)(\hat{a}^\dagger \cosh r - \hat{a} e^{-i\theta} \sinh r) | \alpha \rangle$$
$$= \alpha^{*2} \cosh^2 r + \alpha^2 e^{-2i\theta} \sinh^2 r - (2|\alpha|^2 + 1) e^{-i\theta} \sinh r \cosh r \tag{8.191}$$

$$\langle \hat{a}^\dagger \hat{a} \rangle = |\alpha|^2 (\sinh^2 r + \cosh^2 r) - (\alpha^{*2} e^{i\theta} + \alpha^2 e^{-i\theta}) \sinh r \cosh r + \sinh^2 r \tag{8.192}$$

如果体系处于压缩相干态，有

$$(\Delta Q')^2 = \langle \hat{Q}'^2 \rangle - \langle \hat{Q}' \rangle^2$$
$$= \frac{1}{4} \langle (\hat{a} e^{-i\theta/2} + \hat{a}^\dagger e^{i\theta/2})^2 \rangle - \frac{1}{4} \langle (\hat{a} e^{-i\theta/2} + \hat{a}^\dagger e^{i\theta/2}) \rangle^2$$
$$= \frac{1}{4} \langle \hat{a}^2 e^{-i\theta} + \hat{a}^{\dagger 2} e^{i\theta} + 2 \hat{a}^\dagger \hat{a} + 1 \rangle - \frac{1}{4} (\langle \hat{a} e^{-i\theta/2} + \hat{a}^\dagger e^{i\theta/2} \rangle)^2$$
$$= \frac{1}{4} e^{-2r} \tag{8.193}$$

同样的过程可得

$$(\Delta P')^2 = \frac{1}{4} e^{2r} \tag{8.194}$$

这样可以得到算符 $\hat{Q}'$、$\hat{P}'$ 的涨落满足不确定关系：

$$\Delta Q' \Delta P' = \frac{1}{4} \tag{8.195}$$

压缩相干态是理想压缩态，可由如图 8.6 所示的误差椭圆表示，椭圆的主轴在原来 (Q,P) 的基础上旋转了 $\theta/2$ 的角度。一个自由度上涨落的压缩必然带来对应另一个自由度上涨落的放大，压缩与放大的程度由压缩参数 $r=|\xi|$ 表征。

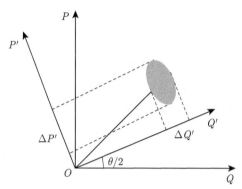

图 8.6   相空间下压缩相干态的误差椭圆

8.5   量子化电磁场与原子相互作用

8.5.1   相互作用哈密顿量

电磁相互作用是迄今为止人们认识世界的最主要方式之一，因此有必要详细讨论电磁场与原子的相互作用。考虑电磁场与单电子原子，电偶极近似下系统的哈密顿量为

$$\hat{H} = \hat{H}_{\text{atom}} + \hat{H}_{\text{field}} - e\vec{r} \cdot \vec{E} \tag{8.196}$$

式中，$\hat{H}_{\text{atom}}$ 和 $\hat{H}_{\text{field}}$ 分别表示原子的哈密顿量与辐射场的哈密顿量；$-e\vec{r} \cdot \vec{E}$ 表示原子与辐射场的电偶极相互作用哈密顿量。$\hat{H}_{\text{atom}}$ 和 $\hat{H}_{\text{field}}$ 的具体形式为

$$\hat{H}_{\text{atom}} = \sum_i \hbar\omega_i \hat{\sigma}_{ii} \tag{8.197}$$

$$\hat{H}_{\text{field}} = \sum_{\vec{k}} \hbar\omega_{\vec{k}} \left(\hat{a}_{\vec{k}}^\dagger \hat{a}_{\vec{k}} + \frac{1}{2} \right) \tag{8.198}$$

式中，$\hat{\sigma}_{ij} = |i\rangle\langle j|$ 表示跃迁算符 $(i \neq j)$ 或投影算符 $(i = j)$。利用基矢的完备性 $\sum_i |i\rangle\langle i| = 1$，有

$$e\vec{r} = \sum_{ij} e|i\rangle\langle i|\vec{r}|j\rangle\langle j| = \sum_{ij} \mu_{ij} \hat{\sigma}_{ij} \tag{8.199}$$

式中，$\mu_{ij} = e\langle i|\vec{r}|j\rangle$ 表示原子在能级 $|i\rangle$ 与 $|j\rangle$ 之间的电偶极跃迁矩阵元。将电磁场算符化：

$$\hat{\vec{E}} = \sum_{\vec{k}} \hat{\epsilon}_{\vec{k}} \mathcal{E}_{\vec{k}} \left(\hat{a}_{\vec{k}} + \hat{a}_{\vec{k}}^{\dagger} \right) \tag{8.200}$$

式中，$\mathcal{E}_{\vec{k}} = \sqrt{\hbar\omega_{\vec{k}}/2\varepsilon_0 V}$ 表示单光子拉比频率。因此

$$-e\vec{r} \cdot \hat{\vec{E}} = \hbar \sum_{\vec{k}} \sum_{ij} g_{\vec{k}}^{ij} \hat{\sigma}_{ij} \left(\hat{a}_{\vec{k}} + \hat{a}_{\vec{k}}^{\dagger} \right) \tag{8.201}$$

式中，耦合系数 $g_{\vec{k}}^{ij}$ 定义为

$$g_{\vec{k}}^{ij} = -\frac{\vec{\mu} \cdot \hat{\epsilon}\mathcal{E}_{\vec{k}}}{\hbar} \tag{8.202}$$

忽略电磁场零点能，系统的总哈密顿量为

$$\hat{H} = \sum_{i} \hbar\omega_i \hat{\sigma}_{ii} + \sum_{\vec{k}} \hbar\omega_{\vec{k}} \hat{a}_{\vec{k}}^{\dagger} \hat{a}_{\vec{k}} + \hbar \sum_{\vec{k}} \sum_{ij} g_{\vec{k}}^{ij} \hat{\sigma}_{ij} \left(\hat{a}_{\vec{k}} + \hat{a}_{\vec{k}}^{\dagger} \right) \tag{8.203}$$

为了看得更加清楚，只考虑原子的能级 $|g\rangle$ 与 $|e\rangle$，如图 8.7所示，假定 $g_{\vec{k}} = g_{\vec{k}}^{eg} = g_{\vec{k}}^{ge}$，并考虑原子波函数的对称性，即 $\langle i|\vec{r}|i\rangle = 0$，这样系统哈密顿量简化为

$$\hat{H} = \underbrace{\hbar \left(\omega_g \hat{\sigma}_{gg} + \omega_e \hat{\sigma}_{ee} \right) + \sum_{\vec{k}} \hbar\omega_{\vec{k}} \hat{a}_{\vec{k}}^{\dagger} \hat{a}_{\vec{k}}}_{H_0} + \underbrace{\hbar \sum_{\vec{k}} g_{\vec{k}} \left(\hat{\sigma}_{eg} + \hat{\sigma}_{ge} \right) \left(\hat{a}_{\vec{k}} + \hat{a}_{\vec{k}}^{\dagger} \right)}_{H_I} \tag{8.204}$$

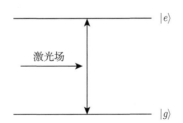

图 8.7　二能级原子与电磁场作用示意图

该相互作用哈密顿量 H_I 中包含以下四项。

(1) $\hat{\sigma}_{eg}\hat{a}_{\vec{k}}$：吸收一个模式为 $\vec{k}$ 的光子，原子从基态 $|g\rangle$ 跃迁至激发态 $|e\rangle$；

(2) $\hat{a}_{\vec{k}}^{\dagger}\hat{\sigma}_{ge}$：$\hat{\sigma}_{eg}\hat{a}_{\vec{k}}$ 的逆过程，原子从激发态 $|e\rangle$ 跃迁至基态 $|g\rangle$，同时辐射出模式为 $\vec{k}$ 的光子；

(3) $\hat{\sigma}_{ge}\hat{a}_{\vec{k}}$：原子从激发态 $|e\rangle$ 跃迁至基态 $|g\rangle$，同时吸收一个模式为 $\vec{k}$ 的光子，系统总能量丢失 $2\hbar\omega_{\vec{k}}$；

(4) $\hat{a}_{\vec{k}}^{\dagger}\hat{\sigma}_{eg}$：原子从基态 $|g\rangle$ 跃迁至激发态 $|e\rangle$，同时辐射出一个模式为 $\vec{k}$ 的光子，系统总能量增加 $2\hbar\omega_{\vec{k}}$。

从能量的角度考虑，前两项符合能量守恒，是合理的。后两项不满足能量守恒，称为反旋转项，将它忽略称为旋转波近似[①]。因此在旋转波近似下，系统哈密顿量可简写为

$$\hat{H} = \hbar\left(\omega_g\hat{\sigma}_{gg} + \omega_e\hat{\sigma}_{ee}\right) + \sum_{\vec{k}}\hbar\omega_{\vec{k}}\hat{a}_{\vec{k}}^{\dagger}\hat{a}_{\vec{k}} + \hbar\sum_{\vec{k}}g_{\vec{k}}\left(\hat{\sigma}_{eg}\hat{a}_{\vec{k}} + \hat{a}_{\vec{k}}^{\dagger}\hat{\sigma}_{ge}\right) \quad (8.205)$$

二能级系统是量子计算过程中实现门操作时常用的系统，为了和门操作更好地对应起来，通常会将原子势能零点选择在基态 $|g\rangle$ 与激发态 $|e\rangle$ 的正中间，这样体系的哈密顿量可以写为如下对称的形式：

$$\hat{H} = \underbrace{\frac{1}{2}\hbar\omega_0\hat{\sigma}_z + \sum_{\vec{k}}\hbar\omega_{\vec{k}}\hat{a}_{\vec{k}}^{\dagger}\hat{a}_{\vec{k}}}_{H_0} + \underbrace{\hbar\sum_{\vec{k}}g_{\vec{k}}\left(\hat{\sigma}_{eg}\hat{a}_{\vec{k}} + \hat{a}_{\vec{k}}^{\dagger}\hat{\sigma}_{ge}\right)}_{H_I} \quad (8.206)$$

式中，$\omega_0 = \omega_e - \omega_g$；$\hat{\sigma}_z$ 是 z 方向的泡利算符。式 (8.206) 所示哈密顿量是考虑量子化多模电磁场与二能级原子或者人工原子相互作用的出发点。

在海森伯绘景下，无论是产生算符与湮灭算符，还是原子的升降算符，都随时间振荡：

$$\hat{a}_{\vec{k}}(t) = \hat{a}_{\vec{k}}(0)\mathrm{e}^{-\mathrm{i}\omega_k t}, \qquad \hat{a}_{\vec{k}}^{\dagger}(t) = \hat{a}_{\vec{k}}^{\dagger}(0)\mathrm{e}^{\mathrm{i}\omega_k t} \quad (8.207)$$

$$\hat{\sigma}_{eg}(t) = \hat{\sigma}_{eg}(0)\mathrm{e}^{\mathrm{i}\omega_0 t}, \qquad \hat{\sigma}_{ge}(t) = \hat{\sigma}_{ge}(0)\mathrm{e}^{-\mathrm{i}\omega_0 t} \quad (8.208)$$

因此有

$$\hat{\sigma}_{ge}(t)\hat{a}_{\vec{k}}(t) = \hat{\sigma}_{ge}(0)\hat{a}_{\vec{k}}(0)\mathrm{e}^{-\mathrm{i}(\omega_{\vec{k}}+\omega_0)t} \quad (8.209)$$

$$\hat{a}_{\vec{k}}^{\dagger}(t)\hat{\sigma}_{eg}(t) = \hat{a}_{\vec{k}}^{\dagger}(0)\hat{\sigma}_{eg}(0)\mathrm{e}^{\mathrm{i}(\omega_{\vec{k}}+\omega_0)t} \quad (8.210)$$

$$\hat{\sigma}_{eg}(t)\hat{a}_{\vec{k}}(t) = \hat{\sigma}_{eg}(0)\hat{a}_{\vec{k}}(0)\mathrm{e}^{-\mathrm{i}(\omega_{\vec{k}}-\omega_0)t} \quad (8.211)$$

$$\hat{a}_{\vec{k}}^{\dagger}(t)\hat{\sigma}_{ge}(t) = \hat{a}_{\vec{k}}^{\dagger}(0)\hat{\sigma}_{ge}(0)\mathrm{e}^{\mathrm{i}(\omega_{\vec{k}}-\omega_0)t} \quad (8.212)$$

忽略掉的不符合能量守恒的两项均以光频振荡，保留的符合能量守恒的两项在近共振区变化非常缓慢。在少数光学周期内，反旋转项的平均贡献等于零，因此完

---

① 从能量是否守恒的角度考虑旋转波近似并不十分准确，如少周期超短脉冲与原子的相互作用过程中，运用旋转波近似时就要非常谨慎。

全可以忽略。需要注意的是，旋转波近似成立有一定的条件，就是载波频率要远大于电磁场的拉比频率，即 $\omega \gg \Omega$。

8.5.2 Jaynes-Cummings 模型

量子化光场与原子的相互作用最经典的模型是 Jaynes-Cummings(J-C) 模型，即单模光场与二能级原子的相互作用。J-C 模型是很多问题的基础与出发点，对该模型的讨论无论是对量子计算的理解与实现，还是对量子相干调控都有非常实际的意义。

考虑单模光场与二能级原子的相互作用，其哈密顿量为

$$\hat{H} = \frac{1}{2}\hbar\omega_0\hat{\sigma}_z + \hbar\omega\hat{a}^\dagger\hat{a} + \hbar g\left(\hat{\sigma}_{eg}\hat{a} + \hat{a}^\dagger\hat{\sigma}_{ge}\right) \tag{8.213}$$

为了使该系统的运动学部分和动力学部分演化更加清楚，将哈密顿量分为如下两部分：

$$H_0 = \frac{1}{2}\hbar\omega_0\hat{\sigma}_z + \hbar\omega\hat{a}^\dagger\hat{a} \tag{8.214}$$

$$H_{\mathrm{I}} = \hbar g\left(\hat{\sigma}_{eg}\hat{a} + \hat{a}^\dagger\hat{\sigma}_{ge}\right) \tag{8.215}$$

转入相互作用绘景[①]：

$$V = \exp\left(\frac{\mathrm{i}H_0 t}{\hbar}\right)H_{\mathrm{I}}\exp\left(\frac{-\mathrm{i}H_0 t}{\hbar}\right) = \hbar g\left(\hat{\sigma}_{eg}\hat{a}\mathrm{e}^{\mathrm{i}\Delta t} + \hat{a}^\dagger\hat{\sigma}_{ge}\mathrm{e}^{-\mathrm{i}\Delta t}\right) \tag{8.216}$$

式中，$\Delta = \omega - \omega_0$ 表示激光场与跃迁之间的失谐量。

假定初始时刻原子处于激发态 $|e\rangle$，单模激光场可按 Fock 态展开，即

$$|\psi(0)\rangle = |e\rangle_{\mathrm{atom}} \otimes \sum_n c_n(0)|n\rangle \tag{8.217}$$

在激光场的作用下，原子与光场组成的系统将在态 $|e\rangle_{\mathrm{atom}} \otimes |n\rangle$ 与态 $|g\rangle_{\mathrm{atom}} \otimes |n+1\rangle$ 之间来回跃迁，所用体系的状态波函数可写为

$$|\psi(t)\rangle = \sum_n c_{g,n+1}|g\rangle_{\mathrm{atom}} \otimes |n+1\rangle + c_{e,n}|e\rangle_{\mathrm{atom}} \otimes |n\rangle \tag{8.218}$$

---

① 利用 Baker-Hausdorff 公式容易证明有

$$\mathrm{e}^{\mathrm{i}\omega\hat{a}^\dagger\hat{a}t}a\mathrm{e}^{-\mathrm{i}\omega\hat{a}^\dagger\hat{a}t} = a\mathrm{e}^{\mathrm{i}\omega t} \tag{8.219}$$

$$\mathrm{e}^{\mathrm{i}\omega_0\hat{\sigma}_z t}\hat{\sigma}_{eg}\mathrm{e}^{-\mathrm{i}\omega_0\hat{\sigma}_z t} = \hat{\sigma}_{eg}\mathrm{e}^{\mathrm{i}\omega_0 t} \tag{8.220}$$

将上述波函数和哈密顿量代入薛定谔方程有

$$\dot{c}_{g,n+1}(t) = -ige^{-i\Delta t}\sqrt{n+1}c_{e,n}(t) \tag{8.221}$$

$$\dot{c}_{e,n}(t) = -ige^{i\Delta t}\sqrt{n+1}c_{g,n+1}(t) \tag{8.222}$$

上述微分方程组不难求解, 考虑式 (8.217) 的初始条件, 有

$$c_{e,n}(t) = \left[\cos(\Omega_n t) - \frac{i\Delta}{2\Omega_n}\sin(\Omega_n t)\right]e^{i\Delta t/2} \tag{8.223}$$

$$c_{g,n+1}(t) = -\frac{ig\sqrt{n+1}}{\Omega_n}\sin(\Omega_n t)e^{-i\Delta t/2} \tag{8.224}$$

式中, Ω_n 定义如下:

$$\Omega_n = \sqrt{\left(\frac{\Delta}{2}\right)^2 + g^2(n+1)} \tag{8.225}$$

1. 初始为真空场: 真空拉比振荡

下面考虑一种特殊情况, 假设初始时刻激光场处于真空态, 即初始时刻 $|\psi(0)\rangle = |e\rangle_a \otimes |0\rangle$, 并假定光场与原子精确共振 $(\Delta = 0)$, 此时系统波函数为

$$|\psi(t)\rangle = \cos(g\sqrt{n+1}t)|e\rangle_a|0\rangle - i\sin(g\sqrt{n+1}t)|g\rangle_a|1\rangle \tag{8.226}$$

量子化电磁场与原子的状态只在态 $|e\rangle_a|0\rangle$ 与态 $|g\rangle_a|1\rangle$ 之间来回振荡, 称为真空拉比振荡。真空拉比振荡与经典相干光诱导的拉比振荡有所不同, 真空拉比振荡过程中有 Fock 态的参与。

真空场驱动原子从激发态跃迁至基态, 同时放出一个光子, 如当 $t = \pi/2g$ 时, 体系状态为 $|g\rangle_a|1\rangle$。这个过程与自发辐射过程类似, 但又有区别。这里辐射出来的光子是由真空场驱动辐射出的模式确定的光子, 因此该过程完全可逆, 辐射出来的这个光子可以再一次被原子吸收。也就是在经过 $\pi/2g$ 的时间, 体系状态回归至 $|e\rangle_a|0\rangle$。正是由于这样的辐射—再吸收循环过程, 表现出拉比振荡的形式, 但是自发辐射却无法形成这样的循环。

值得说明的是, 要观察到真空拉比振荡一般要借助于高品质光学腔, 上面的处理过程中完全忽略了原子的自发辐射 γ 与腔的衰减 κ, 或者耦合系数满足 $g^2 \gg \kappa\gamma$, 也就是腔量子电动力学 (quantum electrodynamics, QED) 系统中的强耦合区。随着近些年光学微腔技术的进步, 制备高品质光学微腔, 研究强耦合区腔 QED 系统中的量子相干现象已完全成为可能, 并逐渐向超强耦合区迈进。

2. 初始为相干场: 崩塌与恢复

考虑初始光场为相干态光场, 即初始系统波函数为

$$|\psi(0)\rangle = |e\rangle_{\text{atom}} \otimes \sum_n \underbrace{e^{-|\alpha|^2/2} \frac{\alpha^n}{\sqrt{n!}}}_{c_n(0)} |n\rangle \tag{8.227}$$

不难求得 t 时刻体系波函数为

$$|\psi(t)\rangle = \sum_n e^{-|\alpha|^2/2} \frac{\alpha^n}{\sqrt{n!}} \left[\cos(g\sqrt{n+1}t)|e\rangle_{\text{a}}|n\rangle - \mathrm{i}\sin(g\sqrt{n+1}t)|g\rangle_{\text{a}}|n+1\rangle \right] \tag{8.228}$$

式 (8.228) 给出了原子的动力学演化。对于相干态入射光场, 场的态主要由权重最大的光子数态 (对应于平均光子数) 决定。相干场的平均光子数为 $\langle n \rangle = \sqrt{|\alpha|}$, 当光子数较多时, 泊松分布的中心在 $n = \langle n \rangle$, 宽度为 $\Delta n / \langle n \rangle = 1/\sqrt{\langle n \rangle}$, 可以作如下近似 $\sqrt{n+1} \approx \sqrt{\langle n \rangle}$, 有

$$
\begin{aligned}
|\psi(t)\rangle &\approx \sum_n e^{-|\alpha|^2/2} \frac{\alpha^n}{\sqrt{n!}} \left[\cos(g\sqrt{\langle n \rangle}t)|e\rangle_{\text{atom}}|n\rangle - \mathrm{i}\sin(g\sqrt{\langle n \rangle}t)|g\rangle_{\text{atom}}|n+1\rangle \right] \\
&\approx \sum_n e^{-|\alpha|^2/2} \frac{\alpha^n}{\sqrt{n!}} \left[\cos(g\sqrt{\langle n \rangle}t)|e\rangle_{\text{atom}}|n\rangle - \mathrm{i}\sin(g\sqrt{\langle n \rangle}t)|g\rangle_{\text{atom}}|n\rangle \right] \\
&= \left[\cos(g\sqrt{\langle n \rangle}t)|e\rangle_{\text{atom}} - \mathrm{i}\sin(g\sqrt{\langle n \rangle}t)|g\rangle_{\text{atom}} \right] \otimes |\alpha\rangle
\end{aligned} \tag{8.229}
$$

上述近似其实是将相干场的作用回归至经典场, 因此这时原子系统的动力学演化也回归到经典的拉比振荡。

如果将注意力放在相干态光场上, 如考虑此时系统光子数态的概率分布, 则需要将原子自由度求迹予以消除。这样便可得到光子数态 $|n\rangle$ 的概率:

$$
\begin{aligned}
p(n) &= |c_{g,n}(t)|^2 + |c_{e,n}(t)|^2 \\
&= \rho_{nn}(0)\cos^2(g\sqrt{n+1}t) + \rho_{n-1,n-1}(0)\sin^2(g\sqrt{n}t)
\end{aligned} \tag{8.230}
$$

式中, $\rho_{nn}(0)$ 表示初始相干态中光子数态的概率分布, 即

$$\rho_{nn}(0) = \frac{\langle n \rangle e^{-\langle n \rangle}}{n!} \tag{8.231}$$

图 8.8中给出了光子数态 $|n\rangle$ 的概率 $p(n)$(实线) 与初始相干态中光子数态的概率分布 $\rho_{nn}(0)$ (虚线)。图 8.8(a) 和 (b) 中, 平均光子数分别为 $\langle n \rangle = 25$ 和 $\langle n \rangle = 50$, 相关参数取为 $\Delta = 0$, $gt = 10$。

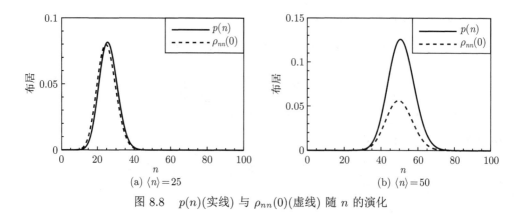

图 8.8　$p(n)$(实线) 与 $\rho_{nn}(0)$(虚线) 随 n 的演化

下面考察另一个重要的量——粒子数反转$W(t)$。$W(t)$ 的定义如下：

$$W(t) = \sum_n \left[|c_{e,n}(t)|^2 - |c_{g,n}(t)|^2 \right] = \sum_n \frac{\langle n \rangle e^{-\langle n \rangle}}{n!} \cos(\Omega_n t) \tag{8.232}$$

式中, $\Omega_n = 2g\sqrt{\langle n \rangle + 1}$。从式 (8.232) 能清楚看出，相干态光场中的每一个光子数态都能激发自己的拉比振荡，拉比振荡在高斯包络线下衰减。拉比振荡的周期为

$$\tau_{\text{Rabi}} \sim \frac{2\pi}{2\Omega_n} \sim \frac{\pi}{g\langle n \rangle} \tag{8.233}$$

很显然，相干态光场中各种不同光子数态激发的拉比振荡频率不同，也就是贡献不同的相位，而粒子数反转 $W(t)$ 是所有光子数态按照相应的权重叠加的结果。很自然的结果就是经过一段时间演化之后，所有光子数态的贡献求和等于零，即拉比振荡消失。再经过一段时间之后，不同成分的贡献又开始同步，这时拉比振荡便逐渐恢复，其物理图像与光子回波类似。图 8.9 为 $\langle n \rangle = 10$, $\Delta = 0$, $g = 1$ 条件下 $W(t)$ 随时间的演化。

相干态光场的光子数涨落为 $\Delta n = \sqrt{\langle n \rangle}$，拉比振荡崩塌时间 τ_{Collapse} 可估算如下：

$$\left(\Omega_{n+\Delta n} - \Omega_{n-\Delta n} \right) \tau_{\text{Collapse}} \sim 2\pi \tag{8.234}$$

因此有

$$\tau_{\text{Collapse}} \sim \frac{2\pi}{\Omega_{n+\Delta n} - \Omega_{n-\Delta n}} \sim \frac{\pi}{g} \tag{8.235}$$

如果相邻光子数态的相位差为 2π 的整数倍，这时所有光子数态对粒子数反转的贡献同相，拉比振荡恢复。恢复时间 τ_{Revival} 为

$$\left(\Omega_{\langle n \rangle + 1} - \Omega_{\langle n \rangle} \right) \tau_{\text{Revival}} = 2m\pi, \quad m = 1, 2, \cdots \tag{8.236}$$

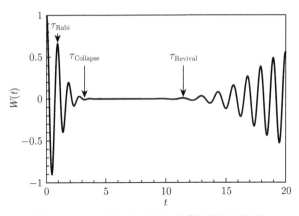

图 8.9　相干场驱动下拉比振荡的崩塌与恢复

这种衰减、崩塌与恢复是相干态中各成分叠加的结果，是纯量子力学的效应。这种现象已在超导腔–原子耦合系统中观测到[10]。

8.5.3　光子–原子缀饰方法

缀饰原子方法是研究量子化电磁场与原子或类原子体系相互作用过程中常用的方法，可以更清楚地理解其中的物理过程，如腔量子电动力学中的基于光子–光子相互作用的光子阻塞现象。本小节介绍量子化电磁场 (光子)–原子作用系统的缀饰态。

1. 方法概述

考虑单模光子与二能级原子相互作用系统，该系统包括两部分：二能级原子和光子气。原子的基态 $|g\rangle$ 和激发态 $|e\rangle$ 是原子哈密顿量 $\hat{H}_{\mathrm{atom}}$ 的本征态：

$$\hat{H}_{\mathrm{atom}}|g\rangle = \hbar\omega_g|g\rangle, \quad \hat{H}_{\mathrm{atom}}|e\rangle = \hbar\omega_e|e\rangle \tag{8.237}$$

为了简单省去零点能，光子气的哈密顿量 $\hat{H}_{\mathrm{field}}$ 为

$$\hat{H}_{\mathrm{field}} = \hbar\omega\hat{a}^\dagger\hat{a} \tag{8.238}$$

首先不考虑光子与原子之间的相互作用，有

$$(\hat{H}_{\mathrm{atom}} + \hat{H}_{\mathrm{field}})|e, n\rangle = \hbar(\omega_e + n\omega)|e, n\rangle \tag{8.239}$$

$$(\hat{H}_{\mathrm{atom}} + \hat{H}_{\mathrm{field}})|g, n+1\rangle = \hbar[\omega_g + (n+1)\omega]|g, n+1\rangle \tag{8.240}$$

波函数中第一个指标表示原子状态，第二个指标表示光子数目。在光子与原子近共振情况下，态 $|g, n+1\rangle$ 和态 $|e, n\rangle$ 的能量非常接近，能量差可写为

$$E_{g,n+1} - E_{e,n} = \hbar(\omega - \omega_{eg}) = \hbar\delta \tag{8.241}$$

式中, $\delta = \omega - \omega_{eg}$ 表示激光场与原子跃迁之间的失谐; $\omega_{eg} = \omega_e - \omega_g$ 表示原子基态与激发态之间的跃迁频率。如果光子与原子跃迁精确共振, 即 $\omega = \omega_{eg}$, 则态 $|e, n\rangle$ 与态 $|g, n+1\rangle$ 完全简并。如果 $\delta > 0$, 则态 $|g, n+1\rangle$ 的能量比态 $|e, n\rangle$ 高, 如图 8.10中间所示, 反之要低。

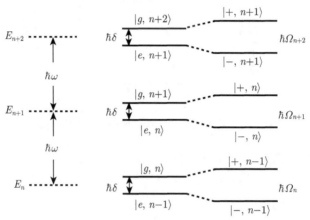

图 8.10　$\delta > 0$ 时三个相邻多重能级的裸态与缀饰态能级

光子与原子的耦合哈密顿量是湮灭算符与产生算符的线性组合, 形式如下:

$$H_{\mathrm{I}} = \hbar g \left(\hat{\sigma}_{eg} \hat{a} + \hat{a}^\dagger \hat{\sigma}_{ge} \right) \tag{8.242}$$

选择 $\{|g, n+1\rangle, |e, n\rangle\}$ 作为基矢, 并考虑失谐, 光子–原子相互作用体系的哈密顿量为

$$H = \hbar \begin{pmatrix} \delta & g\sqrt{n+1} \\ g\sqrt{n+1} & 0 \end{pmatrix} \tag{8.243}$$

容易求解上述哈密顿量的本征值为

$$\lambda_\pm(n) = \frac{\hbar}{2} (\delta \pm \Omega_n) \tag{8.244}$$

式中, $\Omega_n^2 = \delta^2 + 4g^2(n+1)$。不难看出, 缀饰能级 $|+(n)\rangle$ 与 $|-(n)\rangle$ 之间的能量差为 $\hbar\Omega_n$。图 8.10给出了三个相邻多重能级的裸态和缀饰态能级, 这里是以 $\delta > 0$ 的情况举例说明的, 且对应光子数比较多的情况。

相应本征态为

$$|+(n)\rangle = \sin\theta(n)|g, n+1\rangle + \cos\theta(n)|e, n\rangle \tag{8.245}$$

$$|-(n)\rangle = \cos\theta(n)|g, n+1\rangle - \sin\theta(n)|e, n\rangle \tag{8.246}$$

式中，$\theta(n)$ 的定义如下：

$$\tan 2\theta(n) = -\frac{2g\sqrt{n+1}}{\delta}, \quad 0 \leqslant \theta(n) < \frac{\pi}{2} \tag{8.247}$$

2. 应用举例 1：Mollow 荧光三重线

强激光驱动二能级原子，在荧光谱中可以观测到三峰结构，即 Mollow 荧光三重线。Mollow 三峰结构在缀饰态耦合表象下很好理解。激光较强时，可忽略光子数不同引起的缀饰能级间距的差异。在裸态表象下，只有 $|e,n\rangle \rightarrow |g,n\rangle$ 是允许的 (强激光驱动，忽略光子数的变化)，在缀饰表象下，能量高的态 $|+,n\rangle$ 和态 $|-,n\rangle$ 中均有态 $|e,n\rangle$ 的成分，能量低的态 $|+,n-1\rangle$ 和态 $|-,n-1\rangle$ 中同时有态 $|g,n\rangle$ 的成分，因此有四个跃迁通道，分别是

通道 1:　　$|+,n\rangle \rightarrow |+,n-1\rangle$，　频率为 ω

通道 2:　　$|+,n\rangle \rightarrow |-,n-1\rangle$，　频率为 $\omega + \Omega$

通道 3:　　$|-,n\rangle \rightarrow |+,n-1\rangle$，　频率为 $\omega - \Omega$

通道 4:　　$|-,n\rangle \rightarrow |-,n-1\rangle$，　频率为 ω

$\delta > 0$ 时光子和原子系统两个相邻多重能级的裸态与缀饰态能级及四个跃迁通道如图 8.11所示。

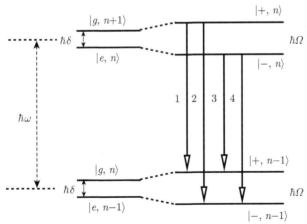

图 8.11　$\delta > 0$ 时光子和原子系统两个相邻多重能级的裸态与缀饰态能级及四个跃迁通道

四个跃迁通道如图 8.11中空心箭头所示。由于 $|+,n\rangle \rightarrow |+,n-1\rangle$ 和 $|-,n\rangle \rightarrow |-,n-1\rangle$ 跃迁对应的荧光频率都是 ω，$|-,n\rangle \rightarrow |+,n-1\rangle$ 和 $|+,n\rangle \rightarrow |-,n-1\rangle$ 跃迁对应的荧光频率分别是 $\omega - \Omega$ 和 $\omega + \Omega$。这样，四个跃迁通道产生荧光的三峰结构，中央线 ω 较两个边带 $\omega \pm \Omega$ 强，该荧光光谱通常称为 Mollow 荧光三重

线[11]。如果将原子置入光学腔，光子数为零，此时基态只有一个，三峰结构蜕化为双峰结构，即真空拉比劈裂。

3. 应用举例 2：光子阻塞效应

无论是量子信息过程还是构建量子网络，稳定可控的单光子源一直是人们迫切需要实现的。结合高品质光学腔与利用电磁感应透明技术实现的光子–光子之间的强相互作用 (也就是自克尔非线性) 是实现单光子的有效途径之一 [12-13]。基于自克尔非线性的光子阻塞可以理解为光子–光子相互作用引起了光学腔本征频率的移动，导致第二个光子无法耦合进腔内。

考虑光学腔–单个二能级原子的系统，也可以实现光子阻塞 [14-15]。在缀饰态下很好理解该系统实现光子阻塞的机制。根据上述缀饰态理论，可以给出裸态和缀饰态表象下光子–二能级原子系统的基态与部分激发态能级，如图 8.12 所示。光子数比较少时，需要考虑光子数目对缀饰能级间隔的影响。缀饰能级 $|+,1\rangle$ 与 $|-,1\rangle$ 之间的间隔为 $2\hbar g$，而缀饰能级 $|+,2\rangle$ 与 $|-,2\rangle$ 之间的间隔为 $2\sqrt{2}\hbar g$。控制探测光频率，使其与 $|g,0\rangle \rightarrow |-,1\rangle$ 共振。第一个光子耦合进入光学腔，可以激发 $|g,0\rangle \rightarrow |-,1\rangle$ 的跃迁。第二个光子与缀饰能级 $|-,1\rangle$ 和 $|-,2\rangle$ 之间的频率差大于腔的带宽，第二个光子则无法耦合进光学腔，实现阻塞。

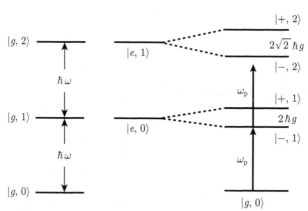

图 8.12   裸态和缀饰态表象下光子–二能级原子系统的基态与部分激发态能级

如果控制光子频率可以打开从缀饰能级 $|g,0\rangle$ 到 $|-,2\rangle$ 的双光子跃迁通道，实现光子反阻塞，这时单个光子则不能耦合进入光学腔。

8.6   自发辐射的 Weisskopf-Wigner 理论

实验表明，处于激发态的原子会在特征时间内跃迁至基态，称为自发辐射。含时微扰理论发展起来之后，可以很好地理解量子跃迁过程，但是激发态的电子为什么会向低能态跃迁困扰了人们很长一段时间，因为按照含时微扰理论，在没有外激发的情况下，电子不会主动发生量子跃迁。可以这样说，如果将电磁场视为经典的电磁波，无法理解自发辐射过程，相应的密度矩阵方程或者薛定谔方程都是唯象将自发辐射过程考虑进来的。本节给出处理自发辐射过程的 Weisskopf-Wigner(W-W) 理论[①]。

　　仍考虑二能级原子系统与电磁场的相互作用，将电磁场量子化，并将其视为光子气。原子中激发态的电子跃迁至基态，同时放出一个光子到连续光子库。基于此，可以写出旋转波近似后该系统的相互作用哈密顿量：

$$\hat{H}_{\mathrm{I}} = \hbar \sum_{\vec{k}} [g_{\vec{k}}^*(\vec{r}_0)\sigma_+ a_{\vec{k}} \mathrm{e}^{\mathrm{i}(\omega_{eg}-\omega_{\vec{k}})t} + \mathrm{H.c.}] \tag{8.248}$$

式中，$g_{\vec{k}}(\vec{r}_0) = g_{\vec{k}} \mathrm{e}^{-\mathrm{i}\vec{k}\cdot\vec{r}_0}$；$\vec{r}_0$ 表示原子的位置矢量。假定初始时刻原子处于激发态 $|e\rangle$，光场处于真空态 $|0\rangle$，则原子与光场组成的系统波函数可写为

$$|\psi(t)\rangle = c_e(t)|e,0\rangle + \sum_{\vec{k}} c_{g,\vec{k}}|g,1_{\vec{k}}\rangle \tag{8.249}$$

初始条件如下：

$$c_e(0) = 1, \quad c_{g,\vec{k}}(0) = 0 \tag{8.250}$$

由薛定谔方程可得概率幅 $c_e(t)$、$c_{g,\vec{k}}(t)$ 满足如下方程：

$$\dot{c}_e(t) = -\mathrm{i} \sum_{\vec{k}} g_{\vec{k}}^*(\vec{r}_0) \mathrm{e}^{\mathrm{i}(\omega_{eg}-\omega_{\vec{k}})t} c_{g,\vec{k}}(t) \tag{8.251}$$

$$\dot{c}_{g,\vec{k}}(t) = -\mathrm{i} g_{\vec{k}}(\vec{r}_0) \mathrm{e}^{\mathrm{i}(\omega_{eg}-\omega_{\vec{k}})t} c_e(t) \tag{8.252}$$

对式 (8.252) 形式积分可得

$$c_{g,\vec{k}}(t) = -\mathrm{i} g_{\vec{k}}(\vec{r}_0) \int_0^t \mathrm{d}t' \mathrm{e}^{-\mathrm{i}(\omega_{eg}-\omega_{\vec{k}})t'} c_e(t') \tag{8.253}$$

将式 (8.253) 代入式 (8.251)，并整理得

$$\dot{c}_e(t) = -\sum_{\vec{k}} |g_{\vec{k}}(\vec{r}_0)|^2 \int_0^t \mathrm{d}t' \mathrm{e}^{\mathrm{i}(\omega_{eg}-\omega_{\vec{k}})(t-t')} c_e(t') \tag{8.254}$$

[①] 关于自发辐射的计算，爱因斯坦给出过一个唯象的方法，即考虑自发辐射、受激辐射与受激吸收三个过程，再由速率方程和平衡条件得到自发辐射率，结果与本节的结果一致。

将对 $\vec{k}$ 的求和改成积分：

$$\sum_{\vec{k}} \rightarrow 2\frac{V}{(2\pi)^3} \int_0^{2\pi} \mathrm{d}\phi \int_0^{\pi} \sin\theta \mathrm{d}\theta \int_0^{\infty} k^2 \mathrm{d}k \tag{8.255}$$

式中，V 是量子化体积。考虑式 (8.202)，$\left|g_{\vec{k}}(\vec{r}_0)\right|^2$ 可写为

$$\left|g_{\vec{k}}(\vec{r}_0)\right|^2 = \frac{\omega_{\vec{k}}}{2\hbar\varepsilon_0 V}|\mu_{eg}|^2 \cos^2\theta \tag{8.256}$$

式中，θ 是电偶极矩 $\vec{\mu}_{eg}$ 与光子偏振方向之间的夹角，则式 (8.254) 可改写为

$$\dot{c}_e(t) = -\frac{4|\mu_{eg}|^2}{(2\pi)^2 \times 6\hbar\varepsilon_0 c^3} \int_0^{\infty} \mathrm{d}\omega_{\vec{k}} \omega_{\vec{k}}^3 \int_0^t \mathrm{d}t' \mathrm{e}^{\mathrm{i}(\omega_{eg}-\omega_{\vec{k}})(t-t')} c_e(t') \tag{8.257}$$

自发辐射谱是以跃迁频率 ω_{eg} 为中心对称分布的，基于此可以将 $\omega_{\vec{k}}^3$ 改写为 ω_{eg}^3，并将积分下限改为 $-\infty$，交换积分次序并利用 δ 函数特性可得[①]

$$\dot{c}_e(t) = -\frac{\gamma_e}{2} c_e(t) \tag{8.258}$$

式中，自发辐射率 γ_e 为

$$\gamma_e = \frac{1}{4\pi\varepsilon_0} \frac{4\omega_{eg}^3 |\mu_{eg}|^2}{3\hbar c^3} \tag{8.259}$$

求解式 (8.258) 即可得

$$\rho_{ee}(t) \equiv |c_e(t)|^2 = e^{-\gamma_e t} \tag{8.260}$$

处于激发态 $|e\rangle$ 的原子将以指数形式衰减，寿命为 $\tau_e = 1/\gamma_e$。

从表达式 (8.259) 可以看出，原子能级自发辐射率的大小由跃迁频率与相应跃迁能级之间的电偶极矩阵元决定。自发辐射过程其实是原子与真空模相互作用导致的，可以理解为真空库中的虚激发，也就是自发辐射过程强烈依赖于原子所处的库。因此，可以通过对原子所处的库进行操控来影响自发辐射过程，如将原子置于光学腔中。这部分内容将在 8.7.5 小节详细展开。

---

① 这里用到 δ 函数的特性：

$$\frac{1}{2\pi} \int_{-\infty}^{\infty} \mathrm{d}\omega_k \mathrm{e}^{\mathrm{i}(\omega_{eg}-\omega_k)(t-t')} = \delta(t-t') \tag{8.261}$$

8.7　光学腔–原子耦合系统

光学腔–原子耦合系统主要探讨原子或类原子与特定边界条件下量子化光场的相互作用，由于光学腔对电磁场的局域效应，可以增强原子的吸收散射截面，实现光与原子的强耦合。这方面的研究始于 1946 年美国物理学会秋季会议。Purcell[16] 在实验中发现当自旋系统与共振电路耦合时，原子核自旋跃迁的自发辐射率会发生显著变化。室温条件下 (300K)，频率为 10MHz，$\mu = 1$ 核磁子的自发辐射弛豫时间大约是 5×10^{21}s。如果在核磁子材料中混入直径为 10^{-3}cm 的金属颗粒，自发辐射率显著增强，这就是著名的 Purcell 效应。

经过 70 余年的发展，随着光学微腔技术与半导体技术的发展与更新，无论是量子信息过程与量子计算，还是构建量子网络及相关量子元器件 (如光学二极管、循环器等) 的开发，光学腔–原子耦合系统实现了诸多新奇的物理现象，显示了其他系统无法比拟的性能和不可替代的作用。例如，对自发辐射的控制，强耦合条件下的拉比分裂、单光子源、纠缠光子源、单光子探测等。类似的方案从光学腔–原子耦合系统推广到光学腔–量子发射体 (原子、量子点、NV 色心等) 耦合系统。本节简单介绍光学腔的基本概念与指标，输入–输出关系，波导–光学腔–原子系统中的实空间方法，最后探讨这类耦合系统在量子元器件上的潜在应用。

8.7.1　光学腔的基本概念与指标

微加工技术的发展使得实验上可以制备各种不同形式的高品质腔，如微球腔、微盘与微环形腔、光子晶体腔等。也正是因为这些技术的发展，人们对光学腔–原子耦合系统的研究逐渐从弱耦合区过渡到强耦合区。

考虑原子与光束的相互作用，光束的束腰面积 $A = \pi(d/2)^2$，d 为光束束腰直径。对于波长为 λ 的光，原子吸收散射截面 $\sigma_{\text{abs}} = 3\lambda^2/2\pi$。确定的光子–原子相互作用过程的发生要求 $\sigma_{\text{abs}} \gg A$。在自由空间，即使是高斯光束在衍射极限条件下也无法满足这样的条件。例如，光子与中性原子发生相互作用的概率约为 0.05，与离子发生相互作用的概率约为 0.01，与分子发生相互作用的概率约为 0.1。如果将原子置于如图 8.13所示的由两面镜子组成的法布里–珀罗腔 (F-P 腔)，情况会大不一样。图中腔由镜子 M_1 和 M_2 组成，反射率分别为 r_1 和 r_2，腔内光子总泄漏率为 $\kappa = \kappa_{\text{out}} + \kappa_{\text{loss}}$。腔内的光子会被镜面来回反射许多次，等效于增强了原子的吸收散射截面，光子与原子的相互作用概率也极大提升，定义光子泄漏出去之前在腔内往返的次数为精细度，记镜子 M_1 和 M_2 的反射率分别为 r_1 和 r_2，则腔的精细度为

$$\mathcal{F} = \frac{\pi(r_1 r_2)^{1/4}}{1 - \sqrt{r_1 r_2}} \tag{8.262}$$

处于精细度为 $\mathcal{F}$ 的腔内，光子可以在腔内往返很多次，这样原子的吸收散射截面可以提升 $\mathcal{F}/\pi$，因此与光子发生相互作用的条件为

$$\left(\frac{3\lambda^2}{2\pi}\right) \times \left(\frac{\mathcal{F}}{\pi}\right) \gg \frac{\pi}{4}d^2 \tag{8.263}$$

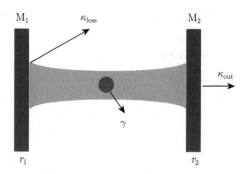

图 8.13　法布里–珀罗腔与原子组成的腔 QED 系统

上述条件也可以用另一种形式来描述。腔镜并不能做到理想的全反射，光子在腔内每循环一次会有以小概率透过腔镜泄漏出去，同时由于光场本身的衍射等效应，以及腔的结构等原因，光子会从腔的侧面泄漏出去。这两个过程带来的泄漏率分别用 κ_{out} 和 κ_{loss} 表示，$\kappa = \kappa_{\mathrm{out}} + \kappa_{\mathrm{loss}}$ 表示腔的总泄漏率，常称为腔的总衰减。腔的总衰减 κ 依赖于腔镜的反射率和整个腔质量的好坏，它与精细度 $\mathcal{F}$ 之间的关系为

$$\kappa = \frac{\pi c}{2l\mathcal{F}} \tag{8.264}$$

式中，c 表示光速；l 表示腔长。腔的总衰减也可以由腔的品质因子 Q 来定义[①]：

$$\kappa = \frac{\omega_c}{Q} \tag{8.265}$$

结合 8.6 节得到的原子自发辐射衰减率与单光子拉比频率表达式，定义单原子的合作参数：

$$C = \frac{g^2}{2\kappa\gamma} \tag{8.266}$$

原子的衰减和腔的泄漏都是与外部环境中的真空库相互作用的结果，是不可逆过程，腔模与原子的偶极相互作用属于可逆的相干过程，相互作用强度用 g 表

① 腔质量也常用品质因子 Q 来描述，尤其是在激光物理中。

征。合作参数 C 描述可逆过程与不可逆过程时间的强度关系，根据 κ、γ 和 g 三者关系可分为弱耦合区与强耦合区两种情况。

(1) 弱耦合区 ($C \ll 1$，即 $g \ll \kappa, \gamma$)。此时原子与腔模之间的耦合远小于腔的泄漏率与原子自发辐射率，光子很快从腔内泄漏出去，不可逆的衰减过程比可逆光子–原子相干耦合过程强，不可逆过程起主导作用，但原子的衰减率会受到腔的调制。

(2) 强耦合区 ($C \gg 1$，即 $g \gg \kappa, \gamma$，该条件与式 (8.263) 等价)。此时光子–原子耦合过程比不可逆的泄漏和衰减过程强，可逆的相干过程起主导作用。因此在原子能级与腔模之间会出现振荡，光子在腔模与原子之间被多次吸收与辐射。即使腔内只有一个原子，也能观察到很明显的效应，如单原子的腔电磁感应透明[17]、单原子–腔系统中的光子阻塞[14] 与单光子的产生[18]。

光子–原子的强耦合可以通过原子的集体激发来实现。如果腔内有 N 个原子与腔模作用，则合作参数 $C_N = NC$。合作参数 C 的倒数 $1/C$ 称为临界原子数，表示要实现比较强的效应时，腔内原子需要达到的数目。还可以通过类似的方式定义腔内的临界光子数 n_c，也就是明显改变原子辐射特性所需的光子数，即自发辐射率与受激辐射率可比拟时的光子数，定义如下：

$$n_c = \frac{\gamma^2}{2g^2} \tag{8.267}$$

单光子拉比频率 $g = \sqrt{\mu_{eg}^2 \omega / (2\hbar\varepsilon_0)V}$ 表明光子–原子耦合强度可以通过减小腔的模体积来实现。当然微腔的发展除了实现强相互作用之外，集成性与可扩展性也是其考虑的因素。

8.7.2　自发辐射的抑制与增强

W-W 理论表明，原子的自发辐射与所处的真空库息息相关，是由外部库中的虚激发引起的。因此可以通过对库的控制实现对原子自发辐射的相干操控，如抑制或者增强。腔通过给真空库施加边界条件对真空库的模式进行调控和选择，从而原子所处的真空库环境也相应发生改变，因此将原子放入腔内可以实现对原子自发辐射的操控。

以 J-C 模型为例，假设初始时刻原子处于激发态 $|e\rangle$，腔内光子数为 0，因此原子与光子组成的系统波函数可写为

$$|\psi(t)\rangle = c_{g,1}(t)|g,1\rangle + c_{e,0}(t)|e,0\rangle \tag{8.268}$$

根据 8.5.3 小节内容，可得概率幅方程：

$$\dot{c}_{g,1}(t) = \mathrm{i}\delta c_{g,1}(t) + \mathrm{i}g c_{e,0}(t) \tag{8.269}$$

$$\dot{c}_{e,0}(t) = \mathrm{i}g c_{g,1}(t) \tag{8.270}$$

腔的泄漏与原子的衰减可由如下哈密顿量描述：

$$\hat{H}_{\mathrm{dissip}} = -\mathrm{i}\frac{\kappa}{2}\hat{a}^\dagger\hat{a} - \mathrm{i}\frac{\gamma}{2}\hat{\sigma}_{eg}\hat{\sigma}_{ge} \tag{8.271}$$

将式 (8.271) 引入概率幅方程，有

$$\dot{c}_{g,1}(t) = -\left(\frac{\kappa}{2} - \mathrm{i}\delta\right)c_{g,1}(t) + \mathrm{i}g c_{e,0}(t) \tag{8.272}$$

$$\dot{c}_{e,0}(t) = \mathrm{i}g c_{g,1}(t) - \frac{\gamma}{2}c_{e,0}(t) \tag{8.273}$$

上述概率幅方程表明，在强耦合区 $(g \gg \kappa, \gamma)$，一个光子在从腔中泄漏出去之前会引起拉比振荡，因此整个系统表现出逐渐衰减的振荡行为。

1. 开放腔：Purcell 效应

如果腔的衰减大于原子与腔的耦合，即 $\kappa > g$，光子很容易泄漏出去，因此可以取 $\dot{c}_{g,1}(t) \approx 0$，这样有

$$c_{g,1} = \frac{\mathrm{i}g}{\kappa/2 - \mathrm{i}\delta}c_{e,0}(t) \tag{8.274}$$

将式 (8.274) 代入式 (8.273)，并整理有

$$\dot{c}_{e,0}(t) = -\underbrace{\left[\frac{\gamma}{2} + \frac{g^2(\kappa/2)}{(\kappa/2)^2 + \delta^2}\right]}_{\gamma_{\mathrm{eff}}/2}c_{e,0}(t) - \mathrm{i}\underbrace{\frac{g^2\delta}{(\kappa/2)^2 + \delta^2}}_{\text{兰姆移位}}c_{e,0}(t) \tag{8.275}$$

式 (8.275) 等号右边第一项为原子的等效自发辐射；第二项描述的是由腔模作用引起的兰姆移位。有效自发辐射率可写为

$$\gamma_{\mathrm{eff}} = \gamma + \frac{g^2\kappa}{(\kappa/2)^2 + \delta^2} \tag{8.276}$$

如果是开放腔，并且腔模与原子精确共振，则有

$$\gamma_{\mathrm{eff}}^{\mathrm{open}} = \gamma + \frac{4g^2}{\kappa} \tag{8.277}$$

与自由空间的自发辐射相比，此时原子的自发辐射率增强，这就是 Purcell 效应。

2. 封闭腔：自发辐射的抑制

如果是封闭腔，无法与外界真空库发生耦合，原子此时的辐射率 $\gamma = 0$，有效辐射率为

$$\gamma_{\text{eff}} = \frac{g^2\kappa}{(\kappa/2)^2 + \delta^2} \tag{8.278}$$

控制腔模与原子跃迁频率大失谐，$\delta \gg \kappa$，因为没有与原子跃迁共振或近共振的模式，原子的自发辐射率可以被很好地抑制。

自发辐射率增强与抑制的理论分析非常清楚，但实验观测有难度，难度在于要影响原子的辐射，对腔模的频率或波长有所选择。对于常用的碱金属原子 D 线，频率约为 10^2THz，这就要求腔镜之间的距离至少在微米量级。基于微加工技术的原因，自发辐射的抑制与增强到 20 世纪 80 年代才在实验上观测到。Kleppner 小组在实验上选择的原子跃迁是 Cs 原子基态到里德伯态的跃迁，腔镜之间的距离约为 0.2mm，实验上观测到原子寿命提升了 20 倍[19]。Haroche 小组将 Cs 原子束激发到 5d 态，5d→6p 跃迁波长为 3.5μm。调整镜面间距为 1.1μm，实验观测原子束通过镜面之间区域时的寿命是自由空间的 13 倍[20]。将 Na 原子置入毫米量级的腔中，利用里德伯态，Haroche 小组观测到增强 500 倍的自发辐射率[21]。

8.7.3　经典输入-输出关系

简单起见，考虑如图 8.14 所示的经典单模单边 F-P 腔，M_1 的透射率和反射率分别为 t_1 和 r_1，M_2 的反射率为 1。外部电磁场 E_{in} 经 M_1 耦合进腔内，往返一次后一部分再次反射在腔内循环，还有一部分经 M_1 反射出来。考察腔内的情况，循环一次腔内的场变为

$$E(t + \Delta t) = tE_{\text{in}}(t) + rE(t) \tag{8.279}$$

式中，$\Delta t = 2l/c$ 为往返一次的时间。因此有

$$\begin{aligned}
\frac{\mathrm{d}}{\mathrm{d}t}E(t) &= \frac{E(t + \Delta t) - E(t)}{\Delta t} \\
&= -\frac{(1-r)c}{2l}E(t) + \frac{c}{2l}tE_{\text{in}}(t)
\end{aligned} \tag{8.280}$$

M_1 的反射率和透射率满足 $t^2 + r^2 = 1$，并考虑一般 $t \to 0$，因此有 $r = (1-t^2)^{1/2} \approx 1 - t^2/2$，代入式 (8.280)，整理可得

$$\frac{\mathrm{d}}{\mathrm{d}t}E(t) = -\frac{\kappa}{2}E(t) + \sqrt{\frac{\kappa c}{2l}}E_{\text{in}}(t) \tag{8.281}$$

式中，$\kappa = t^2 c/2l$。对式 (8.281) 作傅里叶变换即可得

$$E(\omega) = \frac{\sqrt{\kappa c/2l}}{\kappa/2 - \mathrm{i}\omega} E_{\mathrm{in}}(\omega) \tag{8.282}$$

因此，腔的线形为宽度为 κ 的洛伦兹型。输出端 $E_{\mathrm{out}}(t)$ 与腔内的场 $E(t)$ 和输入端 $E_{\mathrm{in}}(t)$ 之间满足如下输入输出关系：

$$E_{\mathrm{out}}(t) = -rE_{\mathrm{in}}(t) + tE(t) \tag{8.283}$$

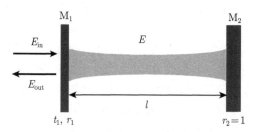

图 8.14　经典单模单边 F-P 腔

如果腔内有原子，极化的原子会影响腔模的演化，这时 $E(t)$ 满足的方程为

$$\frac{\mathrm{d}}{\mathrm{d}t} E(t) = -\frac{\kappa}{2} E(t) + \sqrt{\frac{\kappa c}{2l}} E_{\mathrm{in}}(t) + \frac{\mathrm{i}\nu P}{2\varepsilon_0} \tag{8.284}$$

式中，P 表示腔内介质的极化率；ν 表示腔共振中心频率。

8.7.4　量子输入-输出关系

1. 基本理论

考虑如图 8.15 所示的量子单模单边 F-P 腔，外场的频率远大于耦合强度，考虑旋转波近似，该系统哈密顿量有三部分：

$$\hat{H} = \hat{H}_{\mathrm{s}} + \hat{H}_{\mathrm{r}} + \hat{H}_{\mathrm{d}} \tag{8.285}$$

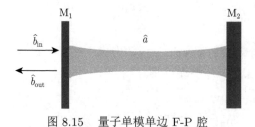

图 8.15　量子单模单边 F-P 腔

式中，$\hat{H}_s$ 表示腔模的自由哈密顿量；$\hat{H}_r$ 表示外场哈密顿量；$\hat{H}_d$ 表示外场与腔模的耦合。$\hat{H}_r$ 和 $\hat{H}_d$ 的具体形式如下[①]：

$$\hat{H}_r = \hbar \int_{-\infty}^{\infty} \omega \hat{b}^\dagger(\omega) \hat{b}(\omega) \mathrm{d}\omega \tag{8.286}$$

$$\hat{H}_d = \hbar \int_{-\infty}^{\infty} \mathrm{d}\omega g(\omega)[\hat{a}^\dagger \hat{b}(\omega) + \hat{b}^\dagger(\omega)\hat{a}] \tag{8.287}$$

式中，$g(\omega)$ 是耦合系数；$\hat{a}$、$\hat{a}^\dagger$、$\hat{b}$、$\hat{b}^\dagger$ 分别是腔模与外场的湮灭算符与产生算符，满足如下对易关系：

$$[\hat{a}, \hat{a}^\dagger] = 1 \tag{8.288}$$

$$[\hat{b}(\omega), \hat{b}^\dagger(\omega')] = \delta(\omega - \omega') \tag{8.289}$$

算符 $\hat{a}$、$\hat{b}(\omega)$ 的演化由海森伯方程描述：

$$\frac{\partial \hat{b}(\omega)}{\partial t} = \frac{1}{\mathrm{i}\hbar}[\hat{b}(\omega), \hat{H}] = -\mathrm{i}\omega \hat{b}(\omega) - \mathrm{i}g(\omega)\hat{a} \tag{8.290}$$

$$\frac{\partial \hat{a}}{\partial t} = \frac{1}{\mathrm{i}\hbar}[\hat{a}, \hat{H}] = \mathrm{i}\int \mathrm{d}\omega g(\omega)\hat{b}(\omega) \tag{8.291}$$

方程 (8.291) 是非齐次一阶微分方程，可用格林函数方法求解。根据初始条件选取的不同，一个对应推迟格林函数；另一个对应超前格林函数。当选择 $t_0 < t$ 作为初始条件时 (以输入为初始条件)，方程的解为

$$\hat{b}(\omega) = \mathrm{e}^{-\mathrm{i}\omega(t-t_0)}\hat{b}_0(\omega) - \mathrm{i}g(\omega)\int_{t_0}^{t} \mathrm{d}t' \hat{a}(t') \mathrm{e}^{-\mathrm{i}\omega(t-t')} \tag{8.292}$$

式中，$\hat{b}_0(\omega)$ 是 $\hat{b}(\omega)$ 在 $t = t_0$ 时的值。

如果以输出为初始条件，即 $t < t_1$，方程的解为

$$\hat{b}(\omega) = \mathrm{e}^{-\mathrm{i}\omega(t-t_0)}\hat{b}_1(\omega) + \mathrm{i}g(\omega)\int_{t}^{t_1} \mathrm{d}t' \hat{a}(t') \mathrm{e}^{-\mathrm{i}\omega(t-t')} \tag{8.293}$$

式中，$\hat{b}_1(\omega)$ 是 $\hat{b}(\omega)$ 在 $t = t_1$ 时的值。式 (8.292) 与式 (8.293) 中，等号右边第二项的符号不同来自超前格林函数与推迟格林函数中的阶梯函数。

将式 (8.292) 代入式 (8.291)，并整理可得[②]

$$\frac{\partial \hat{a}}{\partial t} = \frac{1}{\mathrm{i}\hbar}[\hat{a}, \hat{H}_s] + g\sqrt{2\pi}\left[-\frac{\mathrm{i}}{\sqrt{2\pi}}\int_{-\infty}^{\infty} \mathrm{d}\omega \mathrm{e}^{-\mathrm{i}\omega(t-t_0)}\hat{b}_0\right]$$

---

① 哈密顿量中对频率的积分理论上应该在 $(0, \infty)$，实际处理中经常要转换到某一特定频率 ν 的旋转框架，如腔的共振频率，这样积分区间改写为 $(-\nu, \infty)$，当 ν 很大时，积分下限改写为 $-\infty$ 是合理的。

② 考虑到只有符合频率要求的外场才能耦合进入腔内，假定耦合系数 $g(\omega) = g$ 与频率无关，计算过程中可直接提出积分号。

$$-g^2 \int_{-\infty}^{\infty} \mathrm{d}\omega \int_{t_0}^{t} \mathrm{d}t' \hat{a}(t') \mathrm{e}^{-\mathrm{i}\omega(t-t')}$$

$$= \frac{1}{\mathrm{i}\hbar}[\hat{a}, \hat{H}_{\mathrm{s}}] + g\sqrt{2\pi} \left[-\frac{\mathrm{i}}{\sqrt{2\pi}} \int_{-\infty}^{\infty} \mathrm{d}\omega \mathrm{e}^{-\mathrm{i}\omega(t-t_0)} \hat{b}_0 \right]$$

$$-g^2 \int_{t_0}^{t} \mathrm{d}t' \hat{a}(t') \int_{-\infty}^{\infty} \mathrm{d}\omega \mathrm{e}^{-\mathrm{i}\omega(t-t')} \tag{8.294}$$

定义输入场算符 $\hat{b}_{\mathrm{in}}(t)$ 与腔的衰减 κ：

$$\hat{b}_{\mathrm{in}}(t) = -\frac{\mathrm{i}}{\sqrt{2\pi}} \int_{-\infty}^{\infty} \mathrm{d}\omega \mathrm{e}^{-\mathrm{i}\omega(t-t_0)} \hat{b}_0 \tag{8.295}$$

$$g^2 = \kappa/2\pi \tag{8.296}$$

并利用 δ 函数：

$$\frac{1}{2\pi} \int_{-\infty}^{\infty} \mathrm{d}\omega \mathrm{e}^{-\mathrm{i}\omega(t-t')} = \delta(t-t') \tag{8.297}$$

可得

$$\frac{\mathrm{d}\hat{a}(t)}{\mathrm{d}t} = \frac{1}{\mathrm{i}\hbar}[\hat{a}, \hat{H}_{\mathrm{s}}] + \sqrt{\kappa}\hat{b}_{\mathrm{in}}(t) - \frac{\kappa}{2}\hat{a}(t) \tag{8.298}$$

将式 (8.293) 代入式 (8.291)，并对计算过程类似处理可得

$$\frac{\mathrm{d}\hat{a}(t)}{\mathrm{d}t} = \frac{1}{\mathrm{i}\hbar}[\hat{a}, \hat{H}_{\mathrm{s}}] - \sqrt{\kappa}\hat{b}_{\mathrm{out}}(t) + \frac{\kappa}{2}\hat{a}(t) \tag{8.299}$$

式中，输出场算符 $\hat{b}_{\mathrm{out}}(t)$ 定义如下：

$$\hat{b}_{\mathrm{out}}(t) = \frac{\mathrm{i}}{\sqrt{2\pi}} \int_{-\infty}^{\infty} \mathrm{d}\omega \mathrm{e}^{-\mathrm{i}\omega(t-t_1)} \hat{b}_1 \tag{8.300}$$

对比式 (8.298) 与式 (8.299)，即可得

$$\hat{b}_{\mathrm{in}}(t) + \hat{b}_{\mathrm{out}}(t) = \sqrt{\kappa}\hat{a}(t) \tag{8.301}$$

例如，考虑一个空腔，系统哈密顿量为

$$\hat{H}_{\mathrm{s}} = \hbar\omega_0 \hat{a}^\dagger \hat{a} \tag{8.302}$$

$\hat{a}(t)$ 的海森伯方程为

$$\frac{\mathrm{d}\hat{a}(t)}{\mathrm{d}t} = -\mathrm{i}\omega_0 \hat{a}(t) - \frac{\kappa}{2}\hat{a}(t) + \sqrt{\kappa}\hat{b}_{\mathrm{in}}(t) \tag{8.303}$$

对式 (8.303) 作傅里叶变换可得

$$\hat{a}(\omega) = \frac{\sqrt{\kappa}\hat{b}_{\mathrm{in}}(\omega)}{\kappa/2 - \mathrm{i}(\omega - \omega_0)} \tag{8.304}$$

腔的透射特性是宽度为 $\kappa/2$ 的洛伦兹型。这也表明前面定义的 κ 是有真实物理含义的,正好对应腔的衰减率。对式 (8.301) 作傅里叶变换,并将式 (8.304) 代入即可得

$$\hat{b}_{\mathrm{out}}(\omega) = \frac{\kappa/2 + \mathrm{i}(\omega - \omega_0)}{\kappa/2 - \mathrm{i}(\omega - \omega_0)}\hat{b}_{\mathrm{in}}(\omega) \tag{8.305}$$

如果是经典情况,噪声可以不予考虑,但在量子条件下,噪声的影响不能忽略。如果没有腔外的驱动,腔模的演化方程只需将式 (8.298) 加上噪声,即

$$\frac{\mathrm{d}\hat{a}(t)}{\mathrm{d}t} = \frac{1}{\mathrm{i}\hbar}[\hat{a}, \hat{H}_{\mathrm{s}}] + \sqrt{\kappa}\hat{b}_{\mathrm{in}}(t) - \frac{\kappa}{2}\hat{a}(t) + \hat{\mathcal{F}} \tag{8.306}$$

式中,$\hat{\mathcal{F}}$ 表示噪声算符。因为实际上腔镜的透射率并不等于零,腔外各种模式的真空场仍然可以耦合进腔内,这是噪声的主要来源。考虑噪声影响后的方程称为海森伯-朗之万方程。

2. 应用举例

考虑如图 8.16 所示的单边 F-P 腔,腔内有 N 个二能级原子,腔模耦合基态 $|g\rangle$ 到激发态 $|e\rangle$ 的跃迁。旋转框架下 $\hat{H}_{\mathrm{s}}$ 可写为

$$\hat{H}_{\mathrm{s}} = \hbar\Delta_c\hat{a}^{\dagger}\hat{a} + \hbar\sum_{i=1}^{N}\left[\Delta\hat{\sigma}_{ee}^{i} - g\left(\hat{\sigma}_{eg}^{i}\hat{a} + \hat{a}^{\dagger}\hat{\sigma}_{ge}^{i}\right)\right] \tag{8.307}$$

式中,$\Delta_c = \omega_c - \omega$ 表示腔模和外场之间的失谐;$\Delta = \omega - \omega_{eg}$ 表示光场与跃迁能级间的失谐。将 $\hat{H}_{\mathrm{s}}$ 代入式 (8.298) 即可得腔模 $\hat{a}(t)$ 满足的海森伯-朗之万方程:

$$\frac{\mathrm{d}\hat{a}(t)}{\mathrm{d}t} = -\mathrm{i}\Delta_c\hat{a}(t) + \mathrm{i}g\sum_{i=1}^{N}\hat{\sigma}_{ge}^{i} + \sqrt{\kappa}\hat{b}_{\mathrm{in}}(t) - \frac{\kappa}{2}\hat{a}(t) + \hat{\mathcal{F}} \tag{8.308}$$

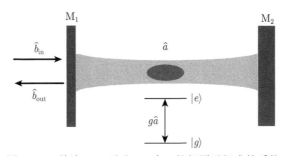

图 8.16　单边 F-P 腔和 N 个二能级原子组成的系统

$\hat{\sigma}_{ge}$ 的海森伯–朗之万方程为

$$\frac{\partial}{\partial t}\hat{\sigma}_{ge} = -\mathrm{i}\left(\Delta - \frac{\mathrm{i}\gamma}{2}\right)\hat{\sigma}_{ge} - \mathrm{i}g\left(\hat{\sigma}_{ee} - \hat{\sigma}_{gg}\right)\hat{a} + \hat{\mathcal{F}}_{ge} \tag{8.309}$$

假设原子数目很多，腔模与原子的耦合比较弱，基态原子的激发可以忽略，同时忽略噪声算符。对式 (8.308) 与式 (8.309) 求平均值，可得 $\hat{a}$ 平均值的稳态解 a：

$$a = \frac{\sqrt{\kappa}\langle\hat{b}_{\mathrm{in}}\rangle}{\mathrm{i}\Delta_c + \kappa/2 + \mathrm{i}\chi} \tag{8.310}$$

式中，χ 表示二能级原子极化率：

$$\chi = \frac{g^2 N}{\Delta - \mathrm{i}\gamma/2} \tag{8.311}$$

再由输入–输出关系，即可得反射率：

$$r = \frac{\langle\hat{b}_{\mathrm{out}}\rangle}{\langle\hat{b}_{\mathrm{in}}\rangle} = -1 + \frac{\kappa}{\mathrm{i}\Delta_c + \kappa/2 + \mathrm{i}\chi} \tag{8.312}$$

图 8.17是反射率 $R = |r|^2$ 随外场失谐的演化。

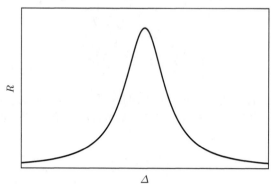

图 8.17　反射率 $R = |r|^2$ 随外场失谐的演化

8.7.5　波导腔 QED 处理方法与应用

1. 基本理论

因为光子是最快的飞行比特，与环境之间的相互作用很弱，并且能够对光子进行精确操控，所以无论是量子信息在量子网络中的传输，还是量子计算本身，光子都占据很重要的地位，发挥着不可替代的作用[22]。因此，如何控制单光子的行为是迫切需要解决的问题。例如，构建量子网络时如何实现光子的单向传输，即光学二极管或循环器。光学二极管和循环器在光路中的地位和作用与电子二极管和三极管在电路中的地位和作用等同，是光路中的基本光学元器件。

在量子信息过程中通常用量子路径、蒙特卡洛等方法研究单光子的传输问题。本小节介绍由范汕洄教授研究小组发展起来的实空间方法 [23-24]，该方法处理单光子在波导中的传输时非常有用。

如图 8.18所示的波导–腔–二能级原子耦合系统，光子从波导左边入射，由于微盘腔与波导靠得很近，波导内的电磁场可以耦合进入微盘腔，驱动微盘腔的腔模，使腔模与二能级原子发生耦合。这个系统哈密顿量包括如下五部分：波导中的光场哈密顿量 $\hat{H}_{\mathrm{w}}$，微盘腔腔模部分哈密顿量 $\hat{H}_{\mathrm{c}}$，波导与微盘腔腔模的耦合哈密顿量 $\hat{H}_{\mathrm{wc}}$，二能级原子的哈密顿量 $\hat{H}_{\mathrm{a}}$，二能极原子与微盘腔腔模的耦合哈密顿量 $\hat{H}_{\mathrm{ac}}$。具体形式如下：

$$\hat{H} = \hat{H}_{\mathrm{w}} + \hat{H}_{\mathrm{c}} + \hat{H}_{\mathrm{wc}} + \hat{H}_{\mathrm{a}} + \hat{H}_{\mathrm{ac}} \tag{8.313}$$

式中，

$$\hat{H}_{\mathrm{w}} = \hbar \sum_{\vec{k}} \omega_k \hat{b}_k^\dagger \hat{b}_k \tag{8.314}$$

$$\hat{H}_{\mathrm{c}} = \hbar \omega_c \hat{a}^\dagger \hat{a} \tag{8.315}$$

$$\hat{H}_{\mathrm{wc}} = \hbar \sum_{\vec{k}} V_k \left(\hat{a}^\dagger \hat{b}_k + \hat{b}_k^\dagger \hat{a} \right) \tag{8.316}$$

$$\hat{H}_{\mathrm{a}} = \hbar \omega_g \hat{\sigma}_{gg} + \hbar \omega_e \hat{\sigma}_{ee} \tag{8.317}$$

$$\hat{H}_{\mathrm{ac}} = \hbar g \left(\hat{\sigma}_{eg} \hat{a} + \hat{a}^\dagger \hat{\sigma}_{ge} \right) \tag{8.318}$$

式中，ω_k 是波导中波矢为 k 的传输光子频率；$\hat{b}_k$ 与 $\hat{b}_k^\dagger$ 是相应的湮灭算符与产生算符；ω_c 是微盘腔的本征频率；$\hat{a}$ 与 $\hat{a}^\dagger$ 是腔内光子的湮灭算符与产生算符；V_k 是波导与微盘腔的耦合，由于两者之间的耦合，波导中的光子可以进入腔内，腔内的光子也可以泄漏至波导中；$\hat{\sigma}_{gg}$ 与 $\hat{\sigma}_{ee}$ 分别是原子基态与激发态的粒子数算符；$\hat{\sigma}_{eg}$ 与 $\hat{\sigma}_{ge}$ 分别是原子的上升算符与下降算符；g 是原子与腔模的耦合强度。

考虑单模波导，首先将色散关系线性化为

右支：$\quad \omega_{k \cong k_0} \simeq \omega_0 + v_g(k - k_0) \equiv \omega_0 + v_g k_{\mathrm{R}} \equiv \omega_{k_{\mathrm{R}}} \tag{8.319}$

左支：$\quad \omega_{k \cong -k_0} \simeq \omega_0 - v_g(k + k_0) \equiv \omega_0 - v_g k_{\mathrm{L}} \equiv \omega_{k_{\mathrm{L}}} \tag{8.320}$

因此有

$$\hbar \sum_{\vec{k}} \omega_k \hat{b}_k^\dagger \hat{b}_k \simeq \hbar \sum_{k_{\mathrm{R}}} \omega_{k_{\mathrm{R}}} \hat{b}_{k_{\mathrm{R}}}^\dagger \hat{b}_{k_{\mathrm{R}}} + \hbar \sum_{k_{\mathrm{L}}} \omega_{k_{\mathrm{L}}} \hat{b}_{k_{\mathrm{L}}}^\dagger \hat{b}_{k_{\mathrm{L}}} \tag{8.321}$$

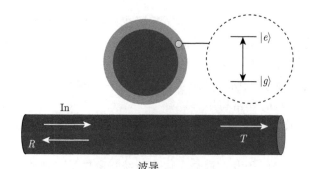

波导

图 8.18　波导-腔-二能级原子耦合系统

引入傅里叶变换：

$$\hat{b}_{k_{\mathrm{R}}} \equiv \int_{-\infty}^{\infty} \mathrm{d}x\, \hat{b}_{\mathrm{R}}(x)\mathrm{e}^{-\mathrm{i}k_{\mathrm{R}}x} \tag{8.322}$$

$$\hat{b}_{k_{\mathrm{R}}}^{\dagger} \equiv \int_{-\infty}^{\infty} \mathrm{d}x\, \hat{b}_{\mathrm{R}}^{\dagger}(x)\mathrm{e}^{+\mathrm{i}k_{\mathrm{R}}x} \tag{8.323}$$

式中，$\hat{b}_{\mathrm{R}}(x)$ 与 $\hat{b}_{\mathrm{R}}^{\dagger}(x)$ 分别表示 x 处右行光子湮灭算符与产生算符。因此有

$$\hbar \sum_{k_{\mathrm{R}}} \omega_{k_{\mathrm{R}}} \hat{b}_{k_{\mathrm{R}}}^{\dagger} \hat{b}_{k_{\mathrm{R}}} = \hbar \sum_{k_{\mathrm{R}}} (\omega_0 + v_g k_{\mathrm{R}}) \hat{b}_{k_{\mathrm{R}}}^{\dagger} \hat{b}_{k_{\mathrm{R}}}$$

$$= \hbar \sum_{k_{\mathrm{R}}} (\omega_0 + v_g k_{\mathrm{R}}) \iint_{-\infty}^{\infty} \mathrm{d}x\mathrm{d}x'\, \hat{b}_{\mathrm{R}}^{\dagger}(x)\hat{b}_{\mathrm{R}}(x')\mathrm{e}^{\mathrm{i}k_{\mathrm{R}}(x-x')}$$

$$= \hbar \iint_{-\infty}^{\infty} \mathrm{d}x\mathrm{d}x'\, \hat{b}_{\mathrm{R}}^{\dagger}(x)\hat{b}_{\mathrm{R}}(x') \sum_{k_{\mathrm{R}}} (\omega_0 + v_g k_{\mathrm{R}})\mathrm{e}^{\mathrm{i}k_{\mathrm{R}}(x-x')}$$

$$= \hbar \iint_{-\infty}^{\infty} \mathrm{d}x\mathrm{d}x'\, \hat{b}_{\mathrm{R}}^{\dagger}(x)\hat{b}_{\mathrm{R}}(x') \left(\omega_0 - \mathrm{i}v_g \frac{\partial}{\partial x}\right) \times \int_{-\infty}^{\infty} \frac{1}{2\pi}\mathrm{d}k_{\mathrm{R}}\mathrm{e}^{\mathrm{i}k_{\mathrm{R}}(x-x')}$$

$$= \hbar \int_{-\infty}^{\infty} \mathrm{d}x\, \hat{b}_{\mathrm{R}}^{\dagger}(x) \left(\omega_0 - \mathrm{i}v_g \frac{\partial}{\partial x}\right) \int_{-\infty}^{\infty} \mathrm{d}x'\, \hat{b}_{\mathrm{R}}(x')\delta(x-x')$$

$$= \hbar \int_{-\infty}^{\infty} \mathrm{d}x\, \hat{b}_{\mathrm{R}}^{\dagger}(x) \left(\omega_0 - \mathrm{i}v_g \frac{\partial}{\partial x}\right) \hat{b}_{\mathrm{R}}(x) \tag{8.324}$$

引入傅里叶变换：

$$\hat{b}_{k_{\mathrm{L}}} \equiv \int_{-\infty}^{\infty} \mathrm{d}x\, \hat{b}_{\mathrm{L}}(x)\mathrm{e}^{-\mathrm{i}k_{\mathrm{L}}x} \tag{8.325}$$

$$\hat{b}_{k_L}^\dagger \equiv \int_{-\infty}^\infty dx \hat{b}_L^\dagger(x) e^{+ik_L x} \tag{8.326}$$

式中，$\hat{b}_L(x)$ 与 $\hat{b}_L^\dagger(x)$ 分别表示 x 处左行光子湮灭算符与产生算符。不难计算有

$$\hbar \sum_{k_L} \omega_{k_L} \hat{b}_{k_L}^\dagger \hat{b}_{k_L} = \hbar \int_{-\infty}^\infty dx \hat{b}_L^\dagger(x) \left(\omega_0 + iv_g \frac{\partial}{\partial x} \right) \hat{b}_L(x) \tag{8.327}$$

这样波导与腔的相互作用哈密顿量可以写为

$$\begin{aligned}
\hat{H}_{wc} =& \hbar \sum_{\vec{k}} V_k \left(\hat{a}^\dagger \hat{b}_k + \hat{b}_k^\dagger \hat{a} \right) \\
=& \hbar \sum_{k_R} V_{k_R} \left(\hat{a}^\dagger \hat{b}_{k_R} + \hat{b}_{k_R}^\dagger \hat{a} \right) + \hbar \sum_{k_L} V_{k_L} \left(\hat{a}^\dagger \hat{b}_{k_L} + \hat{b}_{k_L}^\dagger \hat{a} \right) \\
=& \hbar V \int_{-\infty}^\infty \frac{1}{2\pi} dk_R \left[\int_{-\infty}^\infty \hat{a}^\dagger \hat{b}_R(x) e^{-ik_R x} dx + \int_{-\infty}^\infty \hat{b}_R^\dagger(x) e^{ik_R x} \hat{a} dx \right] \\
&+ \hbar V \int_{-\infty}^\infty \frac{1}{2\pi} dk_L \left[\int_{-\infty}^\infty \hat{a}^\dagger \hat{b}_L(x) e^{-ik_L x} dx + \int_{-\infty}^\infty \hat{b}_L^\dagger(x) e^{ik_L x} \hat{a} dx \right] \\
=& \hbar \int_{-\infty}^\infty dx V \delta(x) \left[\hat{a}^\dagger \hat{b}_R(x) + \hat{b}_R^\dagger(x) \hat{a} + \hat{a}^\dagger \hat{b}_L(x) + \hat{b}_L^\dagger(x) \hat{a} \right]
\end{aligned} \tag{8.328}$$

推导的第三步假定波导中左行和右行光子与腔的耦合相同。考虑腔的泄漏与原子的自发辐射，系统有效哈密顿量为

$$\begin{aligned}
\hat{H}_{eff} =& \hbar \int_{-\infty}^\infty dx \left[\hat{b}_R^\dagger(x) \left(\omega_0 - iv_g \frac{\partial}{\partial x} \right) \hat{b}_R(x) + \hat{b}_L^\dagger(x) \left(\omega_0 + iv_g \frac{\partial}{\partial x} \right) \hat{b}_L(x) \right] \\
&+ \hbar \int_{-\infty}^\infty dx V \delta(x) \left[\hat{a}^\dagger \hat{b}_R(x) + \hat{b}_R^\dagger(x) \hat{a} + \hat{a}^\dagger \hat{b}_L(x) + \hat{b}_L^\dagger(x) \hat{a} \right] \\
&+ \hbar(\omega_c - i\kappa) \hat{a}^\dagger \hat{a} + \hbar \omega_g \hat{\sigma}_{gg} + \hbar(\omega_e - i\gamma) \hat{\sigma}_{ee} + \hbar g \left(\sigma_{eg} \hat{a} + \hat{a}^\dagger \hat{\sigma}_{ge} \right)
\end{aligned} \tag{8.329}$$

单激子空间光子与原子的总波函数可以写为如下形式：

$$|\Psi(t)\rangle = \int dx \left[\tilde{\phi}_R \hat{b}_R^\dagger(x) + \tilde{\phi}_L \hat{b}_L^\dagger(x) \right] |v\rangle + \tilde{e}_c(t) \hat{a}^\dagger |v\rangle + \tilde{e}_a(t) \hat{\sigma}_{eg} |v\rangle \tag{8.330}$$

式中，$|v\rangle = |0,0,g\rangle$ 表示真空态，此时波导与圆盘腔内光子数均为零，原子处于基态。等号右边第一项表示光子在波导中；第二项表示光子在圆盘腔内；第三项表示圆盘腔内光子与原子耦合并将原子激发到高能态 $|e\rangle$。

将波函数和有效哈密顿量 $\hat{H}_{\text{eff}}$ 代入薛定谔方程:

$$\mathrm{i}\hbar\frac{\partial}{\partial t}|\Psi(t)\rangle = \hat{H}_{\text{eff}}|\Psi(t)\rangle \tag{8.331}$$

可得

$$\mathrm{i}\frac{\partial}{\partial t}\tilde{\phi}_{\mathrm{R}}(x,t) = -\mathrm{i}v_g\frac{\partial}{\partial x}\tilde{\phi}_{\mathrm{R}}(x,t) + \delta(x)V\tilde{e}_c(t)$$
$$+(\omega_0+\omega_g)\tilde{\phi}_{\mathrm{R}}(x,t) \tag{8.332}$$

$$\mathrm{i}\frac{\partial}{\partial t}\tilde{\phi}_{\mathrm{L}}(x,t) = \mathrm{i}v_g\frac{\partial}{\partial x}\tilde{\phi}_{\mathrm{L}}(x,t) + \delta(x)V\tilde{e}_c(t)$$
$$+(\omega_0+\omega_g)\tilde{\phi}_{\mathrm{L}}(x,t) \tag{8.333}$$

$$\mathrm{i}\frac{\partial}{\partial t}\tilde{e}_c(t) = (\omega_c-\mathrm{i}\kappa)\tilde{e}_c(t) + V\left[\tilde{\phi}_{\mathrm{R}}(0,t)+\tilde{\phi}_{\mathrm{L}}(0,t)\right]$$
$$+g\tilde{e}_a(t)+\omega_g\tilde{e}_c(t) \tag{8.334}$$

$$\mathrm{i}\frac{\partial}{\partial t}\tilde{e}_a(t) = (\omega_e-\mathrm{i}\gamma)\tilde{e}_a(t) + \omega_g\tilde{e}_a(t) + g\tilde{e}_c(t) \tag{8.335}$$

考虑能量为 $\hbar\omega$ 的光子传输,光子与原子组成的耦合系统总能量 $\mathcal{E}=\omega+\omega_g$,这里 $\omega=\omega_0+k_{\mathrm{R}}v_g$。引入变换:

$$|\Psi(t)\rangle = \mathrm{e}^{-\mathrm{i}\mathcal{E}t}|\psi(t)\rangle \tag{8.336}$$

并记:

$$|\psi(t)\rangle = \int \mathrm{d}x\left[\phi_{\mathrm{R}}(x)\hat{b}_{\mathrm{R}}^\dagger(x)+\phi_{\mathrm{L}}(x)\hat{b}_{\mathrm{L}}^\dagger(x)\right]|v\rangle + e_c\hat{a}^\dagger|v\rangle + e_a\hat{\sigma}_{eg}|v\rangle \tag{8.337}$$

可得 $\phi_{\mathrm{R}}(x)$、$\phi_{\mathrm{L}}(x)$、e_c、e_a 演化的方程:

$$(\mathcal{E}-\omega_0-\omega_g)\phi_{\mathrm{R}}(x) = -\mathrm{i}v_g\frac{\partial}{\partial t}\phi_{\mathrm{R}}(x) + \delta(x)Ve_c \tag{8.338}$$

$$(\mathcal{E}-\omega_0-\omega_g)\phi_{\mathrm{L}}(x) = \mathrm{i}v_g\frac{\partial}{\partial t}\phi_{\mathrm{L}}(x) + \delta(x)Ve_c \tag{8.339}$$

$$(\mathcal{E}-\omega_g)e_c = (\omega_c-\mathrm{i}\kappa)e_c + V[\phi_{\mathrm{R}}(0)+\phi_{\mathrm{L}}(0)] + ge_a \tag{8.340}$$

$$(\mathcal{E}-\omega_g)e_a = (\omega_e-\mathrm{i}\gamma)e_a(t) + ge_c \tag{8.341}$$

透射与反射光子波函数分别可写成 (假定 $k_{\mathrm{R}}=k_{\mathrm{L}}=k=(\omega-\omega_0)/v_g$)

$$\phi_{\mathrm{R}}(x) = \mathrm{e}^{\mathrm{i}kx}[\theta(-x)+t\theta(x)] \tag{8.342}$$

$$\phi_{\mathrm{L}}(x) = r\mathrm{e}^{-\mathrm{i}kx}\theta(-x) \tag{8.343}$$

利用阶梯函数的性质①，不难验算有

$$\phi_{\rm R}(0) = \frac{1}{2}(1 + t), \quad \phi_{\rm L}(0) = \frac{r}{2} \tag{8.344}$$

$$-{\rm i}v_g \frac{\partial}{\partial x}\phi_{\rm R}(x)|_{x\to 0} = kv_g\phi_{\rm R}(0) + {\rm i}v_g(1 - t) \tag{8.345}$$

$$iv_g \frac{\partial}{\partial x}\phi_{\rm L}(x)|_{x\to 0} = kv_g\phi_{\rm L}(0) - {\rm i}v_g r \tag{8.346}$$

将其代入式 (8.338)~ 式 (8.341)，并联立求解可得

$$t = \frac{(\omega - \omega_e + {\rm i}\gamma)(\omega - \omega_c + {\rm i}\kappa) - g^2}{(\omega - \omega_e + {\rm i}\gamma)(\omega - \omega_c + {\rm i}\gamma + {\rm i}\Gamma) - g^2} \tag{8.347}$$

$$r = \frac{-{\rm i}(\omega - \omega_e + {\rm i}\gamma)\Gamma}{(\omega - \omega_e + {\rm i}\gamma)(\omega - \omega_c + {\rm i}\gamma + {\rm i}\Gamma) - g^2} \tag{8.348}$$

$$e_c = \frac{(\omega - \omega_e + {\rm i}\gamma)V}{(\omega - \omega_e + {\rm i}\gamma)(\omega - \omega_c + {\rm i}\gamma + {\rm i}\Gamma) - g^2} \tag{8.349}$$

$$e_a = \frac{gV}{(\omega - \omega_e + {\rm i}\gamma)(\omega - \omega_c + {\rm i}\gamma + {\rm i}\Gamma) - g^2} \tag{8.350}$$

式中，$\Gamma = V^2/v_g$ 表示波导与圆盘腔的耦合引起的腔内光子向波导中的泄漏，或者波导中的光子耦合进入圆盘腔的耦合率。

2. 应用举例: 光隔离器

光隔离器又称光学二极管，在光路中的作用等效于电子二极管在电路中的作用，是未来光信息网络和光子芯片中的重要光学元器件。传统实现光隔离的方案是基于法拉第效应，并配合偏振片，但是该方案有体积大、不方便集成的缺点。还有利用光学非线性实现光隔离的方案，但是该方案由于损耗问题无法应用于单光子，此外还有光波导中时空调制技术方案等。大部分光隔离方案依赖于磁场引起的能级移动，但是磁场的引入会影响附近元器件的性能，因此人们迫切想要实现无磁的光隔离。这里介绍利用光场与原子非对称耦合实现光隔离的方案[25-27]。

图 8.19为手性波导–原子系统中利用非对称耦合的光隔离示意图，波导中的右行波在原子所在位置表现为左旋圆偏振，左行波表现为右旋圆偏振。考虑铯原子 D_2 线 ($6^2{\rm S}_{1/2} \to 6^2{\rm P}_{3/2}$)，由角动量守恒，右行光子可以耦合 $|F = 4, m_F = 4\rangle \to |F' = 5, m'_{F'} = 5\rangle$ 的跃迁，左行光子可以耦合 $|F = 4, m_F = 4\rangle \to |F' = $

---

① 阶梯函数有如下性质:

$$\theta(x)|_{x\to 0} = \frac{1}{2}, \quad \frac{\partial\theta(x)}{\partial x}\bigg|_{x\to 0^+} = 1, \quad \frac{\partial\theta(-x)}{\partial x}\bigg|_{x\to 0^-} = -1 \tag{8.351}$$

$5, m'_{F'} = 3\rangle$ 的跃迁。为了方便，将上述三个能级表示成 $|g\rangle = |F = 4, m_F = 4\rangle$，$|+\rangle = |F' = 5, m'_{F'} = 5\rangle$，$|-\rangle = |F' = 5, m'_{F'} = 3\rangle$。由于 Cs 原子中 $|g\rangle \to |+\rangle$ 跃迁电偶极矩 $\vec{\mu}_{g+}$ 远大于 $|g\rangle \to |+\rangle$ 跃迁电偶极矩 $\vec{\mu}_{g-}$，因此右行光子与左行光子表现出不一样的传输特性。条件比较合适时可以实现光子的单向传输，即只有左行光子能从左边端口透射出来，右行光子几乎完全被吸收。

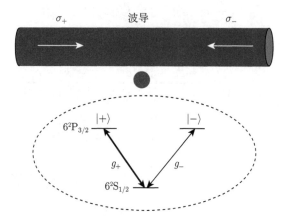

图 8.19   手性波导–原子系统中利用非对称耦合的光隔离示意图

将色散线性化之后，该系统的哈密顿量可以表述为

$$\hat{H} = \int \mathrm{d}x \left[\hat{b}_{\mathrm{R}}^{\dagger} \left(\omega - \mathrm{i}v_g \frac{\partial}{\partial x} \right) \hat{b}_{\mathrm{R}} + \hat{b}_{\mathrm{L}}^{\dagger} \left(\omega + \mathrm{i}v_g \frac{\partial}{\partial x} \right) \hat{b}_{\mathrm{L}} \right]$$
$$+ V \int \mathrm{d}x \delta(x) \left[\hat{S}_{+} \left(\hat{b}_{\mathrm{R}} + \hat{b}_{\mathrm{L}} \right) + \left(\hat{b}_{\mathrm{R}}^{\dagger} + \hat{b}_{\mathrm{L}}^{\dagger} \right) \hat{S}_{-} \right]$$
$$+ \omega_g \hat{a}_g^{\dagger} \hat{a}_g + (\omega_e - \mathrm{i}\gamma_{\pm}) \hat{a}_e^{\dagger} \hat{a}_e \tag{8.352}$$

式中，$\hat{b}_{\mathrm{R}}$、$\hat{b}_{\mathrm{R}}^{\dagger}$、$\hat{b}_{\mathrm{L}}$、$\hat{b}_{\mathrm{L}}^{\dagger}$ 分别表示右行与左行光子的湮灭算符与产生算符；$\hat{S}_{+} = \hat{a}_e^{\dagger} \hat{a}_g$ 与 $\hat{S}_{-} = \hat{a}_g^{\dagger} \hat{a}_e$ 表示原子的升降算符；V 表示波导中光子与原子的耦合强度，为了简单，假定右行光子和左行光子与原子耦合强度相等；v_g 表示波导中光子的群速度；ω_g 与 ω_e 分别表示原子低能态与高能态的本征频率；$\gamma_{\pm}$ 表示高能态 $|\pm\rangle$ 的自发辐射率。

系统波函数为

$$|\Psi(x,t)\rangle = \int \mathrm{d}x \left[\tilde{\phi}_{\mathrm{R}}(x,t) \hat{b}_{\mathrm{R}}^{\dagger} + \tilde{\phi}_{\mathrm{L}}(x,t) \hat{b}_{\mathrm{L}}^{\dagger} \right] |v\rangle + \tilde{e}_a \hat{a}_e^{\dagger} \hat{a}_g |v\rangle \tag{8.353}$$

将波函数和哈密顿量代入薛定谔方程，并作如下代换：

$$\tilde{X} = \mathrm{e}^{-\mathrm{i}\omega t} X, \quad X \in \{\phi_{\mathrm{R}}, \phi_{\mathrm{L}}, e_a\} \tag{8.354}$$

即可得到 $\phi_{\rm R}$、$\phi_{\rm L}$、e_a 满足的方程。对于右行光子有

$$(\omega - \Omega_p)\phi_{\rm R}(x) = -iv_g \frac{\partial}{\partial x}\phi_{\rm R}(x) + V\delta(x)e_a \tag{8.355}$$

$$(\omega - \Omega_p)e_a = (\Delta - i\gamma_+)e_a + V\delta(x)\phi_{\rm R}(x) \tag{8.356}$$

式中，$\Delta = \omega - \omega_p$ 为失谐量。左行光子满足的方程为

$$(\omega - \Omega_p)\phi_{\rm L}(x) = iv_g \frac{\partial}{\partial x}\phi_{\rm L}(x) + V\delta(x)e_a \tag{8.357}$$

$$(\omega - \Omega_p)e_a = (\Delta - i\gamma_-)e_a + V\delta(x)\phi_{\rm L}(x) \tag{8.358}$$

令 $\phi_{\rm R}(x)$ 和 $\phi_{\rm L}(x)$ 形式分别如下：

$$\phi_{\rm R}(x) = e^{ikx[\theta(-x)+t_+\theta(x)]} \tag{8.359}$$

$$\phi_{\rm L}(x) = e^{-ikx[t_-\theta(-x)+\theta(x)]} \tag{8.360}$$

即可求得透射系数 $t_\pm$，具体形式如下：

$$t_\pm = \frac{\Delta - i(\gamma_\pm - \Gamma_\pm)}{\Delta + i(\gamma_\pm + \Gamma_\pm)}$$

$$= 1 - \frac{2i\gamma_\pm}{\Delta + i(\gamma_\pm + \Gamma_\pm)} \tag{8.361}$$

式中，$\Gamma_\pm = V/2v_g$。式 (8.361) 等号右边第一项表示光子直接从波导中透射；第二项表示与原子的相干散射对透射系数的贡献。如果 $\gamma_\pm = \Gamma_\pm$，当 $\Delta = 0$ 时，第二项与第一项反相，干涉相消，光子透射率为零。透射率表达式表明光子透射曲线吸收线的线宽完全依赖于高能态的自发辐射 $\gamma_\pm$、光子与原子的耦合强度 $\Gamma_\pm$。原子本身耦合的不对称性，使得在该系统可以用来实现光隔离。

图 8.20中给出了左边端口 (虚线) 与右边端口 (实线) 入射光子的透射率，参数选取如下：$\gamma_- = \Gamma_- = 1$，$\gamma_+ = \Gamma_+ = 50$。由于右行光子与左行光子对应跃迁的电偶极矩不一样，中间吸收线的线宽不等，左行光子的线宽明显比右行光子的线宽窄得多。因此，通过控制光子频率可以实现左行光子全部透射，而右行光子几乎完全被吸收，从而实现光子的单向传输[①]。

---

① 在实现光隔离时，有一个重要的指标是隔离率，该系统的隔离率及与各参数依赖关系请阅读文献 [25]。除隔离率外，带宽和可集成性也是需要考虑的两个很重要的因素。

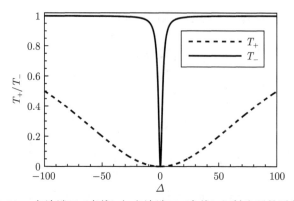

图 8.20　左边端口 (虚线) 与右边端口 (实线) 入射光子的透射率

8.8　分束器的量子描述

分束器是光学实验中常用的光学元器件，这里简单介绍分束器的量子描述。首先考虑如图 8.21(a) 所示的经典情形，E_1、E_2 与 E_3 分别表示入射光振幅、反射光振幅与透射光振幅。引入 r 和 t 描述分束器的反射率与透射率，则有

$$E_2 = rE_1, \quad E_3 = tE_1 \tag{8.362}$$

考虑理想情况，分束器没有损耗，即 $|E_1|^2 = |E_2|^2 + |E_3|^2$，则要求：

$$|r|^2 + |t|^2 = 1 \tag{8.363}$$

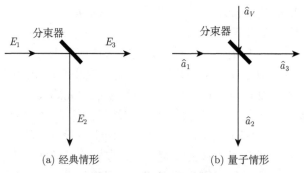

(a) 经典情形　　　　　　　(b) 量子情形

图 8.21　分束器示意图

接下来转入量子框架。参考电磁场量子化，引入一组湮灭算符 $\hat{a}_i$，类比上述经典情形，令

$$\hat{a}_2 = r\hat{a}_1, \quad \hat{a}_3 = t\hat{a}_1 \tag{8.364}$$

利用场算符对易关系 $[\hat{a}_i, \hat{a}_j^\dagger] = \delta_{ij}$，有

$$[\hat{a}_2, \hat{a}_2^\dagger] = |r|^2, \quad [\hat{a}_3, \hat{a}_3^\dagger] = |t|^2, \quad [\hat{a}_2, \hat{a}_3^\dagger] = rt^* \tag{8.365}$$

很显然上述结果与玻色场对易关系相矛盾，直接类比经典情形引入湮灭算符的处理是不严谨的。

仔细分析不难发现，分束器有两个输入端口，上述处理只考虑了一个输入端口。这样的处理在经典框架下没有问题，但是在量子框架下，另一个端口的真空态输入就必须考虑，因为真空涨落会带来可观测的物理效果。考虑两个输入端口，量子分束器如图 8.21(b) 所示，分束器对应的场算符变换可写为

$$\begin{pmatrix} \hat{a}_2 \\ \hat{a}_3 \end{pmatrix} = \begin{pmatrix} t' & r \\ r' & t \end{pmatrix} \begin{pmatrix} \hat{a}_V \\ \hat{a}_1 \end{pmatrix} \tag{8.366}$$

式中，r'、t' 分别表示反向入射时分束器的反射率和透射率；$\hat{a}_V$ 表示真空场湮灭算符。场算符对易关系 $[\hat{a}_i, \hat{a}_j^\dagger] = \delta_{ij}$ 要求 r、t、r'、t' 必须满足如下关系：

$$|r| = |r'|, \quad |t| = |t'|, \quad |r|^2 + |t|^2 = 1 \tag{8.367}$$

$$r^*t' = -r't^*, \quad r^*t = -r't'^* \tag{8.368}$$

考虑光在反射时的半波损失[4]，对 $50:50$ 的分束器，输入与输出光的模式满足：

$$\hat{a}_2 = \frac{1}{\sqrt{2}} \left(\hat{a}_V + \mathrm{i}\hat{a}_1 \right) \tag{8.369}$$

$$\hat{a}_3 = \frac{1}{\sqrt{2}} \left(\mathrm{i}\hat{a}_V + \hat{a}_1 \right) \tag{8.370}$$

反解式 (8.369) 与式 (8.370) 有

$$\hat{a}_1 = \frac{1}{\sqrt{2}} \left(-\mathrm{i}\hat{a}_2 + \hat{a}_3 \right) \tag{8.371}$$

考虑单光子输入，即输入态为 $|0\rangle_V |1\rangle_1$，也可写成 $\hat{a}_1^\dagger |0\rangle_V |0\rangle_1$，经分束器后，有

$$\hat{a}_1^\dagger |0\rangle_V |0\rangle_1 \xrightarrow{\text{BS}} \frac{1}{\sqrt{2}} \left(\mathrm{i}\hat{a}_2^\dagger + \hat{a}_3^\dagger \right) |0\rangle_2 |0\rangle_3 = \frac{1}{\sqrt{2}} (\mathrm{i}|1\rangle_2 |0\rangle_3 + |0\rangle_2 |1\rangle_3) \tag{8.372}$$

式中，第一步计算用到 $|0\rangle_V |0\rangle_1 \xrightarrow{\text{BS}} |0\rangle_2 |0\rangle_3$。单光子入射到分束器的一个端口，另一个端口保持真空态时，入射光子将以同样的概率反射和透射出来。

8.9　反事实量子通信

在将量子力学基本原理应用于经典通信的过程中形成了一门新兴交叉学科——量子通信。在量子通信中，量子密码 (一次性密码解码的"钥匙") 至关

重要。已有的理论和实验表明，光子可以很好地扮演量子密码的角色。例如，Bennett 等[28]提出的用单光子偏振态编码的 BB84 协议；Ekert[29]基于 EPR 佯谬提出利用两个量子纠缠粒子的量子密码学等[30-32]。量子密码学是一个很广泛的领域，涉及诸多原理与技术方面的内容，本书不在这方面展开，对这方面有兴趣的读者可参考文献 [33]。但是量子态比较脆弱，测量过程必然导致量子态的塌缩，同时环境与信道的噪声也会导致量子态的改变，所以量子密钥分发在实际应用中受到传输距离的限制。为了克服这一难题，并确保获得密钥的绝对安全，研究者提出基于无相互作用测量[34]的反事实量子密钥分发[35-37]。反事实量子密钥分发是指编码的粒子没有在量子通道中传输实现的量子密钥分发，这与日常经验中任何信息的传输都需要通过实物载体不同。

8.9.1 无相互作用测量

无相互作用测量是指测量装置不与被测物体之间发生相互作用便能完成测量的一种特殊量子力学测量方式。1981 年 Dicke[38] 明确提出"无相互作用测量"的概念，并被 Elitzur 等[34]应用于探测一触即发炸弹是否存在。其原理可以由如图 8.22 所示的马赫–曾德尔干涉仪 (图中的 PBS 都是 50:50 的分束器) 来说明。如果两条光路中都没有炸弹，则由于两条路径之间的干涉，所有入射的光子都出现在上面的"亮"探测器。理想情况下，下面的"暗"探测器不会探测到光子。当光子通过第一个分束器后，50% 的概率透射过去，50% 的概率反射。为了表述方便和统一，作如下约定：如果光子在分束器下面光路记为 $|10\rangle$，如果光子在分束器上面光路则记为 $|01\rangle$。很显然入射光子为 $|10\rangle$，经第一个分束器反射的光子仍记为 $|10\rangle$，透射光子则为 $|01\rangle$。考虑半波损失带来的附加相位，则光子经第一个分束器后的波函数为

$$|10\rangle \to \frac{1}{\sqrt{2}}(|01\rangle - \mathrm{i}|10\rangle) \tag{8.373}$$

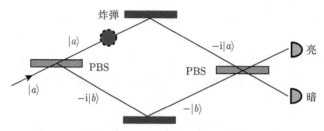

图 8.22   无相互作用测量探测一触即发炸弹示意图

如果透射光路中有炸弹 (能吸收或散射光子)，态 $|01\rangle$ 光子被散射，经过整个

干涉仪后态 $|10\rangle$ 转化为

$$|10\rangle \to \frac{1}{\sqrt{2}}(|\text{散射}\rangle - \mathrm{i}|10\rangle)$$

$$\to \frac{1}{\sqrt{2}}(|\text{散射}\rangle - |10\rangle) \tag{8.374}$$

$$\to \underbrace{\frac{1}{\sqrt{2}}|\text{散射}\rangle}_{\text{触发}} - \underbrace{\frac{1}{2}(|01\rangle - \mathrm{i}|10\rangle)}_{\text{不触发}} \tag{8.375}$$

最终结果有三个：① 两个探测器都没有探测到，相应概率为 50%，此时炸弹被触发；② "亮"探测器有计数，相应概率为 25%，此时不能确定是否有炸弹；③ "暗"探测器有计数，相应概率为 25%，此时可以确定一定有炸弹。在不触发炸弹的情况下，该装置能确定存在炸弹的概率为 50%，因此该干涉仪称为"无相互作用测量干涉仪"。如果打破透射与反射之间的平衡，增加反射率，理论上能确定炸弹存在的最大效率也是 50%。

为了提升探测效率，Kwiat 等[39] 提出了如图 8.23 所示的级联式无相互作用测量干涉仪装置，理想情况下可以让探测效率趋近于 100%。假设 N 个分束器的透射率和反射率均相同，分别为 $T = \sin^2\theta$ 和 $R = \cos^2\theta$。如果光路中没有障碍物，如图 8.23(a) 所示，经过 N 个分束器后，光子的路径状态演化为

$$|10\rangle \to \cos(N\theta)|10\rangle + \sin(N\theta)|01\rangle \overset{\theta=\pi/2N}{=} |01\rangle \tag{8.376}$$

设置非平衡分束器参数 $\theta = \pi/2N$，则出射光子状态为态 $|01\rangle$。这样，通过路径之间的干涉效应，光子逐渐从下光路转移至上光路，最终完全从右上角出射。

如果有障碍物，上光路被挡住，如图 8.23(b) 所示，光子经过每个分束器后有 $\sin^2\theta$ 的概率被吸收，经过 N 个分束器后，光子的路径状态演化为

$$|10\rangle \to \cos^{N-1}(N\theta)\left[\cos(N\theta)|10\rangle + \sin(N\theta)|01\rangle\right] \overset{N\to\infty}{\to} |01\rangle \tag{8.377}$$

这时光子从干涉仪的右下角出射，出射概率为 $(\cos\theta)^N$，随着 N 的增大，出射概率将趋近于 1。这样，出射光子的路径准确反映了障碍物 (炸弹) 的有无。当 $N \to \infty$ 时，该过程中光子在不和障碍物发生相互作用的情况下准确测量障碍物有无，因此习惯上将其称为"无相互作用测量"。

在整个测量过程中，虽然一直在强调光的粒子性，但它同时也是概率波。从概率波的角度来看，依然是测量过程中波函数的塌缩，因此可以理解为该过程是有相互作用发生的。上述的过程是利用障碍物不断让光子以极大概率塌缩到分束器下光路的过程，经过多次塌缩仍能以较大概率保证光子一直在分束器下半光路，这也是量子芝诺效应[40] 的一种体现。

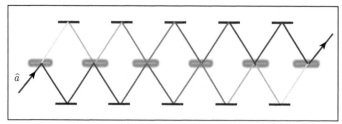

(a) 无障碍物

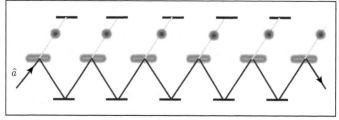

(b) 有障碍物

图 8.23   级联式无相互作用测量干涉仪装置示意图

8.9.2   嵌套式反事实通信

实现长距离、稳定、高保真度量子通信一直是物理学家的追求，以往的方案中将信息从 Alice 传给 Bob，两者之间必然伴随着实体粒子的传输。在无相互作用测量的思想提出之后，是否能借鉴其基本思想在不传输实物粒子的前提下实现 Alice 与 Bob 之间的信息传输呢？2013 年著名理论物理学家 Zubairy 团队设计的如图 8.24所示的嵌套式反事实通信干涉装置给出了肯定的回答[41]。

图 8.24(b) 为整个通信方案示意图，Alice 和 Bob 分别位于传输通道的两边，该装置可分解为内循环部分和外循环部分，如图 8.24(a) 所示的内循环部分作为外循环的一臂参与到整体的通信中。内循环部分分束器的透射率和反射率分别为 $\sin^2 \theta_N$ 和 $\cos^2 \theta_N$(这里 $\theta_N = \pi/2N$)，外循环部分分束器的透射率和反射率分别为 $\sin^2 \theta_M$ 和 $\cos^2 \theta_M$(这里 $\theta_M = \pi/2M$)。Bob 需要将信息传送给 Alice，可以将信息编码在通信通道的状态上，通道没有障碍物对应逻辑比特 0，通道有障碍物对应逻辑比特 1，用于探测的光子从左上端输入，并由三个单光子探测器 D_1、D_2、D_3 接收。单光子发送装置和探测装置都在 Alice 一端，Bob 在公共传送通道通过加挡板 (逻辑比特 $|1\rangle$) 和不加挡板 (逻辑比特 $|0\rangle$) 对光子路径的干涉方式予以控制，从而影响光子在接收端探测器上的输出，将信息传送给 Alice。

首先考虑如图 8.24(a) 所示的内循环。由 8.9.1 小节的分析可知，如果 Bob 没有加挡板，则 D_2 探测器接收到光子；如果 Bob 加了挡板，则 D_1 探测器响应。只利用内循环，Bob 也可以成功将信息传送给 Alice，但对于不加挡板的情况，光

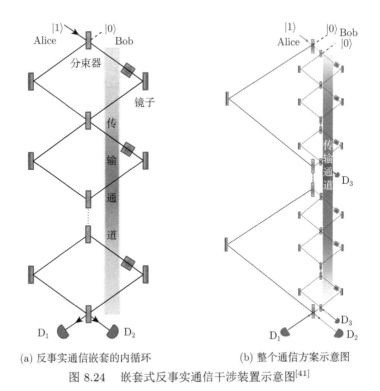

(a) 反事实通信嵌套的内循环　　　　(b) 整个通信方案示意图

图 8.24　嵌套式反事实通信干涉装置示意图[41]

子有一定的概率会出现在公共的传送通道。因为光子有一定的概率出现在公共通道，称为部分反事实通信。为了实现完全直接反事实通信，Zubairy 团队设计了如图 8.24 所示的嵌套式反事实通信干涉装置。用态 $|ijk\rangle$ 表示光子的状态，其中态 $|i\rangle$、态 $|j\rangle$ 和态 $|k\rangle$ 分别对应于光子在左边光路、中间光路 (内循环左边) 和右边光路 (内循环右边)。如果光子从左上角入射，如图 8.24(b) 所示，对应光子状态为态 $|100\rangle$。

(1) 如果 Bob 没有加挡板，内循环的作用是让光子离开整个循环，对外循环来说，等效为存在挡板的情况。由于芝诺效应，在 M 个外循环过程中，光子一直在左边光路中，光子状态为态 $|100\rangle$，探测器 D_1 响应。

(2) 如果 Bob 加挡板，内循环的作用是让进入内循环的光子重新返回外循环，这时整个装置等效为 M 个没有加挡板的内循环，经 M 个外循环后，光子被逐步从左边通道转移至中间通道，光子状态为态 $|010\rangle$，探测器 D_2 响应。

无论是探测器 D_1 响应还是 D_2 响应，光子都不会出现在公共通道。任何出现在公共通道的光子都会被挡住，或者引发 D_3 响应，此时光子便不会返回到外循环。这样，通过嵌套式马赫–曾德尔干涉装置，Bob 可以根据光路是否挡住的方式将信息传送给 Alice，而整个过程没有光子出现在公共通道，也没有实体粒子在

Alice 和 Bob 之间来往。

由于在量子通信等方面的潜在应用，反事实通信迅速引起了科学家的广泛关注，并由此提出了反事实量子密码学[35,42-45]、反事实量子计算[46]、反事实量子态传送[47]等[48]，详细讨论不在这里展开。值得一提的是，2017 年中国科学技术大学的潘建伟教授团队在实验中实现了反事实直接量子通信，并成功传送一张黑白中国结照片，详细情况请见文献 [49]。

参 考 文 献

[1]   FOX M. Quantum Optics: An Introduction[M]. London: Oxford University Press, 2006.

[2]   苏汝铿. 统计物理学 [M]. 北京: 高等教育出版社, 2004.

[3]   TANJI-SUZUKI H, CHEN W L, LANDIG R, et al. Vacuum induced transparency[J]. Science, 2011, 333: 1266-1269.

[4]   张永德. 高等量子力学 (上册)[M]. 2 版. 北京: 科学出版社, 2010.

[5]   SCULLY M O, SVIDZINSKY A A. The Lamb shift-yesterday, today, and tomorrow[J]. Science, 2010, 328(5983): 1239-1241.

[6]   HÄNSCH T W, LEE S A, WALLENSTEIN R, et al. Doppler-free two-photon spectroscopy of hydrogen 1S-2S[J]. Physical Review Letters, 1975, 34(6): 307-309.

[7]   DIRAC P A M. The quantum theory of the emission and absorption of radiation[J]. Proceedings of the Royal Society A-Mathematical Physical and Engineering Sciences, 1927, 114: 243-265.

[8]   SUSSKIND L, GLOGOWER J. Quantum mechanical phase and time operator[J]. Physics, 1964, 4(1): 49-61.

[9]   WALLS D F, MILBURN G J. Quantum Optics[M]. Berlin Heidelberg: Spring-Verlag, 1995.

[10] REMPE G, WALTHER H, KLEIN N. Observation of quantum collapse and revival in a one-atom maser[J]. Physical Review Letters, 1987, 58(4): 353-356.

[11] MOLLOW B R. Power spectrum of light scattered by two-level systems[J]. Physical Review, 1969, 188(5): 1969-1975.

[12] IMAMOGLU A, SCHMIDT H, WOODS G, et al. Strongly interacting photons in a nonlinear cavity[J]. Physical Review Letters, 1997, 79(8): 1467-1470.

[13] WERNER M J, IMAMOGLU A. Photon-photon interactions in cavity electromagnetically induced transparency[J]. Physical Review A, 1999, 61(1): 011801.

[14] BIRNBAUM K M, BOCA A, MILLER R, et al. Photon blockade in an optical cavity with one trapped atom[J]. Nature, 2005, 436: 87-90.

[15] TIAN L, CARMICHAEL H J. Quantum trajectory simulations of two-state behavior in an optical cavity containing one atom[J]. Physical Review A, 1992, 46(11): R6801-R6804.

[16] PURCELL E M. Spontaneous emission probabilities at radio frequencies[J]. Physical Review, 1946, 69(11): 681.

[17] MÜCKE M, FIGUEROA E, BOCHMANN J, et al. Electromagnetically induced transparency with single atoms in a cavity[J]. Nature, 2010, 465: 755-758.

[18] MCKEEVER J, BOCA A, BOOZER A D, et al. Deterministic generation of single photons from one atom trapped in a cavity[J]. Science, 2004, 303: 1992-1994.

[19] HULET R G, HILFER E S, KLEPPNER D. Inhibited spontaneous emission by a Rydberg atom[J]. Physical Review Letters, 1985, 55(20): 2137-2140.

[20] JHE W, ANDERSON A, HINDS E A, et al. Suppression of spontaneous decay at optical frequencies: Test of vacuum-field anisotropy in confined space[J]. Physical Review Letters, 1987, 58(7): 666-669.

[21] GOY P, RAIMOND J M, GROSS M, et al. Observation of cavity-enhanced single-atom spontaneous emission[J]. Physical Review Letters, 1983, 50(24): 1903-1906.

[22] KIMBLE H J. The quantum internet[J]. Nature, 2008, 453: 1023-1030.

[23] SHEN J T, FAN S H. Theory of single-photon transport in a single-mode waveguide. I. Coupling to a cavity containing a two-level atom[J]. Physical Review A, 2009, 79(2): 023837.

[24] SHEN J T, FAN S H. Theory of single-photon transport in a single-mode waveguide. II. Coupling to a whispering-gallery resonator containing a two-level atom[J]. Physical Review A, 2009, 79(2): 023838.

[25] XIA K Y, LU G W, LIN G W, et al. Reversible nonmagnetic single-photon isolation using unbalanced quantum coupling[J]. Physical Review A, 2014, 90(4): 043802.

[26] SCHEUCHER M, HILICO A, WILL E, et al. Quantum optical circulator controlled by a single chirally coupled atom[J]. Science, 2016, 354(6319): 1577-1580.

[27] SAYRIN C, JUNGE C, MITSCH R, et al. Nanophotonic optical isolator controlled by the internal state of cold atoms[J]. Physical Review X, 2015, 5(4): 041036.

[28] BENNETT C H, BRASSARD G. Quantum cryptography: Public key distribution and coin tossing[C]. Proceedings of the IEEE International Conference on Computers, Systems, and Signal Processing, New York, 1984: 175-179.

[29] EKERT A K. Quantum cryptography based on Bell's theorem[J]. Physical Review Letters,1991, 67(6): 661-663.

[30] BENNET C H. Quantum cryptography using any two nonorthogonal states[J]. Physical Review Letters, 1992, 68(21): 3121-3124.

[31] SCARANI V, ACIN A, RIBORY G, et al. Quantum cryptography protocols robust against photon number splitting attacks for weak laser pulse implementations[J]. Physical Review Letters, 2004, 92(5): 057901.

[32] HWANG W Y. Quantum key distribution with high loss: Toward global secure communication[J]. Physical Review Letters, 2003, 91(5): 057901.

[33] 郭弘, 李政宇, 彭翔. 量子密码 [M]. 北京: 国防工业出版社, 2016.

[34] ELITZUR A C, VAIDMAN L. Quantum mechanical interaction-free measurements[J]. Foundations of Physics, 1993, 23: 987-997.

[35] NOH T G. Counterfactual quantum cryptography[J]. Physical Review Letters, 2009, 103(2): 230501.

[36] BRIDA G, CAVANNA A, DEGIOVANNI I P, et al. Experimental realization of counterfactual quantum cryptography[J]. Laser Physics Letters, 2012, 9(3): 247-252.

[37] LIU Y, JU L, LIANG X L, et al. Experimental demonstration of counterfactual quantum communication[J]. Physical Review Letters, 2012, 109(3): 030501.

[38] DICKE R H. Interaction-free quantum measurements: A paradox[J]. American Journal of Physics, 1981, 49(10): 925-930.

[39] KWIAT P, WEINFURTER H, HERZOG T, et al. Interaction-free measurement[J]. Physical Review Letters, 1995, 74(24): 4763-4766.

[40] HOSTEN O, RAKHER M T, BARREIRO J T, et al. Counterfactual quantum computation through quantum interrogation[J]. Nature, 2006, 439: 949-952.

[41] SALIH H, LI Z H, AL-AMRI M, et al. Protocol for direct counterfactual quantum communication[J]. Physical Review Letters, 2013, 110(1): 170502.

[42] YIN Z Q, LI H W, CHEN W, et al. Security of counterfactual quantum cryptography[J]. Physical Review A, 2010, 82(4): 042335.

[43] SUN Y, WEN Q Y. Counterfactual quantum key distribution with high efficiency[J]. Physical Review A, 2010, 82(5): 052318.

[44] REN M, WU G, WU E, et al. Experimental demonstration of counterfactual quantum key distri-bution[J]. Laser Physics, 2011, 21(4): 755-760.

[45] YIN Z Q, LI H W, YAO Y, et al. Counterfactual quantum cryptography based on weak coherent states[J]. Physical Review A, 2012, 86(2): 022313.

[46] LI Z H, JI X F, ASIRI S, et al. Counterfactual logic gates[J]. Physical Review A, 2020, 102(2): 022606.

[47] LI Z H, AL-AMRI M, ZUBAIRY M S. Direct counterfactual transmission of a quantum state[J]. Physical Review A, 2015, 92(5): 052315.

[48] GUO Q, CHENG L Y, CHEN L, et al. Counterfactual entanglement distribution without trans-mitting any particles[J]. Optics Express, 2014, 22(8): 8970-8984.

[49] CAO Y, LI Y H, CAO Z, et al. Direct counterfactual communication via quantum Zeno effect[J]. Proceedings of the National Academy of Sciences of the United States of America, 2017, 114(19): 4920-4924.

第 9 章　量子精密测量简介

　　人们对世界的认识来源于对世界的观察和测量。为了能够更加准确地获取自然界的数据，高精度的测量至关重要，因为测量和推断的精度决定人们对自然规律定量刻画的极限。度量学是关于测量和统计推断的一门科学，探讨参数估计中可以获得的最高精度，寻找接近或达到最高精度的测量方案。随着科学与技术的发展，人们对度量的要求也越来越高。例如，引力波探测实验中要求引力波探测器的精度至少是 $10^{-21}/\sqrt{\text{Hz}}$ [1]；频标所确定的时间准确性直接决定卫星导航定位系统的精度。

　　任何测量过程都是物理过程，都遵循相应的物理规律。从物理的角度分析，一个完整的测量过程可以分成几个环节：①准备探测装置，并将其初始化；②探测装置与被测系统发生相互作用；③探测数据读取环节，得到测量结果；④根据测量结果，估计待测系统未知参数的值。

　　任何测量过程都无法避免统计误差与系统误差，两者直接决定测量的精准度。根据其来源，可以将统计误差与系统误差大致分为两类：一类是非本质偶然误差，如来源于对探测与测量系统的非完全控制的偶然误差，探测器本身不精确或试验方案设计不完善的系统误差；另一类是本质性误差，如量子系统中波粒二象性带来的海森伯不确定性关系。一般来讲，经典噪声是非本质的，总是可以通过不断优化将其消除或者抑制，但是量子噪声是本质的，是不可克服且无法消除的。可以证明，多次独立测量的平均值收敛于线宽为 $\Delta\sigma/\sqrt{N}$ 的高斯分布，$\Delta\sigma$ 为测量的标准方差，N 为独立的测量次数 ①。测量误差与测量次数之间 $1/\sqrt{N}$ 的统计标度关系称为散粒噪声极限 (shot noise limit，SNL)。由中心极限定理可知，散粒噪声极限来源于测量的统计属性，进行多次重复测量，通过增加测量次数可以减小误差[2]。

　　近几十年来，激光技术日益成熟[3]，量子技术突飞猛进[4]，量子纠缠、量子关联等量子相干性质作为基本资源广泛应用于各个领域。例如，基于量子纠缠与量子压缩的量子信息与计算[5] 和量子成像[6]。将量子相干特性引入度量学形成了一个新领域——量子计量学 (quantum metrology)[3,7-8]。量子计量学是利用量子力学系统的相干特性，通过设计特定的测量与识别过程，实现突破散粒噪声极限 (在量

---

　　① 不同文献对 N 有不同的解释，有的是独立的测量次数，有的是探测态中非关联的粒子数[9]。实际参数估计中，估计的精度与这两者都有关，后面磁探测部分会给出详细解释。

子计量学中也称标准量子极限，standard quantum limit，SQL），逼近甚至突破标度关系为 $1/N$ 的海森伯极限 (Heisenberg limit，HL) 的物理参量估计[7-16]。量子参数估计是量子计量学的核心，散粒噪声极限限制了未知参数估计的精度，利用量子相干特性突破散粒噪声极限得益于 1980 年 Caves[17] 对干涉仪的分析。文中指出标准光学干涉仪无法突破标准量子极限的原因不在于光学涨落，而在于实验中忽略了干涉仪两个输入端口中的一个，即忽略真空涨落对光子计数的误差[17]。如果在闲置端输入压缩真空态，即可突破标准量子极限[18]。上述工作标志计量学真正从经典领域延伸到量子领域，量子相干成为可以提升参数估计精度的可靠资源。

<h2 style="text-align:center">9.1　经典参数估计</h2>

9.1.1　基本描述

对一个物理量进行估计，必须依赖于与测量系统之间的相互作用，实验观测结果直接或间接反映被测参量的值。例如，测量磁场强度可以通过观测磁场引入导致的谱线移动或者法拉第偏转角，整个过程依赖于光与介质的相互作用，最终得到的谱线信息或者偏转角信息间接反映磁场的强弱。如图 9.1 所示，一个完整的参数估计大致上包括以下三部分。

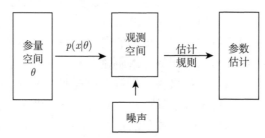

图 9.1　经典参数估计模型

(1) 参量空间：一般可以直接观测的物理量比较少，很多情况下待测参数 θ 隐含在系统状态中，或者不能直接测量，只能选取另外的量，对待测参数进行间接测量。因此，待测参数与观测量之间存在对应关系。参量空间是指被估计量所在空间。

(2) 观测空间：观测空间对应实验中的观测量 x，可以说是直接由观测量撑开的空间。测量部分与被测系统之间发生相互作用，因此观测空间观测量间接反映了被估计参量。由于被估计参量的影响，测量的结果表现为一些随机事件。计量学的任务就是从观测结果中尽可能精确地提取出被估计参量的信息。

(3) 参数估计：被估计量 θ 与观测量 x 之间的映射关系。观测过程中噪声的影响无法避免，所以观测量 x 具有随机性，同时观测量中必然有被估计量 θ 的信

息，因此观测量是以 θ 为参量的随机量。描述参量空间到观测空间概率映射的概率密度函数记为 $p(x|\theta)$，它完整描述含有被估计量 θ 信息时观测量的统计特性。很显然，θ 的值影响观测结果，因此可以由观测结果推断出 θ 的值。

对一个物理量进行测量，可以选择不同的方式，再根据不同测量方式得到的测量结果对被测参量进行估值。参数估计的一个中心问题是如何在给定资源的条件下尽可能多地提取参量信息。因此，有必要从性能上对测量方案予以评估，以便选择最优测量方案。考虑一个随机变量 x，服从概率分布 $p(x|\theta)$，θ 是概率分布中的参数。通过对随机变量 x 进行测量，可以对参数 θ 进行估计。为了准确估计 θ，可以根据测量得到的数据构建估计值 θ_N，要求与 θ 的真值偏差越小越好。从统计的角度来讲，θ 应在观测量的统计平均值附近。这样，可以将估计量 θ 构造为 $N\ (N > 1)$ 个样本的平均值，即

$$\hat{\theta} = E[\theta(x)] = \int p(x|\theta)\theta(x)\mathrm{d}x \tag{9.1}$$

对于噪声，测量次数 N 较大时，其平均值为零。因此，估计量的平均值等于被估计参量的真值，此时，被估计参数是无偏的。定义被估计参数的误差 $\Delta\theta(x) = \theta(x) - \hat{\theta}$，则方差可写为

$$\mathrm{Var}[\theta(x)] = E[\theta^2(x)] - (E[\theta(x)])^2 \tag{9.2}$$

均方差描述的是测量结果相对于平均值的偏离程度。如果 $\mathrm{Var}[\theta(x)]$ 较小，意味着测量结果取值相对于平均值比较集中，因此均方差是刻画测量结果弥散程度的一个量，值越小则越精确。

9.1.2　经典 Fisher 信息与经典 Cramér-Rao 定理

在参数估计中，一个非常核心的问题是估计的精度到底是多少? 是否存在基本下限? 20 世纪 40 年代，Rao[19] 和 Cramér[20] 独立证明，如果用所选取估计子的方差标定参数估计精度，则对于单变量的统计估计存在一个最低的极限，即 Cramér-Rao 下界。对于待测参数 θ，该参数估计子为 $\hat{\theta}$，对于单侧测量，参数估计精度的下限为

$$\mathrm{Var}(\theta) = E(\theta^2) - [E(\theta)]^2 \geqslant \frac{1}{F} \tag{9.3}$$

式中，

$$F = \int_{-\infty}^{+\infty} p(x|\theta) \left[\frac{\partial \ln p(x|\theta)}{\partial \theta} \right]^2 \mathrm{d}x = \int_{-\infty}^{+\infty} \frac{1}{p(x|\theta)} \left[\frac{\partial p(x|\theta)}{\partial \theta} \right]^2 \mathrm{d}x \tag{9.4}$$

表示经典 Fisher 信息[①]，式 (9.3) 就是经典 Cramér-Rao 不等式，也称 Cramér-Rao 定理。Cramér-Rao 定理通过 Fisher 信息给出无偏估计量的界限。

证明：由统计平均值的定义有

$$\int_{-\infty}^{+\infty} p(x|\theta)\left[\theta - E(\theta)\right] \mathrm{d}x = 0 \tag{9.5}$$

对 θ 取微分：

$$\frac{\partial}{\partial \theta}\int_{-\infty}^{+\infty} p(x|\theta)\left[\theta - E(\theta)\right]\mathrm{d}x$$

$$= -\frac{\partial E(\theta)}{\partial \theta}\int_{-\infty}^{+\infty} p(x|\theta)\mathrm{d}x + \int_{-\infty}^{+\infty}\frac{\partial p(x|\theta)}{\partial \theta}\left[\theta - E(\theta)\right]\mathrm{d}x$$

$$= -\frac{\partial E(\theta)}{\partial \theta} + \int_{-\infty}^{+\infty} p(x|\theta)\frac{\partial \ln p(x|\theta)}{\partial \theta}\left[\theta - E(\theta)\right]\mathrm{d}x = 0 \tag{9.6}$$

因此有

$$\frac{\partial E(\theta)}{\partial \theta} = \int_{-\infty}^{+\infty} p(x|\theta)\frac{\partial \ln p(x|\theta)}{\partial \theta}\left[\theta - E(\theta)\right]\mathrm{d}x \tag{9.7}$$

利用柯西–施瓦茨不等式：

$$\left[\int w(x)g(x)h(x)\mathrm{d}x\right]^2 \leqslant \int w(x)g^2(x)\mathrm{d}x \cdot \int w(x)h^2(x)\mathrm{d}x \tag{9.8}$$

取

$$w(x) = p(x|\theta) \tag{9.9}$$

$$g(x) = \frac{\partial \ln p(x|\theta)}{\partial \theta} \tag{9.10}$$

$$h(x) = \theta - E(\theta) \tag{9.11}$$

不难计算有

$$\left[\frac{\partial E(\theta)}{\partial \theta}\right]^2 = \left|\int_{-\infty}^{+\infty} p(x|\theta)\frac{\partial \ln p(x|\theta)}{\partial \theta}\left[\theta - E(\theta)\right]\mathrm{d}x\right|^2$$

$$\leqslant \int p(x|\theta)\left[\frac{\partial \ln p(x|\theta)}{\partial \theta}\right]^2\mathrm{d}x \cdot \int p(x|\theta)\left[\theta - E(\theta)\right]^2\mathrm{d}x \tag{9.12}$$

---

① Fisher 信息是由统计学家 Fisher 为了量化描述一组可观测随机变量所携带待测参数信息量提出的。

不等式右边第一项是经典 Fisher 信息，第二项是方差 Var(θ)。如果估计子是无偏的，即 $E(\theta)=\theta$，则有

$$\text{Var}(\theta) \geqslant \frac{1}{F} \tag{9.13}$$

Cramér-Rao 不等式如果进行 N 次独立测量，则 Cramér-Rao 不等式需改写为

$$\text{Var}(\theta) \geqslant \frac{1}{NF} \tag{9.14}$$

显然，式 (9.14) 给出了参数估计方差的下限，这个下限正是 Fisher 信息的倒数。此时估计的误差满足 $\propto (NF)^{-1/2}$，该标度关系称为散粒噪声极限，也称标准量子极限。Fisher 信息表征了一个概率分布中参数的信息量，Fisher 信息越大，Cramér-Rao 界越低，参数估计的精度就越高，Fisher 信息给出的是参数估计精度能够达到的理论极限。

Fisher 信息有两条基本性质：

(1) 由定义可知，Fisher 信息是非负的。

(2) Fisher 信息具有可加性。如果整个系统中有 m 个子系统，对于独立测量，Fisher 信息可写为

$$F(\theta) = \sum_{i=1}^{m} F_i(\theta) \tag{9.15}$$

式中，

$$F_i(\theta) = \int p(x_i|\theta) \left[\frac{\partial \ln p(x_i|\theta)}{\partial \theta} \right]^2 \mathrm{d}x_i \tag{9.16}$$

表示第 i 个子系统的 Fisher 信息。

9.2　量子参数估计

9.2.1　基本描述

随着量子技术的不断发展，参数估计逐渐推广至量子领域，其目的是利用量子相干、压缩[21] 和纠缠 [22-23] 等效应提高参数估计的精度，以突破经典物理设定的下限。物理上，量子参数估计主要是将需要精密测量的物理量 (微弱电磁场、微弱的惯性力等) 投影到相位上，通过量子干涉仪来实现。因此量子参数估计中，干涉仪是核心，相位估计是关键。

假定 θ 是需要估计的参数，系统的状态依赖于该参数，用密度矩阵 $\hat{\rho}(\theta)$ 来描述系统状态，显然密度矩阵 $\hat{\rho}(\theta)$ 满足正定、厄米、归一的条件。为了完成对参数 θ 的

估计，需要选择相应的测量方式对系统进行 POVM。用厄米算符 $\{\hat{E}(x)|x\}$ 描述该过程，完备性条件为

$$\sum_x \hat{E}(x) = I \tag{9.17}$$

式中，I 表示单位矩阵。通过对系统进行 POVM，得到一组与参数 θ 相关的概率分布 $p(x|\theta)$：

$$p(x|\theta) = \text{Tr}[\hat{\rho}(\theta)\hat{E}(x)] \tag{9.18}$$

测量完成后，根据最大似然函数估计得到参数 θ 的值。

　　简单来说，一个完整的量子参数估计过程有如图 9.2 所示的四部分：①初始态 $\hat{\rho}$ 的制备；②对初始探测态进行操作，写入并积累与估计量相关的相位或相移 θ；③选取测量算符，利用输出态读取测量算符的测量值 x 及概率分布 $p(x|\theta)$；④根据测量结果对待测参数 θ 进行估计。因此，参数估计精度的提高依赖于这四个过程，归纳起来大致如下：

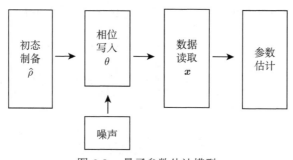

图 9.2　量子参数估计模型

　　(1) 系统初态的制备。光子探测时用不同光子态，如压缩态；原子处于直积态或 Greenberger-Horne-Zeilinger (GHZ) 态。

　　(2) 相位或相移的引入过程。该过程对参数估计精度影响至关重要，引入相移的过程与待测参数 θ 有关，同时该过程也必然引入不同的噪声，一般来讲有效相互作用越强，参数估计的精度越有益，如利用干涉仪的非线性相互作用的估计精度要高于基于线性相互作用的估计精度。

　　(3) 选择合适测量算符的数据读取过程。选择不同的测量方案，自然得到不同的测量结果及相应概率分布，对应的 Fisher 信息也自然不同。

9.2.2　量子 Fisher 信息与量子 Cramér-Rao 定理

　　测量值 x 及其相应的分布概率 $p(x|\theta)$ 均依赖于 POVM 选择的测量方案 $\{\hat{E}(x)|x\}$。很显然，选择不同的 POVM 方案，得到的经典 Fisher 信息也随之

不同。可以证明，总可以找到一个 POVM，使得经典 Fisher 信息取最大值，该最大经典 Fisher 信息称为量子 Fisher 信息，即

$$F_{\mathrm{Q}} = \max F[\hat{\rho}(\theta), \{\hat{E}(x)\}] \tag{9.19}$$

相应的，量子 Fisher 信息所确定的参数估计精度下限由量子 Cramér-Rao 不等式确定。1967 年，Helstrom [24] 证明量子 Fisher 信息可写为

$$F_{\mathrm{Q}} = \mathrm{Tr}[\hat{\rho}(\theta)\hat{L}^2(\theta)] \tag{9.20}$$

式中，厄米算符 $\hat{L}(\theta)$ 为对称对数导数 (symmetric logarithmic derivative，SLD)，由下式给出：

$$\frac{\partial \hat{\rho}(\theta)}{\partial \theta} = \frac{1}{2}\left[\hat{\rho}(\theta)\hat{L}(\theta) + \hat{L}(\theta)\hat{\rho}(\theta)\right] \tag{9.21}$$

证明：式 (9.18) 两边对 θ 求导，并利用对称对数导数可得

$$\begin{aligned}\frac{\partial p(x|\theta)}{\partial \theta} &= \mathrm{Tr}\left[\frac{\partial \rho(\theta)}{\partial \theta}\hat{E}(x)\right] \\ &= \mathrm{Re}\left\{\mathrm{Tr}[\hat{\rho}(\theta)\hat{E}(x)\hat{L}(\theta)]\right\}\end{aligned} \tag{9.22}$$

以分立测量值为例，经典 Fisher 信息为

$$\begin{aligned}F &= \sum_x \frac{1}{p(x|\theta)}\left[\frac{\partial p(x|\theta)}{\partial \theta}\right]^2 = \sum_x \frac{\mathrm{Re}\left\{\mathrm{Tr}[\hat{\rho}(\theta)\hat{E}(x)\hat{L}(\theta)]\right\}^2}{\mathrm{Tr}[\hat{\rho}(\theta)\hat{E}(x)]} \\ &\leqslant \sum_x \frac{\left|\mathrm{Tr}[\hat{\rho}(\theta)\hat{E}(x)\hat{L}(\theta)]\right|^2}{\mathrm{Tr}[\hat{\rho}(\theta)\hat{E}(x)]} = \sum_x \left|\mathrm{Tr}\left[\frac{\sqrt{\hat{\rho}(\theta)\hat{E}(x)}}{\sqrt{\mathrm{Tr}[\hat{\rho}(\theta)\hat{E}(x)]}}\sqrt{\hat{E}(x)}\hat{L}(\theta)\sqrt{\hat{\rho}(\theta)}\right]\right|^2 \\ &\leqslant \sum_x \mathrm{Tr}\left[\hat{E}(x)\hat{L}(\theta)\hat{\rho}(\theta)\hat{L}(\theta)\right] = \mathrm{Tr}\left[\hat{L}(\theta)\hat{\rho}(\theta)\hat{L}(\theta)\right] = \mathrm{Tr}\left[\hat{\rho}(\theta)\hat{L}^2(\theta)\right]\end{aligned} \tag{9.23}$$

式中，第二个不等号需要利用柯西–施瓦茨不等式：

$$\left|\mathrm{Tr}(\hat{A}^\dagger \hat{B})\right|^2 \leqslant \mathrm{Tr}(\hat{A}^\dagger \hat{A})\mathrm{Tr}(\hat{B}^\dagger \hat{B}) \tag{9.24}$$

因此量子 Fisher 信息，也就是最大经典 Fisher 信息为

$$F_{\mathrm{Q}} = \mathrm{Tr}\left[\hat{\rho}(\theta)\hat{L}^2(\theta)\right] \tag{9.25}$$

考虑引入的厄米算符 $\hat{L}(\theta)$，根据其定义式，不难验证 $\langle \hat{L}(\theta) \rangle = 0$，因此有

$$F_Q = \mathrm{Tr}\left[\hat{\rho}(\theta)\hat{L}^2(\theta)\right] = \langle \hat{L}^2(\theta) \rangle - \langle \hat{L}(\theta) \rangle^2$$
$$= \langle (\Delta \hat{L}(\theta))^2 \rangle = [\Delta L(\theta)]^2 \tag{9.26}$$

量子 Fisher 信息等价于对称对数导数的方差。

与经典参数估计类比，不难看出量子参数估计中，参数估计的精度由量子 Fisher 信息给出，即

$$(\Delta \theta)^2 \geqslant \frac{1}{NF_Q} \tag{9.27}$$

式 (9.27) 称为量子 Cramér-Rao 不等式，也称为量子 Cramér-Rao 定理。显然，此时参数估计精度满足的标度关系仍然是 $\propto (NF_Q)^{-1/2}$。要达到精度上限，需要选择最优估计子和最优 POVM，最优 POVM 其实就是以对称对数导数 $\hat{L}(\theta)$ 的正交归一基建立的 POVM。研究表明，在一定条件下最优 POVM 不依赖于待测参数 θ[25]。

对于一个具体的测量方案，究竟是标准量子极限下的测量，还是能达到海森伯极限，甚至是突破海森伯极限，只需要对其量子 Fisher 信息进行详细分析即可。以马赫–曾德尔干涉仪为例，假设输入态为

$$\rho_{\mathrm{in}} = \rho_a \otimes \rho_b \tag{9.28}$$

式中，a 端口输入为任意纯态 $|\psi\rangle_a(\rho_a = |\psi\rangle_{aa}\langle\psi|)$；$b$ 端口输入为压缩热态：

$$\rho_b = \sum_{n=0}^{\infty} \frac{\bar{n}_{\mathrm{th}}^n}{(\bar{n}_{\mathrm{th}}^n + 1)^{n+1}} S_b(\xi)|n\rangle_{bb}\langle n|S_b^\dagger(\xi) \tag{9.29}$$

式中，$\bar{n}_{\mathrm{th}}$ 表示平均热光子数；$S_b(\xi)$ 表示压缩算符。

9.3 量子纠缠与量子参数估计

量子纠缠作为一种量子资源被广泛应用于量子计算、量子隐形传态、量子频标等领域，将量子纠缠引入量子参数估计，探讨它对参数估计精度的影响是十分自然的。近些年的研究表明，突破标准量子极限需要将探测态改为量子纠缠态。问题是在系统中引入量子纠缠，是否一定能减小参数估计误差，提升精度呢？由量子 Cramér-Rao 定理可知，并非所有量子纠缠都对提升参数估计精度有益，只有能被量子 Fisher 信息识别的，有用的量子纠缠才可以真正增强量子测量的精度[2,9,26]。因此如何甄别和利用多粒子体系的量子纠缠来提升参数估计的精度是量子参数估计的重要研究内容[3,27-28]，这里不做详细展开。本节以基于 Ramsey 干涉仪的频标为例[29]，简单探讨量子纠缠对参数估计的增强效应。

9.3.1　直积态策略

考虑 N 个二能级原子组成的系统，现对跃迁频率 ω_0 进行估计，初始时刻原子都处于基态，原子间不存在量子纠缠，总波函数为各粒子直积态，可表示成

$$|\Psi_i\rangle = |g\rangle^{\otimes N} \tag{9.30}$$

用 $\pi/2$ 光脉冲作用于原子系统，并假设光脉冲对每个原子的作用都相同，则经 $\pi/2$ 光脉冲作用后原子系统的波函数为

$$|\Psi_0\rangle = \left[\frac{1}{\sqrt{2}}(|g\rangle + |e\rangle)\right]^{\otimes N} \tag{9.31}$$

这时完成了初态制备。下面需要将 ω_0 写入量子态。让体系独立自由演化，则 t 时刻系统的波函数为

$$|\Psi(t)\rangle = \left[\frac{1}{\sqrt{2}}(|g\rangle + \mathrm{e}^{-\mathrm{i}\omega_0 t}|e\rangle)\right]^{\otimes N} \tag{9.32}$$

t 时刻再引入 $\pi/2$ 光脉冲与系统作用，结束后体系的波函数为

$$|\Psi_f\rangle = \left\{\frac{1}{\sqrt{2}}\left[\frac{1}{\sqrt{2}}(|g\rangle + |e\rangle) + \frac{\mathrm{e}^{-\mathrm{i}\omega_0 t}}{\sqrt{2}}(|g\rangle - |e\rangle)\right]\right\}^{\otimes N}$$

$$= \left\{\frac{1}{2}[(1 + \mathrm{e}^{-\mathrm{i}\omega_0 t})|g\rangle + (1 - \mathrm{e}^{-\mathrm{i}\omega_0 t})|e\rangle]\right\}^{\otimes N} \tag{9.33}$$

选择激发态 $|e\rangle$ 上的布居 $\hat{\sigma}_{ee} = |e\rangle\langle e|$ 作为测量算符，每个原子处于激发态 $|e\rangle$ 的概率为

$$p_e^i = \langle \hat{\sigma}_{ee}^i \rangle = \langle \Psi_f | \hat{\sigma}_{ee} | \Psi_f \rangle = \frac{1}{2}[1 - \cos(\omega_0 t)] \tag{9.34}$$

式中，上标 i 表示第 i 个原子。不难计算涨落为

$$\Delta p_e^i = \sqrt{p_e^i(1 - p_e^i)} = \frac{1}{2}|\sin(\omega_0 t)| \tag{9.35}$$

根据中心极限定理，考虑时间间隔 T，可以重复 T/t 次该实验，获得 $M = NT/t$ 组具有涨落为 Δp 的实验结果，测量误差为

$$\Delta p_e = \frac{\Delta p_e^i}{M} = \frac{|\sin(\omega_0 t)|}{2}\sqrt{\frac{t}{NT}} \tag{9.36}$$

再利用误差传递公式，即可得到该测量方案误差为

$$|\delta\omega_0| = \frac{\Delta p_e}{|\mathrm{d}p_e/\mathrm{d}\omega_0|} = \frac{1}{\sqrt{NTt}} \tag{9.37}$$

式 (9.37) 正是散粒噪声极限给出的标度关系。

9.3.2 纠缠态策略

仍考虑 N 个处于基态 $|g\rangle$ 的原子系统，用 $\pi/2$ 光脉冲作用在第一个原子上，此时系统波函数为

$$|\tilde{\Psi}_0\rangle = \frac{1}{\sqrt{2}}\underbrace{(|g\rangle + |e\rangle)}_{\text{控制位}} \otimes \underbrace{|g\rangle^{\otimes N-1}}_{\text{靶位}} \tag{9.38}$$

接下来以第一个原子作为控制位 (控制比特)，剩下的原子作为靶位 (也称目标比特)，实施控制非门操作，结束之后系统将处于最大纠缠态[30]：

$$|\Psi_0\rangle = \frac{1}{\sqrt{2}}(|g\rangle^{\otimes N} + |e\rangle^{\otimes N}) \tag{9.39}$$

经过上述操作，系统初态已制备完成。接下来让系统自由演化，则 t 时刻状态为

$$|\Psi(t)\rangle = \frac{1}{\sqrt{2}}(|g\rangle^{\otimes N} + \mathrm{e}^{-\mathrm{i}N\omega_0 t}|e\rangle^{\otimes N}) \tag{9.40}$$

经自由演化后，待测参量 ω_0 已写入系统状态波函数。对比式 (9.40) 与式 (9.32)，当系统制备在最大纠缠态上时，系统自由演化引入的动力学相因子与粒子数 N 有关，必然会对参数估计精度有增强效果。再将第一个原子作为控制位，其余原子作为靶位实施控制非门操作，系统状态变为如下直积态：

$$|\tilde{\Psi}(t)\rangle = \frac{1}{\sqrt{2}}(|g\rangle + \mathrm{e}^{-\mathrm{i}N\omega_0 t}|e\rangle) \otimes |g\rangle^{\otimes N-1}) \tag{9.41}$$

最后用 $\pi/2$ 光脉冲作用在第一个原子上，最终系统波函数为

$$|\Psi_f\rangle = \frac{1}{\sqrt{2}}[(1 + \mathrm{e}^{-\mathrm{i}N\omega_0 t})|g\rangle + (1 - \mathrm{e}^{-\mathrm{i}N\omega_0 t})|e\rangle] \otimes |g\rangle^{\otimes N-1} \tag{9.42}$$

选取第一个原子激发态布居 $\hat{\sigma}_{ee}^1$ 作为测量算符，不难计算有

$$p_e^1 = \langle \hat{\sigma}_{ee}^1 \rangle = \frac{1}{2}[1 - \cos(N\omega_0 t)] \tag{9.43}$$

$$\Delta p_e = \sqrt{p_e^1(1 - p_e^1)} = \frac{1}{2}|\sin(N\omega_0 t)| \tag{9.44}$$

结合误差传递公式，可得此时的测量误差为

$$|\delta\omega_0| = \frac{\Delta p_e^1}{|\mathrm{d}p_e^1/\mathrm{d}\omega_0|} = \frac{1}{N\sqrt{Tt}} \tag{9.45}$$

很显然，由于在系统初始状态中引入量子纠缠，测量误差突破散粒噪声极限 $\propto N^{-1/2}$，直至海森伯极限 $\propto N^{-1}$。在该方案中，量子纠缠将测量精度提升了 $\sqrt{N}$ 倍。

上述制备多粒子纠缠的方案在粒子数比较少的时候有较好的可行性，但是如果粒子数较少，对精度的提升效果其实并不明显，这样也就无法体现出量子纠缠在提升参数估计精度上的优势。9.4 节将介绍如何利用光学腔来实现海森伯极限的磁场测量。

9.4　量子磁力仪

9.4.1　量子磁力仪简介

弱磁场检测技术的核心传感器称为磁力仪，利用量子力学基本原理与量子相干效应实现未知物理参数的量子感知是量子计量学研究的内容[8]。磁场探测，尤其是微弱磁场 (1nT~1aT 数量级，如海洋地磁测量已逐步向 $10^{-1} \sim 10^{-3}$ nT 甚至更高精度拓展) 的精密探测是研究和利用与磁场相关物理过程的重要手段。经过几十年的发展，磁场探测技术不仅广泛应用于油气和矿产勘查、地质检查和考古研究等领域，而且在潜艇跟踪与探测、水雷与地雷的定位和军事间谍卫星的空间探测等方面发挥着至关重要的作用。随着潜艇降噪性能的提升，完全依靠声呐系统已经很难探测到性能优异的各种潜艇 (如美国海军的主力潜艇自身噪声约为 90dB，接近于海洋的背景噪声)。高精度的磁场信息是反潜战、舰船导航系统磁校正及打捞和救援等军事应用的必需资料。基于量子相干的原子磁力仪正是在此背景下发展起来的一项高精度磁探测技术。

磁力仪有三个主要技术指标：灵敏度、分辨率和准确度。灵敏度用于衡量同一磁场强度进行重复读数的相对不确定度，灵敏度数值越小，对磁场越灵敏。分辨率表征磁力仪感受磁场的敏感程度，通常指磁力仪所能分辨的最小磁场值。准确度表征测定真值的能力，也就是与真值相比的总误差，可以理解为相对于真值的弥散程度。

目前常见的磁力仪有磁通门磁力仪 (fluxgate magnetometer)[31]、核子旋进磁力仪 (nuclear precession magnetometer)、超导量子干涉磁力仪 (superconducting quantum interference magnetometer，SQUID)、光泵原子磁力仪 (optical pumping atomic magnetometer)、光纤弱磁传感磁力仪 (optical fiber weak sensing magnetometer) 等。超导磁力仪[32] 是以磁通量为基准，基于约瑟夫效应 (也就是电子隧穿超导体间绝缘层的效应) 研制而成的。高温超导量子磁力仪灵敏度可达 $10\text{fT}/\sqrt{\text{Hz}}$，低温超导量子磁力仪灵敏度可达 $1\text{fT}/\sqrt{\text{Hz}}$，并具有响应速度快的特点，但系统复杂、体积庞大限制了它的应用。原子磁力仪则是通过感应磁场对原子能级的影响来实现对磁场的探测，如检测磁场引起光吸收信号的移动。无自旋交换弛豫原子磁力仪是目前已知灵敏度最高的一种磁力仪，理论上最高灵敏度可达 $10\text{aT}/\sqrt{\text{Hz}}$。

除超导磁力仪和原子磁力仪外，人们提出了多种实现高灵敏度磁探测方案。就其机制而言，主要有两种方式：第一种方式是通过探测对应磁共振的光吸收，将磁场强弱反映在射频场的频率上，如光泵原子磁力仪[33]。光泵原子磁力仪就是基于原子在磁场作用下分裂出的塞曼能级，在光泵浦的作用下通过加入射频场使原子在不同塞曼能级间产生磁光共振，根据射频场频率推断磁场的大小。Budker 教授小组将光泵浦方案推广至固体 NV 色心结构[34](室温下灵敏度可达 pT/$\sqrt{\text{Hz}}$ ~fT/$\sqrt{\text{Hz}}$ 量级)。第二种方式是通过折射率变化引起的量子效应来感知磁场，如电磁感应透明量子磁力仪 [35-36] 与腔增强法拉第量子磁力仪 [37-38]。

9.4.2 电磁感应透明量子磁力仪

1. 基本描述

4.6 节对电磁感应透明进行了详细介绍，电磁感应透明最显著的特点是透明区域的色散曲线非常陡峭，因此对磁场等因素引起的能级移动非常敏感。相应的，光场在介质中传输时积累的相移对能级移动有强烈的依赖关系，因此将电磁感应透明效应引入微弱磁场的探测是非常自然的。

图 9.3 为基于电磁感应透明的量子磁力仪示意图，探测光经分束器一分为二，一部分在自由空间传输，另一部分与驱动场 Ω 一起进入原子介质。构建电磁感应透明的三能级 Λ 型原子如图 9.3(b) 所示。Ω 表示强驱动场的拉比频率，γ 和 γ' 表示原子从激发态 $|a\rangle$ 分别向低能级 $|b\rangle$ 和 $|c\rangle$ 跃迁的自发辐射率，γ_c 表示由于碰撞等因素引起的能级 $|b\rangle$ 和 $|c\rangle$ 之间的横向弛豫。没有磁场时，探测场与驱动场分别于 $|b\rangle \leftrightarrow |a\rangle$ 和 $|c\rangle \leftrightarrow |a\rangle$ 跃迁精确共振，理想电磁感应透明条件下，两部分探测光积累的相移相等。能级 $|a\rangle$、$|b\rangle$ 与 $|c\rangle$ 对应的磁量子数分别为 $m_F = 0$，$m_F = 1$，$m_F = -1$。引入磁场后，能级 $|b\rangle$ 与 $|c\rangle$ 分别向相反方向移动，移动大小分别为 $\mu_B g_b B$，$-\mu_B g_c B$，这样经过原子介质的探测光将积累出依赖于磁场强度的相移。从电磁感应透明介质出来后与参考部分复合，通过测量两个端口的强度差，将磁场强度信息呈现出来。

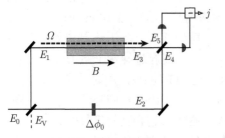

(a) 马赫–曾德尔干涉仪

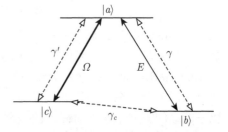

(b) 电磁感应透明介质原子能级结构示意图

图 9.3　基于电磁感应透明的量子磁力仪示意图

原子相干性由海森伯–朗之万方程描述[①]，微扰求解海森伯–朗之万方程，可得介质线性极化率的实部 χ' 与虚部 χ'' 分别为

$$\chi' = -\frac{|\mu_{ab}|^2 N}{\hbar\varepsilon_0}\frac{\Delta-\Delta'}{\Omega^0} \tag{9.46}$$

$$\chi'' = \frac{|\mu_{ab}|^2 N}{\hbar\varepsilon_0}\frac{\gamma_c}{\Omega^0} \tag{9.47}$$

式中，N 表示原子蒸气的体密度；Δ、Δ' 分别表示探测场和驱动场与相应跃迁之间的失谐量。当 $\gamma_c \to 0$ 时，介质对探测场的吸收可以忽略。此时介质对应的折射率为

$$n \approx 1 + \frac{1}{2}\chi' \approx 1 - \frac{3}{8\pi^2}\frac{\gamma}{\Omega^2}\lambda^3 N(\Delta-\Delta') \tag{9.48}$$

式中，λ 表示原子跃迁对应的波长。整理过程中有用到自发辐射率的表达式：

$$\gamma = \frac{1}{6\pi}\frac{|\mu_{ab}|^2\nu^3}{\hbar\varepsilon_0 c^3} \tag{9.49}$$

假定没有加入磁场时，探测场与驱动场分别与相应跃迁精确共振，则引入磁场后对应的失谐量分别为

$$\Delta = \frac{\mu_B}{\hbar}g_b B, \quad \Delta' = -\frac{\mu_B}{\hbar}g_c B \tag{9.50}$$

假设原子气室长度为 l，经过介质后与参考光之间的相位差为

$$\Delta\phi_{\text{sig}} = \frac{2\pi}{\lambda}(n-1)l = -\frac{3}{4\pi}\lambda^2 Nl\frac{\gamma}{\Omega^2}\frac{\mu_B}{\hbar}(g_b+g_c)B \tag{9.51}$$

碰撞等因素引起低能级之间的横向弛豫，介质对探测光仍有一部分吸收，可由吸收系数 κ 描述：

$$\kappa = \exp\left(-\frac{\pi}{\lambda}\chi'' l\right) = \exp\left(-\frac{3}{8\pi}\lambda^2 lN\frac{\gamma\gamma_c}{\Omega^2}\right) \tag{9.52}$$

这样，经介质后的光场为

$$E^{(+)}(l) = E^{(+)}(0)\kappa\exp(\mathrm{i}\Delta\phi_{\text{sig}}) \tag{9.53}$$

2. 灵敏度的量子极限

从信噪比的角度对磁探测灵敏度进行分析。假设马赫–曾德尔干涉仪输出端

[①] 这部分内容在 4.6 节有详细介绍。

光子探测器的效率为 1，所用分束器都是 50:50，则两个输出端口强度差为

$$\hat{j} = \frac{2\epsilon_0 Ac}{\hbar\nu} \int_0^{t_m} \mathrm{d}\tau \left[\hat{E}_5^{(-)}(\tau)\hat{E}_5^{(+)}(\tau) - \hat{E}_4^{(-)}(\tau)\hat{E}_4^{(+)}(\tau) \right] \tag{9.54}$$

式中，A 是光束有效截面；t_m 是测量时间。根据 8.8 节分束器透射，反射关系有

$$\hat{E}_5^{(\pm)} = \frac{1}{\sqrt{2}} \left(\pm\mathrm{i}\hat{E}_3^{(\pm)} + \hat{E}_2^{(\pm)} \right) \tag{9.55}$$

$$\hat{E}_4^{(\pm)} = \frac{1}{\sqrt{2}} \left(\hat{E}_3^{(\pm)} \pm \mathrm{i}\hat{E}_2^{(\pm)} \right) \tag{9.56}$$

$$\hat{E}_2^{(\pm)} = \left[\frac{1}{\sqrt{2}} \left(\hat{E}_0^{(\pm)} \pm \mathrm{i}\hat{E}_V^{(\pm)} \right) \right] \mathrm{e}^{\pm\mathrm{i}\Delta\phi_0} \tag{9.57}$$

$$\hat{E}_1^{(\pm)} = \frac{1}{\sqrt{2}} \left(\pm\mathrm{i}\hat{E}_0^{(\pm)} + \hat{E}_V^{(\pm)} \right) \tag{9.58}$$

利用上述关系，经计算可得

$$\langle\hat{j}\rangle = n_{\mathrm{in}}\kappa\cos(\Delta\phi_{\mathrm{sig}} - \Delta\phi_0) \approx n_{\mathrm{in}}\kappa\Delta\phi_{\mathrm{sig}} \tag{9.59}$$

式中，$n_{\mathrm{in}} = P_{\mathrm{in}}t_m/(\hbar\nu)$ 表示入射光子数。计算的最后一步用到两个条件：① 调整相位补偿使其满足 $\Delta\phi_0 = \pi/2$；② 考虑磁场较弱，引起的能级移动很小可以作为小量展开，取其一级近似。

真空涨落引起的 $\hat{j}$ 方差为[①]

$$\langle\Delta\hat{j}^2\rangle = \frac{1}{2}(1+\kappa^2)n_{\mathrm{in}} \tag{9.60}$$

临界磁感应强度由信噪比等于 1 给出，即

$$n_{\mathrm{in}}\kappa\Delta\phi_{\mathrm{sig}} = \left[\frac{1}{2}(1+\kappa^2)n_{\mathrm{in}} \right]^{1/2} \tag{9.61}$$

结合式 (9.51)，即可得能探测的最小磁感应强度：

$$B_{\mathrm{min}} = \frac{4\pi}{3}\frac{1}{\lambda^2 Nl}\frac{\Omega^2}{\gamma}\frac{\hbar}{\mu_B(g_b+g_c)} \left(\frac{1+\kappa^2}{2\kappa} \right)^{1/2} \left(\frac{\hbar\nu}{P_{\mathrm{in}}t_m} \right)^{1/2} \tag{9.62}$$

显而易见，增加原子体密度 N 与介质长度 l，能探测的最小磁感应强度可进一步降低，但与此同时介质对探测光的吸收也会逐渐增强。因此综合两方面考虑，比较优化的方案是控制参数，使其满足条件：

$$\frac{4\pi}{3}\frac{1}{\lambda^2 Nl}\frac{\Omega^2}{\gamma} \approx \gamma_c \tag{9.63}$$

---

① 这部分的详细计算请参考文献 [36] 的附录部分。

此时有

$$B_{\min} \approx \frac{\hbar\gamma_c}{\mu_B(g_b + g_c)} \left(\frac{\hbar\nu}{P_{\text{in}}t_m} \right)^{1/2} \tag{9.64}$$

考虑如下实验参数: $\gamma = 10^7 \text{Hz}$, $\gamma_c = 10^3 \text{Hz}$, $\Omega = \gamma$, $\lambda = 500\text{nm}$, $l = 10\text{cm}$, $t_m = 1\text{s}$, $P_{\text{in}} = 1\text{mW}$, $N = 2 \times 10^{12}\text{cm}^{-3}$, 可估算该实验条件下能探测的最小磁感应强度为 10^{-12}G。

9.4.3　腔增强法拉第量子磁力仪

前面详细分析过量子纠缠可以让参数估计精度提升至海森伯极限，但稳定的多原子体系量子纠缠态制备仍有待改进。注意到光学腔能增强光与物质相互作用的散射截面，有效将耦合强度从 g 提升至 $g\sqrt{N}$，因此结合电磁感应透明与光学腔有望实现海森伯极限的量子磁力仪。

置于磁场中的原子，由于磁量子数的不同，其塞曼能级会向不同的方向移动。线偏振探测光的左旋与右旋圆偏振分量由于耦合不同的原子能级跃迁而感受到不同的折射率，并在传播过程中积累不同相位，最终导致探测光偏振平面的旋转，即光学磁光旋转[39]，又称法拉第旋转。光学磁光旋转不仅可以用来实现原子滤波[40]，还可以用于探测量子涨落[41]。由于对磁场非常敏感，因此利用光与原子相互作用过程中的磁光效应可以实现微弱磁场的精密探测。最早系统研究原子介质中的非线性磁光效应，并将其应用于磁探测的是 Budker 教授。当激光的调制频率与磁场的拉莫尔频率相等时，原子的光泵浦过程与原子极化的进动共振，此时磁探测灵敏度可极大提高。

本小节结合腔电磁感应透明与光学法拉第效应，探讨海森伯极限的磁探测。图 9.4 为基于腔电磁感应透明机制的腔增强法拉第磁力仪示意图，N 个四能级原子置入高品质光学腔内，垂直偏振光 Ω_p 从左边耦合进入光学腔内。垂直偏振光可以分解为左旋圆偏振光和右旋圆偏振光的线性叠加，因此能够驱动腔内的左旋圆偏振模式 $\hat{a}_+$ 与右旋圆偏振模式 $\hat{a}_-$，这两个模式分别耦合 $|-\rangle \leftrightarrow |1\rangle$ 与 $|+\rangle \leftrightarrow |1\rangle$ 跃迁。用于建立透明的驱动场 Ω 从光学腔上注入，并驱动 $|0\rangle \leftrightarrow |1\rangle$ 跃迁。

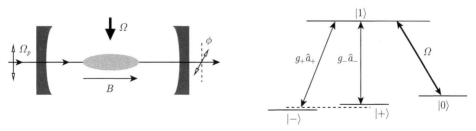

(a) 腔–原子系统示意图　　　　　　　　　(b) 四能级原子能级结构

图 9.4　基于腔电磁感应透明机制的腔增强法拉第磁力仪示意图

在相互作用绘景下,考虑旋转波近似,相互作用哈密顿量可以写为如下三部分:

$$H = H_a + H_{af} + H_f \tag{9.65}$$

式中,

$$H_a = \hbar \sum_i (\Delta_p + \delta)\hat{\sigma}_{++}^i + (\Delta_p - \delta)\hat{\sigma}_{--}^i + \Delta_d\hat{\sigma}_{11}^i \tag{9.66}$$

$$H_{af} = -\hbar \sum_i \left(g_+\hat{a}_+\hat{\sigma}_{0-}^i + g_-\hat{a}_-\hat{\sigma}_{0+}^i + \Omega\hat{\sigma}_{10}^i\right) + \text{H.c.} \tag{9.67}$$

$$H_f = -\hbar\Delta\hat{a}_+^\dagger\hat{a}_+ - \hbar\Delta\hat{a}_-^\dagger\hat{a}_- \tag{9.68}$$

式中, $\Delta_p = \omega_p - [\omega_1 - (\omega_+ + \omega_-)/2]$; $\Delta_d = \omega_d - (\omega_1 - \omega_0)$ 表示单光子失谐量; $\sigma_{\alpha\beta}^i$ ($\alpha, \beta = +, -, 0, 1$) 表示第 i 个原子的原子算符; $\delta = g_L\mu_B B$ 表示磁场引起的塞曼能级移动,朗德因子和玻尔磁子分别为 $g_L = 2.002$, $\mu_B = 14.0\text{MHz}\cdot\text{mT}^{-1}$; $\hat{a}_\pm$ 和 $\hat{a}_\pm^\dagger$ 分别表示左右旋圆偏振腔模的湮灭算符与产生算符;腔模与原子耦合的单光子拉比频率定义为 $g_\pm = \mu_{\pm 0}\sqrt{\omega_c/2\hbar\varepsilon_0 V}$,简单起见,取 $g_+ = g_- = g$,光学腔为对称腔,即 $\kappa_L = \kappa_R = \kappa/2$。

由上述哈密顿量可以建立腔模 $\hat{a}_\pm$ 演化所满足的海森伯方程,原子介质相干演化满足的海森伯–朗之万方程,再根据输入–输出关系,即可求得

$$\frac{a_\pm^{\text{T}}}{a_\pm^{\text{in}}} = t_\pm e^{\mathrm{i}\phi_\pm} = \frac{\kappa}{\kappa - \mathrm{i}\Delta - \mathrm{i}\chi_\pm} \tag{9.69}$$

式中, $\chi_\pm$ 是原子相应跃迁对应的极化率,具体表达式如下:

$$\chi_\pm = -\mathrm{i}\frac{g^2 N}{2(d_{\pm 1} + |\Omega|^2/d_{\pm 0})} \tag{9.70}$$

式中, $d_{\pm 0} = \mathrm{i}(\Delta_p \pm \delta) - \gamma$; $d_{\pm 1} = \mathrm{i}(\Delta_p - \Delta_d \pm \delta) - \gamma'$。 2γ 是激发态 $|1\rangle$ 的自发辐射率, γ' 表示低能级之间的横向弛豫。

考虑 $\Delta_p = \Delta_d = \Delta = 0$ 的情况,当磁场较弱时,法拉第偏转角 ϕ 可表示成

$$\phi = \frac{1}{2}(\phi_- - \phi_+)/2 \simeq \left(\frac{\delta}{2\kappa}\right)\left(\frac{g^2 N}{\Omega^2}\right) \tag{9.71}$$

因此,集体激发对法拉第偏转有增强作用。

要实现对磁场的估计,需要对输出光子进行探测。线偏振光子经过光学腔后,输出与输入之间满足关系式:

$$\begin{pmatrix} \hat{a}_{\text{H}}^{\text{out}} \\ \hat{a}_{\text{V}}^{\text{out}} \end{pmatrix} = S_t \begin{pmatrix} \hat{a}_{\text{H}}^{\text{in}} \\ \hat{a}_{\text{V}}^{\text{in}} \end{pmatrix} \tag{9.72}$$

散射矩阵 S_t 的具体形式如下:

$$S_t = \begin{pmatrix} t_1 & t_2 \\ t_2^* & t_1 \end{pmatrix}$$

式中,

$$t_1 = \frac{1}{2}(t_+ e^{i\phi_+} + t_- e^{i\phi_-}) \tag{9.73}$$

$$t_2 = -\frac{i}{2}(t_+ e^{i\phi_+} - t_- e^{i\phi_-}) \tag{9.74}$$

对于垂直入射的探测光, 耦合进入光学腔与原子介质相互作用, 再从右边腔耦合出来, 探测的结果有三种可能: 探测到垂直偏振的光子, 探测到水平偏振的光子, 探测不到光子。这三种结果对应的概率分别为

$$p(H|\delta) = \frac{1}{4}|t_+ e^{i\phi_+} - t_- e^{i\phi_-}|^2 \tag{9.75}$$

$$p(V|\delta) = \frac{1}{4}|t_+ e^{i\phi_+} + t_- e^{i\phi_-}|^2 \tag{9.76}$$

$$p(0|\delta) = 1 - p(H|\delta) - p(V|\delta) \tag{9.77}$$

根据上述概率分布, 可以实现对磁场的估值。这里分单光子探测和多光子探测两种情况进行估值。对于单光子探测, 灵敏度可以由 Cramér-Rao 不等式得到[42]:

$$S \geqslant \frac{1}{\sqrt{\varsigma F(\delta)}} \tag{9.78}$$

式中, ς 表示独立测量的次数; Fisher 信息 $F(\delta)$ 为

$$F(\delta) = (g_L\mu_B)^2 \sum_{x=H,V,0} \frac{1}{p(x|\delta)} \left[\frac{\partial p(x|\delta)}{\partial \delta}\right]^2 \tag{9.79}$$

考虑磁场较弱的情况, 如果单光子失谐都等于零, Fisher 信息可简化为

$$F(\delta) \simeq (g_L\mu_B)^2 \left[\frac{2}{\kappa^2}\left(\frac{g\sqrt{N}}{\Omega}\right)^4 + \mathcal{O}(\delta^2)\right] \tag{9.80}$$

忽略更高阶的小量, 并将其代入式 (9.78), 灵敏度的标度关系为 $\propto 1/(N\sqrt{\varsigma})$, 正是海森伯极限。图 9.5 (a) 中给出了 $g\sqrt{N} = 10.0$, $\Omega = 1.0$, $\Delta_d = 0$, $\Delta = 0$, $\kappa = 2.0$, $\gamma' = 10^{-3}$ 时 Fisher 信息 $F/(g_L\mu_B)^2$ 随 δ 的演化关系。

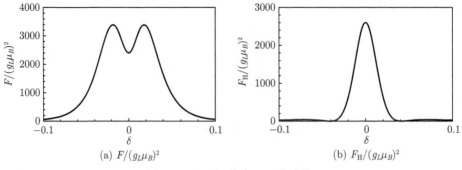

(a) $F/(g_L\mu_B)^2$ (b) $F_H/(g_L\mu_B)^2$

图 9.5   Fisher 信息随 δ 的演化

对于垂直偏振多光子探测，可以选择 $\hat{n}_H^{\text{out}} = \hat{a}_H^{\text{out}\dagger}\hat{a}_H^{\text{out}}$ 为测量算符，此时灵敏度极限为

$$\Delta B = \frac{\Delta n_H^{\text{out}}}{|\partial \langle \hat{n}_H^{\text{out}}\rangle / \partial B|} \tag{9.81}$$

式中，$\hat{n}_H^{\text{out}}$ 的涨落定义为

$$\Delta n_H^{\text{out}} = \sqrt{\langle (\hat{n}_H^{\text{out}})^2 \rangle - \langle \hat{n}_H^{\text{out}}\rangle^2} \tag{9.82}$$

假设整个系统处于热库中，必然有垂直偏振 $\hat{b}_V\hat{V}$ 与水平偏振 $\hat{b}_H\hat{H}$ 的噪声进入腔内，考虑热噪声后，腔模输出与输入之间的关系为

$$\begin{pmatrix} \hat{a}_H^{\text{out}} \\ \hat{a}_V^{\text{out}} \end{pmatrix} = S_t \begin{pmatrix} \hat{a}_H^{\text{in}} + \hat{b}_H \\ \hat{a}_V^{\text{in}} + \hat{b}_V \end{pmatrix} \tag{9.83}$$

如果入射光是垂直偏振，考虑水平偏振的输出，有

$$\hat{a}_H^{\text{out}} = t_2\left(\hat{a}_V^{\text{in}} + \hat{b}_V\right) + t_1\hat{b}_H \tag{9.84}$$

不难计算有

$$\langle \hat{n}_H^{\text{out}}\rangle = |t_1|^2 \langle \hat{n}_H\rangle + |t_2|^2 \left(\langle \hat{a}_V^{\text{in}\dagger}\hat{a}_V^{\text{in}}\rangle + \langle \hat{n}_V\rangle\right) \tag{9.85}$$

$$\begin{aligned}
\langle (\hat{n}_H^{\text{out}})^2\rangle &= |t_1|^4 \langle (\hat{b}_H^\dagger \hat{b}_H)^2\rangle + |t_2|^4 \Big[\langle (\hat{a}_V^{\text{in}\dagger}\hat{a}_V^{\text{in}})^2\rangle \\
&\quad + 2\langle \hat{a}_V^{\text{in}\dagger}\hat{a}_V^{\text{in}}\rangle \langle \hat{b}_V^\dagger \hat{b}_V\rangle + \langle (\hat{b}_V^\dagger \hat{b}_V)^2\rangle\Big] \\
&\quad + 2|t_1|^2|t_2|^2 \Big[\langle \hat{a}_V^{\text{in}\dagger}\hat{a}_V^{\text{in}}\rangle(3\langle \hat{b}_H^\dagger \hat{b}_H\rangle + 1) \\
&\quad + \langle \hat{b}_H^\dagger \hat{b}_H\rangle(\langle \hat{b}_V^\dagger \hat{b}_V\rangle + 1)\Big]
\end{aligned} \tag{9.86}$$

将上述计算结果代入式 (9.82) 与式 (9.81)，即可得到多光子探测的灵敏度：

$$S \geqslant \frac{t}{\sqrt{F_{\mathrm{H}}}} \sqrt{\frac{\hbar \omega_p \sin^2 \phi + 2K_B T}{P_{\mathrm{in}}}} \tag{9.87}$$

式中，

$$F_{\mathrm{H}} = (g_L \mu_B)^2 \frac{1}{p(H|\delta)} \left[\frac{\partial p(H|\delta)}{\partial \delta} \right]^2 \tag{9.88}$$

将 $p(H|\delta)$ 代入式 (9.88)，并将其按 δ 作泰勒展开，不难验证，多光子探测时仍满足海森伯极限的标度。Fisher 信息 $F_{\mathrm{H}}/(g_L \mu_B)^2$ 随 δ 的演化如图 9.5 (b) 所示。

以 ^{4}He 原子的 D_0 线为例 [43-44]，$\hbar \omega_p = 1.14\mathrm{eV}$，$\gamma = 5\mathrm{MHz}$，$\gamma' = 10^{-3}\gamma = 5 \times 10^{-3}\mathrm{MHz}$，$g\sqrt{N} = 10.0\gamma = 50\mathrm{MHz}$，$\Omega = 1.0\gamma = 5\mathrm{MHz}$，$\kappa = 2.0\gamma = 10\mathrm{MHz}$，可计算单光子探测时灵敏度为 $2.45\mathrm{nT}/\sqrt{\mathrm{Hz}}$。假设输入激光功率 $P_{\mathrm{in}} = 1\mathrm{nW}$，温度 $T = 1\mathrm{mK}$，式 (9.87) 给出多光子探测灵敏度为 $8.63\mathrm{fT}/\sqrt{\mathrm{Hz}}$。

参 考 文 献

[1] ABBOTT B P. Observation of gravitational wave from a binary black hole merger[J]. Physical Review Letters, 2016, 116(6): 061102.

[2] PEZZÈ L, SMERZI A, OBERTHALER M K, et al. Quantum metrology with nonclassical states of atomic ensembles[J]. Review of Modern Physics, 2018, 90(3): 035005.

[3] COHEN-TANNOUDJI C N. Nobel lecture: Manipulating atoms with photons[J]. Review of Modern Physics, 1998, 70(3): 707-719.

[4] RRUI J, YANG H, LIU L, et al. Controlled state-to-state atom-exchange reaction in an ultracold atom-dimer mixture[J]. Nature Physics, 2017, 13(4): 699-702.

[5] BENNETT C H, DIVINCENZO D P. Quantum information and computation[J]. Nature, 2000, 404(3): 247-255.

[6] LEMOS G B, BORISH V, COLE G D, et al. Quantum imaging with undetected photons[J]. Nature, 2014, 512(8): 409-412.

[7] GIOVANNETTI V, LLOYD S, MACCONE L. Quantum-enhanced measurement beating the standard quantum limit[J]. Science, 2004, 306(5700): 1330-1336.

[8] GIOVANNETTI V, LLOYD S, MACCONE L. Advances in quantum metrology[J]. Nature Photonics, 2011, 5(3): 222-229.

[9] GIOVANNETTI V, LLOYD S, MACCONE L. Quantum metrology[J]. Physical Review Letters, 2006, 96(1): 010401.

[10] ESTÈVE J, GROSS C, WELLER A, et al. Squeezing and entanglement in a Bose-Einstein condensate[J]. Nature, 2008, 455(10): 1216-1219.

[11] GROSS C, ZIBOLD T, NICKLAS E, et al. Nonlinear atom interferometer surpasses classical precision limit[J]. Nature, 2010, 464(3): 1165-1169.

[12] RIEDEL M F, BÖHI P, LI Y, et al. Atom-chip-based generation of entanglement for quantum metrology[J]. Nature, 2010, 464(3): 1170-1173.

[13]　KRUSE I, LANGE K, PEISE J, et al. Improvement of an atomic clock using squeezing vacuum[J]. Physical Review Letters, 2016, 117(14): 143004.

[14]　STROBEL H, MUESSEL W, LINNEMANN D, et al. Fisher information and entanglement of non-Gaussian states[J]. Science, 2014, 345(6195): 424-427.

[15]　MUESSEL W, STROBEL H, LINNEMANN D, et al. Twist-and-turn squeezing in Bose-Einstein condensates[J]. Physical Review A, 2015, 92(2): 023603.

[16]　MUESSEL W, STROBEL H, LINNEMANN D, et al. Scalable spin squeezing for quantum-enhanced magnetometry with Bose-Einstein condensates[J]. Physical Review Letters, 2014, 113(10): 103004.

[17]　CAVES C M. Quantum-mechanical radiation-pressure fluctuations in an interferometer[J]. Physical Review Letters, 1980, 45(2): 75-78.

[18]　CAVES C M. Quantum mechanical noise in an interferometer[J]. Physical Review D, 1981, 23(8): 1693-1708.

[19]　RAO C R. Information and accuracy attainable in the estimation of statistical parameters[J]. Bulletin of the Calcutta Mathematical Society, 1945, 37: 81-91.

[20]　CRAMÉR H. Mathematical Methods of Statistics[M]. Princeton: Princeton University Press, 1946.

[21]　ANISIMOV P M, RATERMAN G M, CHIRUVELLI A, et al. Quantum metrology with two-mode squeezed vacuum: Parity detection beats the Heisenberg limit[J]. Physical Review Letters, 2010, 104(10): 103602.

[22]　BOIXO S, DATTA A, DAVIS M J, et al. Quantum metrology: Dynamics versus entanglement[J]. Physical Review Letters, 2008, 101(4): 040403.

[23]　JOO J, MUNRO W J, SPILLER T P. Quantum metrology with entangled coherent states[J]. Physical Review Letters, 2011, 107(8): 083601.

[24]　HELSTROM C W. Minimum mean-squared error of estimates in quantum statistics[J]. Physics Letters A, 1967, 25A(2): 101-102.

[25]　ZHONG W, HUANG Y X, WANG X G, et al. Optical conventional measurements for quantum-enhanced interfereometry[J]. Physical Review A, 2017, 95(5): 052304.

[26]　PEZZÉ L, SEMRZI A. Entanglement, nonlinear dynamics, and the Heisenberg limit[J]. Physical Review Letters, 2009, 102(10): 100401.

[27]　BRAUN D, ADESSO G, BENATTI F, et al. Quantum-enhanced measurements with entanglement[J]. Review of Modern Physics, 2018, 90(3): 035006.

[28]　任志宏, 李岩, 李艳娜, 等. 基于量子 Fisher 信息的量子计量进展 [J]. 物理学报, 2019, 68(4): 040601.

[29]　HUELGA S F, MACCHIAVELLO C, PELLIZZARI T, et al. Improvement of frequency standards with quantum entanglement[J]. Physical Review Letters, 1997, 79(20): 3865-3868.

[30]　BARENCO A, DEUTSCH D, EKERT A K, et al. Conditional quantum dynamics and logic gates[J]. Physical Review Letters, 1995, 74(20): 4083-4086.

[31]　张学孚, 陆怡良. 磁通门技术 [M]. 北京: 国防工业出版社, 1995.

[32]　ROMALIS M V, DANG H B. Atomic magnetometers for materials characterization[J]. Materials Today, 2011, 14(6): 258-262.

[33]　MCGREGOR D D. High sensitivity helium resonance magnetometers[J]. Review of Scientific Instruments, 1987, 58(6): 1067-1076.

[34]　JENSEN K, LEEFER N, JARMOLA A, et al. Cavity-enhanced room-temperature magnetometry using absorption by Nitrogen-Vacancy centers in diamond[J]. Physical Review Letters, 2014, 112(16): 160802.

[35]　SCULLY M O, FLEISCHHAUER M. High-sensitivity magnetometer based on index-enhanced media[J]. Physical Review Letters, 1992, 69(9): 1360-1363.

[36]　FLEISCHHAUER M, SCULLY M O. Quantum sensitivity limits of an optical magnetometer based on atomic phase coherence[J]. Physical Review A, 1994, 49(3): 1973-1986.

[37] XIA K Y, ZHAO N, TWAMLEY J. Detection of a weak magnetic field via cavity-enhanced Faraday rotation[J]. Physical Review A, 2015, 92(4): 043409.

[38] ZHANG Q L, SUN H, FAN S L, et al. High sensitivity Faraday magnetometry with intracavity induced transparency[J]. Journal of Physics B-Atomic Molecular and Optical Physics, 2016, 49(23): 235503.

[39] BUDKER D, GAWLIK W, KIMBALL D F, et al. Resonant nonlinear magneto-optical effects in atoms[J]. Review of Modern Physics, 2002, 74(4): 1153-1201.

[40] TAO Z M, HONG Y L, LUO B, et al. Diode laser operating on an atomic transition limited by an isotope Rb-87 Faraday filter at 780 nm[J]. Optics Letters, 2015, 40(18): 4348-4351.

[41] CHEN S W, LIU R B. Faraday rotation echo spectroscopy and detection of quantum fluctuations[J]. Scientific Reports, 2014, 4(4): 4695.

[42] BRAUNSTEIN S L, CAVES C M. Statistical distance and the geometry of quantum states[J]. Physical Review Letters, 1994, 72(22): 3439-3442.

[43] GHOSH J, GHOSH G, GOLDFARB F, et al. Analysis of electromagnetically induced transparency and slow light in a hot vapor of atoms undergoing collisions[J]. Physical Review A, 2009, 80(2): 023817.

[44] KUMAR S, LAUPRÊTRE T, GHOSH R, et al. Interacting double dark resonances in a hot atomic vapor of helium[J]. Physical Review A, 2011, 84(2): 023811.

第 10 章　相对论量子力学简介

在非相对论量子力学中,粒子的动力学行为由薛定谔方程描述。建立薛定谔方程的出发点是非相对论经典粒子的能量-动量关系式, 将力学量算符化, 再作用到微观粒子状态波函数 $\psi(\vec{r}, t)$ 上得到。显然薛定谔方程只满足伽利略变换不变性。波函数的概率诠释让薛定谔方程自动蕴含粒子数守恒。非相对论量子力学只研究粒子在各种势场作用下的时空运动, 不考虑粒子不同种类之间的转化。因此讨论的对象也局限于非相对论领域,这一点从薛定谔方程的形式也可以看出。薛定谔方程对时间是一阶微商, 对空间的微商是二阶,因此薛定谔方程显然不是洛伦兹不变的 (洛伦兹变换是对于时间和空间的线性变换)。对于高能粒子, 必须考虑相对论效应,且满足洛伦兹不变性。更为重要的是高能情况下,伴随着微观粒子的产生和湮灭,粒子数必然不守恒。基于这些考虑,为了使已建立的量子理论可以应用到高能粒子,必须将其推广至相对论情形。

在非相对论性量子力学中, 自旋是根据实验现象将其作为一个外加的自由度纳入理论框架中。至于为什么存在自旋这一内禀自由度未予以说明, 只能在引入之后予以一些讨论和推广, 如将薛定谔方程改写成泡利方程, 但是这样的处理方式无法给出自旋-轨道耦合。在相对论量子力学中将会看到, 粒子的自旋自动包含于方程之中, 自旋-轨道耦合和自旋-自旋耦合都可以自动包含在方程中。因此在这个意义上, 有必要将量子力学的方程推广至相对论情形。

量子理论早期发展进程中, 将力学量改写成相应的算符, 再作用在波函数上建立方程式的 "一次量子化" 思想主导建立相对论量子力学。人们认为只要改进薛定谔方程, 使之具有洛伦兹变换协变性, 就能提供关于微观粒子相对论性力学运动的准确描述。克莱因-戈尔登方程和狄拉克方程便是沿用此思想所得到的两个方程。以这两个方程为核心, 建立在力学运动概念上的相对论量子力学, 不断出现的佯谬以及更多的多粒子效应导致这两个方程的适用范围不时地受到局限, 远不如以薛定谔方程为核心的非相对论量子力学那么自洽。

本章主要建立相对论量子力学中的克莱因-戈尔登方程和狄拉克方程, 并对这两个方程进行简单讨论, 以对自旋的讨论作为结束。

10.1　克莱因–戈尔登方程

10.1.1　克莱因–戈尔登方程的建立

由于光速不变性对时空的限制，有等式：

$$x^2 + y^2 + z^2 - c^2 t^2 = x'^2 + y'^2 + z'^2 - c^2 t'^2 \tag{10.1}$$

成立。式 (10.1) 是关于时间与空间的二次齐次式，时间与空间地位平等。非相对论性量子力学中的薛定谔方程对时间是一阶微分，对空间是二阶微分，很显然时间与空间地位不平等。因为建立薛定谔方程的出发点是非相对论性的质能关系式 $E = p^2/2m + V$，它本身是能量的一次式，动量的二次式。因此要使方程满足狭义相对性原理，出发点必须是相对论性的质能关系式。

假设粒子的静止质量为 m，由 $E = m'c^2 = mc^2/\sqrt{1 - v^2/c^2}$ 和 $p = m'v = mv/\sqrt{1 - v^2/c^2}$ 消去 v，不难得出：

$$\frac{E^2}{c^2} - p^2 = m^2 c^2 \tag{10.2}$$

式中，$m^2 c^2$ 是四维矢量 $(E/c, \vec{p})$ 的不变长度。将力学量算符化 $E \rightarrow \hat{E} = \mathrm{i}\hbar \partial_t$，$\vec{p} \rightarrow \hat{\vec{p}} = -\mathrm{i}\hbar \nabla$，再作用在波函数 $\psi(\vec{r}, t)$ 上，可得[1-3]

$$\frac{1}{c^2} \frac{\partial^2}{\partial t^2} \psi = \left(\nabla^2 - \frac{m^2 c^2}{\hbar^2} \right) \psi \tag{10.3}$$

式 (10.3) 就是自由粒子的克莱因–戈尔登方程，描述零自旋粒子 (标量粒子) 的相对论性自由运动，是洛伦兹变换不变的[①]。不难验证，方程 (10.3) 有平面波解：

$$\psi(\vec{r}, t) = A \exp\left[\frac{\mathrm{i}}{\hbar} (\vec{p} \cdot \vec{r} - Et) \right] \tag{10.6}$$

由式 (10.2) 可得

$$E = \pm \sqrt{c^2 p^2 + m^2 c^4} \tag{10.7}$$

---

① 如设定如下拉格朗日密度：

$$\mathcal{L}_{KG} = -mc^2 \psi^* \psi - \frac{\hbar^2}{m} \frac{\partial \psi^*}{\partial \lambda} \frac{\partial \psi}{\partial \lambda} \tag{10.4}$$

将其代入欧拉–拉格朗日方程：

$$\frac{\partial \mathcal{L}_{KG}}{\partial \psi^*} = \partial_\lambda \frac{\partial \mathcal{L}_{KG}}{\partial (\partial_\lambda \psi^*)} \tag{10.5}$$

即可给出式 (10.3)。

对任意给定动量 $\vec{p}$，有正负两个能量解。其中正能量平面波解是非相对论极限加静能 mc^2，正确表达了相对论性自由粒子的能量–动量关系，以及波矢 $k=|\vec{k}|$ 与频率 ω 之间的关系，也就是相对论性粒子德布罗意波的色散关系。负能量该如何理解呢？

10.1.2 连续性方程

在非相对论性量子力学中，由于波函数统计诠释，薛定谔方程中自然包含概率守恒，即由薛定谔方程可以导出连续性方程。很自然，10.1.1 小节建立的克莱因–戈尔登方程是否也能导出相对论性的连续性方程？换句话说，上述思路建立的方程式中，波函数 $\psi(\vec{r},t)$ 是否仍和非相对论性量子力学一样具有统计诠释的意义？以 ψ^* 乘以式 (10.3)，再减去 ψ 乘以式 (10.3) 的共轭式，整理有

$$\frac{1}{c^2}\frac{\partial}{\partial t}\left(\psi\frac{\partial}{\partial t}\psi^* - \psi^*\frac{\partial}{\partial t}\psi\right) + \nabla\cdot(\psi^*\nabla\psi - \psi\nabla\psi^*) = 0 \tag{10.8}$$

引入概率密度 ρ 与概率流密度 $\vec{j}$：

$$\rho = \frac{\mathrm{i}\hbar}{2mc^2}\left(\psi^*\frac{\partial}{\partial t}\psi - \psi\frac{\partial}{\partial t}\psi^*\right) \tag{10.9}$$

$$\vec{j} = \frac{\mathrm{i}\hbar}{2m}(\psi\nabla\psi^* - \psi^*\nabla\psi) \tag{10.10}$$

因此有

$$\frac{\partial}{\partial t}\rho + \nabla\cdot\vec{j} = 0 \tag{10.11}$$

这样，ρ 与 $\vec{j}$ 形式上满足式 (10.11) 的连续性方程。值得注意的是，概率流密度 $\vec{j}$ 的形式与非相对论情形下的表达式完全一致，但是概率密度 ρ 与非相对论情形则相差甚远。克莱因–戈尔登方程是波函数 ψ 对 t 的二阶微分方程，因此作为初始条件的 $\psi(\vec{r},t)|_{t=0}$ 和 $\partial_t\psi(\vec{r},t)|_{t=0}$ 需独立设定，ρ 的取值可以为负，所以 ρ 并不正定。例如，以平面波解代入即可得 $\rho = E|\psi|^2/(mc^2)$，这时 ρ 依赖于 E 的符号，原则上可正可负。这就意味着 ρ 丧失了作为概率密度的物理解释，不能理解为单粒子的概率密度。

为了解决克莱因–戈尔登方程中的负概率问题，Feshbach 等[4]做了关键性的贡献。对波函数 ψ 作如下分解①：

---

① 需要注意的是不能简单认为 $\chi = \varphi^\dagger$，该关系只对自由粒子成立。如果考虑势场，粒子处在势场中，则 φ 和 χ 如下：

$$\varphi = \frac{1}{2}\left[\left(1-\frac{V}{mc^2}\right)\psi + \frac{\mathrm{i}\hbar}{mc^2}\frac{\partial}{\partial t}\psi\right] \tag{10.12}$$

$$\chi = \frac{1}{2}\left[\left(1+\frac{V}{mc^2}\right)\psi - \frac{\mathrm{i}\hbar}{mc^2}\frac{\partial}{\partial t}\psi\right] \tag{10.13}$$

$$\varphi = \frac{1}{2}\left(\psi + \frac{\mathrm{i}\hbar}{mc^2}\frac{\partial}{\partial t}\psi\right) \tag{10.14}$$

$$\chi = \frac{1}{2}\left(\psi - \frac{\mathrm{i}\hbar}{mc^2}\frac{\partial}{\partial t}\psi\right) \tag{10.15}$$

这样分解后，克莱因–戈尔登方程分解为两个耦合方程：

$$\mathrm{i}\hbar\frac{\partial}{\partial t}\varphi = mc^2\varphi - \frac{\hbar^2}{2mc^2}\nabla^2(\varphi + \chi) \tag{10.16}$$

$$\mathrm{i}\hbar\frac{\partial}{\partial t}\chi = -mc^2\chi + \frac{\hbar^2}{2mc^2}\nabla^2(\varphi + \chi) \tag{10.17}$$

相应的概率密度 ρ 与概率流密度 $\vec{j}$ 可改写为如下形式：

$$\rho = \frac{\mathrm{i}\hbar}{2mc^2}\left(\psi^*\frac{\partial}{\partial t}\psi - \psi\frac{\partial}{\partial t}\psi^*\right) = |\varphi|^2 - |\chi|^2 \tag{10.18}$$

$$\begin{aligned}
\vec{j} &= \frac{\mathrm{i}\hbar}{2m}\left(\psi\nabla\psi^* - \psi^*\nabla\psi\right) \\
&= \frac{\mathrm{i}\hbar}{2m}\big[(\varphi\nabla\varphi^* - \varphi^*\nabla\varphi) + (\chi\nabla\chi^* - \chi^*\nabla\chi) \\
&\quad + (\varphi\nabla\chi^* - \chi^*\nabla\varphi) + (\chi\nabla\varphi^* - \varphi^*\nabla\chi)\big]
\end{aligned} \tag{10.19}$$

由此可见，一旦将 ψ 进行分解，ρ 其实是两个正定的概率密度 $|\varphi|^2$ 与 $|\chi|^2$ 之差，这也决定了 ρ 在空间各点不是正定的。在全空间归一化时，可能归一化为 1，也可能归一化为 -1，结果取决于整体上这个态是描写一个正粒子还是反粒子。如果 $|\varphi| > |\chi|$，ψ 描述正粒子，自由粒子波函数为

$$\psi \sim \exp\left[\frac{\mathrm{i}}{\hbar}(\vec{p}\cdot\vec{r} - Et)\right] \tag{10.20}$$

式中，$E > mc^2 > 0$ 表示粒子能量；$\vec{p}$ 表示动量。如果 $|\varphi| < |\chi|$，ψ 描述反粒子，自由粒子波函数 ψ_c 为

$$\psi_c \sim \exp\left[\frac{\mathrm{i}}{\hbar}(\vec{p}_c\cdot\vec{r} - E_ct)\right] \tag{10.21}$$

式中，E_c、$\vec{p}_c$ 分别表示反粒子的能量与动量。因此，定义的概率密度 ρ 是正反粒子概率密度的代数和。

10.1.3　克莱因–戈尔登方程到薛定谔方程的过渡

如果粒子运动速度 $v \ll c$，相对论效应可以忽略，考虑正能量支有

$$E = \sqrt{c^2p^2 + m^2c^4} = mc^2\left(1 + \frac{p^2}{m^2c^2}\right)^{1/2} \approx mc^2 + \frac{p^2}{2m} \tag{10.22}$$

做如下代换：

$$\psi(\vec{r},t) = \varphi(\vec{r},t)\mathrm{e}^{-\mathrm{i}mc^2t/\hbar} \tag{10.23}$$

非相对论近似 $E \ll mc^2$ 下，有

$$\mathrm{i}\hbar\frac{\partial}{\partial t}\varphi(\vec{r},t) \ll mc^2\varphi(\vec{r},t) \tag{10.24}$$

则

$$\nabla^2\psi(\vec{r},t) = \nabla^2\varphi(\vec{r},t)\exp\left(-\frac{\mathrm{i}mc^2t}{\hbar}\right)$$

$$\frac{\partial}{\partial t}\psi(\vec{r},t) = \left(\frac{\partial}{\partial t} - \frac{\mathrm{i}mc^2}{\hbar}\right)\varphi(\vec{r},t)\exp\left(-\frac{\mathrm{i}mc^2t}{\hbar}\right)$$

$$\frac{\partial^2}{\partial t^2}\psi(\vec{r},t) = \left[\frac{\partial^2}{\partial t^2} - \frac{2\mathrm{i}mc^2}{\hbar}\frac{\partial}{\partial t} - \frac{m^2c^4}{\hbar^2}\right]\varphi(\vec{r},t)\exp\left(-\frac{\mathrm{i}mc^2t}{\hbar}\right)$$

$$\approx \left[-\frac{2\mathrm{i}mc^2}{\hbar}\frac{\partial}{\partial t} - \frac{m^2c^4}{\hbar^2}\right]\varphi(\vec{r},t)\exp\left(-\frac{\mathrm{i}mc^2t}{\hbar}\right)$$

将上述结果代入克莱因–戈尔登方程 (10.3)，整理：

$$\mathrm{i}\hbar\frac{\partial\varphi(\vec{r},t)}{\partial t} = -\frac{\hbar^2}{2m}\nabla^2\varphi(\vec{r},t) \tag{10.25}$$

式 (10.25) 就是自由粒子对应的薛定谔方程。同时可得这时的 ρ 近似为

$$\rho = \frac{\mathrm{i}\hbar}{2mc^2}\left[\varphi^*\mathrm{e}^{\mathrm{i}mc^2t/\hbar}\frac{\partial}{\partial t}\left(\varphi\mathrm{e}^{-\mathrm{i}mc^2t/\hbar}\right) - \varphi\mathrm{e}^{-\mathrm{i}mc^2t/\hbar}\frac{\partial}{\partial t}\left(\varphi^*\mathrm{e}^{\mathrm{i}mc^2t/\hbar}\right)\right]$$

$$= \frac{\mathrm{i}\hbar}{2mc^2}\left[\varphi^*\left(\frac{\partial}{\partial t} - \frac{\mathrm{i}mc^2}{\hbar}\right)\varphi - \varphi\left(\frac{\partial}{\partial t} + \frac{\mathrm{i}mc^2}{\hbar}\right)\varphi^*\right]$$

$$\approx \varphi^*\varphi \tag{10.26}$$

式 (10.26) 就是非相对论量子力学中所定义的概率密度。

如果存在电磁场，设粒子的电荷为 e，记电磁场的矢势和标势分别为 $\vec{A}$ 和 ϕ，做如下替换：

$$\vec{p} \rightarrow \vec{p} - \frac{e}{c}\vec{A} \tag{10.27}$$

$$\mathrm{i}\hbar\frac{\partial}{\partial t} \rightarrow \mathrm{i}\hbar\frac{\partial}{\partial t} - e\phi \tag{10.28}$$

可得

$$\left(\mathrm{i}\hbar\frac{\partial}{\partial t} - e\phi\right)^2 \psi = \left[c^2\left(\vec{p} - \frac{e\vec{A}}{c}\right) + m^2 c^4\right]\psi \tag{10.29}$$

式 (10.29) 即为存在电磁场时的克莱因–戈尔登方程。

10.1.4　克莱因–戈尔登方程的几点讨论

自由粒子的克莱因–戈尔登方程提出后，尽管其正能量平面波解正确反映了相对论性自由粒子运动状态。但随后人们发现，作为一般的单粒子[①]波函数方程，克莱因–戈尔登方程存在以下几个缺陷。

1. 存在难以合理解释的负能解

经典物理学中不存在跃迁，而在量子力学中有量子跃迁的概念，特别是自发辐射，这样负能解的存在必定影响正能解的稳定性，给粒子是稳定的理论解释带来了难以克服的困难。甚至，负能解的存在无时无刻不影响着粒子的运动：正负能解的干涉使粒子在运动时，微扰平均值呈现出一种快速无规则的 "相对论性颤动"。

2. 负概率的困难

克莱因–戈尔登方程是 t 的二阶微分方程，初始条件 $\psi|_{t=0}$ 和 $\partial_t\psi|_{t=0}$ 可以彼此独立给定，必然导致 ρ 不一定正定。这样 ρ 就失去了作为概率密度解释的资格。但是负概率的问题可以通过引入正反两种粒子的产生算符和湮灭算符，在二次量子化的框架下处理。

3. 态矢归一化会随时间变化

不难计算有

$$\frac{\partial}{\partial t}\langle\psi|\psi\rangle = \frac{\partial}{\partial t}\int\psi^*\psi\mathrm{d}\vec{r} = \int\left(\frac{\partial\psi^*}{\partial t}\psi + \psi\frac{\partial\psi^*}{\partial t}\right)\mathrm{d}\vec{r} \neq 0 \tag{10.30}$$

总波函数 ψ 中包含正粒子的波函数和反粒子的波函数，而且正粒子与反粒子之间有耦合，或者说正反粒子之间会发生转换。因此正反粒子概率密度随时间变化，必然导致 $\langle\psi|\psi\rangle$ 随时间变化。

上述缺陷和佯谬说明，一般而言克莱因–戈尔登方程不宜作为相对论性单粒子状态波函数方程。这导致 20 世纪 20 年代末至 30 年代初，研究人员暂时放弃了克莱因–戈尔登方程，认为克莱因–戈尔登方程在单粒子水平不自洽。如果引入

---

① 这里的 "单粒子" 方程有两层含义：一是，它通过一次量子化办法，模拟经典单粒子的能量–动量关系所建立的；二是，其中波函数的模平方应当具有空间概率密度分布的解释。

反粒子，并且也用克莱因–戈尔登方程予以描述，将 ψ 视为正反粒子波函数的相干叠加，即 $\psi = \varphi + \chi$，则即使是在单粒子水平，克莱因–戈尔登方程也是自洽的。不久，Pauli 等[5] 发现如果突破单粒子力学理论的认识局限，将克莱因–戈尔登方程二次量子化为零自旋标量粒子的量子场方程，它就能正确描述这个场的量子–零自旋粒子在时空中产生、湮灭和转化的动力学。从而，克莱因–戈尔登方程在多体的量子场论框架内复活，并占有了应得的重要地位。

10.2　狄拉克方程

10.2.1　狄拉克方程的建立

人们认为非相对论量子力学中没有负概率问题是因为薛定谔方程是关于时间的一阶方程，而克莱因–戈尔登方程是对时间的二阶微商，初始条件必须同时由 $\psi|_{t=0}$ 和 $\partial_t\psi|_{t=0}$ 决定，这就不可避免地出现了负概率困难。狄拉克认为要解决这个问题，方程中必须把对时间的二阶微分降至一阶微分。同时，方程要保持具有洛伦兹不变性，对空间也必须是一阶微分。基于这些考虑，狄拉克认为建立方程的出发点不应该是式 (10.2)，应该是 (这里暂不考虑开根带来的负能量)

$$E = \sqrt{c^2p^2 + m^2c^4} \tag{10.31}$$

式 (10.31) 含有根号，很显然不是线性运算，态叠加原理要求方程必须是线性方程，因此需要对式 (10.31) 进行处理。狄拉克将式 (10.31) 写为

$$\hat{E} = \sqrt{\sum_{i=1}^{3} c^2\hat{p}_i^2 + m^2c^4} = \sum_{i=1}^{3} c\alpha_i\hat{p}_i + \beta mc^2 \tag{10.32}$$

很显然这里 α_i 和 β 不可能是普通常数，也不可能含有时空变数。为了确定 α_i 和 β，对式 (10.32) 平方，可得

$$\hat{E}^2 = \sum_{i=1}^{3} c^2\hat{p}_i^2 + m^2c^4 = \left(\sum_{i=1}^{3} c\alpha_i\hat{p}_i + \beta mc^2\right)\left(\sum_{j=1}^{3} c\alpha_j\hat{p}_j + \beta mc^2\right)$$
$$= \sum_{i,j} \frac{1}{2}c^2(\alpha_i\alpha_j + \alpha_j\alpha_i)\hat{p}_i\hat{p}_j + \sum_i mc^3(\alpha_i\beta + \beta\alpha_i)\hat{p}_i + \beta^2 m^2c^4 \tag{10.33}$$

将等式右边展开，即可得系数 α_i、β 必须满足如下关系式：

$$\alpha_i\alpha_j + \alpha_j\alpha_i = 2\delta_{ij}, \quad i,j = 1,2,3 \tag{10.34}$$

$$\alpha_i\beta + \beta\alpha_i = 0, \quad i = 1,2,3 \tag{10.35}$$

找出满足这些关系的 α_i、β，将其代入式 (10.32)，再作用到波函数 $\psi(\vec{r},t)$ 上，就得到相对论自由粒子所满足的方程，也就是狄拉克方程：

$$i\hbar\frac{\partial\psi(\vec{r},t)}{\partial t}=\left(c\vec{\alpha}\cdot\hat{\vec{p}}+\beta mc^2\right)\psi(\vec{r},t) \tag{10.36}$$

狄拉克指出：能同时满足条件式 (10.34) 和式 (10.35) 的 α_i、β 只能是矩阵。

算符 $\hat{H}$ 是厄米算符，因此算符 α_i 和 β 都应当是厄米的。式 (10.34) 和式 (10.35) 表明 α_i、β 应当都是自逆的、零迹的 (如 $\mathrm{Tr}[\alpha_i]=-\mathrm{Tr}[\beta^2\alpha_i]=-\mathrm{Tr}[\beta\alpha_i\beta]=-\mathrm{Tr}[\alpha_i]=0$，同样有 $\mathrm{Tr}[\beta]=0$)、彼此反对易的。由上述 α_i 和 β 的性质可知，α_i 和 β 的矩阵必然是偶数行和偶数列的，因此 N 必须是偶数。考虑到 $N=2$ 时相互反对易的矩阵最多只有三个，即三个泡利矩阵，因此最低限度必须选取 $N=4$，在 β 为对角的表象中，满足上述关系式的矩阵是

$$\vec{\alpha}=\begin{pmatrix}0 & \vec{\sigma}\\ \vec{\sigma} & 0\end{pmatrix} \tag{10.37}$$

$$\beta=\begin{pmatrix}I & 0\\ 0 & -I\end{pmatrix} \tag{10.38}$$

$\vec{\alpha}$ 也可写成分量形式：

$$\alpha_i=\begin{pmatrix}0 & \sigma_i\\ \sigma_i & 0\end{pmatrix},\quad i=1,2,3 \tag{10.39}$$

式中，σ_i 是相应的泡利矩阵；I 是单位矩阵。将 α_i 和 β 表示成上述形式，称为狄拉克表象，也称标准表象。

由于 α_i 和 β 都是 2×2 的矩阵，则 ψ 必定为有 4 个分量的列矩阵，不妨令

$$\psi(\vec{r},t)=\begin{pmatrix}\psi_1\\ \psi_2\\ \psi_3\\ \psi_4\end{pmatrix}=\begin{pmatrix}\varphi(\vec{r},t)\\ \chi(\vec{r},t)\end{pmatrix} \tag{10.40}$$

式中，φ 和 χ 都是自旋空间的二分量波函数。将式 (10.40) 代入方程 (10.36)，即可将狄拉克方程拆分成两个简单旋量的一次齐次方程组：

$$i\hbar\frac{\partial}{\partial t}\varphi=c\vec{\sigma}\cdot\hat{\vec{p}}\,\chi+mc^2\,\varphi \tag{10.41}$$

$$i\hbar\frac{\partial}{\partial t}\chi=c\vec{\sigma}\cdot\hat{\vec{p}}\,\varphi-mc^2\,\chi \tag{10.42}$$

上述方程组可以清楚看出：如果粒子动量趋于零，则 φ 与 χ 分别描述正粒子与反粒子。

10.2.2　连续性方程

本小节由狄拉克方程给出连续性方程。对方程 (10.36) 取厄米共轭，并利用 α_i 和 β 的厄米性，再用 ψ 左乘左右两边有

$$-\mathrm{i}\hbar\psi\frac{\partial}{\partial t}\psi^{\dagger} = \mathrm{i}\hbar c \sum_{i=1,2,3} \psi\alpha_i\frac{\partial}{\partial x_i}\psi^{\dagger} + \beta mc^2\psi^{\dagger}\psi \tag{10.43}$$

用 $\psi^{\dagger} = (\psi_1^*, \psi_2^*, \psi_3^*, \psi_4^*)$ 左乘方程 (10.36) 两边，再与式 (10.43) 左右两边分别相减，整理可得

$$\mathrm{i}\hbar\frac{\partial}{\partial t}\left(\psi^{\dagger}\psi\right) = -\mathrm{i}\hbar c \sum_{i=1,2,3} \frac{\partial}{\partial x_i}\left(\psi^{\dagger}\alpha_i\psi\right) \tag{10.44}$$

与标准连续性方程比较，可知现在概率密度 ρ 和概率流密度 $\vec{j}$ 分别为

$$\rho = \psi^{\dagger}\psi, \quad j_i = \psi^{\dagger}c\alpha_i\psi \tag{10.45}$$

显然，式 (10.45) 中 ρ 不包含对时间的一阶微商项，是正定的，因此把 ρ、$\vec{j}$ 解释为概率密度、概率流密度是合理的。$c\vec{\alpha}$ 的物理意义其实就是粒子的速度算符：

$$\frac{\mathrm{d}\vec{r}}{\mathrm{d}t} = \frac{1}{\mathrm{i}\hbar}[\vec{r}, \hat{H}] = \frac{1}{\mathrm{i}\hbar}[\vec{r}, c\vec{\alpha}\cdot\hat{\vec{p}} + \beta mc^2] = \frac{1}{\mathrm{i}\hbar}[\vec{r}, c\vec{\alpha}\cdot\hat{\vec{p}}] = c\vec{\alpha} \tag{10.46}$$

由于 $\alpha_i^2 = 1$，可知相对论性运动粒子瞬时速度的本征值为 $\pm c$，表明在相对论运动情况下，源于粒子内禀波动性的不确定性关系继续否定瞬时速度概念。

对定义域进行积分，利用边界条件 (场在无穷高势垒边界，或无穷远处消失)，将散度项转化为场边界面积分后消失。从而有

$$\frac{\partial}{\partial t}\int\psi^{\dagger}\psi\mathrm{d}\vec{r} = 0 \tag{10.47}$$

于是可对全定义域进行归一化，以表明总概率守恒。因此，完全有理由根据量子力学的通常规则，将狄拉克方程中的 ψ 理解为概率幅。

10.2.3　应用举例：自由粒子

本小节求解自由粒子所满足的狄拉克方程。对于自由粒子有

$$\hat{H} = c\vec{\alpha}\cdot\hat{\vec{p}} + \beta mc^2 \tag{10.48}$$

考虑到 α_i、β 都是常数矩阵，很容易验证 $[\hat{p}, \hat{H}] = 0$，这时体系的能量和动量是守恒量，本征态解将具有单色平面波因子，令

$$\psi(\vec{r},t) = \psi_0\exp\left[\frac{\mathrm{i}}{\hbar}\left(\hat{\vec{p}}\cdot\vec{r} - Et\right)\right] = \begin{pmatrix} \varphi_0 \\ \chi_0 \end{pmatrix}\exp\left[\frac{\mathrm{i}}{\hbar}(\hat{\vec{p}}\cdot\vec{r} - Et)\right] \tag{10.49}$$

并代入狄拉克方程 (10.36) 有

$$\text{l.h.s.} = E \begin{pmatrix} \varphi_0 \\ \chi_0 \end{pmatrix} \exp\left[\frac{\mathrm{i}}{\hbar}(\hat{\vec{p}} \cdot \vec{r} - Et)\right] \tag{10.50}$$

$$\text{r.h.s.} = (c\vec{\sigma} \cdot \hat{\vec{p}} + \beta mc^2) \begin{pmatrix} \varphi_0 \\ \chi_0 \end{pmatrix} \exp\left[\frac{\mathrm{i}}{\hbar}(\hat{\vec{p}} \cdot \vec{r} - Et)\right]$$

$$= \begin{pmatrix} mc^2 & c\vec{\sigma} \cdot \hat{\vec{p}} \\ c\vec{\sigma} \cdot \hat{\vec{p}} & -mc^2 \end{pmatrix} \begin{pmatrix} \varphi_0 \\ \chi_0 \end{pmatrix} \exp\left[\frac{\mathrm{i}}{\hbar}(\hat{\vec{p}} \cdot \vec{r} - Et)\right] \tag{10.51}$$

因此有

$$\begin{pmatrix} E - mc^2 & -c\vec{\sigma} \cdot \hat{\vec{p}} \\ -c\vec{\sigma} \cdot \hat{\vec{p}} & E + mc^2 \end{pmatrix} \begin{pmatrix} \varphi_0 \\ \chi_0 \end{pmatrix} = 0 \tag{10.52}$$

式 (10.52) 有非零解的条件是系数行列式等于零, 由此可得能谱:

$$\begin{vmatrix} E - mc^2 & -c\vec{\sigma} \cdot \hat{\vec{p}} \\ -c\vec{\sigma} \cdot \hat{\vec{p}} & E + mc^2 \end{vmatrix} = 0 \tag{10.53}$$

利用公式:

$$(\vec{\sigma} \cdot \vec{A})(\vec{\sigma} \cdot \vec{B}) = \vec{A} \cdot \vec{B} + \mathrm{i}\vec{\sigma} \cdot (\vec{A} \times \vec{B}) \tag{10.54}$$

可得

$$E = \pm\sqrt{c^2 p^2 + m^2 c^4} \equiv \lambda\sqrt{c^2 p^2 + m^2 c^4} \equiv \lambda E_p \tag{10.55}$$

式中, $\lambda = \pm$, λ 的正负号分别对应于狄拉克方程的正能解和负能解。将 $E = \lambda E_p$ 代入式 (10.52) 有

$$\chi_0 = \frac{c\vec{\sigma} \cdot \hat{\vec{p}}}{E + mc^2}\varphi_0 = \frac{c\vec{\sigma} \cdot \hat{\vec{p}}}{\lambda\sqrt{c^2 p^2 + m^2 c^4} + mc^2}\varphi_0 \tag{10.56}$$

并结合归一化条件即可求得自由粒子狄拉克方程的平面波解:

$$\psi_{\hat{\vec{p}},\lambda}(\vec{r}, t) = \left(\frac{mc^2 + \lambda E_p}{2\lambda E_p}\right)^{1/2} \begin{pmatrix} \varphi_0 \\ \dfrac{c\vec{\sigma} \cdot \hat{\vec{p}}}{\lambda\sqrt{c^2 p^2 + m^2 c^4} + mc^2}\varphi_0 \end{pmatrix}$$

$$\cdot \frac{1}{(2\pi\hbar)^{3/2}} \exp\left[\frac{\mathrm{i}}{\hbar}(\hat{\vec{p}} \cdot \vec{r} - \lambda E_p t)\right] \tag{10.57}$$

狄拉克方程也会导致负能解,正负能谱间的能隙宽度为 $2mc^2$。负能解是相对论量子力学必须面对的问题,为了克服跃迁到负能态的困难,狄拉克提出了"空穴"理论。假定在真空状态下,所有负能态都已被电子填满。根据泡利不相容原理,在真空中运动的能量为正的电子不可能跃迁到负能态中。被填满的负能态称为"费米海",它只起一个背景的作用。在负能态中的电子,其能量和动量是不能观测的。只有从费米海中移去一个或多个电子时,才会产生可观测的效应。例如,当光子能量大于能隙时,可以将负能态中的一个电子激发到正能态,负能态费米海中剩下一个空穴,这个空穴的能量、质量与电荷均为正,狄拉克称这种空穴为正电子,它是电子的反粒子,并于 1932 年被安德森在宇宙线中发现。

狄拉克方程存在正负能量两组解,因此方程的通解总可以表示成正负能量两组解的叠加,其中正能解描述自由粒子。进一步对狄拉克方程的时空变换予以分析可知,每一个负能解都是电荷反号的狄拉克方程的正能解,可以说负能解描述的是反粒子。能量只能为正,粒子可以有正反。

10.2.4　自旋

考虑电磁场中的电子,与处理克莱因–戈尔登方程类似,可以写出此时的狄拉克方程:

$$\left(i\hbar\frac{\partial}{\partial t}-e\phi\right)\psi=\left[c\vec{\alpha}\cdot\left(\hat{\vec{p}}-\frac{e}{c}\vec{A}\right)+\beta mc^2\right]\psi \tag{10.58}$$

式中,ϕ 与 $\vec{A}$ 分别表示电磁场的标势与矢势。定态条件下,记

$$\psi=\psi(\vec{r},t)=\left(\begin{array}{c}\varphi(\vec{r})\\\chi(\vec{r})\end{array}\right)\exp\left(-\frac{iEt}{\hbar}\right) \tag{10.59}$$

将式 (10.59) 代入式 (10.58) 可得 $\varphi(\vec{r})$ 和 $\chi(\vec{r})$ 的耦合方程:

$$(E-e\phi-mc^2)\varphi=c\vec{\sigma}\cdot\left(\hat{\vec{p}}-\frac{e}{c}\vec{A}\right)\chi \tag{10.60}$$

$$(E-e\phi+mc^2)\chi=c\vec{\sigma}\cdot\left(\hat{\vec{p}}-\frac{e}{c}\vec{A}\right)\varphi \tag{10.61}$$

记 $E=E_k+mc^2$,并考虑非相对论近似 (也称低能近似) $|E_k+e\phi|\ll mc^2$,由式 (10.61) 有

$$\chi=\frac{c}{E_k-e\phi+2mc^2}\vec{\sigma}\cdot\left(\hat{\vec{p}}-\frac{e}{c}\vec{A}\right)\varphi\approx\frac{1}{2mc}\vec{\sigma}\cdot\left(\hat{\vec{p}}-\frac{e}{c}\vec{A}\right)\varphi \tag{10.62}$$

低能近似下，正能分量 φ 是大分量，负能分量 χ 是小分量。将上述 χ 的结果代入式 (10.60)，整理后可得 φ 的方程为

$$\left\{\frac{1}{2m}\left[\vec{\sigma}\cdot\left(\hat{\vec{p}}-\frac{e}{c}\vec{A}\right)\right]^2+e\phi\right\}\varphi=E_{\mathrm{k}}\varphi \tag{10.63}$$

利用泡利矩阵运算公式：

$$(\vec{\sigma}\cdot\vec{A})(\vec{\sigma}\cdot\vec{B})=\vec{A}\cdot\vec{B}+\mathrm{i}\vec{\sigma}\cdot(\vec{A}\times\vec{B}) \tag{10.64}$$

有

$$\left[\vec{\sigma}\cdot\left(\hat{\vec{p}}-\frac{e}{c}\vec{A}\right)\right]^2=\left(\hat{\vec{p}}-\frac{e}{c}\vec{A}\right)^2+\frac{e\hbar}{c}\vec{\sigma}\cdot(\nabla\times\vec{A})$$

$$=\left(\hat{\vec{p}}-\frac{e}{c}\vec{A}\right)^2+\frac{e\hbar}{c}\vec{\sigma}\cdot\vec{B} \tag{10.65}$$

这样，φ 的方程改写为

$$\left[\frac{1}{2m}\left(\hat{\vec{p}}-\frac{e}{c}\vec{A}\right)^2+e\phi+\frac{e\hbar}{2mc}\vec{\sigma}\cdot\vec{B}\right]\varphi=E_{\mathrm{k}}\varphi \tag{10.66}$$

这就是非相对论的泡利方程。式 (10.66) 等号左边第一项表示电子在矢势 $\vec{A}(\vec{r})$ 中的动能项；第二项 $e\phi$ 表示电子在静电势 $\phi(\vec{r})$ 中的静电能；第三项表示电子的内禀磁矩与磁场 $\vec{B}$ 耦合的相互作用能，磁矩 $\vec{\mu}$ 的表达式为

$$\vec{\mu}=-\frac{e\hbar}{2mc}\vec{\sigma}=-\mu_{\mathrm{B}}\vec{\sigma}=-\frac{g_ee}{2mc}\vec{s} \tag{10.67}$$

式中，$\mu_{\mathrm{B}}=e\hbar/(2mc)$ 表示玻尔磁子；$\vec{s}=\hbar\vec{\sigma}/2$ 表示电子的自旋角动量；$g_e=2$ 表示电子的回旋磁比率[①]。

下面从守恒量的角度说明引入自旋角动量的必要性。对于相对论狄拉克粒子，能量和动量是守恒量，下面考察粒子的轨道角动量：

$$\frac{\mathrm{d}l_x}{\mathrm{d}t}=\frac{1}{\mathrm{i}\hbar}[l_x,H]=\frac{c}{\mathrm{i}\hbar}[l_x,\alpha_xp_x+\alpha_yp_y+\alpha_zp_z]=c(\vec{\alpha}\times\hat{\vec{p}})_x\neq0$$

写成矢量形式有

$$\frac{\mathrm{d}\vec{l}}{\mathrm{d}t}=c(\vec{\alpha}\times\hat{\vec{p}}) \tag{10.68}$$

这表明粒子的轨道角动量 $\hat{\vec{l}}$ 不是守恒量。但是对于自由粒子，空间各向同性，理应要求角动量守恒。上述对轨道角动量的计算表明，轨道角动量并不守恒。这意

---

① 狄拉克方程给出了电子的自旋，实验上测得的回旋磁比率 g_e 比 2 稍大，即反常磁矩，考虑电磁场量子化后可以给出解释。

味着狄拉克粒子必然存在内禀角动量，它和轨道角动量一起构成的总角动量 $\vec{j}$ 才是守恒量。为此引入算符：

$$\vec{\Sigma} \equiv \begin{pmatrix} \vec{\sigma} & 0 \\ 0 & \vec{\sigma} \end{pmatrix} \quad \text{或} \quad \Sigma_i = \begin{pmatrix} \sigma_i & 0 \\ 0 & \sigma_i \end{pmatrix}, \quad i = x, y, z \tag{10.69}$$

利用泡利算符对易关系 $(\sigma_i \sigma_j = \mathrm{i}\varepsilon_{ijk}\sigma_k)$ 可证明有

$$[\vec{\Sigma}, \beta] = 0 \tag{10.70}$$

$$[\Sigma_i, \alpha_j] = 2\mathrm{i}\varepsilon_{ijk}\alpha_k \tag{10.71}$$

显而易见有

$$\frac{\hbar}{2}[\vec{\Sigma}, H] = \frac{\hbar}{2}[\vec{\Sigma}, c\vec{\alpha} \cdot \hat{\vec{p}} + \beta mc^2] = \frac{\hbar}{2}[\vec{\Sigma}, c\vec{\alpha} \cdot \hat{\vec{p}}] = -\mathrm{i}\hbar c(\vec{\alpha} \times \hat{\vec{p}}) \tag{10.72}$$

因此有

$$\frac{\hbar}{2}\frac{\mathrm{d}\vec{\Sigma}}{\mathrm{d}t} = \frac{1}{\mathrm{i}\hbar}\frac{\hbar}{2}[\vec{\Sigma}, H] = -c(\vec{\alpha} \times \hat{\vec{p}}) \tag{10.73}$$

定义自旋角动量：

$$\vec{s} = \frac{\hbar}{2}\vec{\Sigma} \tag{10.74}$$

和总角动量 $\vec{j} = \vec{l} + \vec{s}$(从上述计算过程可以看出 $\vec{\Sigma}$ 和泡利矩阵 $\vec{\sigma}$ 的代数性质相同)，可得

$$[\vec{j}, H] = \left[\vec{l} + \frac{\hbar}{2}\vec{\Sigma}, H\right] = \left[\vec{l}, H\right] + \frac{\hbar}{2}\left[\vec{\Sigma}, H\right] = 0 \tag{10.75}$$

上述结果表明，自旋角动量和轨道角动量一起合成的总角动量 $\vec{j} = \vec{l} + \vec{s}$ 守恒，所以自旋量子数自动包含在狄拉克方程中。狄拉克方程描述的粒子具有内禀角动量，其值为 $\hbar/2$。因此它可以用来描述自旋为 1/2 的粒子，如电子的运动。对于狄拉克粒子，轨道角动量和自旋角动量都不是守恒量，但由它们合成的总角动量守恒。

轨道角动量算符 $\hat{\vec{l}}$ 是三维空间无穷小转动的生成元，在空间转动下，电子的二维内部空间也跟着发生相应的转动，而自旋角动量正是电子内部空间转动的无穷小生成算符，是表示空间转动时电子内部空间转动特征的物理观测量。

参 考 文 献

[1]　SCHRÖDINGER E. Quantisierung als eigenwertproblem[J]. Annalen Der Physik, 1926, 384(4): 361-376.

[2]　GORDON W. Der comptoneffekt nach der Schrödingerschen theorie[J]. Zeitschrift Für Physik, 1926, 40: 117-133.

[3]　KLEIN O. Elektrodynamik und wellenmechanik vom standpunkt des korrespondenzprinzips[J]. Zeitschrift Für Physik, 1927, 41: 407-442.

[4]　FESHBACH H, VILLARS F. Elementary relativistic wave mechanics of spin 0 and spin 1/2 particles[J]. Review of Modern Physics, 1958, 30(1): 24-45.

[5]　PAULI W, WEISSKOPH V. Uber die Quantisierung der skalaren relativistischen Wellengleichung[J]. Helvetica Physica Acta, 1934, 7: 709-731.